Zentrale Themen der Sportmedizin

Herausgegeben von W. Hollmann

Unter Mitarbeit von

P. O. Åstrand, C. Bouchard, M. Donike, A. Drews,
H. Groh, M. J. Halhuber, G. Haralambie, H. Hofmann,
W. Hollmann, J. Karlsson, J. Keul, H. Mellerowicz,
H. P. Milz, B. Saltin, J. Schmidt, H. Schoberth, V. Seliger,
J. Stegemann, H. Stoboy, N. B. Strydom, C. H. Wyndham

Mit 101 Abbildungen

Springer-Verlag
Berlin · Heidelberg · New York 1972

o. Professor Dr. med. W. HOLLMANN
Leiter des Instituts für Kreislaufforschung und Sportmedizin (Lehrstuhl für Kardiologie und Sportmedizin) der Deutschen Sporthochschule Köln

ISBN-13: 978-3-540-05870-0 e-ISBN-13: 978-3-642-96107-6
DOI: 10.1007/978-3-642-96107-6

Das Werk ist urheberrechtlich geschützt. Die dadurch begründeten Rechte, insbesondere die der Übersetzung, des Nachdruckes, der Entnahme von Abbildungen, der Funksendung, der Wiedergabe auf photomechanischem oder ähnlichem Wege und der Speicherung in Datenverarbeitungsanlagen bleiben, auch bei nur auszugsweiser Verwertung, vorbehalten.
Bei Vervielfältigungen für gewerbliche Zwecke ist gemäß § 54 UrhG eine Vergütung an den Verlag zu zahlen, deren Höhe mit dem Verlag zu vereinbaren ist. © by Springer-Verlag Berlin · Heidelberg 1972.
Library of Congress Catalog Card Number 72-82763.
Softcover reprint of the hardcover 1st edition 1972
Die Wiedergabe von Gebrauchsnamen, Handelsnamen, Warenbezeichnungen usw. in diesem Werk berechtigt auch ohne besondere Kennzeichnung nicht zu der Annahme, daß solche Namen im Sinne der Warenzeichen- und Markenschutz-Gesetzgebung als frei zu betrachten wären und daher von jedermann benutzt werden dürften.
Herstellung: Konrad Triltsch, Graphischer Betrieb, 87 Würzburg

Geleitwort

Der Sport ist eine der stärksten sozialen Kräfte in der Welt. In seiner Eigenart liegt, daß er emotionelle Kräfte freimacht. Um so mehr bedarf er des wissenschaftlichen Rates. Das ist seit Jahrzehnten erkannt, die Sportmedizin ist dabei vorangegangen, auf zwei Wegen. Die zunehmende Technisierung und Automatisierung erforderten medizinische Hilfe bei der Überwindung der so entstehenden Zivilisationsschäden. In jüngerer Zeit ist die Aufgabe zur Betreuung der Spitzensportler hinzugekommen, nachdem die Entwicklung der sportlichen Höchstleistung immer weiter in den Grenzbereich menschlichen Vermögens vorstößt, wo andere Gesetze gelten.
Das vorliegende Taschenbuch weist sich aus durch Berichte von sportmedizinischer Forschung, die essentielle Bedeutung haben. Es ist besonders dankenswert, daß international führende Wissenschaftler aus drei Kontinenten die Beiträge leisten und evident machen, daß auch die Wissenschaft nicht nach Regionen und Weltanschauungen teilbar ist.
So gebe ich im olympischen Jahr dem nützlichen Werk ein freundliches Geleit.

WILLI DAUME
Präsident des Nationalen Olympischen
Komitees für Deutschland und des
Organisationskomitees für die Spiele
der XX. Olympiade München 1972

München, den 10. Mai 1972

Vorwort

Der Name „Sportmedizin" ist eine Traditionsbezeichnung, die heute nur noch einen Teilbereich dieses Faches charakterisiert. Viel treffender wird sie definiert durch „das Bemühen der theoretischen und praktischen Medizin, den Einfluß von Übung, Training und Sport sowie den von Bewegungsmangel auf den gesunden und kranken Menschen jeder Altersstufe zu analysieren und die Befunde der Prävention, Therapie und Rehabilitation sowie dem Sport selbst dienlich zu machen".
Sportmedizinische Untersuchung und Forschung hat gemäß ihrem Metier den körperlich tätigen Menschen zum Ziel. Das setzte die Entwicklung spezieller Apparaturen und Untersuchungsverfahren voraus. Die hierdurch geschaffenen Möglichkeiten eröffneten ihrerseits neue Perspektiven für eine Reihe medizinischer Gebiete, insbesondere die Kardiologie, die Pulmonologie, die Pharmakologie, die Orthopädie, die Physiologie. Die Funktions- und Leistungsdiagnostik, die Bewegungstherapie und Rehabilitation erhielten besonders im letzten Jahrzehnt neue Impulse aus der Sportmedizin.
Im Vordergrund der sportmedizinischen Bemühungen von heute steht die Prävention gegenüber den Hypokinetosen. Sie repräsentieren diejenigen Störungen oder Erkrankungen, die durch Bewegungsmangel hervorgerufen oder maßgeblich gefördert werden. Darum wird diese Schrift auch mit einem präventivmedizinischen Thema begonnen.
In manchen Staaten der Welt existiert bereits der Facharzt für Sportmedizin mit einer durchweg 3—4jährigen Spezialausbildung. In der Bundesrepublik gibt es für den Medizinstudenten noch keine Prüfung über Sportmedizin im Staatsexamen. In den klassischen medizinischen Lehrbüchern deutscher Sprache sind sportmedizinische Aspekte — wenn überhaupt — durchweg am Rande erwähnt. Der in der Praxis stehende Arzt ist aber tagtäglich bei seinen Patienten mit Fragen befaßt, die den Komplex Bewegungsmangel einerseits, Sport andererseits betreffen. Er soll aus präventivmedizinischen Gründen den Sport anraten und ein individuell geeignetes Training empfehlen. Der Arzt muß daher differenzieren können zwischen qualitativ und quantitativ unterschiedlichen Auswirkungen der verschiedenen muskulären Beanspruchungsformen (Koordination, Flexibilität, Kraft, Schnelligkeit, Ausdauer) auf den Organismus sowie zwischen den verschiedenen Stufen der Eignung für ein körperliches Training bei funktionsgestörten, leistungsschwachen und schließlich bei Personen mit organisch manifestierten Erkrankungen. Der Sporttreibende selbst will Ratschläge von seinem Arzt hinsichtlich der Sportausübung in gesunden und insbesondere in kranken Tagen. Der Arzt ist damit aber eindeutig überfordert, da ihm zumindest seine routinemäßige Ausbildung keine genügenden entsprechenden Kenntnisse vermittelte.
Das vorliegende Buch versucht, hier behilflich zu sein. Zentrale Themen der

heutigen Sportmedizin obiger Definition sind von einem internationalen Spezialistenkreis in Lehrbuchart abgehandelt. Physiologische, internistische, orthopädische und biochemische Fragen wurden aus der Sicht der Sportmedizin berücksichtigt. Die angeschnittenen Probleme sind nicht nur für den Fachmann faszinierend. Ich möchte hier den Wunsch äußern, daß viele Ärzte, Medizin- und auch Sportstudenten es ebenso empfinden mögen.
Dem Springer-Verlag sei für die Anregung zur Entstehung dieses Buches, für die Beratung und Unterstützung sowie nicht zuletzt für die gute Ausstattung gedankt.

Köln, im Mai 1972　　　　　　　　　　　　　　　　　　WILDOR HOLLMANN

Inhaltsverzeichnis

Sport und körperliches Training als Mittel der Präventivmedizin in der Kardiologie (W. HOLLMANN) 1
Neuromuskuläre Funktion und körperliche Leistung (H. STOBOY) . . 16
Herz und Kreislauf im Sport (J. STEGEMANN) 42
Lungenfunktion, Atmung und Stoffwechsel im Sport (W. HOLLMANN) . 56
Energiestoffwechsel und körperliche Leistung (J. KEUL u. G. HARALAMBIE) 80
Die Ernährung des Sportlers (B. SALTIN u. J. KARLSSON) 100
Die körperliche Leistungsfähigkeit in der Höhe (P. O. ÅSTRAND) . . 115
Körperliche Arbeit bei hoher Temperatur (C. H. WYNDHAM u. N. B. STRYDOM) 131
Training (H. MELLEROWICZ) 150
Biomechanik des Sports (H. GROH u. J. KLAUCK) 163
Sport im Jugendalter (C. BOUCHARD) 175
Höheres Alter und Sport (J. SCHMIDT) 188
Frau und Sport (V. SELIGER) 198
Bewegungstherapie in der Rehabilitation von Herz-Kreislaufkranken (A. DREWS, M. J. HALHUBER, H. HOFMANN, H. MILZ u. R. RUJBR) . 211
Doping, oder das Pharmakon im Sport (M. DONIKE) 224
Sportverletzungen (H. SCHOBERTH) 239

Literatur 263
Sachverzeichnis 283

Verzeichnis der Autoren

ÅSTRAND, P. O., Prof. Dr., Gymnastik-Och indrotts-högskolan, Stockholm/Schweden
BOUCHARD, C., Prof. Dr., Faculté des Sciences de l'èducation, Quebec/Kanada
DONIKE, M., Dr., Institut für Biochemie der Universität Köln
DREWS, A., Dr., Kursanatorium Mettnau, Radolfzell
GROH, H., Prof. Dr., Institut für Biomechanik der Deutschen Sporthochschule Köln
HALHUBER, M. J., Prof. Dr., Klinik Höhenried für Herz- und Kreislaufkrankheiten, Bernried
HARALAMBIE, G., Dr., Medizinische Universitätsklinik Freiburg
HOFMANN, H., Dr., Klinik Höhenried für Herz- und Kreislaufkrankheiten, Bernried
HOLLMANN, W., Prof. Dr., Institut für Kreislaufforschung und Sportmedizin der Deutschen Sporthochschule Köln
KARLSSON, J., Dr., Department of Physiology, Kungliga Gymnastika Centralinstitute, Stockholm/Schweden
KEUL, J., Prof. Dr., Medizinische Universitätsklinik Freiburg
MELLEROWICZ, H., Prof. Dr., Institut für Leistungsmedizin Berlin
MILZ, H. P., Dr., Klinik Höhenried für Herz- und Kreislaufkrankheiten, Bernried
SALTIN, B., Doz. Dr., Department of Physiology, Kungliga Gymnastika Centralinstitute, Stockholm/Schweden
SCHMIDT, J., Prof. Dr., Medizinische Universitätsklinik Erlangen Nürnberg
SCHOBERTH, H., Prof. Dr., Sportmedizinische Abteilung der Universitätsklinik Frankfurt
SELIGER, V., Doz. Dr., Fakulta Tělesné, Výchovy a Sportu, Universita Karlova, Prag/CSSR
STEGEMANN, J., Prof. Dr., Physiologisches Institut der Deutschen Sporthochschule Köln
STOBOY, H., Prof. Dr., Orthopädische Klinik Oskar-Helene-Heim Berlin
STRYDOM, N. B., M. SC., PH. D., Human Sciences Laboratory, Johannesburg/Südafrika
WYNDHAM, C. H., M. R. C. P., D. SC., F. R. S., Human Sciences Laboratory, Johannesburg/Südafrika

Sport und körperliches Training als Mittel der Präventivmedizin in der Kardiologie

Von W. Hollmann

Seit längerem ist in der Medizin eine Verschiebung der Akzente zu beobachten. Der Schwerpunkt des ärztlichen Denkens verlagert sich von der Therapie auf die Prävention. Im Vordergund der ärztlichen Bemühungen wird in zukünftigen Jahrzehnten nicht mehr die Behandlung einer Krankheit stehen, sondern ihre Verhütung. Die futurologische Forschung erarbeitete eindrucksvolle Daten über die schon in 20 Jahren zu erwartenden Erfolge der präventiven Medizin. Zu ihren wesentlichen Bestandteilen werden in der Industrie- und Freizeitgesellschaft Sport bzw. körperliches Training zählen.
Aus der Sicht der Medizin ist die Ausbreitung des Sports eine zwangsläufige Folge der Industrialisierung mit dem Zwang zur Einengung freier körperlicher Betätigung durch die berufliche und damit zeitliche Fixierung einerseits, durch Technisierung und Automation mit der Reduzierung intensiver muskulärer Inanspruchnahmen auf ein oftmals grotesk anmutendes Minimum andererseits.
Diese technische Entwicklung fördert weniger die physische als die psychische Ermüdung und nervale Strapazierung, potenziert durch den Zeitdruck genau kalkulierter Arbeitsprozesse. Sie drängen zu einer Entspannung in Form der Bewegung. Die zeitlichen Voraussetzungen dazu werden immer besser werden.

Die 78-Std.-Woche des Jahres 1870 ist heute auf eine 41,5-Std.-Woche zusammengeschrumpft. Futurologen prophezeien für 1985 eine 30-Std.-Woche, für das Jahr 2 000 eine 3-Tage-Arbeitswoche. Schon heute füllt der Durchschnittsbürger in der Bundesrepublik 33% seiner Zeit mit Ruhe, nur noch 27% mit Arbeit, aber 40% mit Freizeit aus. Sie wird damit, biologisch gesehen, für den Menschen noch wichtiger als die Arbeitszeit.

Parallel dazu wächst die Bedeutung der Leibesübungen, die den Bedürfnissen dieser Gesellschaft anzupassen sind.
Aufgabe der Medizin ist ihre qualitative und quantitative Überprüfung in der ganzen Breite der Skala vom Schul- bis zum Alterssport, vom Gesundheits- bis zum Leistungssport.
Unberührt von allen Wandlungen des Lebensstils gilt wie bei unseren Vorfahren vor Jahrtausenden eine biologische Grundregel, welche man etwa formulieren kann: *Struktur und Leistungsfähigkeit eines Organs werden bestimmt von der Qualität und Quantität seiner Beanspruchung.*
Die Qualität, d. h., die Beanspruchungsart, formt entscheidend die Struktur und in Verbindung damit die chemische Zusammensetzung des betreffenden Gewebes. Die Quantität, d. h. Arbeitsintensität und -dauer, bestimmen das Ausmaß der Veränderungen.
Je intensiver innerhalb physiologischer Grenzen ein Organ beansprucht wird, desto ausgeprägter paßt es sich in gestaltlicher, struktureller und funktionel-

ler Hinsicht an. Seine Leistungsfähigkeit steigt, seine Störanfälligkeit wird geringer. Der elementare Funktionsreiz zur Entwicklung und Kräftigung von Herz, Kreislauf, Atmung, Stoffwechsel, Hormonproduktionsstätten und Skeletmuskulatur sind aktive muskuläre Beanspruchungen. Bleiben sie in ihrer Intensität chronisch unterhalb einer kritischen Schwelle, so resultieren Inaktivitätsatrophien und Leistungseinbußen, die in Verbindung mit oft gleichzeitig auftretenden Regulationsstörungen bereits einen submorbiden Zustand darstellen. Der damit einhergehende Verlust an körperlichem Leistungsvermögen kann geradlinig zur Auslösung vorzeitiger Alterserscheinungen und zur Frühinvalidität überleiten.

Im Vordergrund des Interesses stehen aufgrund ihrer Zahl und ihrer individuellen Auswirkung die Herz-Kreislauf-Erkrankungen. In den Statistiken der vergangenen Jahre rangierten letztere mit einer Größenordnung von 40—45% an der Spitze aller zum Tode führenden Krankheiten. Jeder 2. Bundesbürger jenseits des 50. Lebensjahres fällt einer degenerativen kardiovasculären Erkrankung zum Opfer.

Der jährlich in der Bundesrepublik ausgegebene Betrag für Krankenhausaufenthalte, Kuren und Frühinvalidität als Folge allein dieser Krankheitserscheinung beläuft sich auf 20—25 Milliarden DM. Sicherlich könnte ein nennenswerter Prozentsatz hiervon eingespart werden, wenn sowohl im jugendlichen Alter als auch dann wieder speziell nach dem 40. Lebensjahr ein regelmäßiges körperliches Training betrieben würde.

Für die Bedeutung von Sport und Training in dieser Hinsicht sprechen:
1. Experimentelle Befunde über den Einfluß von körperlichem Training und Sport auf Herz, Kreislauf, Atmung und Stoffwechsel;
2. experimentelle Befunde über den Einfluß von Bewegungsmangel auf den menschlichen Organismus;
3. epidemiologisch-statistische Erhebungen;
4. Erfahrungen der klinischen Medizin.

Die internen Ursachen der in den letzten zwei Jahrzehnten in der Bundesrepublik steil angestiegenen Zahl der funktionellen und degenerativen Herz-Kreislauf-Affektionen, deren Kurvenverhalten auf eine weitere Zunahme hinweist, sind:
Hypertonie;
Hyperlipidämie;
Hyperglykämie;
Hyperurikämie;
Polyglobulie bzw. -cythämie;
Adipositas.

Als externe Ursachen ergaben sich die Risikofaktoren:
Eine unphysiologische Ernährung (quantitativ wie qualitativ);
Genußmittel, speziell Nikotin;
Streß, d. h. die Summe der bewußt und unbewußt auf uns einwirkenden überschwelligen Reize;
Bewegungsarmut.

Unter dem Begriff „Bewegungsmangel" verstehen wir körperliche Beanspruchung chronisch unterhalb einer Reizschwelle, deren Überschreitung notwendig ist zum Erhalt oder zur Vergrößerung der funktionellen cellulären Kapazität. Hinsichtlich der beiden Eckpfeiler körperlicher Leistungsfähigkeit, nämlich der kardio-pulmonalen Kapazität und der Muskelkraft, liegt diese Reizschwelle bei untrainierten Personen in einem Bereich um 30% der maximalen Leistungsgröße.

Die klinische Ausprägung der degenerativen Erscheinungen erfolgt selten durch einen Faktor allein. Vielmehr handelt es sich um ein multifaktorielles und ein multikausales Geschehen. Dennoch kann die Bedeutung des Bewegungsmangels in der Förderung der Krankheitsauswirkungen — oder, umgekehrt ausgedrückt, die Bedeutung eines körperlichen Trainings zur Prävention der klinischen Auswirkungen vornehmlich degenerativer Veränderungen — kaum überschätzt werden.

Ähnliches gilt für die *Alterungsvorgänge*. Bisher ist noch kein Medikament bekannt, welches bei einem sonst organisch gesunden Menschen Alterungsvorgänge stoppen oder gar umkehren kann.

Um so interessanter sind die Ähnlichkeiten in der Charakteristik der Altersveränderungen mit denen des Trainingsverlustes. So lassen reduzierte Werte bei Leistungsuntersuchungen des älteren Menschen nicht immer ohne weiteres erkennen, ob sie durch Alterungsvorgänge oder lediglich durch einen Trainingsverlust infolge von Bewegungsarmut bedingt sind. Eine Einschränkung der Leistungsfähigkeit der Atmung, eine Reduzierung der maximalen Sauerstoffaufnahme, eine unökonomische Verhaltensweise des kardio-pulmonalen Systems auf gegebenen Belastungsstufen sind Symptome, die sowohl als Folge des biologischen Alters wie auch als solche von schlechtem Trainingszustand entstehen können.

Die Ähnlichkeit in typischen Faktoren läßt schon theoretisch die Möglichkeit erwägen, den aufgeführten Alterungsvorgängen wie den degenerativen Entwicklungen am Herz-Kreislauf-System durch ein körperliches Training entgegenzuwirken. Die Richtigkeit dieser Überlegung, zumindest hinsichtlich der altersbedingten Abbauvorgänge, ist speziell in den letzten Jahren durch mehrere Forschergruppen im internationalen Raum bewiesen worden. Der Beweis konnte sowohl experimentell als auch in vergleichenden Querschnitts- wie Langzeitstudien erbracht werden.

Es kann heute kein Zweifel mehr daran bestehen, daß körperliches Training ein Bremselement darstellt sowohl gegenüber Alterungsvorgängen als auch gegenüber den Folgen degenerativer Herz-Kreislauf-Veränderungen (Tab. 1, 2 und 3). Weiterhin liegt seine Bedeutung in der Vorbeugung bzw. Therapie von Krankheiten und Symptomen wie Diabetes, Adipositas, periphere arterielle Durchblutungsstörungen, Thrombose, primäre Hypertonie und Hypotonie, „vegetative Dystonie", hyper- und hypokinetisches Syndrom, Osteoporose, Bronchialasthma, nach diversen Lungenoperationen, Gastritis psychischer Ursache und bei verschiedenen Affektionen auf dem Gebiete der Orthopädie.

Tabelle 1. Das Verhalten der maximalen Sauerstoffaufnahme bei Ausdauersportlern und keinen Sport treibenden Personen des 6.—8. Lebensjahrzehnts

Maximale O_2-Aufnahme (ml)

	Sportler	n	Nichtsportler	n	Sign.
6. LJZ.	2965±308	30	2493±246	30	+++
7. LJZ.	2791±296	18	2190±289	16	+++
8. LJZ.	2014±284	8	1804±294	8	+

Maximale O_2-Aufnahme/Körpergewicht (ml/kg)

	Sportler	n	Nichtsportler	n	Sign.
6. LJZ.	42 ±7	30	31±7	30	+++
7. LJZ.	37,8±6	18	30±4	16	+++
8. LJZ.	31 ±5	8	27±5	8	+

Tabelle 2. Der Herzvolumenäquivalentwert sowie der Herzvolumenäquivalentwert 130 bei ausdauersporttreibenden Personen des 6.—8. Lebensjahrzehnts im Vergleich zu gleichaltrigen Untrainierten. Die Herzleistungsfähigkeit ersterer ist im 6. und 7. Lebensjahrzehnt hoch überlegen.

Herzvolumen-Äquivalentwert

	Sportler	n	Nichtsportler	n	Sign.
6. LJZ	49,6± 7,2	29	61,1±12,7	29	+++
7. LJZ	48,5± 9,1	19	55,8±12,5	18	++
8. LJZ	56,9±10,1	8	55,8±13,8	8	−

Herzvolumen-Äquivalentwert, bezogen auf Pulsfrequenz 130

	Sportler	n	Nichtsportler	n	Sign.
6. LJZ	52,7±7,6	29	65,2±13,4	29	+++
7. LJZ	52,9±8,5	19	60,0±11,3	18	+++
8. LJZ	56,6±9,2	8	63,2±13,8	8	+

Zum besseren Verständnis bei präventiven, bewegungstherapeutischen und rehabilitativen Maßnahmen seien zunächst einige Begriffe definiert:
Unter *Übung* verstehen wir die systematische Wiederholung bestimmter Bewegungsabläufe zum Zwecke der Leistungssteigerung ohne morphologisch faßbare Anpassungserscheinungen.
Demgegenüber stellt „*Training*" die systematische Wiederholung von Bewegungsabläufen zum Zwecke der Leistungssteigerung mit morphologisch faßbaren Anpassungserscheinungen dar. Zwischen beiden Begriffen besteht ein qualitativer Unterschied. Die praktische Bedeutung für die rehabilitative Kardiologie besteht darin, daß bei Personen mit schweren organisch mani-

festierten Beeinträchtigungen oftmals nur Übung, in anderen Fällen jedoch Training indiziert ist.
„Sport" hingegen stellt eine körperliche Beanspruchung mit Wettkampfcharakter oder mit dem Ziel einer hervorstechenden persönlichen Leistung dar. Während Training bei Personen mit organischen Schäden indiziert sein kann, schließt sich in bezug auf dieses Beispiel Sport gemäß unserer Definition aus.
Die in der präventiven und rehabilitativen Kardiologie angestrebte *Steigerung der Belastbarkeit des Herzens* kann auf zwei Wegen erreicht werden: Durch eine Vergrößerung der Leistungsfähigkeit des Herzens oder durch eine geringere Herzbeanspruchung für eine gegebene muskuläre Leistung. Der erstere Weg bedeutet eine Steigerung des maximal erreichbaren Herzzeitvolumens, der letztere eine Reduzierung des notwendigen Herzzeitvolumens für eine gegebene Leistung.
Durchweg sind beide Mechanismen im Regelkreis der Herz-Kreislauf-Dynamik miteinander verbunden und erfahren durch Training Veränderungen ihrer Sollwerteinstellung.
Leider werden auch vielfach von Ärzten die verschiedenen muskulären Beanspruchungsformen in einen Topf geworfen hinsichtlich ihrer Auswirkungen auf den Organismus. Tatsächlich muß jedoch die für den jeweiligen Fall zweckmäßigste Trainingsform wie ein Medikament ausgesucht und die beste Dosis bestimmt werden. Es ist zwischen 5 Hauptformen muskulärer Beanspruchung zu unterscheiden:

Koordination   Schnelligkeit
Flexibilität   Ausdauer
Kraft

Unter der *Koordination* verstehen wir das Zusammenwirken von Zentralnervensystem und Skeletmuskulatur innerhalb eines gezielten Bewegungsvorganges. Leistungslimitierend wirken der Übungszustand der agonistisch-antagonistisch tätigen Muskulatur und die Beachtung der einschlägigen physikalischen Gesetze. Übung verbessert die Koordination und reduziert den Sauerstoffbedarf für einen gegebenen Bewegungsvorgang.

In Laufbanduntersuchungen beobachteten wir beispielsweise eine Abnahme des Sauerstoffbedarfs für eine gegebene Laufgeschwindigkeit von 4 600 auf 4 000 ml/min (Abb. 1 a). Daß es sich dabei nicht um einen Trainingseffekt, sondern nur um eine Verbesserung der Koordination handelte, ging aus unverändert gebliebenen Parametern des kardio-pulmonalen Leistungsverhaltens bei Arbeit auf dem Fahrradergometer hervor.
Insofern kann eine Verbesserung der Koordination indirekt über eine Vergrößerung der Sauerstoffreserve infolge einer Verminderung des Sauerstoffbedarfs bei einer gegebenen muskulären Leistung zu einer vergrößerten Leistungsfähigkeit führen.
Unter der *Flexibilität* ist die Beweglichkeit über ein oder mehrere Gelenke zu verstehen. Für die präventive und rehabilitative Kardiologie ist ihre Bedeutung gering.

Stellvertretend für die verschiedenen Kraftformen sei hier die *statische Kraft* definiert. Wir verstehen darunter diejenige Kraft, welche ein Muskel oder eine Muskelgruppe willkürlich gegen einen fixierten Widerstand zu entfalten vermag. Leistungslimitierend wirken der Muskelfaserquerschnitt, die Muskelfaserzahl, die Muskelstruktur, die Koordination, die Faserlänge, der Angriffswinkel und die Motivation. Ein statisches Krafttraining beeinflußt ausschließlich Skeletmuskel, Sehnen, Bänder und Knochen. Eine Steigerung der kardio-pulmonalen Kapazität ist damit nicht zu erzielen. Das beweisen

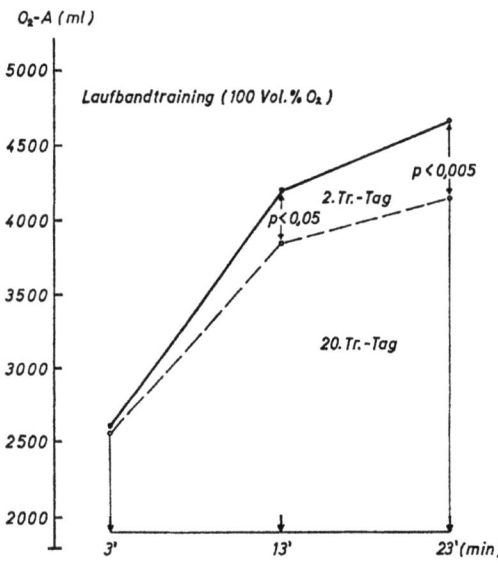

Abb. 1a. O_2-Einsparung für eine gegebene Leistung durch Verbesserung der Koordination (nach LIESEN u. HOLLMANN)

einerseits die Befunde von Spitzensportlern in ausschließlichen Kraftsportarten, deren kardio-pulmonale Kapazität im Bereiche von Normalpersonen liegt, sowie Trainingsversuche (Abb. 1 b). Hier wurden gleichzeitig Streck- und Beugemuskulatur an Rumpf und Extremitäten trainiert. Die Kraftsumme stieg hochsignifikant um 36% an. Die maximale Sauerstoffaufnahme als Bruttokriterium des kardio-pulmonalen Leistungsvermögens blieb mit einem Anstieg von 3,6% im Streubereich der Norm.
Eine Arbeit mit Expander und Impander gegen einen hohen Widerstand ist daher aus der Sicht der präventiven und rehabilitativen Kardiologie zum Zwecke der Steigerung der Leistungsfähigkeit des Herz-Kreislauf-Systems sinnlos.

Sport und körperliches Training als Mittel der Präventivmedizin 7

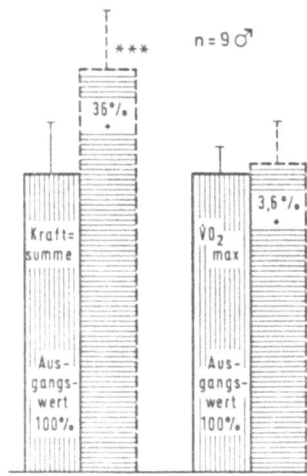

Abb. 1b. Das Verhalten der maximalen Sauerstoffaufnahme vor und nach einem Krafttraining großer Muskelgruppen

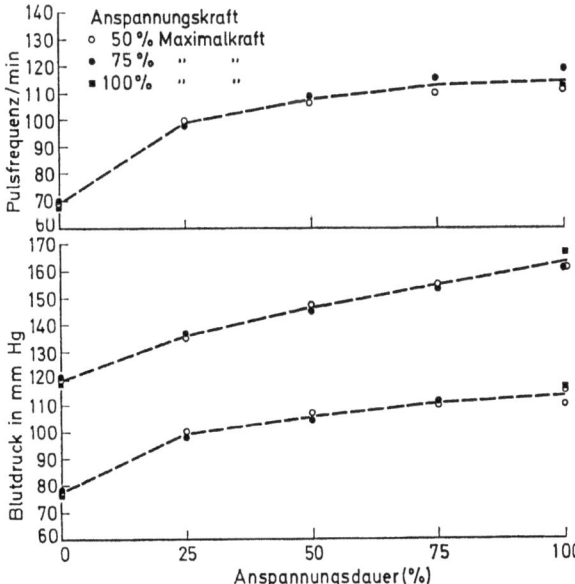

Abb. 2. Pulsfrequenz und Blutdruck in Abhängigkeit von Anspannungskraft und -dauer der Unterarmbeugemuskulatur (nach HETTINGER, HOLLMANN u. SCHÖNENBORN)

Ein statisches Krafttraining zur Vergrößerung der Muskelkraft kann jedoch aus der Sicht der Orthopädie sehr wertvoll sein, aber auch aus der der rehabilitativen Kardiologie, beispielsweise zur Normalisierung der Muskelkraft während oder nach Bettlägerigkeit. Wie die Abb. 2 zeigt, kann jedoch bereits der statische Einsatz kleiner bis mittelgroßer Muskelgruppen über eine längere Zeitspanne als 5—10 sec zur erheblichen Kreislaufbelastung in Form von Pulsfrequenz- und Blutdruckanstiegen führen. Daher sollten bei Patienten mit organisch manifestierten Herzschädigungen statische Beanspruchungen dieser Art nicht länger als maximal 5 sec aufrechterhalten werden.

Als Beispiel für die *Schnelligkeit* sei die *Grundschnelligkeit* zitiert. Wir verstehen darunter die maximal erreichbare Geschwindigkeit innerhalb eines zyklischen Bewegungsablaufes. Leistungslimitierend wirken die Muskelkraft, Koordination, Viskosität, Kontraktionsgeschwindigkeit, anthropometrische Merkmale und das Reaktionsvermögen.

Die Anwendung der Grundschnelligkeit ist für die rehabilitative und präventive Kardiologie ohne nennenswerte Bedeutung. Im Gegenteil, Training dieser Art setzt sehr hohe Belastungsintensitäten voraus, die bei Personen mit bereits vorliegenden organischen Schädigungen mehr Schaden als Nutzen bringen.

Unter der *Ausdauer* wird die Ermüdungswiderstandsfähigkeit gegenüber muskulärer Beanspruchung verstanden. Es existieren viele Formen von Ausdauer, von denen für die präventive und auch rehabilitative Kardiologie praktisch nur die lokale aerobe Ausdauer und die allgemeine aerobe Ausdauer von Bedeutung sind.

Unter der *lokalen aeroben Ausdauer* ist die aerobe Kapazität einer Muskelgruppe zu verstehen, die kleiner ist als $1/7$ bis $1/6$ der gesamten Skelettmuskulatur. Leistungslimitierend wirken das intracelluläre O_2-Angebot pro Zeiteinheit in der arbeitenden Muskulatur sowie die Qualität und die Quantität der Enzymausstattung und der lokalen Stoffwechseldepots (Glykogen).

Die lokale aerobe Ausdauer ist unter allen Teilfaktoren der am stärksten trainierbare überhaupt. Der Ausgangswert kann um viele 100, gegebenenfalls mehrere 1000% erhöht werden. Die Anpassungsvorgänge betreffen neben der Koordination den Metabolismus und die Hämodynamik. Im metabolischen Geschehen werden die vorhandenen Mitochondrien vergrößert, während ihre Zahl eine Verdoppelung erfahren kann. Damit verbunden sind hochsignifikante Steigerungen der Enzymaktivitäten des aeroben Stoffwechsels, aber auch eine Vermehrung des Myoglobins und des Glykogengehaltes (HOLLOSZY, 1967; GOLLNICK und Mitarbeiter, 1967, 1968; BERGSTRÖM und Mitarbeiter, 1967; BARNARD und Mitarbeiter, 1969; WALPURGER und ANGER, 1970; KRAUS und Mitarbeiter, 1969, 1970 u. a.). Das Gesamtresultat ist eine Vergrößerung der intrazellulären metabolischen Kapazität. Die Vermehrung der Strukturen, die der Energieversorgung der Zelle dienen, kann schon nach wenigen Trainingsstunden beobachtet werden (MEERSON, 1964).

In Verbindung mit diesen metabolischen Adaptationen gehen trainingsbedingte hämodynamische einher. Für eine gegebene submaximale Arbeit sinkt die muskuläre Durchblutung pro Zeiteinheit, während bei maximaler Beanspruchung die Durchblutungsgröße ansteigt (TREUMANN und SCHROEDER, 1968; CAESAR und JESCHKE, 1970; PHILIPPI und HOLLMANN, 1971). Die Reduzierung der Blutdurchströmung der Arbeitsmuskulatur auf submaximalen Belastungsstufen kann als eine ökonomischere intramuskuläre Blutverteilung gedeutet werden (TREUMANN und SCHROEDER, 1968). Dieser Effekt ist bereits mit Minimal-Trainingsprogrammen nach wenigen Wochen zu erreichen. Daneben tritt vermutlich auch bei gesunden Personen, sicherlich aber bei solchen mit peripheren arteriellen Durchblutungsstörungen, eine verbesserte Vaskularisierung ein, worunter eine Kollateralenerschließung und eine Kapillarisierung zu verstehen sind. Es soll offen bleiben, ob es sich bei letzterer um eine Eröffnung von Ruhekapillaren, eine Erweiterung vorhandener oder eine Neubildung von Kapillaren handelt.

Als Resultat der metabolischen und hämodynamischen Anpassungen infolge eines dynamischen aeroben Trainings kann einer gegebenen Blutmenge eine größere Sauerstoffmenge intramuskulär entnommen werden. Die verbesserte Koordination der betreffenden Muskulatur verringert für eine gegebene Leistung den Sauerstoffbedarf. Mehrere Untersuchergruppen haben in den letzten Jahren nachgewiesen, daß die periphere Durchblutung und das Herzminutenvolumen bei submaximaler Belastung Trainierter niedriger liegt als bei Untrainierten (Abb. 3 a—c). Die vermehrte Extraktion von Sauerstoff aus einer gegebenen Blutmenge ist die Ursache. *Die Herzschlagzahl wird hierbei von den peripheren Bedürfnissen bestimmt.* Schon vor 3

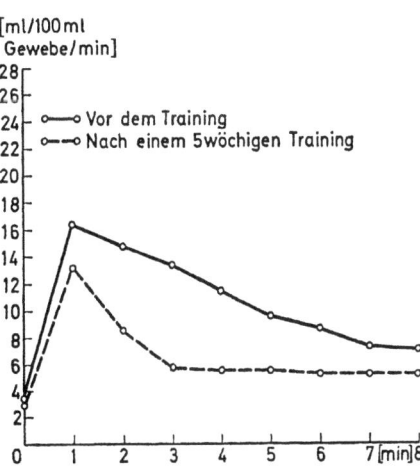

Abb. 3a. Mittelwerte der Unterarmdurchblutung nach einer gegebenen Arbeit vor und nach einem 5wöchigen dynamischen Training zur Vergrößerung der lokalen aeroben Ausdauer (nach PHILIPPI und HOLLMANN)

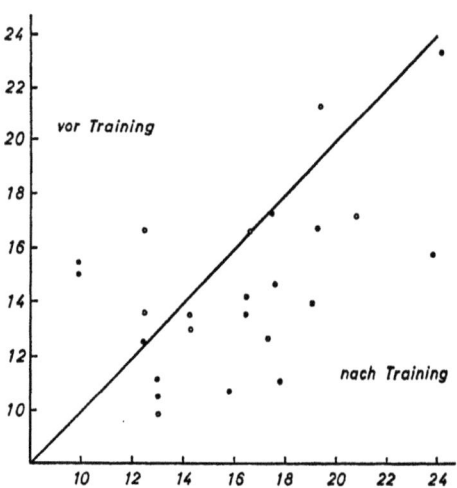

Abb. 3b. Vergrößerung der arterio-venösen O_2-Differenz durch Training bei Koronarpatienten (nach ANDREW u. Mitarb.).

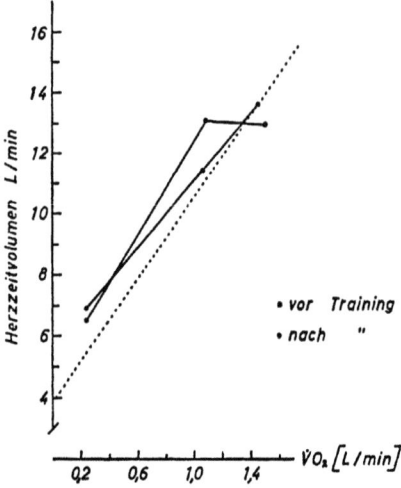

Abb. 3c. Verringerung des Herzminutenvolumens für eine gegebene O_2-Aufnahme im submaximalen Arbeitsbereich bei Koronarpatienten (nach CLAUSEN u. Mitarb.)

Jahrzehnten wies KNIPPING auf die große Bedeutung der Körperperipherie für die Regulation der Herzarbeit hin und prägte die Bezeichnung vom „Schongang des Herzens" als Folge peripherer Anpassungsvorgänge bei trainierten Personen. Diese Auffassung beginnt sich aber erst heute aufgrund jüngster Untersuchungsergebnisse durchzusetzen.

Eng verbunden mit der lokalen aeroben Ausdauer ist die *allgemeine aerobe Ausdauer*. Unserer Definition nach verstehen wir darunter dynamische Beanspruchungen von mindestens $1/7$ bis $1/6$ der gesamten Skeletmuskulatur über eine Zeitspanne von wenigstens 3—5 min Dauer mit einer Belastungsintensität von mindestens 50% der maximalen Kreislaufleistungsfähigkeit.

Diese Definition gewährleistet den leistungslimitierenden Effekt der maximalen Sauerstoffaufnahme pro Minute als Bruttokriterium der allgemeinen aeroben Kapazität. Sie wird ihrerseits primär limitiert durch das maximale Herzzeitvolumen und die maximale arterio-venöse O_2-Differenz sowie möglicherweise den intracellulären pH-Wert, sekundär von der Ventilation, der Diffusion, dem Blutvolumen und dem Totalhämoglobingehalt. Der gesunde Mensch zeichnet sich durch eine Harmonie aller leistungsbegrenzenden Systeme aus. Beim kranken wird hingegen das leistungsschwächste Glied der Kette zum entscheidend leistungsbegrenzenden Moment.

Die allgemeine aerobe Kapazität kann mit Sportarten wie Laufen, Radfahren, Schwimmen, Skilanglaufen, Schlittschuhlaufen, Rudern, Rasenballspiele, Bergwandern und dergleichen am intensivsten vergrößert werden.

Im Lebensgang unterscheidet man zwei zeitlich differierende Schwerpunkte für die Bedeutung eines Ausdauertrainings: das jugendliche Alter und das Alter jenseits des 40. Lebensjahres. Im ersteren Falle ist es die Aufgabe von Sport und körperlichem Training, die dem jugendlichen Organismus innewohnenden Entwicklungsmöglichkeiten durch entsprechende Reizsetzung zur vollen Entfaltung zu bringen. Im Alter jenseits des 40. Lebensjahres soll es der Erhaltung der körperlichen Leistungsfähigkeit und der Prävention der Manifestierung degenerativer Erscheinungen dienen.

Wir unterscheiden heute gemäß Forschungsergebnissen der letzten Jahre ferner *zwei zeitlich differierende Anpassungsstufen beim Übergang vom untrainierten zum ausdauertrainierten Zustand*. Die erste besteht in einer vegetativen Umstellung, intracellulären metabolischen und einer hämodynamischen Adaptation, die zweite in einer Veränderung der kardio-vaskulären Dimensionen.

Während die erstere Anpassungsstufe bereits in wenigen Trainingsstunden durch sogenannte Minimaltrainingsprogramme erreichbar ist und mit Minimalprogrammen erhalten werden kann, sind Veränderungen der zweiten Anpassungsstufe nur durch intensive, langdauernde körperliche Beanspruchung erzielbar. Sie sind daher in erster Linie dem Leistungssportler in Ausdauersportarten vorbehalten. Ihre Kennzeichen sind ein um mehr als 10% eines normalen Ausgangswertes vergrößertes Herzvolumen, damit verbunden ein größeres maximales Schlagvolumen, eine Vergrößerung der Blutmenge und des Totalhämoglobingehaltes u. a. Unserer Auffassung nach stellen diese letztgenannten Anpassungserscheinungen zwar für den Leistungssportler eine Voraussetzung zur Erzielung wertvoller Leistungen in Ausdauersportarten dar; sie sind gesundheitlich jedoch unter der Voraussetzung normaler Ausgangsbefunde weitgehend indifferent.

Daher soll hier nur näher auf die erste Anpassungsstufe eingegangen werden. Leitsymptom ist die Reduzierung der Ruhepulsfrequenz. Damit verbunden ist eine Verminderung der Herzarbeit. Die verlangsamte Schlagfolge des Herzens bedingt eine Verlängerung der Systolen- und Diastolendauer. Erstere geht infolge einer reduzierten Druckanstiegsgeschwindigkeit mit einem verringerten Sauerstoffbedarf einher und wirkt daher sauerstoffein-

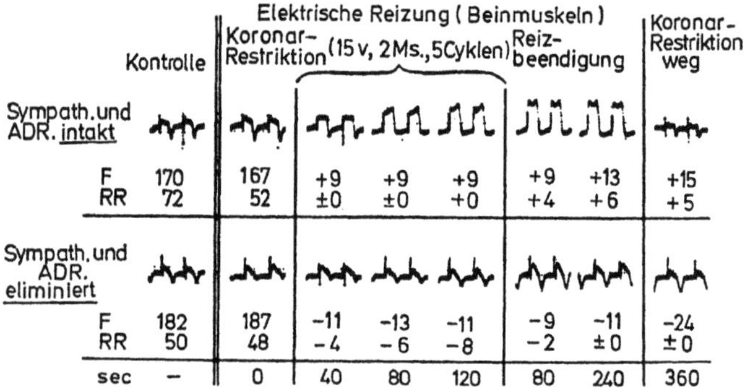

	Kontrolle	Koronar-Restriktion	Elektrische Reizung (Beinmuskeln) (15v, 2Ms., 5Cyklen)			Reiz-beendigung		Koronar-Restriktion weg
Sympath. und ADR. intakt								
F	170	167	+9	+9	+9	+9	+13	+15
RR	72	52	±0	±0	+0	+4	+6	+5
Sympath. und ADR. eliminiert								
F	182	187	−11	−13	−11	−9	−11	−24
RR	50	48	−4	−6	−8	−2	±0	±0
sec	−	0	40	80	120	80	240	360

Abb. 4. Der Einfluß der Sympathicusausschaltung auf das EKG nach Coronarrestriktion und anschließender muskulärer Arbeit im Tierversuch (nach RAAB, 1965). Deutliche Reduzierung der myokardialen Hypoxie

sparend für das Myokard. Die verlängerte Diastole bedeutet eine verlängerte Durchblutungsphase des Herzmuskels. Die betont trophotrope Einstellung des vegetativen Nervensystems bedingt gleichzeitig eine Verminderung der intra-myokardialen Catecholaminfreisetzung, was seinerseits für eine gegebene Herzleistung sauerstoffeinsparend wirkt (BONENKAMP; RAAB; SONNENBLICK, 1965) (Abb. 4).

Für eine gegebene muskuläre Arbeit ist die Arbeitspulssumme herabgesetzt, desgleichen der systolische Blutdruck. Das bedeutet eine weitere Sauerstoffeinsparung für den Herzmuskel. Daneben mag unter Arbeit das Schlagvolumen zusätzlich vergrößert werden. Hinzu treten die Anpassungsvorgänge, welche bereits unter der lokalen aeroben Ausdauer erwähnt wurden.

Nach den klassischen Untersuchungen von KROGH, PETREN, SINGEISEN, SJÖSTRAND, VANOTTI und MAGIDAY u. a. wurde neuerdings eine echte Vermehrung der Zahl der Capillaren speziell bei Ausdauertraining von TITTEL (1966) am Skeletmuskel und am Herzmuskel der Ratte nachgewiesen.

Andere, harmonische Anpassungen des Gesamtorganismus an ein Training wie Vergrößerung der Vitalkapazität, des Atemgrenzwertes, des maximal erreichbaren Atemminutenvolumens, der Lungenperfusion, eine Vergrößerung von Leber und Nebennieren bei Ausdauertraining sowie ein quantitativ verändertes Elektrolytverhalten seien hier nur am Rande vermerkt.

Welches sind nun die *Minimalbelastungen*, die zu Anpassungserscheinungen der Stufe 1 führen? Entsprechende Untersuchungen ergaben: Ein tägliches Training von 10 min Dauer gemäß der obigen Definition einer Ausdauerbeanspruchung genügt, bereits nach ca. 2—4 Wochen die ersten im Labor objektivierbaren Anpassungserscheinungen auftreten zu lassen (HOLLMANN u. BOUCHARD, 1965; ROSKAMM u. Mitarb., 1966; MELLEROWICZ, u. a.).

Bei Fortführung des Trainings ist nach 8—10 Wochen bereits das Maximum des hierdurch Erreichbaren zu registrieren. Dabei muß auf die ständige, z. B. wöchentlich vorzunehmende Steigerung der Belastungsintensität geachtet werden, da andernfalls die kritische Reizschwelle zur Auslösung von Anpassungserscheinungen nicht mehr erreicht wird. Die einschlägigen Laboruntersuchungen ergaben, daß bereits eine tägliche Trainingszeit von 5 min zu nachweisbaren Leistungsverbesserungen von Herz, Kreislauf, Atmung und Stoffwechsel führt. Zweckmäßigerweise sind dabei die Pulsfrequenzen während der Trainingsminuten auf 150—160/min zu vergrößern, um mit Sicherheit die gewünschten Effekte zu erzielen. Für männliche und weibliche Personen jenseits des 50. Lebensjahres genügen geringere Pulsfrequenzen. Eine Regel lautet: Soll — Pulsfrequenz = 170 — Lebensalter in Jahren (BAUM, 1971).

Dazu einige Einzelheiten: *Laufen* stellt die natürlichste Bewegungsform dar. Praktisch wird der gesamte Körper beansprucht. Es bietet eine gute Dosierungsmöglichkeit nach Zeit und Strecke. Dabei sollte man sich selbst die Pulsfrequenz kontrollieren, was bei körperlichen Belastungen meistens durch Auflegen der flachen Hand auf die linke Brustseite gelingt. Es genügt eine Registrierung über 10 sec mittels des Sekundenzeigers der Armbanduhr unter anschließender Multiplizierung des Wertes mit 6. Zur Pulsfrequenzmessung sollte man nicht aus vollem Laufe heraus stehenbleiben, sondern weitergehen, um einer unerwünschten orthostatischen Reaktion vorzubeugen.

Gemäß den früheren Ausführungen kommt es beim Laufen nicht auf eine hohe Laufgeschwindigkeit, sondern auf eine lange Laufdauer an. Damit sinkt automatisch die Belastungsintensität. Für den älteren Menschen gilt die Faustregel: Übungsexzesse, das sind Beanspruchungen mit hoher Belastungsstufe, stiften mehr Schaden als Nutzen, langdauernde Belastungen mit geringer Intensität sind segensreich.

Spazierengehen oder Wandern ist zwar erholsam für das vegetative Nervensystem und wirkt daher beruhigend und ausgleichend. Ein Trainingseffekt im gewünschten Sinne kann hiermit jedoch nicht erzielt werden. Damit sind der gesundheitlichen Bedeutung des Spazierengehens oder Wanderns in dieser Hinsicht enge Grenzen gesetzt. Das ändert sich erst im Mittel jenseits des 65.—70. Lebensjahres. In diesem Bereich beginnt die Trainierbarkeit des menschlichen Organismus zu erlöschen. Jetzt kommt es darauf an, den vorhandenen Leistungsstand des Organismus durch entsprechend gewählte und dosierte Belastungsformen noch möglichst lange zu wahren. Da sowieso bei Personen dieses Alters die Leistungsfähigkeit des kardio-pulmonalen Systems reduziert ist, kann sich bei ihnen Wandern und Spazierengehen oder ein Sport wie Golf vorteilhaft auswirken.

Für schwergewichtige Personen oder solche mit Gehbeschwerden empfiehlt sich besonders das *Radfahren*. Sein Vorteil besteht neben der exakten Dosierbarkeit, die individuell mittels Pulsfrequenzkontrolle gut angepaßt werden kann, in der gleichzeitigen Schonung der Kniegelenke trotz der hohen Belastung. Das Gewicht des Körpers wird vom Sattel getragen.

Ähnlich empfiehlt sich für diesen Personenkreis das *Schwimmen*. Herz-kreislaufmäßig vorgeschädigte oder ältere Personen sollten hierbei jedoch besonders auf einen langsamen Übergang von der Luft- in die niedrigere Wassertemperatur achten. Die erste Berührung mit kaltem Wasser führt zu einer Konstriktion der Hautgefäße mit einer Erhöhung des peripheren Gefäßwiderstandes, was nicht abrupt geschehen sollte. Andernfalls könnte bei Personen mit einer latenten oder gar manifesten Coronarinsuffizienz ein Angina pectoris-Anfall ausgelöst werden.

Ballspielarten wie Fußball, Handball und Hockey bieten ausgezeichnete Trainingsreize für den gesamten Organismus. Ihr Nachteil ist jedoch die aus organisatorischen, zeitlichen und anderen Gründen bestehende Schwierigkeit, diesen Sport regelmäßig jenseits des 30. bis 40. Lebensjahres durchführen zu können. Daher legen wir heute großen Wert darauf, bereits in den Schulen mit Sportarten vertraut zu machen, denen ohne große Schwierigkeiten ein Leben lang nachgegangen werden kann.

Hervorragend geeignet ist hierfür z. B. das *Tennisspiel*. Es erfüllt die Voraussetzungen für ein kardio-pulmonales Training und kann auch noch von alten Personen betrieben werden, wenn sie einmal die entsprechende Technik in früherer Zeit erlernt hatten. Allerdings muß als Einschränkung hier auf Gefahren aufmerksam gemacht werden, die bei höheren Temperaturen und hoher relativer Luftfeuchtigkeit sowie bei übertriebenem Ehrgeiz (viele Sprints zum Ball) für den Älteren bestehen könnten.

Kann aus welchen Gründen auch immer keine der üblichen Sportarten betrieben werden, so empfiehlt sich als Ausweg das *Heimtraining*. Zahlreiche Heimtrainingsgeräte bieten sich heute hierfür an. Am besten geeignet für ein Training des Herz-Kreislauf-Systems sind das Standfahrrad und das Trockenrudergerät. Die Belastungsstufe ist anhand der Pulsfrequenz genau einzustellen. Die erwähnte tägliche Belastungsdauer von kontinuierlich 10 min oder $2\times$ je 5 min läßt bereits intensive Trainingsreize setzen. Es besteht keine zeitliche Gebundenheit, da die Trainingswirkung morgens und abends gleich groß ist. Der Preis für derartige Geräte liegt weit unter denen guter Radios oder gar Fernsehapparate und sollte daher, da es um die Gesundheit geht, nicht zu hoch sein.

Stehen Heimtrainingsgeräte nicht zur Verfügung, kann wenigstens ein „Lauf auf der Stelle" vorgenommen werden, wozu man am besten eine federnde Unterlage benutzt wie z. B. eine Schaumgummimatte. Mit ca. 140 Schritten/min und einer Laufdauer von beispielsweise 2×5 min/Tag werden ebenfalls hochintensive Herz-Kreislauf-Beanspruchungen erzielt. Zur leichteren Durchführbarkeit kann man nach einem Intervallprinzip verfahren: Laufdauer ca. 30 sec, anschließend ein Traben auf der Stelle von ca. 20 sec Dauer, dann Wiederholung des Laufens. Auch hier erlaubt die Beobachtung der Pulsfrequenz die richtige Dosierung.

„Klassische" Zimmergymnastik ist zwar günstig für die Beweglichkeit und Geschicklichkeit, wirkt sich jedoch nur unerheblich auf den Schlüssel zur Gesundheit, die kardio-pulmonale Leistungsfähigkeit, aus. Darum ist ihr Nutzen in dieser Hinsicht als sehr gering anzusehen. Nicht viel besser steht es mit Übungen wie Kniebeugen und Liegestütze, die zwar zu Pulsfrequenzen von 180/min und darüberhinaus führen können, was aber mehr auf statische als auf dynamische Beanspruchungen und damit dominierend auf

Tabelle 3. Faktoren, durch welche Ausdauertraining die Konsequenzen von degenerativen kardio-vaskulären Veränderungen günstig beeinflußt.

Zunahme	Abnahme
1. *Peripherie* Ökonomie der intramuskulären Blutverteilung Vaskularisierung (Kollateralen, Anastomosen, Kapillarisierung) Intrazelluläre metabolische Kapazität (Mitochondrienzahl, Myoglobin, Glykogen, Aktivität oxydativer Enzyme wie Cytochromoxydase, Succinatoxydase, NADH-Oxydase-System u. a.) Arterio-venöse O_2-Differenz in Ruhe und auf gegebenen Belastungsstufen (als Folge der obigen hämodynamischen und metabolischen Verändeungen) Ökonomie der peripheren Blutverteilung und des venösen Rückstromes, Fibrinolytische Aktivität, Stresstoleranz 2. *Herz und Lunge* Kollaterale Gefäße Ökonomie der Herzarbeit (verringerte Pulsfrequenz in Ruhe und auf gegebenen Belastungsstufen, verringerter systolischer Blutdruck, verlängerte Systolen- und Diastolendauer, verringerte myokardiale Katecholaminfreisetzung), Aktivität der oxydativen myokardialen Enzyme Ausdauergrenze (Arbeitskapazität 130) Maximale O_2-Aufnahme Vitalkapazität Atemgrenzwert Maximales Atemminutenvolumen	Pulsfrequenz (in Ruhe und auf gegebenen Belastungsstufen) Systolischer Blutdruck (auf gegebenen Belastungsstufen) Triglyzeride Cholesterin, Gesamtlipide, Lipoproteide und Phospholipide (bei trainingsbedingter Verhältnisänderung von Kalorienaufnahme zu Kalorienverbrauch) Blutplättchenaggregation Katecholamin- und andere Hormonreaktionen bei körperlichem und psychischem Stress Muskeldurchblutung (in Ruhe und auf gegebenen Belastungsstufen) Herzzeitvolumen auf gegebener submaximaler Belastungsstufe

Wichtigstes Gesamtergebnis: Reduzierung der Herzbelastung für eine gegebene Körperarbeit, Verringerung des O_2-Bedarfs des Herzens für eine gegebene körperliche Belastungsstufe, Reduzierung der Risikofaktoren: Hypertonie, Hyperlipidämie, Hyperglykämie (körperlich aktive Menschen metabolisieren Glukose schneller), Adipositas, Stress, Bewegungsmangel.

anaerobe Stoffwechselprozesse zurückzuführen ist. Ihr Nutzen zur Steigerung der kardio-pulmonalen Kapazität ist relativ gering und wegen der damit verbundenen Druckerhöhungen im Abdominal- und Intrathorakalraum mit nachfolgender Behinderung der Blutzirkulation ggf. für den älteren Menschen nicht völlig ungefährlich. Das gilt speziell für die Liegestütze.

Besteht keine Möglichkeit zum täglichen Training, so kann auch mit einer wöchentlich einmaligen Dauerbelastung von mindestens 1, besser 2 Std. Dauer ein wertvoller Trainingsreiz gesetzt werden. Diese Belastungsverteilung ist jedoch unökonomischer. Ein tägliches Training von 10 min Dauer erbringt pro Woche einen höheren Trainingsgewinn als ein solches von $7 \times 10 = 70$ min Dauer einmal pro Woche (MELLER und Mitarb., 1968).

Als letztes ein Wort zu den *Hausfrauen*. Die Arbeit im Haushalt bringt natürlicherweise auch heute noch zahlreiche muskuläre Beanspruchungen mit sich. Wie einschlägige Untersuchungen ergaben, liegt jedoch die durchschnittliche Tagesbelastung der Hausfrau hinsichtlich der Pulsfreqenz weit unter jenen Zahlen pro Zeiteinheit, die ein Herztraining bedingen. Daher ist auch für die Hausfrau ein körperliches Training gezielter Art gesundheitlich wertvoll.

Neuromuskuläre Funktion und körperliche Leistung

Von H. Stoboy

I. Einleitung

Durch das Wechselspiel von Kontraktion und Erschlaffung agonistischer und antagonistischer Muskelgruppen entstehen Bewegungsmuster, die bei vollendeter Koordination den Eindruck eines ästhetischen Bewegungsflusses bei einer sportlichen Übung vermitteln. Die Kontraktion eines einzelnen Muskels nähert in vorgegebener Bewegungsrichtung Ursprung und Ansatz dieses Muskels reversibel einander an. Ein koordinierter Bewegungsablauf in vielen Muskeln kann erst aus der Summe des efferenten und afferenten Informationsflusses zu einer Vielzahl von motorischen Vorderhornzellen entstehen.

Die einzelne motorische Vorderhornzelle versorgt, entsprechend den Erfordernissen für eine mehr oder weniger fein abgestufte Kontraktion, verschieden viele Muskelfasern. Ihr Neuron verzweigt sich und tritt über die motorischen Endplatten mit den Muskelfasern in Verbindung. Eine solche motorische Einheit beinhaltet minimal etwa 5 (quergestreifte Augenmuskulatur)

bis 1000 oder sogar mehr (Antigravitationsmuskulatur) Muskelfasern. Das Erregungsniveau der motorischen Vorderhornzelle, d. h. ihre Bereitschaft, fortgeleitete Erregung zu den entsprechenden Muskelfasern zu leiten, richtet sich nach der Aufschaltung räumlich unterschiedlicher, aber synchron eintreffender Impulse bzw. zeitlich in dichter Reihenfolge über die gleiche präsynaptische Endigung einlaufender Impulse. Außerdem hängt das Entstehen einer fortgeleiteten Erregung davon ab, ob diese Impulse bahnender (excitatorischer) oder hemmender (inhibitorischer) Natur sind. Ein erheblicher Anteil dieser Signale stammt von den Exteroceptoren bzw. Proprioceptoren, so daß zentral entworfene Bewegungsmuster weitgehend durch den Eingriff peripherer Instanzen auf der Ebene des Rückenmarksegmentes modifiziert werden können. Erst durch diese periphere Kontrolle wird aus dem zentralen Entwurf eine fließende zielgerechte Bewegung.
Der Funktionszustand des neuromuskulären Systems hängt überwiegend von dessen ständiger Betätigung ab. Die Intensität, die Dauer und die Wiederholungszahl jeder einzelnen Übung bedingen — sinnvoll angewandt — die Leistungsfähigkeit dieses Systems. Andere Faktoren wie Kondition, Alter, Geschlecht, Klima und Ernährung modifizieren sie. Nicht zuletzt spielt die Motivation sowohl für die Häufigkeit der Bewegungsereignisse als auch für die Intensität des Einzelereignisses eine wesentliche Rolle.

II. Muskelarten

Im Prinzip lassen sich zwei verschiedene Muskelfasertypen unterscheiden:
1. die hellen (weißen, phasischen, schnell reagierenden) Fasern, die ein höheres Membranpotential, eine große Verkürzungsgeschwindigkeit, einen hohen Kreatinphosphatgehalt, eine große ATPase und glykolytische Aktivität aufweisen;
2. die dunklen (roten, langsam reagierenden) Fasern mit hohem Myoglobingehalt, langsamer Kontraktionsgeschwindigkeit, hoher oxydativer Aktivität, größerem Mitochondriengehalt und höherem Enzymgehalt für die oxydative Energiegewinnung (KEUL, DOLL u. KEPPLER, 1965).

Beim Menschen gibt es keinen rein phasischen oder rein tonischen Muskel. Die beiden Muskelfasertypen kommen in verschieden großen Anteilen in den einzelnen Muskeln vor, wobei auch Zwischenformen (Intermediärtyp) zu finden sind. Als vorwiegend phasische Muskeln sind z. B. der M. biceps brachii, der M. deltoideus und der M. gastrocnemius anzusehen, während der M. rectus femoris, das Caput longum des M. triceps brachii und der M. rectus abdominis als vorwiegend tonisch imponieren.
Daraus ließe sich schließen, daß Menschen mit vorwiegend heller Muskulatur sich mehr für Schnelligkeitsübungen, Menschen mit vorwiegend dunkler Muskulatur sich mehr für Ausdauerübungen eignen. Aus Kreuz-Innervationsversuchen geht jedoch hervor, daß sich in Abhängigkeit von der Innervation schnelle Muskeln dem langsamen Typ, langsame Muskeln dem schnellen Typ annähern können (GUTH u. Mitarb., 1967). Die Muskelfunktion scheint also

weitgehend von der Art der Innervation abhängig zu sein, und Änderungen der Innervation (Training) können wahrscheinlich den Muskeltyp mehr in die eine oder die andere Richtung verschieben.

III. Muskelkontraktion

1. Abstufung der Kontraktion

Bei indirekter elektrischer Reizung des Muskels mit Einzelimpulsen wird die Kontraktion nach Überschreiten der Minimalschwelle mit zunehmender Reizintensität größer, bis bei Erreichen der maximalen Reizschwelle sich alle motorischen Einheiten gleichzeitig kontrahieren. So kann bei supramaximaler Reizung keine Zunahme der Kontraktion mehr erwartet werden. Folgen zwei supramaximale Reize genügend dicht aufeinander, resultiert eine Superposition. Bei mehreren dicht aufeinanderfolgenden Impulsen ergibt sich ein unvollkommener Tetanus, bei Einwirkung einer Reizserie von etwa 20—50 Hertz (Verschmelzungsfrequenz) ein vollkommener Tetanus. Hierbei können die einzelnen Kontraktionen durch die Trägheit mechanischer Registriersysteme nicht mehr getrennt dargestellt werden. Bei gleichzeitiger Ableitung der Aktionspotentiale erkennt man, daß bis zu einer oberen Grenze der Reizfrequenz jeder Reiz von einem Muskelaktionspotential gefolgt wird. Es handelt sich also um eine Aufeinanderfolge vieler einzelner Kontraktionen. Von der Einzelzuckung (Eigenreflex) bis zum vollkommenen Tetanus (Willkürkontraktion und Fremdreflex) nimmt die Stärke der Kontraktion zu. Sie hängt ab:

1. von der Anzahl der an einer Kontraktion beteiligten motorischen Einheiten,
2. von der Erregungsfrequenz innerhalb der einzelnen motorischen Einheit.

Während einer Einzelzuckung reicht die Dauer des „Aktiven Zustandes" eines Muskels (ÅSTRAND u. RODAHL, 1970) nicht aus, die Trägheit des serienelastischen Elementes (siehe unten) vollkommen zu überwinden. Aus diesem Grund ist die Spannungsentwicklung klein. Bei einer Vielzahl von hintereinander ablaufenden Kontraktionen, wie sie bei einer tetanischen Kontraktion auftreten, kann der „Aktive Zustand" des Muskels so weit vergrößert und verlängert werden, daß das serienelastische Element maximal gedehnt wird und damit eine maximale Spannung auftritt.

2. Kontraktionsarten, Spannungsentwicklung und Kraft-Geschwindigkeitsrelation

Ein Muskel besteht, vereinfacht dargestellt, aus einem kontraktilen und einem elastischen Element (WILKIE, 1956), die in Serie geschaltet sind.

Bei der *isotonischen* Kontraktion entsteht im serienelastischen Element passiv eine Spannung durch Anhängen eines Gewichtes. So wird passiv ein Kräftegleichgewicht erzeugt. Bei der Verkürzung des kontraktilen Elementes bleibt deshalb die Spannung im elastischen Element gleich, und das Gewicht wird um den Verkürzungsgrad des kontraktilen Elementes gehoben. Diese Kontraktionsform ist nur sehr beschränkt unter natürlichen Bedingungen möglich, da eine größere Dehnung des Muskels durch den Gelenk- und Bandapparat begrenzt ist (Abb. 5). Infolgedessen ist auch das Ausmaß der passiv entwickelten Spannung limitiert. Außerdem wird, selbst bei konstanter Last, je nach dem jeweiligen Gelenkwinkel, die Länge des Hebelarmes und damit die Muskelspannung verändert, so daß die Bedingungen für eine auxotonische Kontraktion gegeben sind (siehe unten). Das gleiche gilt für die „isotonische" Phase der Unterstützungs- bzw. Anschlagszuckung.

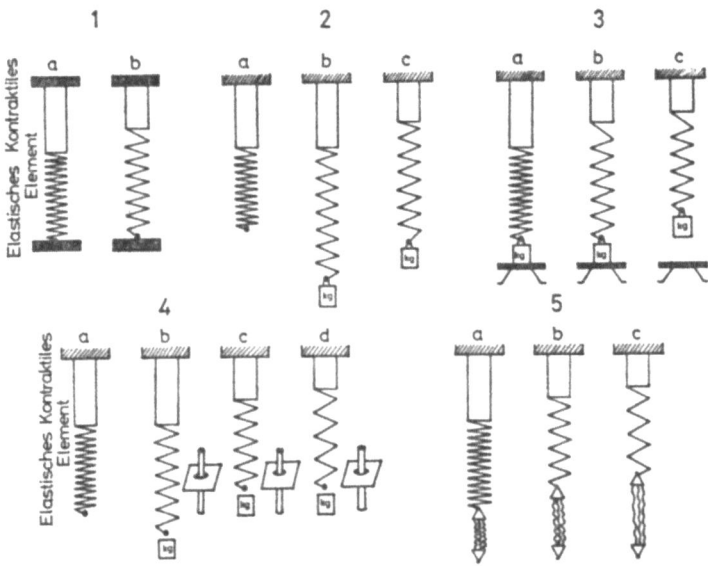

Abb. 5. Das Verhalten des kontraktilen und serienelastischen Elementes bei isometrischer Kontraktion (1), isotonischer Kontraktion (2), Unterstützungszuckung (3), Anschlagszuckung (4) und auxotonischer Kontraktion (5); Näheres s. Text

Bei der *isometrischen* Kontraktion erfährt ein Muskel keine nach außenhin wahrnehmbare Längenänderung, jedoch wird durch die Verkürzung des kontraktilen Elementes das elastische Element gedehnt. Die Größe der dabei entwickelten Spannung hängt von der Längenänderung des kontraktilen Elementes ab. Bei maximaler Verkürzung des kontraktilen Elementes wird aktiv die größtmögliche Spannung entwickelt.

Bei der *Unterstützungszuckung* kann die unterstützte Last nicht sofort gehoben werden, da zunächst kein Kräftegleichgewicht zwischen Last und Spannung des elastischen Elementes besteht. In der ersten Kontraktionsphase muß deshalb durch das kontraktile Element eine dem Gewicht adäquate Spannung entwickelt werden. Erst dann kommt es durch weitere Verkürzung zu einem Anheben des Gewichtes. Je schwerer es ist, um so mehr muß sich das kontraktile Element verkürzen, um Kräftegleichgewicht zu erzeugen, und um so kleiner wird der Weg, den das Gewicht bewegt werden kann.

Bei einer *Anschlagszuckung* herrschen zunächst die Bedingungen einer isotonen Kontraktion. Ist der Weg der Last jedoch durch einen Stop begrenzt, so kann durch eine weitere Verkürzung des kontraktilen Elementes nur noch eine Spannung erzeugt werden, deren Größe davon abhängt, wie groß der vorher zurückgelegte Weg war.

Bei einer *auxotonischen* Kontraktion treten bei Verkürzung des kontraktilen Elementes gleichzeitig eine isotonische und eine isometrische Kontraktion auf. Durch die dabei stattfindende Deformation eines elastischen Körpers liegt zunächst das Hauptgewicht auf der Längenänderung, dann aber auf der Vergrößerung der Spannung.

Bei körperlicher Arbeit und sportlicher Betätigung können sich die einzelnen Kontraktionsformen miteinander vermischen und in verschiedener Reihenfolge auftreten. Es erscheint daher für die Trainingspraxis besser, zwischen statischen und dynamischen Kontraktionen zu unterscheiden. Aus den dargestellten Kontraktionsformen ergeben sich folgende Punkte für die Beurteilung einer Muskelkontraktion:

1. Ein Muskel kann von seiner normalen Länge aus (Gelenkwinkel bei Mittelstellung des Gelenkes) seine größte Kraft entfalten (HASSELBACH, 1971). Ist der Winkel größer, so wird das elastische Element bereits passiv vorgedehnt. Ist der Winkel kleiner, so wird das elastische Element zusätzlich entspannt, d. h. das kontraktile Element muß bereits verkürzt werden, um das elastische in seine normale Ausgangslage zu bringen. Bei einer Unterstützungszuckung, einer Kontraktionsform, die unter Arbeitsbedingungen recht häufig vorkommt, z. B. beim Heben einer Last von einer Unterlage, wird
   a) die Zeit vom Beginn der Kontraktion bis zum Abheben des Gewichtes mit zunehmender Last länger. Diese Zeitverzögerung ist bedingt durch die Dehnung des serienelastischen Elementes bis zum Eintreten des Kräftegleichgewichtes,
   b) die nach außen meßbare Verkürzung mit zunehmender Last kleiner. Da das kontraktile Element sich immer nur um einen bestimmten Betrag verkürzen kann, wird mit zunehmender Last ein immer größer werdender Anteil dieser Verkürzung für die Spannungsentwicklung verbraucht.

2. Bei konstanter Ausgangslänge ist die Verkürzungsgeschwindigkeit des Muskels um so kleiner, je größer die Last wird, die gehoben werden soll. Bei unendlich großer Last kommt es zur isometrischen Kontraktion, mit abnehmender Last nimmt die Verkürzungsgeschwindigkeit zu. Dieses Verhalten ergibt sich auch aus der Gleichung von A. V. HILL:

$$v = \frac{(Po-P) \cdot b}{P+a}$$

v = Verkürzungsgeschwindigkeit
Po = maximale isometrische Kraft
P = Last
a = Kraftkonstante ($a/Po \approx 0{,}25$)
b = Muskellängenkonstante

Mit wachsendem Po, aber gleichbleibendem P müßte nach dieser Gleichung P mit zunehmender Geschwindigkeit bewegt werden können. Theoretisch wäre also mit zunehmender Maximalkraft eine Parallelverschiebung der Kraft-Geschwindigkeits-Relation denkbar, so daß eine gleich große Kraft nach einem Muskeltraining mit höherer Verkürzungsgeschwindigkeit gehoben werden könnte (siehe S. 35, Muskelfunktion und Training) (Abb. 6).

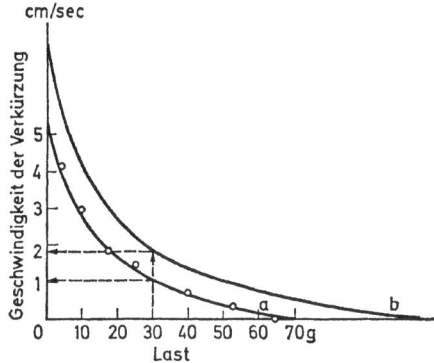

Abb. 6. Die Beziehung zwischen Verkürzungsgeschwindigkeit und Last
a) nach E. V. Hill
b) hypothetische Kurve bei vergrößerter Kraft.
Die gestrichelten mit Pfeilen versehenen Linien sollen darauf hinweisen, daß die Verkürzungsgeschwindigkeit bei gleicher Last, aber unterschiedlicher maximaler Muskelkraft verschieden groß sein kann

3. Konzentrische und exzentrische Kontraktion

Eine konzentrische Kontraktion (positive Arbeit) liegt dann vor, wenn eine Last (ein Widerstand) durch aktive Muskelverkürzung bewegt (überwunden) wird. Wenn dagegen ein aktiv kontrahierter Muskel durch eine Last (einen Zug) gedehnt wird, spricht man von exzentrischer Kontraktion (negative Arbeit).
Wie nach der Theorie des serienelastischen Elementes anzunehmen, ist bei gleicher Gelenkstellung die dynamische Momentankraft während einer konzentrischen Kontraktion geringer als die statische Kraft, jedoch übersteigt die dynamische Kraft bei exzentrischer Kontraktion die entsprechende statische Kraft (Asmussen u. Mitarb., 1965). Auch bei exzentrischer Kontraktion ist die elektrische Aktivität positiv linear zur Momentankraft korreliert, jedoch mit kleinerer Steigerung als bei konzentrischer Kontraktion, so daß bei gleich großer Kraft die elektrische Aktivität wesentlich geringer ist (Bigland u. Likkold, 1954). Dementsprechend ist bei gleicher Leistung die Sauerstoffaufnahme für exzentrische Arbeit wesentlich kleiner, z. B. Bergab-Radfahren ohne Freilauf, wobei die Bremsung durch die Beinmuskulatur geschieht. Erfolgt konzentrische Arbeit gegen die Schwerkraft (Heben von Gewichten),

exzentrische Arbeit mit der Schwerkraft (Absetzen von Gewichten), so wird dieser Tatbestand verständlich.

Aufgrund der gemessenen Spannungsentwicklung könnte erwartet werden, daß ein exzentrisches Krafttraining wirkungsvoller ist als ein statisches, jedoch konnten die Untersuchungen von BANISTER (1966), der durch exzentrisches Training einen größeren Kraftzuwachs als durch statisches Training gefunden hat, von HOLLMANN u. HETTINGER (1969) bzw. SELIGER u. Mitarb. (1968) nicht bestätigt werden.

4. Größe der Muskelkraft

Die einzelne motorische Einheit wird reproduzierbar bei einer bestimmten Spannungsentwicklung innerviert, während sich die Innervationsrate bis zur maximalen Kraft nur wenig verändert (ÅSTRAND u. RODAHL, 1970). Auch mit zunehmender Kraft während eines statischen Trainings ist die Änderung der Innervationsrate gegenüber der Variation der Anzahl motorischer Einheiten relativ klein (STOBOY u. Mitarb., 1959). Durch Inhibitionseffekte können jedoch bei reiner Willkürinnervation niemals alle motorischen Einheiten gleichzeitig kontrahiert werden. Deshalb erreicht die absolute Muskelkraft bei maximaler elektrischer Reizung auch etwa 10—12 kp/cm², während die maximale Muskelkraft bei Willkürinnervation nur 4—6 kp/cm² beträgt.

Dieser Wert ist, abgesehen von den unten genannten Einschränkungen, anscheinend unabhängig von Geschlecht, Alter und Trainingszustand (IKAI u. FUKANAGA, 1968). Die maximale Spannungsentwicklung bei exzentrischer Kontraktion wird auf Bahnungsprozesse zurückgeführt, die von den stark gedehnten Muskelspindeln ausgehen (ÅSTRAND u. RODAHL, 1970). Auf die Beeinflußbarkeit der Muskelkraft durch Motivation wird weiter unten eingegangen. Sowohl psychologische Faktoren, wie z. B. der Wachheitszustand bei einem Start oder während eines sportlichen Ereignisses, als auch der Dehnungsgrad der Muskelspindel (1. Phase beim Gewichtheben) vermögen die Muskelkraft deutlich zu erhöhen. Die Beziehung zwischen Muskelkraft und statischer Ausdauer variiert, vor allem in Abhängigkeit vom Motivationsgrad, so stark, daß auch die jeweilige relative Muskelkraft nicht aus der statischen Ausdauer zu bestimmen ist (RÖCKER u. STOBOY, 1970).

IV. Muskelkontraktilität

1. Ultrastruktur des Muskels

Jede Muskelfaser besteht aus vielen Myofibrillen, die in Sarkomere unterteilt werden können. Sie sind durch die optisch dichten Z-Streifen voneinander getrennt. Von ihnen ausgehend, erstrecken sich Actinfäden (dünne Filamente) in das Innere. Zwischen ihnen, z. T. überlappend, sind die Myosinfäden (dicke Filamente) angeordnet. Ein Ineinandergleiten beider Filamenttypen wird durch die Bewegung von Brückenbindungen, die vom Myosin ausgehen, bewirkt. Es kommt so zu einer Verkürzung des Sarkomers (HUXLEY, 1965) (Abb. 7).

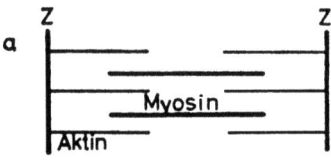
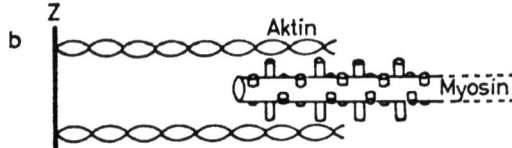
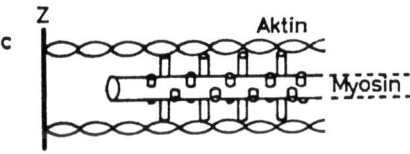

Abb. 7. Schema der Ultrastruktur (a) und der Verkürzung des Skeletmuskels
b: Myofibrille in gedehntem
c: in kontrahiertem Zustand (nach HUXLEY u. HANSON)

2. Elektromechanische Kopplung, Kontraktionsenergie und Erschlaffung

Die Energie für diesen Prozeß wird primär aus der ATP-Spaltung gewonnen. Die von der Muskelmembran in das transversale Tubulussystem (T-System) einlaufende Erregung setzt wahrscheinlich aus den Vesikeln des Longitudinalsystems (L-System) Ca-Ionen frei, die so in das Sarkoplasma gelangen. Hier aktivieren sie die Myosin-ATPase, die in Anwesenheit von Mg-Ionen die ATP-Spaltung bewirkt (HASSELBACH, 1971). Die Lösung der Brückenbindungen bei der Erschlaffung ist nur bei Anwesenheit von ungespaltenem ATP möglich (Weichmacherfunktion). Eine vom oxydativen Stoffwechsel abhängige Ca-Pumpe sorgt beim ruhenden Muskel durch Ca-Ionen-Transport in die Vesikel im Sarkoplasma für eine unterschwellige Ca-Ionen-Konzentration, so daß der Kontraktionsmechanismus nicht aktiviert werden kann. Die Energie für die Resynthese des ATP stammt aus der Kreatinphosphatspaltung bzw. aus der anaeroben Glykolyse, wobei eine Resynthese der Milchsäure zu Glykogen nur durch den oxydativen Stoffwechsel möglich ist.

Da beim Eintritt des Todes der oxydative Stoffwechsel unterbrochen wird, der anaerobe dagegen noch weiterlaufen kann, ist im totenstarren Muskel kein ATP zu finden. Es ist denkbar, daß nach großer anaerober Leistung, beruhend auf dem gleichen Mechanismus, eine Muskelsteifigkeit resultiert, bis durch den oxydativen Stoffwechsel wieder genügend viel ATP vorhanden ist. Je größer die Zahl der Brückenbindungen zwischen Myosin-Actin-Filamenten pro Zeiteinheit ist, um so größer ist die vom Muskel aktiv entwickelte Spannung. Die Kontraktionsgeschwindigkeit müßte demnach mit wachsender Asynchronität der Brückenbindungen zunehmen (HASSELBACH, 1971). Falls sich der Muskelquerschnitt, wie beim Training, durch Einlagerung kontraktiler Proteine vergrößert, müßte damit die Zahl der potentiell möglichen Brückenbindungen zunehmen. Bei gleicher Last, d. h. bei gleicher Anzahl synchron vorhandener Brücken, würden somit mehr asynchrone Brückenbindungen pro Zeiteinheit zustande kommen können. Daraus könnte eine Vergrößerung der Kontraktionsgeschwindigkeit resultieren (siehe Hillsche Formel, S. 20; siehe dynamisches Training, S. 41).

V. Muskelarbeit und Wirkungsgrad

Arbeit kann man streng genommen nur dann messen, wenn bei körperlicher Tätigkeit eine Last bei konstanter Spannung um einen bestimmten Betrag gehoben wird. Diese Voraussetzung ist nur bei rein isotonischer Kontraktion gegeben. Der Energiebetrag, der bei allen anderen Kontraktionen (z. B. Unterstützungszuckung) für die Spannungsentwicklung benötigt wird, geht nicht in den zu messenden Arbeitsbetrag ein. Bei rein isometrischer Kontraktion wird die physikalische Arbeit gleich Null.
Ist die nach außen abgegebene Leistung sicher zu erfassen (z. B. an einem Ergometer in mkp/sec oder Watt), kann der mechanische Wirkungsgrad wie folgt berechnet werden:

$$\eta = \frac{A \times 100}{E-e}$$ A = äußere Arbeit (kcal)
E = Gesamtenergieumsatz (kcal)
e = Ruheumsatz (kcal)

Er beträgt bei einer solchen Leistungsmessung etwa 20—25%, bei industrieller Arbeit jedoch nur etwa 10%. Der Restbetrag der Gesamtenergie wird als Wärme freigesetzt. Während bei dynamischer Leistung Sauerstoffverbrauch und Herzfrequenz in etwa gleichem Ausmaß mit der Leistung zunehmen, kommt es bei maximalen statischen Kontraktionen zu einer Dissoziation dieser beiden Werte (RÖCKER u. Mitarb., im Druck). Die dabei erreichte maximale Herzfrequenz (ca. 150/min) entspricht einer dynamischen Leistung von ca. 170—200 W, die Gesamtsauerstoffaufnahme nur einer dynamischen Leistung von ca. 20 W. Die maximale Herzfrequenz beträgt bei statischen Kontraktionen etwa 80% der maximalen Herzfrequenz bei dynamischer Leistung. Etwa den gleichen prozentualen Betrag erreicht der Blutlactatspiegel bei maximalen statischen Kontraktionen, verglichen mit Maximalwerten bei dynamischer Leistung (persönl. Mitt. HOLLMANN, 1970). Die Höhe der Herzfrequenz scheint somit mehr von peripheren Chemoreceptoren abzuhängen (STEGEMANN, 1963), während die Gesamt-O_2-Aufnahme nach der Größe des Bedarfs geregelt wird.

Je größer die während einer Leistungsmessung auftretenden „statischen Arbeitsanteile" sind, um so kleiner wird der Wirkungsgrad sein. Je größer das Mißverhältnis zwischen Herzfrequenz und Sauerstoffaufnahme ist, um so mehr ermüdende statische Anteile sind in der Gesamtleistung enthalten (BORSKY u. HUBAC, 1966). Es gibt bisher noch keine einfache, für praktische Zwecke verwendbare Methode, um aufgrund dieser Kriterien die statischen Bewegungsanteile zu minimalisieren und dadurch den Wirkungsgrad zu erhöhen.

VI. Nervenaktivität und spinale Kontrolle der Muskeltätigkeit

1. Erregungsübertragung an der motorischen Endplatte

Eine über den motorischen Nerven ablaufende fortgeleitete Erregung führt in den motorischen Endplatten der entsprechenden motorischen Einheit zu einer Freisetzung einer Anzahl von Acetylcholin-Quanten. Diese depolarisieren die postsynaptische Membran und lösen eine fortgeleitete Erregung an der Muskelfasermembran aus. Die im Endplattenbezirk lokalisierte Acetylcholinesterase baut das Acetylcholin schnell ab, so daß seine Wirkung zeitlich eng begrenzt ist. Curare verhindert die Depolarisation der postsynaptischen Membran durch kompetitive Hemmung. Durch hohe Acetylcholinkonzentrationen kann es wieder verdrängt werden, z. B. durch Zufuhr von Acetylcholinesterase-Hemmstoffen (Physostigmin, Prostigmin) (HASSELBACH, 1971).

2. Synaptische Bahnungs- und Hemmungsvorgänge

Die zu den Muskelfasern einer motorischen Einheit geleitete Erregung entsteht in der zugehörigen α-Vorderhornzelle. Je nach der Art der Aufschaltung von Impulsen auf eine Vorderhornzellpopulation (monosynaptisch bzw. polysynaptisch), sind dann von den entsprechenden vorderen Wurzeln Einzelpotentiale oder Potentialfolgen ableitbar (Eigenreflex bzw. Fremdreflex oder Willkürinnervation), die je nach ihrer Größe die Anzahl der beteiligten Motoneurone repräsentieren. Die Verzögerung der Erregungsübertragung durch eine Synapse beträgt im Mittel 0,6 msec.

Bei einer einzelnen synaptischen Übertragung entsteht an der postsynaptischen Membran der α-Vorderhornzelle nur eine lokale Erregung (EPSP=excitatorisches postsynaptisches Potential), die nicht ausreicht, um die kritische Schwelle zu erreichen und eine fortgeleitete Erregung auszulösen. Erst mehrere zeitlich dicht hintereinander eintreffende Impulse (zeitliche Bahnung) oder mehrere von verschiedenen Neuronen praktisch gleichzeitig aufgeschaltete Impulse (räumliche Bahnung) vermögen das Membranpotential so weit zu depolarisieren, daß ein Aktionspotential zu den entsprechenden Muskelfasern geleitet wird. Die Freisetzung von Überträgersubstanzen anderer synaptischen Endungen führt zu einer Änderung des Membranpotentials in umgekehrter Richtung (Hyperpolarisation; IPSP=inhibitorisches postsynaptisches Potential), so daß es weiter von der kritischen Schwelle entfernt und damit die Auslösung eines Aktionspotentials erschwert wird (ECCLES, 1971, CASPERS u. KEIDEL, 1970).

3. Funktion der Eigenreflexe

Eine zentral entworfene Kontraktion oder Bewegung wird in weitem Umfang auf spinaler Ebene kontrolliert und geregelt. Dabei wirken maßgeblich periphere Receptoren, vor allen Dingen die Proprioceptoren mit. Die Muskelspindeln, die parallel zu den Muskelfasern (extrafusale Fasern) geschaltet sind, werden durch Dehnung erregt und bewirken nach monosynaptischer Umschaltung eine Kontraktion des gedehnten Muskels (Eigenreflex). Je nach ihrem Aufbau (nuclear bag; nuclear chain), antworten sie mehr auf statische bzw. dynamische Längenänderung (Proportionalempfindlichkeit; Differentialempfindlichkeit) (GRANIT, 1970).

Bei ausschließlich afferenter Versorgung würden die Muskelspindeln während einer Muskelkontraktion erschlaffen und somit kurzfristig nicht mehr erregbar sein, d. h. sie könnten ihrer Aufgabe der Stabilisierung der Körperhaltung und Bewegung gegen die Schwerkraft nicht mehr erfüllen. Zu beiden Seiten des dehnbaren erregbaren Mittelfeldes befinden sich quergestreifte, nicht dem Alles-oder-Nichts-Gesetz unterworfene Muskelfasern (intrafusale Fasern), die von Neuronen dünnerer Markscheide (γ-Fasern) versorgt werden. Diese entspringen aus kleineren motorischen Vorderhornzellen (γ-Zellen). Bei gleichzeitiger Innervation der α- und γ-Vorderhornzellen bleiben die Muskelspindeln auch während der Kontraktion durch Dehnung erregbar. Dieses wird durch die im gleichen Ausmaß erfolgende Kontraktion der intrafusalen Fasern bewirkt. Durch Veränderung der γ-Innervation kann das

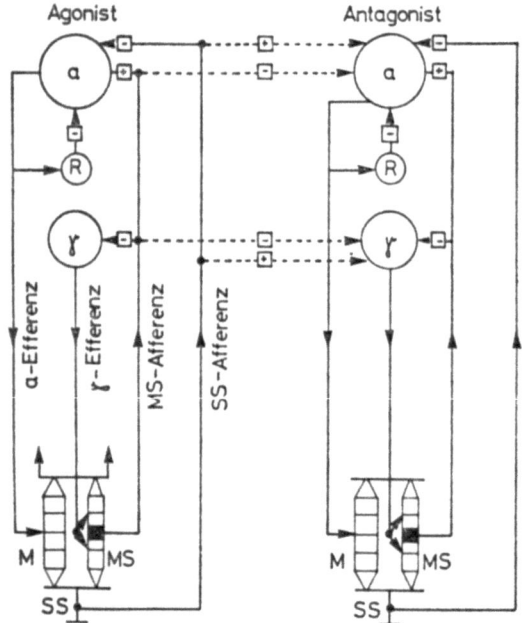

Abb. 8. Schematische Darstellung des Eigenreflexbogens
M=Arbeitsmuskelfasern, MS=Muskelspindel, SS=Sehnenspindel, R=Renshaw-Zelle. Bahnungs- und Hemmungsvorgänge an α- und γ-Vorderhornzellen sind durch Plus- bzw. Minuszeichen wiedergegeben (nach H. CASPERS)

Kontraktionsausmaß der intrafusalen Muskelfaser und damit der interne Dehnungsgrad des Receptorfeldes der Muskelspindel variiert werden.
Durch diesen Mechanismus erfolgt eine Empfindlichkeitsverstellung des Receptors gegenüber von außen her angreifenden Reizen. Da, stark vereinfacht ausgedrückt, die γ-Vorderhornzellen eine niedrigere Reizschwelle gegenüber zentralen Impulsen haben als die α-Vorderhornzellen, wird auch bei einer Willkürkontraktion zunächst das γ-System erregt. Über die intern erfolgende Dehnung der Muskelspindel wächst infolgedessen die Spindelafferenz, die auf die entsprechenden α-Vorderhornzellen aufgeschaltet zu einer Kontraktion der extrafusalen Fasern führt. Nur bei extremer zentraler Innervation, wie z. B. beim Startzustand, gehen fortgeleitete Erregungen direkt von den α-Vorderhornzellen aus zu den extrafusalen Fasern (CASPERS u. KEIDEL, 1970) (Abb. 8).

Ein zweiter Proprioceptor, die Sehnspindel (Golgi-Organ), ist am Übergang vom Muskel zur Sehne in Serie zu den Muskelfasern eingeschaltet. Bei entsprechend hohem Spannungsanstieg im Muskel wird dieser Receptor erregt und hemmt die Vorderhornzellen des Agonisten (autogenetische Hemmung). Die Innervation des entsprechenden Muskels kann so kurzfristig vermindert oder unterbrochen werden (ÅSTRAND u. RODAHL, 1970).

Die Erregung von Muskelspindeln und Sehnenreceptoren wirkt sich reziprok auf die Antagonisten im Sinne einer Hemmung bzw. Bahnung aus. Das ist mit ein Grund dafür, daß schnell hintereinander ablaufende Bewegungsmuster nicht durch den jeweiligen Antagonisten gehemmt werden. Eine solche reziproke Innervation (SHERINGTON, 1906) kommt auch durch Willkürinnervation zustande. So kann z. B. ein Eigenreflex durch agonistische Innervation gebahnt, durch antagonistische Innervation gehemmt werden. Eine Reflexunterdrückung durch antagonistische Hemmung kann durch agonistische Bahnung über das γ-System (Jendrassikscher Handgriff) überspielt werden.

Solche Hemmungs- und Bahnungsphänomene sind beim Menschen durch den *Hoffmannschen Versuch* (H-Reflex) nachweisbar. Das vom M. gastrocnemius abgeleitete Eigenreflexpotential wird bei antagonistischer Inner-

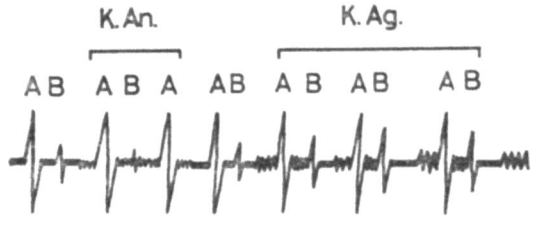

Abb. 9. Antagonistische Hemmung und agonistische Bahnung des Eigenreflexes. Die Ableitung der Aktionspotentiale des M. gastrocnemius erfolgt mit Oberflächenelektroden bei elektrischer Reizung des N. tibialis. Auf jeden Reiz folgt zunächst ein direktes Muskelaktionspotential (A), kurz danach ein Reflexpotential (B). Bei K. An. wird durch antagonistische Kontraktion das Reflexpotential gehemmt, bei K. Ag. durch agonistische Innervation gebahnt. Danach erfolgt eine deutlich sichtbare Innervationsstille (nach P. HOFFMANN)

vation kleiner und verschwindet schließlich ganz, während es bei agonistischer Innervation größer wird. Dafür erlischt unmittelbar nach dem Reflexpotential die Willküraktivität (Abb. 9). Für diese Innervationsstille (silent period) ist die autogenetische Reflexhemmung mitverantwortlich.

Die Hauptursache der Innervationsunterbrechung ist wahrscheinlich die Renshaw-Hemmung. Von Kollateralen der α-Neurone werden Schaltzellen erregt (Renshaw-Zellen), die ihrerseits durch Rückkopplung die entsprechende α-Vorderhornzelle hemmen und damit die Entladungsfrequenz des Motoneurons begrenzen. Diese Mechanismen limitieren das Ausmaß und die Dauer der Spannungsentwicklung des Muskels und können so vor Muskelrissen schützen. *Muskelrisse* drohen im allgemeinen nur bei erheblicher Spannungsentwicklung. Bei nicht forcierten Bewegungen können so hohe Spannungsentwicklungen nur bei hochsynchroner Kontraktion von motorischen Einheiten auftreten. Das geschieht bei gestörtem Bewegungsmuster (Stolpern) durch das Ablaufen von Eigenreflexen. Aber auch bei hoher Kontraktionsgeschwindigkeit (Schleuderbewegungen) kann eine Innervationsstille nachgewiesen werden (HUFSCHMIDT, 1954). Durch Injektion von Lokalanaesthetica in Sehnennähe können die Sehnenreceptoren ausgeschaltet und damit Muskelrissen Vorschub geleistet werden.
In Kapseln und Bändern der Gelenke finden sich morphologisch verschiedenartige Receptoren. Sie messen Gelenkbewegungen und Gelenkstellungen. Sie sollen bei der Bewegungskoordination mitwirken und einen genauen Eindruck über die Gelenkposition vermitteln (ÅSTRAND u. RODAHL, 1970).

4. Funktion der Fremdreflexe

Auch die exteroceptiven Fremdreflexe können weitgehend Bewegungsmuster modifizieren. In Abhängigkeit von der Reizstärke können sie über viele Muskelgruppen hin rekrutiert werden und sich auch kontralateral ausbreiten. Die Reizbeantwortung erfolgt vorwiegend durch primäre Aktivierung des γ-Systems, da dieses im Vergleich zu den α-Zellen eine niedrigere Reizschwelle hat. Erst stark synchronisierte Impulszuflüsse können zu einer direkten α-Ankopplung führen. Ihr tetanischer Charakter ergibt sich einmal aus ihrer polysynaptischen Verschaltung (asynchronische synaptische Übertragung, erregungsspeichernde Schaltneurone), zum anderen aus der gleichsinnigen Beeinflussung der α- und γ-Vorderhornzellen, die entweder beide gebahnt oder gehemmt werden (CASPERS, 1961).
Bei Reizung großer Hautareale läuft prinzipiell ein Beugereflex (Schutzreflex) mit ausgeprägter reziproker Innervation ab. Sie besteht bei genügend großer Reizstärke ipsilateral in einer Bahnung der Beugemuskulatur und einer Hemmung der Streckmuskulatur, während kontralateral die Streckmuskulatur gebahnt und die Beugemuskulatur gehemmt wird. In diesem Bewegungsschema ist bereits grob die Gehbewegung angelegt. Bei den Hemmungsmechanismen spielt wahrscheinlich auch die präsynaptische Inhibition (ECCLES, 1971) eine Rolle. Hierbei enden die Synapsenknöpfe eines hemmen-

den Neurons in Synapsennähe an einem excitatorischen Neuron. Durch seine Erregung wird die Amplitude excitatorischer Nervenimpulse und damit auch die freigesetzte Transmittermenge vermindert.

Eine Ausnahme von diesem Innervationsmodus ergibt sich dann, wenn ein kleines Hautareal (Nadelstich) gereizt wird (HAGBARTH, 1952). In diesem Fall kommt es zu einer Kontraktion des darunter liegenden Muskels, auch wenn er ein Extensor ist. Die Verschaltung ist nicht sicher bekannt.

5. Muskeltonus

Als Muskeltonus wird die Grundspannung des ruhenden Muskels angesehen. Er entsteht durch die asynchrone Innervation weniger motorischer Einheiten, die im wesentlichen über das γ-System erzeugt wird. Die Größe der γ-Innervation hängt u. a. von dem Impulszufluß aus dem extrapyramidalen System (Formatio reticularis) ab. Durch ihn wird z. B. der unterschiedliche Tonus im Wach- und Schlafzustand reguliert. Wahrscheinlich kommt es auf gleichem Wege im Vorstartzustand zu einer ganz erheblichen Erhöhung des Muskeltonus. Er ist aber auch durch Reflexeinflüsse variierbar, so z. B. durch eine Kälteexposition, die zum Muskelzittern führt und damit zu einer u. U. erheblichen Umsatzsteigerung (CASPERS, 1961).

6. Muskelkoordination

Mit wenigen Ausnahmen erstrecken sich Bewegungsabläufe bei sportlicher Betätigung über viele oder fast alle Muskelgruppen des Körpers. Für eine fließende Bewegung ist es deshalb unabdingbar notwendig, daß eine exakte zeitliche Abstimmung zwischen sich kontrahierenden Synergisten und erschlaffenden Antagonisten zustande kommt. Dies geschieht im allgemeinen durch die reziproke Innervation. Nur wenn einer Extremität zu Beginn einer Bewegung eine positive Beschleunigung erteilt oder wenn am Ende einer Bewegungskette der Bewegungsablauf gebremst werden muß, lassen sich im Agonisten und Antagonisten Erregungsstöße nachweisen (HUBBARD, 1960). Lediglich dann, wenn eine Gelenkstabilisierung notwendig wird (Aufsprungphase beim Weitsprung), werden Agonisten und Antagonisten massiv gleichzeitig innerviert (CARLSÖÖ u. JOHANSSON, 1962).

VII. Ermüdung, „Muskelkater" und Aufwärmen

1. Ermüdungsfaktoren

Die neuromuskuläre Ermüdung ist ein außerordentlich komplexer Vorgang, an dem periphere, zentrale aber auch psychologische Vorgänge (siehe S. 32, Formatio reticularis) beteiligt sein können. Die durch häufig wiederholte willkürliche Kontraktionen abnehmende Kraft kann durch elektrische Reizung des entsprechenden Nerven wieder vergrößert werden (IKAI u. Mitarb., 1961). Dieser Befund deutet auf eine periphere und eine zentrale Komponente der Ermüdung hin. Eingeschränkt wird die Gültigkeit dieser Aussage

durch die bei maximaler Reizung synchrone Kontraktion aller motorischen Einheiten. Letzten Endes, nach Entwicklung eines Kontraktionsrückstandes und völliger Erschöpfung, kann auch durch elektrische Reizung keine Aktion mehr ausgelöst werden.
Eine nicht ausreichende Durchblutung, die durch den bei der Kontraktion entstehenden Muskeldruck hervorgerufen werden kann, führt zu einer schnellen Ermüdung. Während bei statischen Kontraktionen bis zu etwa 60% der maximalen Kraft die Muskeldurchblutung, wenn auch nicht in ausreichendem Maße, ansteigt, wird sie bei stärkeren statischen Kontraktionen vollständig unterbrochen (LIND u. NICOL, 1967). Deshalb beträgt die maximale statische Ausdauer nur etwa 20 bis 30 sec (RÖCKER u. STOBOY, 1970) und nimmt mit abnehmender Relativkraft exponentiell zu, bis sie bei etwa 10% der maximalen Kraft im Mittel etwa 30 min beträgt. Eine Unterbrechung der Durchblutung wirkt sich jedoch nicht auf die initiale Kraftentwicklung aus. Dynamische Kontraktionen vermindern oder unterbrechen die Durchblutung nur kurzfristig, wobei Größe der Last und Dauer der Pausen die dynamische Ausdauer bestimmen.
Welche Faktoren den Ermüdungseintritt herbeiführen, ist nicht mit Sicherheit bekannt, jedoch scheinen Lactatanhäufung, pH-Herabsetzung und Wärmespeicherung daran beteiligt zu sein (ÅSTRAND u. RODAHL, 1970). Bei länger dauernden nicht maximalen Leistungen kommt eine nicht ausreichende ATP-Synthetisierung und eine Verminderung der Glykogenreserven hinzu. Nach NÖCKER (1971) nimmt die Kaliumkonzentration in der Muskelzelle bei erschöpfenden Leistungen erheblich ab, so daß auch ein gestörtes Ionengleichgewicht an der Ermüdung beteiligt sein kann.
Bei hochfrequenter elektrischer Reizung tritt schnell eine Abnahme der Kontraktionsamplitude als Zeichen der Ermüdung auf, obgleich Erregbarkeit und Erregungsleitung des Nerven nicht beeinflußt sind. Der dabei auftretende Ausfall von Muskelaktionspotentialen läßt auf eine Blockierung der neuromuskulären Erregungsübertragung schließen, deren Ursache wahrscheinlich eine Verminderung der Acetylcholinfreisetzung an den motorischen Endplatten ist (HASSELBACH, 1971). Letztlich können auch Schmerzen, ausgelöst durch Überbeanspruchung von Bändern und Gelenkkapseln (BASMAJAN, 1967), lokal ermüdend wirken.
Eine Zunahme der Wasserstoff-Ionen-Konzentration im Blut soll sich auch funktionsmindernd auf die motorischen Hirnstrukturen auswirken (NÖCKER, 1971). Andererseits wird eine zunehmende Erregung von peripheren Chemoreceptoren durch ansteigenden PCO_2 und zunehmende Lactatanhäufung für eine Verstärkung inhibitorischer Einflüsse verantwortlich gemacht (GRANDJEAN, 1961). Der Angriffsort dieser inhibitorisch wirkenden Impulse ist nicht sicher bekannt.

2. Muskelschmerzen und Rigidität

Nach ungewohnter Anstrengung können Muskelschmerzen, verbunden mit einer Muskelrigidität auftreten, die nach etwa 3 bis 7 Tagen wieder ver-

schwinden. Sie können nur z. T. auf die Ansammlung von Stoffwechselprodukten und die Freisetzung von Histamin und eine damit verbundene Fascienspannung durch Ödementstehung bezogen werden (ÅSTRAND u. RODAHL, 1970). Durch solche ungewohnten Anstrengungen entstehen Mikrotraumen in Muskel und Bindegewebsapparat, die nach der genannten Zeit repariert sind (s. a. Muskelfunktion und Training).
Elektromyographisch ist in der betroffenen Muskulatur ein erhöhter Muskeltonus nachweisbar (DE VRIES, 1971). Eine Muskelsteifigkeit kann wahrscheinlich auch auf einer ungenügenden Erschlaffung durch ungenügende Lösung der Brückenbindungen beruhen (siehe Erschlaffung). Die Entstehungsursache lokalisierter Muskelkrämpfe ist nicht sicher bekannt. Als Ursache werden u. a. Störungen des Elektrolythaushaltes angegeben (SINCLAIR, 1971). Ihr Verschwinden durch Muskeldehnung beruht möglicherweise auf der autogenetischen Reflexhemmung.

3. Aufwärmen und Leistungssteigerung

Nach sorgfältigem Aufwärmen konnte die Zeit für 100-m-, 400-m- und 800-m-Läufe von 2,5% bis 6% herabgesetzt werden. Dieser Erfolg wird darauf zurückgeführt, daß nach der RGT-Regel der Muskelstoffwechsel gesteigert wird, der Sauerstoffaustausch schneller erfolgt und die Nervenleitungsgeschwindigkeit zunimmt (ÅSTRAND u. RODAHL, 1970). Dabei ist es wünschenswert, durch das Aufwärmen eine Körperkerntemperatur von 38,5° C zu erreichen, die in Abhängigkeit von der Außentemperatur und der Bekleidung bei einer Laufgeschwindigkeit von 12 bis 14 km/Std in etwa 15 bis 30 min erzielt wird. Ein passives Aufwärmen, z. B. in der Sauna, erwies sich als weit weniger wirkungsvoll. Andere Autoren konnten keine oder keine sichere Wirkung des Aufwärmens auf die Leistung feststellen (KARPOVICH, 1971).

VIII. Übung und Lernen

1. Periphere Mechanismen

Bei der ungewohnten Ausführung hochkoordinierter Bewegungsmuster wirken diese keinesfalls fließend, sondern eher abgehackt und erzwungen. Vor allen Dingen beim Kleinkind werden sie durch die z. T. noch nicht verdrängten Haltungs- und Stellreflexe deformiert. Solche ungewollten Mitbewegungen können durch Lernprozesse inhibiert und damit der eigentliche Bewegungsablauf selektiert werden.
Eine häufig wiederholte Aktivierung excitatorischer Synapsenendigungen scheint sowohl zu deren Hypertrophie als auch zur Hypertrophie der entsprechenden Vorderhornzellen zu führen (HAMBERGER u. HYDÉN, 1945). So soll die Transmitterproduktion bzw. -freisetzung vergrößert und damit die Auslösung einer fortgeleiteten Erregung erleichtert werden (SELIGER u. Mitarb., 1968). An völlig Untrainierten ist bereits nach kurzer körperlicher

Leistung eine erhebliche Verminderung der Reaktionszeit und der Kontraktionszeit bei Auslösung des Achillessehnenreflexes nachweisbar (JOHNSON u. Mitarb., 1963).

Eine trophische Funktion der efferenten Nervenzelle ist für die Erhaltung des Muskelstoffwechsels nachgewiesen worden (GUTMAN u. Mitarb., 1961). Eine ungestörte Funktion der afferenten Muskelspindelfasern scheint für die Trainierbarkeit eines Muskels gleichfalls notwendig zu sein (STOBOY u. Mitarb., 1968).

Die Plastizität der neuromuskulären Funktion kann auch durch Muskeltransplantationen nachgewiesen werden, bei denen, bereits nach kurzer Zeit, elektromyographisch erkennbar, z. B. ein Beuger die Funktion eines Streckers übernehmen kann (MISSIURO u. KOZLOWSKI, 1963).

2. Zentrale Faktoren

Nicht nur für polysynaptische Reflexe, sondern auch für zentrale Strukturen konnten Erregungskreise mit excitatorischer Rückkopplung (Laufzeitschaltung) nachgewiesen werden, die auch nach Ende einer Reizeinwirkung von Erregungen längere Zeit durchlaufen werden können, wobei durch die Zuschaltung anderer excitatorischer oder inhibitorischer Erregungen Verstärkungs- oder Abschwächungseffekte möglich sind.

Solche Mechanismen spielen wahrscheinlich für das Kurzzeit-Gedächtnis eine Rolle. Durch klinische Erfahrungen ist anzunehmen, daß das Dauer-Gedächtnis dagegen an die „Lernfähigkeit" von Neuronen gebunden ist, die zu strukturellen Fixierungen an Erregungen in der Lage sein müssen. Es wird angenommen, daß die Speicherung im molekularen Bereich erfolgt, vergleichbar der biochemischen Codierung von Erbinformationen (CASPERS u. KEIDEL, 1970). Eine Erregungsspeicherung ist auch Voraussetzung für einen Lernprozeß.

Neben den genetisch vorgezeichneten Reaktionen (unbedingte Reflexe, Verhaltensweisen) bestehen im ZNS auch andere Schaltelemente, deren unmittelbare Funktion eine häufige Beanspruchung voraussetzt. Sie spielen bei der Entwicklung von bedingten Reflexen und bedingten Reaktionen im Sinne von PAWLOW eine Rolle.

Auch komplexere Reaktionsfolgen wie koordinierte Bewegungsabläufe (spezifische Bewegungsmuster für sportliche Übungen), in denen Hemmungs- und Bahnungsvorgänge eng gekoppelt sind, scheinen durch vergleichbare Mechanismen erlernbar zu sein. Das Erlernte wird aber nur dann zum ständigen Besitz, wenn es durch Gebrauch eine Wiederverstärkung erfährt, wobei Belohnung oder Bestrafung (Leistungserfolg oder -mißerfolg) im Sinne einer Motivation wirken können (CASPERS u. KEIDEL, 1970; NÖCKER, 1971). Daß chemische Prozesse beim Lernen eine Rolle spielen, scheint daraus hervorzugehen, daß die Übertragung von Hirnextrakten trainierter Tiere auf Kontrolltiere diesen einen speziellen Lernvorgang erleichtern kann (BYRNE u. SAMUEL, 1966).

IX. Zentrale Aspekte der Muskeltätigkeit

1. Einfluß der Formatio reticularis

Mit die wichtigsten Bahnungs- und Hemmungseinflüsse gehen im Bereich des extrapyramidalen Systems von der Formatio reticularis aus. Das Bahnungsgebiet erhält seine Hauptantriebe von der Großhirnrinde, den Stammganglien und dem Kleinhirn. Außerdem wird es erheblich durch Kollateralen der afferenten Leitungsbahnen beeinflußt. Das Hemmungsgebiet wird hauptsächlich von den Stammganglien und von Suppressorfeldern der Großhirnrinde versorgt. Die Bahnungseinflüsse wirken sich über die Vorderhornzellen stärker auf die Streck- als auf die Beugemuskulatur aus. Die Formatio reticularis spielt außerdem für den Schlaf- bzw. Wachzustand eine maßgebliche Rolle. Während des Schlafes wird ihre Aktivität erheblich vermindert und damit der Erregungszufluß zu den γ-Vorderhornzellen (Tonusserniedrigung, Verminderung der Reflexerregbarkeit). Während einer Aufweckreaktion kommt es dagegen zu einer Aktivitätserhöhung mit entsprechender Auswirkung auf die γ-Efferenz (Tonussteigerung). Umgekehrt wirkt sich eine wachsende Afferenz positiv auf die Aktivität der Formatio reticularis aus, so daß der „Weckeffekt" von Streckbewegungen verständlich wird (CASPERS u. KEIDEL, 1970).

2. Die Willkürinnervation

Wie bekannt, sind alle Muskelgruppen des Körpers entsprechend der Größe ihrer motorischen Einheiten im Bereich des Gyrus praecentralis repräsentiert. Durch elektrische Reizung dieser Region lassen sich Bewegungen auslösen, die jedoch nur unvollkommen mit den normalen Bewegungsabläufen übereinstimmen. Ein normaler Bewegungsablauf ist weitgehend vom Mitwirken anderer Cortexstrukturen abhängig. Durch elektrophysiologische Methoden konnte nachgewiesen werden, daß die motorischen Erregungsprozesse eng mit den sensiblen und sensorischen Funktionen des Cortex verbunden sind. Auch zum extrapyramidalen System bestehen enge Beziehungen, vor allen Dingen zur Formatio reticularis im Bereich des Hirnstammes. Eine Aktivierung des motorischen Cortex führt deshalb auch zu gesteigerten Erregungen im Bereich der Reticulärformation, die sich in erster Linie fördernd auf die γ-Efferenz auswirken. Auf diesem Wege wird die bereits beschriebene Starterfunktion des γ-Systems für einen Bewegungsablauf eingeschaltet (CASPERS u. KEIDEL, 1970).

Im motorischen Cortex läßt sich im Tierversuch bioelektrisch nachweisen, daß eine Lokomotion durch sensible und sensorische Reize vorbereitet wird (CASPERS, 1961). Erst wenn der afferente Informationsgehalt für das Tier als wichtig anzusehen ist, überschreiten die elektrischen Änderungen der Hirnrinde eine bestimmte Schwelle und lösen damit die Lokomotion, z. B. eine Fluchtbewegung, aus. Andererseits steigt bereits bei der Vorstellung eines bestimmten Bewegungsablaufes der Muskeltonus erheblich an (Vorstartzustand). Selbst beim Lösen von Rechenaufgaben (GÖPFERT u. Mitarb., 1953) ist eine erhebliche Erhöhung des Muskeltonus nachweisbar. Im EEG kommt es, wie auch bei anderen Aufmerksamkeitsreaktionen, zu einer Desynchronisation (α-Block).

Hierdurch wird deutlich, daß ein Bewegungsablauf über das γ-System vorbereitet wird, und gleichzeitig auch die Empfindlichkeit der Muskelspindel gegenüber äußeren Reizen zunimmt. Eine solche Vorinnervation führt, z. B. bei vorher erfolgender richtiger Abschätzung eines zu hebenden Gewichtes, zu einem fließenden Bewegungsablauf. Erfolgt die Vorinnervation durch eine grobe Fehleinschätzung (Bereichseinstellung nach CASPERS, 1961) nicht im richtigen Ausmaß, so resultiert eine ruckartige, unter Umständen sogar überschießende Bewegung. Wie bekannt, führt eine durch Ausschaltung der Spindelafferenzen hervorgerufene Störung zu einem unkoordinierten Bewegungsablauf (Ataxie).

Eine Senkung des Erregungsniveaus der Formatio reticularis (z. B. ungenügender Schlaf, Alkoholeinfluß, depressive Verstimmung) führt wahrscheinlich zu einer Fehleinschätzung der muskulären Leistungsfähigkeit, die von SCHÄFER (1959) als „Gefühl der innervatorischen Schwäche" bezeichnet wurde. Entsprechend ist der Wachheitsgrad und damit die allgemeine Stimmung beeinträchtigt.

Eine durch erworbene Bewegungsautomation verbesserte Koordination erfolgt wahrscheinlich durch eine Bahnung des entsprechenden spezifischen Bewegungsmusters. Außerdem wird durch eine Hemmung von begleitenden Erregungsprozessen der Bewegungsablauf auf die unbedingt dazu notwendige Muskulatur beschränkt und so der Energieverbrauch vermindert. Durch häufige Reizwiederholungen konnte an Motoneuronen des Rückenmarks eine Herabsetzung der synaptischen Verzögerungszeit nachgewiesen werden (ECCLES, 1964).

Für die Bewegungsplanung, den Entwurf eines Bewegungsmusters, scheint so die Willkürmotorik verantwortlich zu sein. Die Entstehung des speziellen Innervationsmusters und die Kontrolle des fließenden Bewegungsablaufs unterliegen dagegen weitgehend dem extrapyramidalen System und den Reflexmechanismen auf der Ebene der Rückenmarksegmente.

X. Muskelkraft in Abhängigkeit von Geschlecht und Alter

Abgesehen davon, daß die Muskelkraft erheblich von der Häufigkeit des Gebrauchs (Inaktivitätsatrophie) und der jeweiligen Motivation abhängt, ist die Muskelkraft von Frauen im gleichen Trainingszustand etwa 30% kleiner als die der Männer (HETTINGER, 1968). Im kindlichen Alter divergiert die Muskelkraft zwischen beiden Geschlechtern noch nicht. Der Unterschied bildet sich erst mit Beginn der Pubertät heraus. Relativ gesehen, ist die Trainierbarkeit der Muskelkraft bei Frauen jedoch genausogroß wie bei Männern.

Im Verlauf des Alterns nimmt die Muskelkraft ab, so daß sie bei einer 65 Jahre alten Person etwa 80% der Kraft zwischen dem 20. und dem 30. Lebensjahr beträgt (HETTINGER, 1968). *Der Verlust an Muskelkraft ist jedoch erheblich abhängig von dem täglichen Gebrauch der Muskulatur.* So ist der Verlust an Muskelkraft in den Bein- und Rumpfmuskeln meist größer als der in den Armmuskeln.

Eine etwa linear positive Abhängigkeit der Muskelkraft von der Körpergröße läßt sich bei logarithmischer Auftragung der Kraft nachweisen (ASMUSSEN u. Mitarb., 1959), während sie, bezogen auf den cm^2 Muskelquerschnitt etwa konstant ist. Der stärkere Anstieg der Muskelkraft während der Entwicklungsphase von Knaben wird u. a. auf die Wirkung der männlichen Sexualhormone zurückgeführt.

Die Auswirkung der häufig verwendeten *Anabolica* auf die Muskelkraft wird unterschiedlich beurteilt. Während einerseits (STEINBACH, 1968) eine positiv signifikante Beeinflussung von Körpergewicht und Kraft, vor allem bei gleichzeitigen Trainingsreizen, festgestellt wird, konnte andererseits

(ROSSEK u. Mitarb., im Druck) im doppelten Blindversuch an eineiigen Zwillingen keine zusätzliche Kraftsteigerung durch Anabolica beobachtet werden. Da jedoch unter dieser Medikation bei hoher Dosierung die Transaminasen erheblich ansteigen, ist bei längerem Gebrauch mit einer Leberschädigung zu rechnen.

XI. Muskelfunktion und Training

1. Muskelquerschnitt, kontraktile Proteine, Motivation und Kraft

Eine Funktionsverbesserung der Skeletmuskulatur ist durch eine über das alltägliche Maß hinausgehende Beanspruchung zu erreichen. Durch Muskeltraining können im wesentlichen drei verschiedene Funktionsbereiche beeinflußt werden:
1. die Muskelkraft,
2. die statische oder die dynamische Ausdauer,
3. die Kontraktionsgeschwindigkeit des Muskels.

Nur wenn die Muskelkraft bei einer Kontraktion eine bestimmte Schwelle übersteigt, kommt es zu einer Hypertrophie. Als adäquater Trainingsreiz ist also die Spannungserhöhung im Muskel anzusehen. Durch Versuche von HETTINGER (1968) kann die als Trainingsreiz postulierte Hypoxie als überholt gelten. Für eine Leistungserhöhung in vielen Sportarten, so z. B. in den technischen Disziplinen der Leichtathletik, aber auch bei Kurzstreckenläufen, bei Sprüngen usw. ist eine Vergrößerung der Muskelkraft unbedingt notwendig.

Maximale Muskelkraft und Muskelquerschnitt gelten häufig als obligat miteinander korreliert. Jedoch sollte die Menge des eingelagerten Fettgewebes berücksichtigt werden (MOREHOUSE u. MILLER, 1959). BIGLAND u. JEHRING (1952) verfütterten an Ratten Wachstumshormon und stellten eine Zunahme des Faserquerschnitts um 6—20% fest. Kontrolltiere hatten jedoch bei elektrischer Reizung eine signifikant größere tetanische Spannungsentwicklung. Deshalb soll es unter Gaben von Wachstumshormon zum Einbau von nicht kontraktilem Material im Muskel kommen können, d. h. es tritt eine Pseudohypertrophie ein. Dagegen konnte eine Myofibrillenvermehrung in der Nähe der Ursprünge und Ansätze der Muskulatur durch Training festgestellt werden (HOLMES u. RASCH, 1958).

Für eine Vermehrung der kontraktilen Proteine spricht auch, daß bei einer Verdoppelung des Muskelgewichtes die Kraft um den Faktor 3 zunimmt (VAN LINGE, 1962). Auch nach IKAI u. FUKANAGA (1970) kann durch genügend langes isometrisches Training die maximale Muskelkraft/cm^2 Muskelquerschnitt erheblich erhöht werden. Außerdem findet man vermehrt kontraktile Proteine pro Muskelquerschnitt, vor allem bei Krafttraining, wobei der sarkoplasmatische Proteinanteil vermindert wird.

In tierexperimentellen Untersuchungen konnten im mikroskopischen Bild Hinweise dafür gefunden werden, daß neue Muskelfasern mit embryonaler

Struktur und hohem Ribonucleinsäuregehalt aussprossen, allerdings erst dann, wenn, wahrscheinlich durch Mikrotraumen bedingt, beginnende Nekrosen zu erkennen sind. Ein trainingsbedingtes Aussprossen von neuen Muskelfasern mit embryonaler Struktur und hohem Ribonucleinsäuregehalt (VAN LINGE, 1962) konnte von REITSMA (1965) immer dann gefunden werden, wenn hypertrophische Muskelfasern eine Dicke von 20 —50 μ überschritten. Allerdings ließen sich dann durch Mikrotraumen bedingte beginnende Nekrosen nachweisen. Diese Faserteilung war mit einer begleitenden Capillarsprossung verbunden.

Andererseits nahm bei einer Inaktivitätsatrophie der Proteingehalt des Muskels ab, d. h. die kontraktilen Proteine und damit die Myofibrillenzahl waren vermindert, während eine Vermehrung der sarkoplasmatischen Proteine und des Fettgehaltes des Muskels nachgewiesen werden konnte (HELANDER, 1958).

Durch Überspielung zentralhemmender Impulse kann die Muskelkraft während ihrer Messung erheblich gesteigert werden (IKAI u. STEINHAUS, 1961). So ergab sich z. B. bei Abgabe eines Pistolenschusses unter Hypnose- und Posthypnosebedingungen bereits bei Anwesenheit von Beobachtern (HELLEBRANDT u. WATERLAND, 1962; JOSENHANS, 1962) und unter kompetitiven Bedingungen (JOSENHANS, 1962, 1967) eine signifikante Kraftsteigerung. RÖCKER u. STOBOY (1970) konnten unter Motivationsbedingungen eine um 65% größere Kraft messen als im nicht motivierten Zustand (BECK u. HETTINGER, 1956). Aus den vorgenannten Gründen geht hervor, daß die maximale Muskelkraft nicht unbedingt mit dem physiologischen Querschnitt des Muskels korreliert sein muß.

Bei muskulärer Inaktivität kommt es im Knochen zu einer Verminderung der interstitiellen Substanzen, vor allem der Calciumcarbonate und der Calciumphosphate, von ca. 60% und 40% (INGELMARK, 1957). Durch Demineralisierung nimmt dabei die Calcium- und Phosphatausscheidung im Urin gegenüber der Norm zu (DEITRICK u. Mitarb., 1948; RODAHL u. Mitarb., 1967). Muskuläres Training hingegen wirkt sich auf die Knochenstrukturen durch Neubildung von Knochentrabekeln aus. An trainierten Tieren kann man eine Dickenzunahme der Gelenkknorpel feststellen, wobei die größere Kompressibilität eine verbesserte Kompensation von Gelenkflächeninkongruenzen ergibt und die einwirkende Kraft pro Fläche herabgesetzt wird (HOLMDAHL u. INGELMARK, 1948; INGELMARK, 1957). Eine Hypertrophie war im Bereich der Sehnenfasern und der Ligamente zusammen mit einer Muskelhypertrophie zu beobachten (INGELMARK, 1948; KLEIN, 1961 u. 1965; VIIDIK, 1966).

2. Trainingsbedingte biochemische Änderungen

Besonders auffällig ist die Erhöhung der Glykogenspeicher durch Muskeltraining. Nach EMBDEN u. HABS (1926); THÖRNER (1949); KNOLL u. FRONIUS (1933) kann das Muskelglykogen bis zu 200% zunehmen (HULTMAN, 1967). Auch der Myoglobingehalt des Muskels kann bis 80% vermehrt sein (KARPOVICH, 1959). Die Laufleistung der Tiere nahm dabei um das 6fache zu (PATTENGALE u. HOLLOSZY, 1967). Da dies für die Dauerleistungsfähigkeit nicht maßgebend sein kann, wird angenommen, daß durch Myoglobinvermehrung die O_2-Ausnutzung erhöht wird (KEUL u. Mitarb., 1965). Der

Kreatinphosphatgehalt ist ca. 20—75% größer als im untrainierten Zustand (PALLADIN u. FERDMANN, 1928; YAMPOLSKAYA, 1952), und JAKOVLEV (1958), fand Hinweise für eine Vermehrung des Adenosintriphosphats. Durch diese Veränderungen kann die anaerobe Energiegewinnung im Muskel erheblich gesteigert werden. Das Training kann sich auch auf Enzymsysteme auswirken (HOLLOSZY, 1967). So wurde eine Erhöhung der labilen Gewebsoxydase und eine Vermehrung der lipolytischen Aktivität gefunden sowie eine Vermehrung der phospholytischen, der Hexokinase- und der Pyruvatdehydrogenase-Aktivität (YAKOVLEV, 1958; JAMPOLSKAYA, 1952).

Eine Erhöhung der Mitochondrienzahl ist wahrscheinlich, eine Vermehrung der Mitochondrienproteine sicher (KRAUS u. KIRSTEN, 1969). Nach GOLLNICK u. KING (1969) nimmt auch die Zahl und Größe der Mitochondrien sicher zu. Die oxydativen Mitochondrien-Enzyme sollen nach Training um 100% vermehrt sein können (HOLLOSZY, 1967). Dafür spricht auch eine Zunahme der Phospholipide, da diese fast ausschließlich in den Mitochondrien lokalisiert sind (MORGAN u. Mitarb., 1969). Diese Befunde sprechen für eine Verbesserung des oxydativen Muskelstoffwechsels.

Der intramuskuläre Kaliumgehalt ist nach NÖCKER (1971) bei trainierten Tieren mit 635 mg-% statistisch gesichert größer als bei untrainierten (602 mg-%), sinkt jedoch während Erschöpfung bei trainierten Tieren wesentlich stärker ab. Je erschöpfender eine Leistung ist, um so niedriger ist der Kaliumgehalt, und je besser der Trainingszustand ist, um so mehr wird die intracelluläre Kaliumkonzentration vermindert. Die Natriumkonzentration verhält sich dieser Veränderung entsprechend reziprok. Es werden also auch Ionen-Austauschvorgänge über die Membran in die Trainingswirkung miteinbezogen.

3. Durchblutung und Capillarisierung

Die Dauerleistungsfähigkeit eines Muskels hängt weitgehend vom Sauerstofftransport ab. Eine völlige Unterbrechung der Durchblutung soll bei statischen Kontraktionen bereits bei 20—30% der maximalen Kraft eintreten. Die mittlere statische Ausdauer beträgt jedoch bei 40% der maximalen Kraft 134 sec (RÖCKER u. STOBOY, 1970). Eine so lange statische Ausdauer wäre unter völlig anaeroben Bedingungen jedoch nicht zu erreichen, da eine anaerobe Energiegewinnung nur für wenig mehr als 1 min möglich ist (KEUL u. Mitarb., 1965).

In neueren Untersuchungen konnten LIND u. MCNICOL (1967) feststellen, daß bei statischen Kontraktionen bis zu 30% der maximalen Kraft die Durchblutung erheblich vermehrt wird. Zwischen 30 und 60% der maximalen Kraft nimmt die Durchblutung nur noch gering über den Ruhewert zu. Überschreitet die Kontraktionskraft 70% der maximalen Kraft, tritt eine völlige Durchblutungsunterbrechung ein. Damit stimmt überein, daß das Kraft-Zeit-Produkt erst bei 100% der maximalen Kraft, also bei völlig unterbrochener Durchblutung sehr stark absinkt (RÖCKER u. Mitarb., im Druck).

Bei einer trainingsbedingten Hypertrophie von Muskelfasern nimmt die Zahl der Capillaren etwa um das Doppelte, die der Anastomosen etwa um das 3,5fache zu. Dabei kann der Gasaustausch sehr erheblich verbessert werden, da die capilläre Strömungsgeschwindigkeit absinkt (NÖCKER, 1971). Es ergibt sich dadurch auch eine Reduzierung des von einer Capillaren versorgten Gewebsbezirkes, d. h. es findet ein besserer Stoffaustausch statt. Diese Trainingswirkung führt zusammen mit einer besseren Ausbildung der Alveolen durch Eröffnung potentieller Kollateralen (SCHOOP, 1964, 1966) zu einer erhöhten Ausdauerleistung. Eine echte Neubildung von Capillaren konnte zusammen mit einer Hyperplasie von REITSMA (1965) nachgewiesen werden.

4. Statisches Muskeltraining

Am besten übersehbar ist eine Kraftsteigerung durch isometrisches Training. Nach HETTINGER (1968) würden Kontraktionen mit 60% der maximalen Kraft und mit einer Dauer von 6—10 sec, einmal täglich ausgeführt, genügen, um einen optimalen Kraftzuwachs zu erreichen. Hinsichtlich der reinen Kraftentwicklung konnte dieses Ergebnis verifiziert werden (FRIEDEBOLD u. Mitarb., 1957). Wenn diese Kontraktionen fünfmal täglich wiederholt werden (JOSENHANS, 1962), ist der zusätzliche Kraftgewinn nur geringgradig größer als bei einer einmaligen Kontraktion. Mit diesem Verfahren kann ein mittlerer Kraftgewinn von 4—10% pro Woche im Verlauf von 10 Trainingswochen erzielt werden. Jedoch ist der Kraftgewinn zu Beginn des Trainings wesentlich größer und nimmt mit fortschreitendem Training immer mehr ab.

Die genannten Befunde stehen anscheinend in Widerspruch zu den Erfahrungen der Praxis des Leistungssports, in der bei Verwendung des dynamischen Krafttrainings die Belastung wesentlich länger erfolgt. Ein trainingsbedingter Kraftzuwachs ist aber um so kleiner, je höher die bereits vorhandene Kraft ist. Außerdem wird bei einem dynamischen Training nur für Sekunden oder Sekundenbruchteile die maximale Spannung erreicht, so daß nach KARPOVICH (1959) bei einem Training von 1—2 Std Dauer die einzelne Muskelgruppe nur wenige Minuten beansprucht wird.

Von praktischen Erwägungen ausgehend, wurde versucht, mit geringstem Aufwand eine Wiederherstellung von Kraft und Form atrophischer Muskeln zu erzielen. Dabei wurde der M. quadriceps femoris von Normalpersonen, Patienten mit Inaktivitätsatrophie, mit Restlähmung nach Poliomyelitis und mit gesicherter Tabes dorsalis 10 Wochen lang isometrisch trainiert (STOBOY u. Mitarb., 1968). Bei allen, mit Ausnahme der Tabiker, wurde eine signifikante Zunahme der Kraft erreicht, die bei der Atrophiegruppe deutlich steiler erfolgte (Abb. 10 (1)). Selbst bei den Poliopatienten war der Kraftanstieg prozentual größer als bei den Normalpersonen. In bezug auf die Kraftentwicklung herrschen also qualitativ die gleichen Bedingungen.

Beim normalen und atrophischen Muskel nahm die statische Ausdauer stetig ab (Abb. 10 (2)). Somit ist die Ausdauer auf Kosten einer schnellen Kraft-

Neuromuskuläre Funktion und körperliche Leistung 39

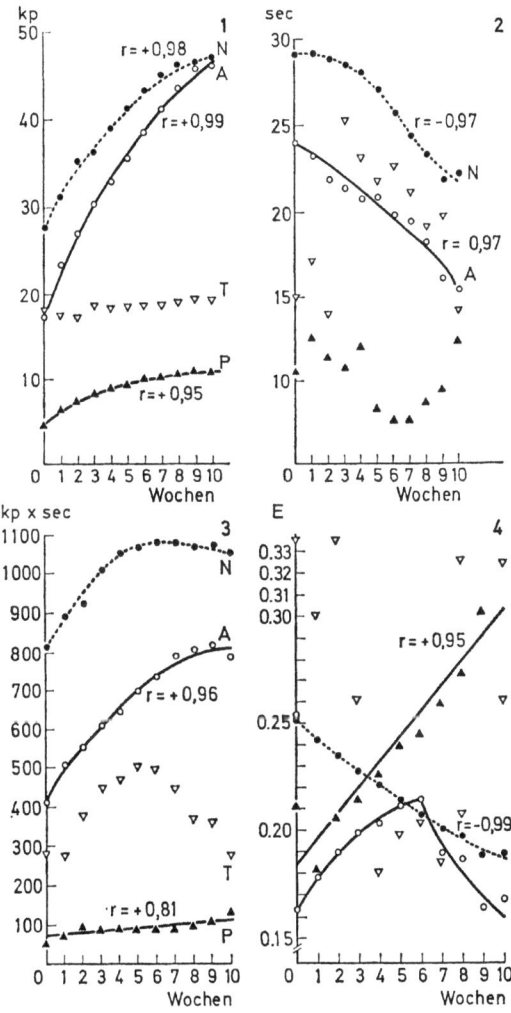

Abb. 10. Das Verhalten von Kraft (1), statischer Ausdauer (2), Kraft-Zeit-Produkt (3) und elektrischer Aktivität (4) während eines zehnwöchigen isometrischen Trainings des M. quadriceps fem. bei normalen Versuchspersonen (N ●-●-●), Patienten mit Inaktivitätsatrophie (A ○-○-○), Patienten mit Restlähmung nach Poliomyelitis (P ▲-▲-▲) und Patienten mit Tabes dorsalis (T ▽▽▽)

entwicklung stark eingeschränkt. Auch von anderer Seite wird durch isometrisches Training die Ausdauer als nicht verändert oder sogar als reduziert angegeben (ÅSTRAND u. RODAHL, 1970). Als Grund wird eine nicht ausreichende Vascularisierung genannt. JOSENHANS (1962) und HANSEN (1961) beschreiben dagegen eine Zunahme der statischen Ausdauer. Bei ihrer Messung verwendete JOSENHANS die zu Beginn des Trainings ermittelte Ausgangskraft, während FRIEDEBOLD u. Mitarb. (1957) die durch das Training jeweils neu erworbene Kraft zugrunde legten. Die verschiedenen Angaben über Veränderungen der statischen Ausdauer sind also definitionsbedingt.

Einen wesentlichen Einblick in die Trainierbarkeit eines Muskels ergibt das Kraft-Zeit-Produkt. Die Werte für den normalen Muskel lagen deutlich höher als für den atrophierten (Abb. 10 (3)). Aus dieser Sicht ist der normale Muskel besser trainierbar als der atrophische. Beim Tabiker ist der eigenartige Kurvenverlauf im wesentlichen durch die stark schwankende statische Ausdauer bedingt. Bei jeder Muskelatrophie kommt es zu einem Stickstoffverlust, jedoch ist dieser nach einer Nervendurchschneidung größer als bei reiner Inaktivitätsatrophie (HELANDER, 1958). Auch konnte nach Reizung eines denervierten Muskels keine Zunahme des Faserquerschnitts wie nach einem Training gefunden werden (GUTMANN u. Mitarb., 1961). So scheint die motorische Vorderhornzelle eine trophische Funktion für den Muskelstoffwechsel und die Proteinsynthese zu haben (ÅSTRAND u. RODAHL, 1970).

Der Trainingserfolg ist aber auch an eine quantitativ intakte Afferenz gebunden. Durch ihren Ausfall scheint die Vorderhornzelle nicht mehr „trainierbar" zu sein, so daß ihre im Tierversuch zu beobachtende Hypertrophie möglicherweise ausbleibt. Die Aktivität der zentralmotorischen Neurone scheint nicht auszureichen, um die Zelle in einem normotrophen Zustand zu erhalten oder ein Training zu erlauben. So gesehen, hat die Afferenz eine trophotrope Funktion.

Die vom Muskel abgeleiteten integrierten Aktionspotentiale sind im akuten Versuch positiv zur vom Muskel entwickelten Spannung korreliert (BIGLAND u. LIPPOLD, 1954). Im Verlauf des Trainings nahm die elektrische Aktivität bei den Normalpersonen deutlich ab. In der Atrophiegruppe wurde ein Anstieg bis zur 6. Trainingswoche und erst dann ein Abfall gefunden (Abb. 10 (4)), während in der Poliogruppe ein stetiger Anstieg zu beobachten war.

Wie nachgewiesen werden konnte, beruht eine Abnahme der elektrischen Aktivität bei zunehmender Kraft unter Trainingsbedingungen auf einer Verminderung sich gleichzeitig kontrahierender motorischer Einheiten, also auf einem Ökonomisierungseffekt (STOBOY u. Mitarb., 1959). Der atrophische Muskel muß also im ersten Trainingsstadium, der poliomyelitische im Verlauf des ganzen Trainings in zunehmendem Maße motorische Einheiten rekrutieren. Aus der damit verbundenen zunehmenden Spannungsentwicklung resultiert wahrscheinlich die steile Kraftzunahme in der Atrophie- und Poliogruppe. Der Beginn der Verminderung der elektrischen Aktivität während eines Trainings liegt bei etwa 30 kp, so daß dieser Vorgang erst nach Überschreiten einer Hypertrophie- oder Kraftschwelle einsetzt. Die gleiche

Relation zwischen Kraft und elektrischer Aktivität konnte auch an Gruppen normaler Probanden verschiedener Konstitution beobachtet werden (DÜNTSCH u. STOBOY, 1966).
Auch BRÄUNINGER (1959) fand an der Oberschenkelmuskulatur Amputierter durch eine Kombination von isometrischem Training und physikalischer Therapie einen um 65% größeren Effekt als bei üblicher physikalischer Therapie allein. ROSE u. Mitarb. (1957) halten kurze maximale Kontraktionen für die Kraftentwicklung bei Versehrten gleichfalls für besser als eine konventionelle Rehabilitationstechnik.
Nach HETTINGER (1968) kann die durch isometrisches Training um einen bestimmten Betrag erhöhte Muskelkraft durch 14tägliche wiederholte Trainingsreize über lange Zeit aufrecht erhalten oder zumindest die Geschwindigkeit der Kraftabnahme reduziert werden. Dieser Befund konnte aus bisher nicht zu übersehenden Gründen nicht bestätigt werden (FRIEDEBOLD u. STOBOY, 1965). Eine durch 10 Wochen dauerndes tägliches Training erzielte Kraftzunahme sank in 10 Wochen wieder auf den Ruhewert ab. So scheint, zumindest für das isometrische Krafttraining, ein zwei- bis dreimal wöchentlich wiederholter Trainingsreiz zur Erhaltung des Trainingserfolges notwendig.

5. Dynamisches Muskeltraining

Für den Leistungssport ist das dynamische Krafttraining bedeutungsvoller als das statische, da gleichzeitig die Koordination geschult wird.
MELLER u. STOBOY (1968) trainierten eineiige männliche Zwillinge 3 Wochen lang täglich dynamisch bzw. statisch, wobei die Dauer der einzelnen Übungen gleich lang war. Der Kraftzuwachs war bei der statisch trainierten Versuchsperson erheblich größer als bei der dynamisch trainierten, während bei letzterer die Zahl der möglichen Wiederholungen, also die dynamische Ausdauer zunahm. Dieses trainingsspezifische Verhalten wurde auch von PETERSEN et al. (1961) bzw. HANSEN (1967) beschrieben. Nach IKAI (1967) haben Werfer zwar eine große Kraft, aber eine kleine dynamische Ausdauer, während Langstreckenläufer über eine Kraft verfügen, die nicht größer ist als die eines Untrainierten, dafür aber eine große dynamische Ausdauer besitzen.
Zwischen Kraft und Kontraktionsgeschwindigkeit soll nur eine geringe Korrelation bestehen (ÅSTRAND u. RODAHL, 1970). Jedoch kann auch ein isometrisches Training in einem geringen Ausmaß zur Zunahme der Kontraktionsgeschwindigkeit führen (CLARKE u. HENRY, 1961). Andererseits wurde sogar behauptet, daß sie durch eine zu große Hypertrophie vermindert werden kann, z. B. durch Zunahme der inneren Reibung oder durch den stumpfer werdenden Fiederungswinkel (GERSCHLER, 1963; PUFF, 1963). Eine Antagonisten-Hypertrophie sollte den aktiven Muskel in seiner Kontraktionsgeschwindigkeit beeinträchtigen können.

Deshalb wurden eineiige männliche Zwillinge mit gleicher physikalischer Leistung, aber unterschiedlicher Arbeit im Bankdrücken und Kniebeugen mit Scheibenhanteln

trainiert (Röcker u. Mitarb., 1971). A trainierte mit 80%, B mit 24% der jeweiligen maximalen Kraft. Die Wiederholungszahl betrug für A 3, für B 10, wobei B die Streckbewegung mit maximaler Schnelligkeit ausführte. Sowohl für Bankdrücken und Kniebeugen mit Scheibenhanteln als auch für die statische Kontraktion des M. quadriceps femoris war der Kraftzuwachs bei A größer als bei B. Die statische Ausdauer des M. quadriceps femoris wurde nur bei A im Verlauf des Trainings größer. Aus diesem Grunde stieg das Kraft-Zeit-Produkt bei A steil an und verminderte sich bei B. Während die elektrische Aktivität bei A als Ausdruck der Ökonomisierung der Muskelkontraktion erheblich abnahm, blieb sie bei B praktisch konstant. Daraus ergab sich, daß bei schnellem Bankdrücken und Kniebeugen die Bewegungsgeschwindigkeit nach Training für A zu, für B dagegen abnahm (Abb. 11).

	V m/sec	V m/sec	prozentuale Änderung %
Bankdrücken			
A vor Training	0,688	+0,248	+36,0
nach Training	0,936		
B vor Training	0,804	−0,132	−16,4
nach Training	0,672		
Kniebeugen			
A vor Training	0,406	+0,038	+ 9,4
nach Training	0,444		
B vor Training	0.459	−0,028	− 6,1
nach Training	0,431		

Abb. 11. Bewegungsgeschwindigkeit (V) beim schnellen Bankdrücken bzw. Kniebeugen mit Scheibenhanteln nach einem leistungsgleichen Training mit großer (A) bzw. kleiner Arbeit (B). Die trainingsbedingten Änderungen sind in absoluten und prozentualen Werten angegeben

Bei einem dynamischen Training mit großer Kraft wird also die Bewegungsgeschwindigkeit nicht beeinträchtigt, sondern eher verbessert.

Herz und Kreislauf im Sport

Von J. Stegemann

Es ist heute unbestritten, daß das Herz-Kreislaufsystem den begrenzenden Faktor für jede Ausdauerleistung darstellt. Wenn wir dieses System unter dem Blickwinkel des Leistungssportes betrachten wollen, so wird dieser Gesichtspunkt im Vordergrund unseres Interesses stehen müssen. Ein weiterer, nicht unwesentlicher Blickpunkt unserer Betrachtungen muß der Einfluß von Sport überhaupt auf dieses System sein, an dessen Versagen heute der überwiegende Anteil der Bevölkerung in der industrialisierten Welt stirbt. Grund für dieses Versagen dürfte oft mangelnde körperliche Aktivität sein. Wir müssen also die *Wechselwirkungen zwischen physischer Aktivität und funktionellem Zustand von Herz und Kreislauf* beschreiben.

Da sich dieses Buch in erster Linie an den sportmedizinisch interessierten Arzt wendet, kann die normale Physiologie des Herzens und des Kreislaufes als bekannt vorausgesetzt werden. Vorwiegend sollen deshalb die akuten und chronischen physiologischen Anpassungsprozesse an körperliche Leistung und die Anwendung von Kreislauftesten auf praktische Probleme der Beurteilung der körperlichen Leistungsfähigkeit besprochen werden.

Herz und körperliche Aktivität

Die Herzmechanik. Nachdem OTTO FRANK die Dynamik des Froschherzens und E. H. STARLING die des Warmblüterherzens im weitgehend isolierten Präparat erkannt hatten, glaubte man zunächst, diese Erkenntnisse auf das Herz in vitro und auf seinen Zustand bei der Leistung übertragen zu können. Diese Meinung hat sich als nicht ausreichend erwiesen, da die zentralnervösen und hormonellen Einflüsse, aber auch die Wechselwirkungen zwischen Herz und Kreislauf nicht genügend berücksichtigt wurden, die die Arbeit des Herzens stark beeinflussen. Das Frank-Starling-Straubsche Gesetz geht von der Eigenschaft jeden Muskels aus, in einem gewissen Bereich auf gleichen Reiz hin eine um so größere Kraft zu entwickeln, je stärker die Ausgangsspannung des Muskels ist.

Diese Gesetzmäßigkeiten sind für das isolierte Herz in Abb. 12 dargestellt. Die mit RD bezeichnete Kurve gibt die Ruhedehnungskurve des Herzens wieder. Das Herz ist elastisch: Es kann Formänderungsarbeit in umkehrbarer Weise speichern. Der Verlauf der Ruhedehnungskurve wird im physiologischen Bereich nur unwesentlich durch das Perikard beeinflußt. Dagegen schützt dieses Gewebe das Herz in höheren Druckbereichen vor Überdehnung.

Man kann sich in einem vereinfachten Modell (Abb. 13) die Beziehung zwischen Füllung, Druck und Wandspannung klarmachen, wenn man sich das Herz als Kugel vorstellt. Der Innendruck versucht, die beiden Kugelhälften auseinanderzudrücken. Die Gegenkraft wird gebildet durch die Spannung der Summe aller Muskelfasern, die die Zahl n haben sollen. Es besteht also die Beziehung:

$$K = \frac{\pi r^2 \cdot p}{n},$$

wobei K die Spannung der einzelnen Muskelfaser, r den Radius des Querschnittes und p den Innendruck darstellt. Soweit wir wissen, ist die Zahl der Muskelfasern zumindest im Erwachsenenalter unabhängig vom Trainingszustand. Bei konstanter Herzgröße ist demnach die Faserspannung dem

Innendruck proportional. Aus der Tatsache, daß das Herz elastisch ist, ergibt sich aus der Gleichung ferner, daß mit zunehmendem Innendruck auch der Radius größer wird, und damit die Faserspannung überproportional zunimmt. Mit zunehmender anatomischer Herzgröße wird die Ruhedehnungskurve flacher.

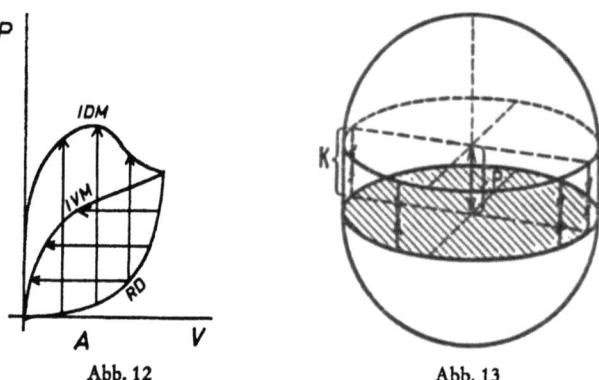

Abb. 12.   Abb. 13

Abb. 12. Druckvolumenkurve des Herzens: Das Verhalten der isobarischen Volumenminima (IVM) und der isometrischen Druckmaxima (IDM) am isolierten Säugetierherzen

Abb. 13. Das Herz ist als Hohlmuskel von Kugelform gedacht. Der Innendruck P sucht die beiden Halbkugeln auseinanderzutreiben mit der Kraft $P \cdot \pi r^2$. Dem wirkt die Summe der Kraft K aller Muskelfasern rings um die Schnittfläche entgegen (nach M. Schneider)

Aus Abb. 12 geht hervor, daß auf einen Reiz hin der Muskel einerseits eine maximale Spannung entwickelt, die im physiologischen Bereich mit der Vordehnung zunimmt, andererseits bei gleichem Innendruck die Entleerung des Herzens ebenfalls von der Vordehnung abhängt. Aus diesen Grundeigenschaften des Herzmuskels ist zu entnehmen, daß er ohne innere Situationsänderung in einem weiten Bereich in der Lage ist, sein Schlagvolumen an das venöse Angebot anzupassen oder auch gegen variable Aortendrucke auszuwerfen. Grundsätzlich bestehen also Fließgleichgewichte, die Füllung, Schlagvolumen und Druckentwicklung einander anpassen können.

Vom Gesichtspunkt des Sports ist die Bedeutung dieser Eigenschaften in erster Linie in der Angleichung der Minutenvolumina beider Ventrikel zu sehen. Diese Notwendigkeit ergibt sich gerade hier durch schnelle Leistungsänderungen, bei denen die zeitliche Abfolge von Änderungen des peripheren Widerstandes, der Mobilisierung des Blutvolumens, der Atem- und Kreislaufantriebe und der Herzleistung nicht übereinstimmt. Eine weitere Bedeutung liegt in jeder Adaptation der Volumen- und Druckbedingungen in den Fällen, in denen keine Änderung der Innervationsbe-

dingungen auftritt, wie z. B. beim Lagewechsel, aber auch beim Eintauchen in das Umgebungsmedium Wasser, bei der das Herz durch Leerdrücken der superficialen Venen durch den hydrostatischen Druck des Wassers stärker gefüllt wird. Ganz ähnliche Verhältnisse findet man übrigens auch bei Schwerelosigkeit im Weltraum.
Auf die besprochenen muskulären Gleichgewichtskurven setzt sich nun die Innervationswirkung auf, die die Kontraktilität des Herzens beeinflußt. Besonders zu betonen ist hier die Wirkung des Sympathicus, während man die Wirkung des Vagus auf die Ventrikelmuskulatur vernachlässigen kann, da, wenn überhaupt, nur eine geringe Versorgung der Ventrikel durch den parasympathischen Anteil des vegetativen Nervensystems besteht.
Der Sympathicus wirkt auf den Herzmuskel im wesentlichen durch eine Verlängerung des Aktionspotentials, das wiederum den Mechanismus der elektromechanischen Kopplung beeinflußt. Mit steigender Aktionspotentialdauer treten mehr Ca^{++}-Ionen aus den sarkoplasmatischen Vesicula in das Sarkoplasma aus. Dieser Effekt führt zu einer Verstärkung der Kontraktionskraft. Es ist verständlich, daß eine Wechselbeziehung zwischen der durch den Sympathicus ausgelösten Steigerung der Kontraktionskraft und der Vordehnung des Herzens besteht, so daß z. B. die gleiche Innervationsänderung unterschiedliche Reaktionen auslösen kann, abhängig davon, wie stark die einzelne Faser vorgespannt ist, da die Beziehung zwischen Kraft und Dehnung im gesamten Bereich unlinear ist.
Die Herzgröße, vor allem bei Arbeit, muß also eine Funktion aller der bei dem Fließgleichgewicht auftretenden Komponenten sein. Es ist leicht einzusehen, daß z. B. im Liegen und Stehen die Grundfüllung des Herzens schon unterschiedlich sein muß. Wenn man sich dazu noch den Füllungszustand des Kreislaufs als variabel vorstellt, so wird klar, wie müßig es ist, sich über die Änderung der Herzgröße bei Arbeit streiten zu wollen. Sie hängt offensichtlich von den Ausgangsbedingungen ab.
Das Herz als einen kugelförmigen Hohlmuskel zu betrachten, stellt natürlich eine grobe Vereinfachung dar. Der komplizierte Verlauf der Herzmuskelfasern, die man sich wiederum vereinfacht aus Ring- und Längsmuskeln bestehend vorstellen kann, bewirkt, daß das Herz praktisch in zwei „Gängen" arbeitet. Die unterschiedliche Vordehnung der einzelnen Fasergruppen zusammen mit den zeitlichen Parametern führt dazu, daß das große Herz mit langsamer Frequenz mehr dem Bild eines sich konzentrisch kontrahierenden Hohlmuskels entspricht. Hier ist besonders die Ringmuskulatur aktiv, während sich das hochfrequent schlagende Herz mehr der langen Spiralmuskeln bedient: Das Herz entspricht bei langsamer Frequenz dem Konstruktionsprinzip einer Kolbenpumpe, bei der die diastolische Füllung zwischen zwei Systolen liegt, während es bei hoher Frequenz eher einer Membranpumpe entspricht, wobei Entleerung und Ansaugung über den Ventilebenenmechanismus in einem Arbeitsgang erfolgen. Hier wird die Gesamtenergie während der Systole aufgebracht.
Die Tatsache, daß das Herz, das nur mit dem Ventilebenenmechanismus arbeitet, bei normalem Schlagvolumen zwischen Systole und Diastole rönt-

genkinematographisch die gleiche Herzsilhouette aufweist, zeigt, wie problematisch es ist, aufgrund der Herzpulsation Aussagen über das Schlagvolumen machen zu wollen.

Man kann heute mit hinreichender Sicherheit bestimmen, daß der maximale Wirkungsgrad des Herzens bei optimaler Anpassung an die Leistung durch die oben genannten Mechanismen bei etwa 30 % liegt, während der minimale etwa bei 20 % zu finden ist. Der optimale Wirkungsgrad wird immer bei der mittleren durchschnittlich geforderten Leistung erreicht. Da dieser Bereich durch Training verschoben wird, kann man ihn in seiner absoluten Größe nicht angeben.

Die Wirkungsgradbetrachtung ist deshalb von großer Bedeutung, da der Herzmuskel den Sauerstoffgehalt des arteriellen Blutes stark ausnutzt. Je besser der Wirkungsgrad, um so mehr kann bei gleicher Sauerstoffanlieferung geleistet werden: Gleiche Herzleistungen benötigen bei besserer Anpassung weniger Sauerstoff. Anpassung durch Training erhöht also die Ökonomie des Herzens.

Das schlecht trainierte Herz kann in echte Sauerstoffversorgungsschwierigkeiten geraten, wenn es durch plötzliche (z. B. psychisch) ausgelöste Sympathicustonussteigerungen dazu forciert wird, hohe Leistungen durchzuführen. Angina pectoris und Herzinfarkt können die Folge sein. Wie wir noch sehen werden, erfolgt die optimale Anpassung des Wirkungsgrades über die Einstellung der Pulsfrequenz.

Wechselbeziehungen zwischen Herz und Kreislauf bei körperlicher Arbeit

Schon die Tatsache, daß das Herz der „Motor" für die Blutbewegung ist, macht verständlich, daß man die Förderleistung des Herzens bei körperlicher Aktivität nur im Zusammenhang mit dem Gefäßsystem sehen kann. Eine banale, aber oft mißachtete *Grundregel ist, daß das Herz niemals mehr fördern kann, als sein venöses Angebot zuläßt.* Das venöse Angebot hängt von einer Reihe von Faktoren ab, von denen aber nur einer bei körperlicher Arbeit wesentlich ist: Das ist die *Muskeldurchblutung*, weil sie der einzige Faktor ist, der wesentlich zur Veränderung des peripheren Widerstandes beiträgt.

Unter Ruhebedingungen ist bekanntlich das zentrale Blutvolumen, vor allem das der Lunge, das man mit 1,2 l annimmt, für die Förderleistung des Herzens ein guter Puffer. Beträgt dieses Volumen doch immerhin etwa 25 % des pro Minute umlaufenden Blutvolumens. Peripher bedingte Änderungen des venösen Rückstroms können durch dieses Puffervolumen vorübergehend ausgeglichen werden, ohne daß es zu einer Änderung des Fördervolumens des Herzens kommen muß. Bei hoher körperlicher Leistung dagegen wird die aktiv umlaufende Blutmenge größer, d. h. das zentrale Blutvolumen nimmt ab. Ferner steigt das Herzminutenvolumen je nach Leistungsfähigkeit auf den 5- bis 6fachen Wert an. Geht man von einem maximalen Herzminutenvolumen von 20 l/min aus und setzt es in Verhältnis zu dem zentralen Blut-

volumen von 1 l, so wird deutlich, daß das Puffervolumen nur noch etwa 5% des umlaufenden Volumens ausmacht. Das bedeutet aber, daß Änderungen des venösen Rückstroms kaum mehr gepuffert werden können, sondern unmittelbar auf die Herzförderung zurückwirken.
Die Dehnbarkeit des Windkessels wirkt als weiterer Faktor wesentlich auf die Größe des Herzminutenvolumens bei Arbeit ein. Das geschieht unabhängig von der Größe des peripheren Widerstandes, denn sie beeinflußt das Herzminutenvolumen über das Regelungssystem des Blutdrucks. Je geringer die Dehnbarkeit des Windkessels wird, um so größer wird bei gleichen sonstigen Verhältnissen die Blutdruckamplitude. Die Höhe der Blutdruckamplitude hat einen Regeleffekt, d. h. je größer bei gleichem Mitteldruck die Blutdruckamplitude wird, um so stärker wird der Sympathicustonus von den Blutdruckfühlern herabgesetzt.

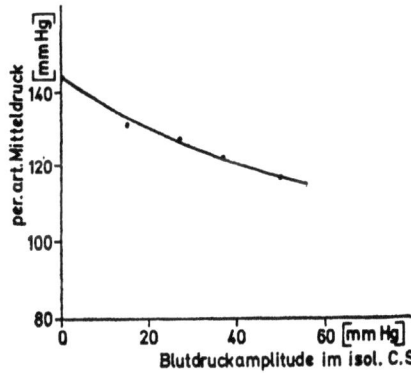

Abb. 14. Der periphere arterielle Mitteldruck als Funktion der Blutdruckamplitude bei konstantem Mitteldruck von 105 mm Hg in einem isolierten Carotissinus vom Hund (aus J. STEGEMANN, Med. Klin 64, 1375, 1969)

Abb. 14 zeigt den depressorischen Effekt von sinusförmig pulsierenden Drukken unterschiedlicher Amplitude in einem isolierten Carotissinus auf die Höhe des peripheren Blutdruckes. Bei Arbeit hängt die effektive Höhe des Sympathicustonus offensichtlich von der fördernden Wirkung der Muskelreceptoren (Seite 52) und der hemmenden Wirkung der Blutdruckzügler ab. Deshalb ist offensichtlich die maximale Größe des zu erreichenden Sympathicustonus weitgehend von der Blutdruckamplitude abhängig.

Bei *älteren Menschen* nimmt bekanntlich wegen der Dehnbarkeitsabnahme der Windkesselarterien die Blutdruckamplitude schon unter Ruhebedingungen, noch stärker aber unter Arbeitsbedingungen zu. Ältere Menschen gleichen Trainingszustandes erreichen deshalb bei maximaler Leistung auch eine kleinere maximale Herzfrequenz als Ausdruck des geringen maximalen Sympathicustonus. Diese Altersabnahme der maximalen Arbeitspulsfrequenz ist offensichtlich im wesentlichen von hämodynamischen Einflüssen abhängig, da der gleiche Mensch bei extremer statischer Haltearbeit wesentlich höhere Herzfrequenzen erreichen kann. Bei ihr wird wesentlich der periphere Antrieb der Muskelreceptoren wirksam, ohne daß dabei die Gegenkopplung über das Blutdruck-Regelungssystem aktiviert wird.

Blutdruckregulation und Trainingszustand

Es ist jedem in der Praxis tätigen Sportarzt bekannt, daß ausdauertrainierte Sportler in der Regel eine wesentlich größere *Kreislauflabilität* zeigen, d. h., daß sie bei Verletzungen viel leichter kollabieren als Normalpersonen.

Im eigenen Laboratorium hatten wir in einer Versuchsreihe festgestellt, daß nach einer sechs- bis achtstündigen Immersion in thermoindifferentem Wasser, mit der Schwerelosigkeit simuliert wird, beim anschließenden Kipptischversuch ausnahmslos alle ausdauertrainierten Sportler kollabierten, wenn sie passiv in die senkrechte Position gekippt wurden, während ausnahmslos alle Untrainierten den gleichen Versuch ohne Kollaps überstanden.

Aus diesem Befund ergibt sich das folgende Problem: Welche trainingsbedingten Veränderungen im Herz-Kreislaufsystem gibt es, um diese Labilität zu erklären? Wir haben die Blutdruckcharakteristik von trainierten und untrainierten Versuchspersonen unter Ruhebedingungen aufgezeichnet. Als Blutdruckcharakteristik bezeichnet man die Beziehung zwischen dem endo-

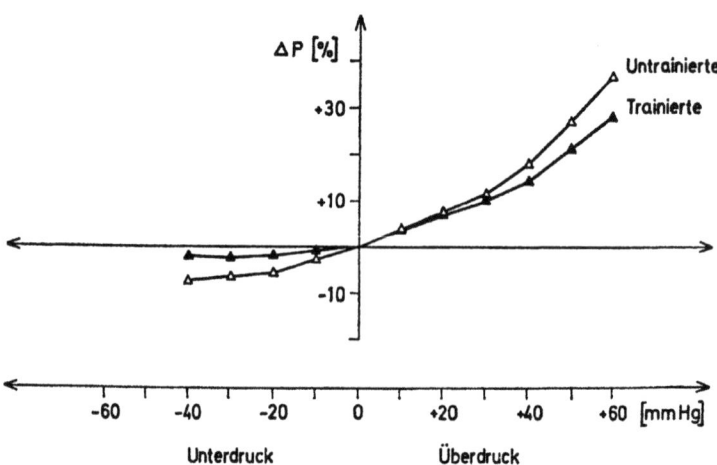

Abb. 15. Blutdruckänderungen (Ordinate) als Funktion von transmuralen Druckänderungen am Carotissinus (Abszisse) bei Trainierten und Untrainierten. Man beachte, daß die Empfindlichkeit des Reglers bei den Untrainierten höher als bei den Trainierten ist (nach Messungen von STEGEMANN u. BUSERT)

sinualen Druck und dem mittleren peripheren arteriellen Blutdruck. Beim Menschen lassen sich Änderungen des endosinualen Druckes durch Veränderung des transmuralen Druckes simulieren, indem man den Druck im Halsbereich von außen verändert.

Abb. 15 zeigt die Ergebnisse der Versuche für Trainierte und Untrainierte. Man sieht deutlich, daß die Blutdruckcharakteristik der Trainierten wesentlich flacher als die der Untrainierten verläuft. Das bedeutet, daß die Blutdruckregelungseigenschaften der Ausdauertrainierten wesentlich schlechter als

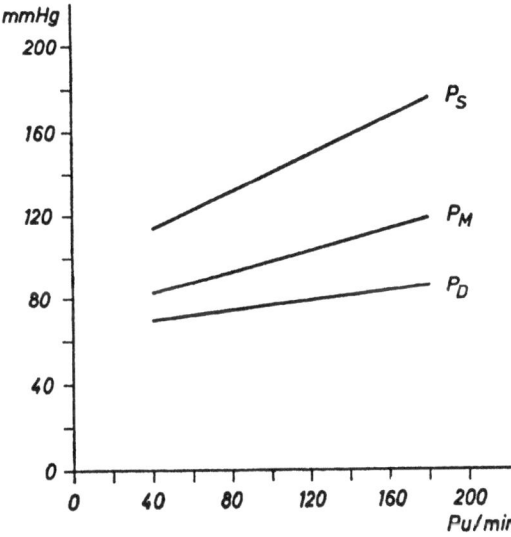

Abb. 16. Der Blutdruck als Funktion der körperlichen Arbeit. Als relatives Maß für die körperliche Belastung ist auf die Abzisse die Höhe der Pulsfrequenz aufgezeichnet (nach Werten von HOLMGREN)

die der Untrainierten sind. Bekanntlich steigt bei Arbeit der Blutdruck mit der Leistung an (Abb. 16). Je höher der Blutdruck, desto höher werden die Blutdruckzügler aktiviert, die den Sympathicustonus bremsen. Im Verlauf des Trainings wird dieser Bremseffekt über den Blutdruck offensichtlich zurückgestellt, d. h. die Blutdruckregelung wird unwirksamer gemacht. Dadurch kann die Resultante beider Einflüsse, des Antriebs durch metabolische Receptoren und der Bremsung durch die Blutdruckzügler, erhöht werden. Erkauft wird die maximal mögliche Sympathicussteigerung mit einer Verschlechterung der Regelgenauigkeit in Ruhe. Wahrscheinlich kann man auf diese Weise die starke vegetative Labilität der ausdauertrainierten Probanden erklären.

Der Antriebsmechanismus des Kreislaufs bei Arbeit

Experimentell kann man den lokalen peripheren Widerstand der Muskelstrombahn in einem auch unter physiologischen Bedingungen bei Arbeit vorkommenden Ausmaß nur verändern, indem man die Durchblutung mindestens 5 min lang abbindet und anschließend freigibt, also durch reaktive Hyperämie. Es ist bisher bei Durchströmungsversuchen nicht gelungen, durch Zugabe von Metaboliten in die Durchströmungsflüssigkeit den lokalen Widerstand der Muskelstrombahn auch nur vergleichsweise im Ausmaß der Arbeitshyperämie verändern zu können. Möglicherweise ist also der adäquate Reiz für die Durchblutungseinstellung nicht in einem Überschuß eines oder mehrerer metabolischer Endprodukte zu suchen, sondern eher im Fehlen von Substanzen, deren Konzentration im Muskel mit steigender Leistung abnehmen müßte.

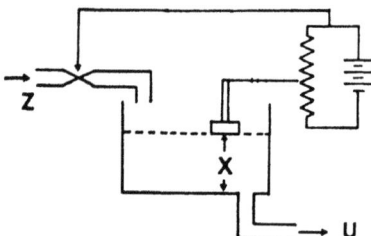

Abb. 17. Funktionsmodell zur Erklärung der Sauerstoffschuld. Nähere Erläuterungen im Text

Wir können uns mit Hilfe eines simplen Modells (Abb. 17) klarmachen, was hier gemeint ist. Nehmen wir an, in der Muskulatur befinde sich eine wirksame Substratkonzentration X, die durch den Energieumsatz U vermindert wird. Unterbinden wir die Nachlieferung Z dieser Substanz, so wird die Konzentration linear mit der Umsatzrate abnehmen. Wir nehmen jetzt zusätzlich an, daß die Substratkonzentration X eine geregelte Größe sei, die durch den skizzierten Regelkreis konstant gehalten werden soll. In Wirklichkeit kann man genau einen solchen Regelkreis in der Muskulatur nachweisen. Durch den Kontraktionsreiz wird bekanntlich ATP in ADP und anorganisches Phosphat (P_i) gespalten. Je mehr P_i in der Zelle vorhanden ist, d. h. je mehr der Spiegel an energiereichen Phosphaten abgesunken ist, um so mehr steigt der aerobe Muskelstoffwechsel an, der die Aufgabe hat, die Energie zu liefern, die aus ADP und P_i wieder ATP herstellt. Wir haben also hier die Kriterien eines Regelkreises vor uns, der die Aufgabe hat, den Energiegehalt der Muskulatur konstant zu halten.
Es liegt in der Natur eines solchen Proportionalregelkreissystems, daß mit steigendem Energieumsatz (U) der Energiegehalt abnehmen muß, da erst der abgenommene Energieinhalt den Reiz für die Energienachlieferung darstellt.

Vor kurzer Zeit hatten DE PRAMPERO et al. (1968) den zeitlichen Einstellungsverlauf des Phosphokreatins auf sprungförmige Verstellung der Leistung und seine Endkonzentration nach Erreichen des steady state gemessen. Unabhängig davon haben BERGSTRÖM et al. (1967) durch Muskelbiopsie unter steady state-Bedingungen am Menschen bestätigt, daß der Gehalt an energiereichen Phosphaten mit steigender Leistung abnimmt. Um nun wieder auf unseren Ausgangspunkt, die lokale Regulation der Durchblutung, zurückzukommen, so besteht ein enger korrelativer Zusammenhang zwischen dem zeitlichen Ansteigen der Muskeldurchblutung und dem zeitlichen Abfall der energiereichen Phosphate, was noch nicht beweisend dafür sein muß, daß eine kausale Verbindung zwischen beiden Einflüssen besteht.

Die Schwierigkeit, eine kausale Verbindung nachzuweisen oder auch theoretisch nur zu postulieren, liegt darin, daß der Abfall der energiereichen Phosphate in der Zelle erfolgt, während vermutlich der Einfluß auf lokale Receptoren, d. h. auf den von KROGH (1929) geforderten Axonreflex oder auch auf die Gefäßwand direkt, außerhalb der Zelle liegen muß. Deutlich nachweisbar ist ein Einfluß von Elektrolytionen, insbesondere von K^+ auf die Muskeldurchblutung. Wieweit Wechselbeziehungen zwischen den elektrochemischen Gradienten und den Ionen im extracellulären Raum unter diesen besonderen Umständen gefunden werden können, ist noch eine offene Frage. Immerhin verdichten sich die Hinweise, daß die Einstellung der Muskeldurchblutung in engem Zusammenhang mit dem Bestand des Muskels an energiereichen Phosphaten steht, ähnlich wie das für die Einstellung der Coronardurchblutung schon vor einigen Jahren behauptet wurde.

Es ist einleuchtend, daß aufgrund der anatomischen Voraussetzungen die Durchblutungssteigerung nicht größer werden kann, als es der maximale Gefäßdurchmesser erlaubt. An- und Abtransport von Metaboliten und Sauerstoff können nur in dem Bereich gewährleistet sein, in dem sich die Durchblutung ungehindert einstellen kann. Nach einer Regel von E. A. MÜLLER (1955) gilt, daß die muskuläre Leistung durch den lokalen Kreislauf begrenzt wird, wenn weniger als $1/7$ der Gesamtmuskulatur aktiv ist, während bei einem größeren aktiven Prozentsatz der Muskelmasse das Herzminutenvolumen nicht mehr ausreicht, die Muskeln bis an die Grenze ihrer Durchblutungsfähigkeit zu versorgen. Allerdings muß dazu bemerkt werden, daß die Ergebnisse von MÜLLER auf Experimenten an Untrainierten basieren. Man kann überschlagsmäßig berechnen, daß durch Training das Herzminutenvolumen weit mehr gesteigert werden kann als die lokale Muskeldurchblutung, insofern müßte sich dieses Verhältnis eigentlich ändern.

Die Anpassung der Pulsfrequenz an die Arbeit

Wir hatten einleitend gesehen, daß das Herz allein aufgrund seiner muskulären Eigenschaften, aber auch durch Veränderung des Sympathicustonus das angebotene Herzminutenvolumen fördern kann. Unter teleologischen Gesichtspunkten fragt man sich, wozu nun eigentlich eine Einstellung der Herzfrequenz stattfinden muß, wenn sie offensichtlich nur wenig Einfluß auf das geförderte Volumen zeigt. Tatsächlich konnte man an Windhunden, die im Rennwettkampf standen, nachweisen, daß die Tiere, bei denen die gesamte Herzinnervation vorher entfernt worden war, durchaus in der Lage waren, den Wettkampf zu bestehen. Schon früher hatte BACQ zwei Hundebrüder miteinander kämpfen lassen, von denen einer sympathektomiert war, und ausgerechnet dieser Hund gewann.

Das Herz wird offensichtlich durch die Arbeitseinstellung seiner Frequenz in die Lage versetzt, das Herzminutenvolumen unter optimal energetischen Bedingungen zu fördern, um damit einen möglichst hohen Wirkungsgrad zu erreichen. So wird auf lange Sicht eine entsprechende Schonung des Herzens gewährleistet. Die Tatsache, daß die Herzfrequenz durch Training stark reduziert wird, spricht für diese Hypothese. Im akuten Versuch ist die Herzfrequenz bei Leistung ein hervorragendes Maß für die Höhe des Sympathicustonus und gibt uns deshalb Hinweise auf die Leistungsfähigkeit und die individuelle Belastbarkeit des Sportlers.

Die Pulsfrequenz bei Arbeitsbeginn

Unmittelbar mit dem Arbeitsbeginn, meist schon auf ein vorbereitendes Kommando hin, steigt die Pulsfrequenz steil an, um danach, je nach der Belastung, einen neuen Endwert zu erreichen oder bis zur Erschöpfung fortlaufend weiter anzusteigen. Man erklärt den Anfangsanstieg der Pulsfrequenz mit zwei wesentlichen Mechanismen, die man allerdings bisher kaum trennen kann:

Durch corticale Mitinnervation des Kreislaufzentrums wird ein Reiz gesetzt, der den Sympathicustonus zunächst ungeregelt ansteigen läßt. Die Regelung wird dann später durch periphere Steuerkörper übernommen. Wenn die eilige Hausfrau einen Topf mit Gemüse aufsetzt, so stellt sie die Kochplatte zunächst auf die höchste Energiestufe, um dann, nachdem das Gemüse zu kochen begonnen hat, die Hitze zu reduzieren. Auf diese Weise spart die Hausfrau Zeit. Ganz ähnlich verhält sich offenbar auch das Regelungssystem des Kreislaufs. In der Technik nennt man eine solche Einrichtung „Störgrößenaufschaltung".

Als zweiten Einfluß macht man bedingte Reflexe verantwortlich. Ein geübter Sportler erhöht seinen Sympathicustonus nicht erst bei Arbeitsbeginn, sondern bereits während des „count down".

Die periphere Steuerung der Pulsfrequenz

Man kann heute mit großer Sicherheit davon ausgehen, daß der geregelte Antrieb der Pulsfrequenz von metabolischen Receptoren der Muskulatur aus erfolgt. In dieser kurzen Zusammenfassung kann auf die Beweise, die dieser Behauptung zugrunde liegen, nicht eingegangen werden. Sie sind kürzlich in einem Übersichtsartikel von STEGEMANN u. KENNER (1971) theoretisch abgeleitet und dargestellt worden.

Nach dieser Theorie ergibt sich, daß die Erhöhung der Pulsfrequenz über ihren Ruhewert weitgehend parallel mit der Erniedrigung des Gehaltes an energiereichen Phosphaten in der Muskulatur erfolgt. Dieses gilt sowohl für den Bereich, in dem der Muskelstoffwechsel noch ein steady state erreicht, als auch für den Bereich, in dem das steady state überschritten wurde. Wir hatten auf Seite 50 bereits gesehen, daß jede Erhöhung des Muskelstoffwechsels notwendigerweise mit einer Erniedrigung der energiereichen Phosphate einhergehen muß. Für den Fall, daß ein steady state erreicht werden kann, d. h., daß Energieanlieferung und Energiebedarf im Gleichgewicht stehen, fallen bei Arbeitsbeginn die energiereichen Phosphate ab, um sich auf ein neues, tieferes Niveau einzustellen. Paralleles Verhalten, nicht nur im Ausmaß, sondern auch im zeitlichen Einstellungsverlauf, zeigt die Pulsfrequenz für diesen Bereich. Wenn das steady state leicht überschritten wird, so reicht in der Regel die Sauerstoffanlieferung nicht mehr aus, um den Energiebedarf zu decken, d. h. alle abgebauten energiereichen Phosphate über aerobe Prozesse wiederaufzubauen. Hier setzt die Milchsäurebildung ein. Über eine lange Zeitdauer bleibt deshalb der Gehalt an energiereichen Phosphaten konstant, und zwar so lange, wie der Glykogengehalt im Muskel ausreicht, um die Anaerobiose zu bestreiten. Mit Erschöpfung des Glykogenvorrates bricht auch der Gehalt an energiereichen Phosphaten zusammen, und die Arbeit muß wegen Erschöpfung abgebrochen werden. Auch dieser Fall ist an der Pulsfrequenz sichtbar. E. A. MÜLLER (1955) nennt ihn den Bereich des Schein-steady-state. In mehrstündigen Versuchen an Menschen konnte MÜLLER nachweisen, daß die Pulsfrequenz zunächst einige Stunden ein steady state beibehielt, um dann anzusteigen und bei Erschöpfung plötzlich große Werte anzunehmen.
Wenn man beispielsweise mit 75% seiner Maximalleistung arbeitet, so kann weder aerob noch anaerob der Energiebedarf zum Wiederaufbau der energiereichen Phosphate gedeckt werden. Infolgedessen nimmt der Gehalt an energiereichen Phosphaten der Muskulatur kontinuierlich ab. Auch hier zeigt die Pulsfrequenz ein dazu spiegelbildliches Verhalten: sie steigt bis zur Erschöpfung weiter an.
Endlich gibt es offensichtlich noch einen chronischen Zusammenhang zwischen der Höhe der Pulsfrequenz und der Höhe der energiereichen Phosphate in der Muskulatur. Es ist inzwischen durch Tierversuche nachgewiesen, daß das trainierte Tier einen weitaus höheren Spiegel an energiereichen Phosphaten aufweist als das untrainierte Tier. Parallel damit geht bekannterweise, daß der Trainierte eine niedrigere Pulsfrequenz als der Untrainierte hat. Viele Jahre hindurch wurde die Trainingsbradykardie auf Faktoren, die im Herzen selbst gelegen sind, zurückgeführt. In Wirklichkeit ist diese Annahme jedoch falsch. Schon E. A. MÜLLER hatte nachgewiesen, daß der Trainingseinfluß auf die Herzfrequenz eine periphere Ursache haben muß. In neuester Zeit kommen KLAUSEN et al. (1970) zum gleichen Schluß. Beide Autoren hatten die Beziehung zwischen Sauerstoffaufnahme und Pulsfrequenz bei Armarbeit mit der von Beinarbeit verglichen. Bei Untrainierten ist diese Beziehung etwa gleich. Nach einem mehrwöchigen Ausdauertraining, bei dem

nur die Beine trainiert wurden, wurde bei Beinarbeit für die gleiche Sauerstoffaufnahme die Pulsfrequenz niedriger gefunden, während sie bei Armarbeit die alte Relation beibehält. Das beweist, daß die Trainingsbradykardie wesentlich von der Peripherie aus gesteuert wird.

Pulsfrequenz und Leistungsgrenzen

Aus den im letzten Abschnitt dargestellten theoretischen Zusammenhängen ergibt sich zwanglos die praktische Anwendung der Erkenntnisse. Die Pulsfrequenz ist heute leicht zu messen. Besonders geeignet sind die photoelektrischen Verfahren, die auf K. MATTHES (1951) und E. A. MÜLLER (1957) zurückgehen, als auch die Verfahren, die die R-Zacke des EKG zur Über-

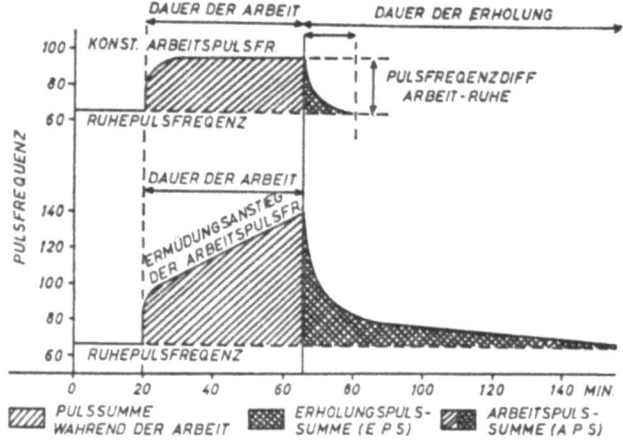

Abb. 18. Das Verhalten der Pulsfrequenz während und nach Arbeit verschiedener Intensität und Dauer (nach E. A. MÜLLER)

tragung benutzen. Besonders reizvoll für die Sportmedizin ist die Messung der Pulsfrequenz dadurch geworden, daß sie sehr einfach telemetrisch, d. h. drahtlos, zu senden ist. Zwei Parameter interessieren bei der Pulsfrequenz besonders: Der erste ist das Verhalten der Pulsfrequenz während der Arbeit. Der zweite ihr Verhalten nach der Arbeit.

Abb. 18 zeigt einen schematischen Überblick, wie er sich dem Betrachter bei zwei Leistungsstufen darstellt. Der obere Teil der Abbildung zeigt, daß sich ein steady state eingestellt hat und die Pulsfrequenz sehr schnell wieder auf ihren Ausgangswert nach der Arbeit zurückkehrt. E. A. MÜLLER (1955) hat als Maß für die Ermüdung die Zahl der Pulsschläge definiert, die nach Arbeitsende noch über der Ruhepulsfrequenz liegen. Er nennt dieses Maß die Erholungspulssumme. Sie liegt bei nichtermüdender Arbeit zwischen 50 und

100 Pulsschlägen. Im unteren Teil der Abbildung ist die Arbeit ermüdend, d. h., das steady state wurde überschritten. Während der Arbeit stellt sich kein konstanter Pulsfrequenzwert mehr ein. Als Maß für den Restitutionsprozeß ist die Erholungspulssumme erheblich höher. Sie überschreitet den Wert von 100. Besonders große Erholungspulssummen findet man bei langfristiger Arbeit, die im Schein-steady-state geleistet wurde. Diese Tatsache macht deutlich, daß die Erholungspulssumme ein Maß für den Restitutionsprozeß in der Muskulatur darstellt. Interessant ist, daß man den Erholungspulsfrequenzverlauf durch Massage der Muskulatur, die vorher gearbeitet hat, wesentlich beeinflussen kann. Sie nimmt deutlich ab.

Für den Untrainierten gilt etwa, daß die Ausdauergrenze, d. h. die Grenze, bei der sich gerade noch ein Pulsfrequenz-steady-state einstellt, etwa bei 30 Pulsen über der Ruhepulsfrequenz liegt. Dieser Wert entspricht etwa 110 Pulsen/min. Durch Training verschieben sich die Werte erheblich. Die Ruhepulsfrequenz wird kleiner, der steady state-Wert größer. Bei jugendlichen Individuen (Radsportlern) konnten wir in unserem Labor beobachten, daß bei einer Pulsfrequenz von 160/min noch kein Ermüdungsanstieg festzustellen war. HOLLMANN (1963) geht überschlagsmäßig davon aus, daß die Ausdauerpulsfrequenz für den Trainierten bei etwa 130 Pulsen/min liegt. Dieses dürfte ein guter mittlerer Richtwert sein, der allerdings je nach Alter und Sportart stark variiert. Wie wir schon eingangs erwähnten, *hängt die maximale Pulsfrequenz wesentlich vom Alter ab*. Sie kann beim Jugendlichen während Höchstleistung durchaus über 200 Pulsen/min liegen. Im Höchstbereich der Leistung steigt bei manchen die Pulsfrequenz nicht mehr weiter an und ist dann auch kein Maß mehr für die Ermüdung, weil sie ihren oberen Anschlagwert erreicht.

Die Kreislaufantriebe unter pathophysiologischen Gesichtspunkten

Es muß hier noch einmal aufgeführt werden, daß die metabolischen Muskelreceptoren offensichtlich nicht nur die Pulsfrequenz, sondern das gesamte sympathische Nervensystem stimulieren. Deshalb kann möglicherweise dieses muskuläre Receptorsystem Anlaß zu ungewollter Steigerung des Sympathicustonus sein, wenn die Muskulatur ungenügend mit Sauerstoff versorgt wird. Ein solcher Zustand liegt z. B. im hämorrhagischen Schock vor. Es ist hinreichend gesichert, daß der Bestand der energiereichen Phosphate und des Glykogens im Zustand des Schocks vermindert ist. Einige Autoren bestimmen die Quantität des experimentell gesetzten Schocks sogar aus der dabei eingegangenen Sauerstoffschuld.
Die extreme Erhöhung des Sympathicustonus, die die Ursache der „Zentralisation" des Kreislaufes ist, kann bisher kaum über klassische Mechanismen erklärt werden. Sie ergibt sich jedoch zwanglos aus den Modellvorstellungen auf Seite 50.
Weiterhin müßte das Antriebssystem des Kreislaufs in die Betrachtungen zur Genese der sogenannten essentiellen Hypertonie einbezogen werden. Wenn man einmal annimmt, daß durch Inaktivität die Muskeldurchblutungsmög-

lichkeit auf ein Minimum reduziert ist, und auf der anderen Seite durch
Streß-Situationen der Blutdruck kurzfristig gesteigert wird, so ergibt sich
im gesamten Gefäßsystem eine Erhöhung der Wandspannung. Im Bereich
der kleinsten Arterien ist die Wanddicke etwa gleich dem mittleren Durchmesser. Jede Erhöhung der Wanddicke schränkt die Maximaldurchblutungsmöglichkeit ein. Nach unseren Überlegungen wird dadurch die Dauerleistungsgrenze herabgesetzt und jede kleinere Anstrengung, die noch nicht zu
einer Trainingswirkung führen muß, bewirkt eine Erhöhung des Sympathicustonus mit weiterer Blutdrucksteigerung, da der Energiebedarf der Energieanlieferung nicht entspricht. Man könnte sich vorstellen, daß sich auf
diese Weise ein labiler Hochdruck, d. h., eine hohe Sympathicustonussteigerung auf geringfügige Anstrengung ausbildet, die durch weitere Verdickung
und Kalkeinlagerung in die kleinsten Arterien zu einem fixierten Hochdruck
führt. Zu dieser Hypothese sind sicher weitere Untersuchungen notwendig.

Immerhin ist es ein bekanntes Faktum, daß ein Ausdauertraining, das lange
genug betrieben wird, einen labilen Hypertonus zu normalisieren vermag.
Es ist zu hoffen, daß die Sportmedizin dazu beiträgt, den Nutzen körperlicher Aktivität, verbunden mit einem maßvollen Ausdauertraining, dem
behandelnden Arzt mehr als bisher bewußtzumachen.

Lungenfunktion, Atmung und Stoffwechsel im Sport

Von W. Hollmann

Das Verhalten der Lungenfunktion und der Atmung während körperlicher
Arbeit hat von jeher in Deutschland ein besonderes forscherisches Interesse
gefunden. Vornehmlich der Arbeitskreis um Brauer und Knipping baute
eine klinisch brauchbare quantitative kardio-pulmonale Funktionsanalyse
auf (1929). Sie diente ursprünglich prä- und postoperativen funktionellen
Fragestellungen, wandte sich jedoch schon in den dreißiger Jahren der
„Klinik der Vita-maxima" (Knipping) zu. Damals entwickelten sich Begriffe
wie Atemgrenzwert, Atemäquivalent, respiratorische Ruheinsuffizienz, respiratorische Arbeitsinsuffizienz, spirographisches O_2-Defizit (Knipping, Anthony, Hermannsen, Borgard, Uhlenbruck). Früh wurden die bedeutenden präventiven und therapeutischen Möglichkeiten von Sport und dosiertem Training erkannt.
Wie in der Einleitung zu diesem Buch erwähnt, verstehen wir heute unter der
Sportmedizin das Bemühen der theoretischen und praktischen Medizin, den
Einfluß von Sport, Training und auch Bewegungsmangel auf den gesunden

und kranken Menschen jeder Altersstufe zu analysieren und die Befunde der Prävention, Therapie und Rehabilitation sowie dem Sportler dienlich zu machen. Demgemäß soll sich die Abhandlung des Einflusses von Sport auf die Lungen- und Atmungsfunktion auf diejenigen Gebiete beschränken, welche speziell aus der Sicht der Sportmedizin bedeutsam sind. Bezüglich weiterer physiologischer, pathophysiologischer und anatomischer Einzelheiten muß auf die einschlägigen Hand- und Lehrbücher verwiesen werden (FENN u. RAHN, 1964/65; CHERNIACK u. CHERNIACK, 1961; ANTHONY u. VENRATH, 1962; COMROE, 1966; ULMER u. Mitarb., 1970 u. a.).

Die hier besonders interessierenden Punkte sind der Arbeits- und Trainingseinfluß auf Lungenfunktion, Atmung und Stoffwechsel sowie Sport und Training bei Lungenaffektionen.

Man unterscheidet eine *äußere Atmung (Lungenatmung)* und eine *innere Atmung (Gewebsatmung)*. Die *Aufgabe der Lungenatmung* ist die Arterialisierung venösen Blutes: Sauerstoff wird aufgenommen, Kohlendioxyd abgegeben. Daneben spielt die Atmung eine wichtige Rolle zur Konstanthaltung des pH-Wertes im Blut. Der Anteil der Lunge an der Wärmeregulation und an der Wasserabgabe ist demgegenüber beim Menschen von untergeordneter Bedeutung.

Die *treibenden Kräfte des Gasaustausches* sind das Partialdruckgefälle des Sauerstoffs und des Kohlendioxyds. Somit stellt der Gasaustausch lediglich ein Diffusionsproblem dar. Die Haut des Menschen deckt nur etwa 1 bis 2% (1,9% für O_2, 2,7% für CO_2) des Ruhestoffwechsels (SCHAEFER, 1960; WHITEHOUSE u. Mitarb., 1932). Die Lunge vergrößert gewissermaßen die Atmungsoberfläche des Menschen von 1,5—2,5 m² auf etwa 90—100 m². Durch ein Tiefertreten des Zwerchfells und gleichzeitiges Anheben der Rippen mit entsprechender Durchmesservergrößerung und Volumenzunahme des Thorax erfolgt ein intrathorakaler Druckabfall, der ein Einströmen der Luft über die vorgeschalteten Atmungswege bewirkt. Dieser aktiven Einatmung folgt eine vorwiegend passive Ausatmung. Die wirksamen Kräfte sind die elastischen Elemente der Lunge und des Brustkorbs, welche die Ruheausgangslage anstreben. Die Lunge ist mit dem äußeren Pleurablatt an dem knöchernen Thorax befestigt. Ein capillärer Flüssigkeitsspalt trennt das äußere vom inneren Pleurablatt. Auf diese Weise folgt die im Thorax frei verschiebliche Lunge allen Atembewegungen.

Der Gasaustausch zwischen Lunge und Blut findet in den Alveolen durch die alveolo-capilläre Membran statt. Der vorgeschaltete tote Raum dient der Säuberung und Befeuchtung sowie der Anpassung der Luft an die Körpertemperatur. MORITZ u. Mitarb. (1945) demonstrierten in Tierversuchen, daß selbst bei Außentemperaturen von $-100°$ C bis zu $+500°$ C die in den Alveolen eintreffende Luft völlig der Körpertemperatur angepaßt ist. Der Wasserdampfpartialdruck in der Lunge weist bei 37° C einen Wert von 47 Torr auf. Die Luftbefeuchtung wird über die Sekretionsgröße der Schleimhäute reguliert. ÅSTRAND (1970) berechnete, daß ein Skilangstreckenläufer bei einem Atemminutenvolumen von 100 l bei einer Außentemperatur von

—20° C innerhalb einer Stunde 250 ml Wasser an die Atemluft abgibt. Allerdings geht nicht die gesamte Menge dem Körper verloren.
Wird bei körperlicher Arbeit ein Atemminutenvolumen von im Mittel 50 l überschritten, beginnen Atemhilfsmuskeln den Atmungsvorgang zu unterstützen. Von ihnen sind der M. sternocleidomastoideus und die Mm. scaleni die wichtigsten.
Die *Atemarbeit* besteht in der Erzeugung einer Druckdifferenz zwischen dem Intrathorakalraum und der Außenluft. Sie muß gegen den Widerstand in den Luftwegen sowie gegen den des Lungengewebes und des Brustkorbs verrichtet werden. Vom gesamten Lungenwiderstand sind nur ca. 20% Folge des Gewebswiderstandes; 80% resultieren aus dem Widerstand der Luftwege. Während schwerer körperlicher Arbeit steigt die Geschwindigkeit der Luftbewegung an und mit ihr die Turbulenz in der Trachea und den großen Bronchien. Andererseits veranlaßt der arbeitsbedingte Sympathicotonus ein Erschlaffen der Bronchialmuskulatur mit einer Erweiterung der Bronchien, was eine Reduzierung des Atemwiderstandes zur Folge hat.
Mit der Atemtiefe steigt der elastische Widerstand an. Das Maß der Dehnbarkeit der Lungen ist die sogenannte „Compliance". Sie ist nicht allein von den Eigenschaften des Lungengewebes, sondern auch vom Lungenvolumen abhängig. Je kleiner das Ausgangsvolumen, desto geringer auch die Compliance. Daher wurde der Begriff „spezifische Compliance" eingeführt, welcher die Umrechnung der Volumen-Druck-Beziehung $\Delta V/\Delta P$ auf das funktionelle Residualvolumen darstellt. Die Dehnbarkeit des Thorax (Thorax-Compliance) entspricht beim jungen Menschen etwa der Lungen-Compliance (ca. 0,2 l/cm H_2O) (RAHN, 1967 u. a.).
COMROE (1966) ermittelte ein zwei- bis dreifaches Ansteigen des Luftweg-Widerstandes als Folge der *Inhalation des Rauches einer Zigarette*. Der Widerstandsanstieg setzt innerhalb weniger Sekunden ein und kann 10 bis 30 min andauern. Während körperlicher Belastung kann sich bei gesteigerter Ventilation dieser Effekt deutlich bemerkbar machen. Der chronische Raucher weist zusätzlich eine gesteigerte Sekretion im Respirationstrakt auf und mit ihm eine Verengung der Luftwege. Daher sollten Ausdauersport betreibende Athleten nicht rauchen. Das gilt um so mehr, als Zigarettenrauch den Carboxyhämoglobingehalt des Blutes vermehrt und somit die Sauerstofftransportkapazität des Blutes senkt.
In Körperruhe beläuft sich der *Kostenaufwand für die Atmung* auf eine Sauerstoffaufnahme von 0,5—1,0 ml/l Ventilation. Bei schwerer körperlicher Arbeit nimmt er beträchtlich zu und kann 10—12% der gesamten Sauerstoffaufnahme ausmachen. OTIS (1964) sieht eine Ventilationsgröße von 140 l/min als die oberste Grenze einer einen Nutzeffekt bringenden Atmung an. Jenseits dieses Wertes soll der Sauerstoffbedarf der Atemmuskulatur schneller wachsen als der der Arbeitsmuskulatur. Der angegebene Wert hängt natürlich von Faktoren wie Alter, Geschlecht, Körperoberfläche, Trainingszustand und atmosphärische Bedingungen ab. Da der Luftwiderstand bei Nasenatmung 2- bis 3mal größer ist als bei Mundatmung, beeinflußt auch dieser Faktor den Sauerstoffbedarf.

Die Lungenvolumina

Es werden vier verschiedene Atemstellungen unterschieden: die maximale Inspirationslage, die Ruhe-Inspirationslage, die Exspirations- oder Atemruhelage sowie die maximale Exspirationslage. Jeder Stellung entspricht ein bestimmtes Lungenvolumen. Das maximale Lungenvolumen stellt den Luftgehalt der Lunge bei maximaler Inspiration dar. Das nach normaler Exspiration verbleibende Luftvolumen ist die funktionelle Residualkapazität. Nach maximal tiefer Exspiration bleibt das Residualvolumen (=minimales Lungenvolumen) bestehen. Die maximale Luftmenge, die nach maximaler Inspiration ausgeatmet werden kann, ist das maximale Atemzugvolumen [=Vitalkapazität (VK)]. Unter der Totalkapazität versteht man dasjenige Volumen, das sich bei maximaler Einatmung in der Lunge befindet (=VK plus Residualvolumen).
Die VK beträgt beim gesunden Menschen ca. 74%, das Residualvolumen 26% der Totalkapazität.
Innerhalb der VK sind zu unterscheiden:
— das Atemvolumen. Es stellt die bei jedem Atemzug ein- und ausgeatmete Luft dar;
— das inspiratorische Reservevolumen. Es ist das zusätzlich über die normale Inspiration hinaus einzuatmende Luftvolumen;
— das exspiratorische Reservevolumen, das nach normaler Exspiration (von der Atemruhelage aus) durch maximale Exspiration bewegbare Volumen.

Die einzelnen Volumina sind in ihrer Größe abhängig vom Alter, Geschlecht, Trainingszustand und von der Körperoberfläche. Daneben spielt die Körperhaltung eine Rolle. Die VK ist beispielsweise im Stehen ca. 10%, im Sitzen ca. 5% größer als im Liegen. Die Totalkapazität verhält sich gleichartig, da das Residualvolumen von der Körperhaltung unabhängig ist. Das exspiratorische Reservevolumen fällt im Sitzen ca. 60% und im Stehen nahezu 70% größer aus als im Liegen.
Bei Frauen sind die Lungenvolumina über 10% kleiner als bei Männern von gleichem Alter und gleicher Größe. Training ist speziell im jugendlichen Alter geeignet, die Lungenvolumina zu vergrößern. Tabelle 4 stellt Werte von Medizin- und Sportstudenten gleichen Alters gegenüber. Die VK und die Totalkapazität liegen bei den Trainierten bis zu 30% höher. Auch durch spezifisches Atemtraining allein kann die VK wesentlich vergrößert werden.

Neben dem minimalen Lungenvolumen stellt die VK die älteste Größe in der Lungenfunktionsdiagnostik dar und geht auf HUTCHINSON (1846) zurück. Gleichzeitig handelt es sich um die wohl beliebteste Lungenfunktionsgröße in der sportmedizinischen Untersuchung. Ihre Aussagekraft wird auch heute noch oft überschätzt. Zwar besteht bei Zugrundelegung einer genügend großen Zahl untersuchter Personen eine signifikante Korrelation zwischen ihrer Größe und der maximalen Sauerstoffaufnahme als dem Bruttokriterium der kardio-pulmonalen Leistungsfähigkeit. In den Einzelfällen kann jedoch beispielsweise eine VK von 4 l sowohl einer maximalen Sauerstoffaufnahme von 2 l als auch von 3—3,5 l/min entsprechen. In noch größerem Schwankungsbereich in bezug auf die kardio-pulmonale Kapazität befinden sich Vitalkapazitätswerte über 5 l. Daher kann im Einzelfall die Registrierung der VK nur sehr beschränkte Auskünfte über die Leistungsfähigkeit des kardio-pulmonalen Systems geben. Es gilt lediglich die Faustregel, daß eine maximale Sauerstoffaufnahme von 4 l und mehr eine VK von mindestens 4,5 l zur Voraussetzung hat (ÅSTRAND u. RODAHL, 1970).

Jenseits des 3. Lebensjahrzehnts entwickeln sich das Residualvorkommen und die VK umgekehrt proportional: Ersteres nimmt zu, letzteres ab. Zwischen dem 25. und 60. Lebensjahr vergrößert sich der Anteil des Residualvolumens allmählich bis auf 30—35% der Totalkapazität. Im höheren Alter kann dieser Prozentsatz noch überschritten werden. Die Ursachen sind eine zunehmende Versteifung des Thorax und ein Verlust an Lungenelastizität.

Neben den vorgenannten „*statischen*" werden die „*dynamischen*" *Lungenvolumina* in der Funktionsdiagnostik bestimmt. Zu ihnen zählen der Atemstoßwert oder Atemstoßtest (Tiffeneau-Test) — auch als 1-sec-Kapazität bezeichnet — und der Atemgrenzwert. Ersterer wurde von TIFFENEAU u. PINELLI (1941), letzterer von HERMANNSEN (1933) eingeführt.

Der Atemstoßwert ermittelt dasjenige Volumen, welches nach maximaler Inspiration in der ersten Sekunde unter größter Anstrengung durch den Mund ausgestoßen werden kann. Die erhebliche klinische Bedeutung dieses Tests besteht in der Möglichkeit, auf diese Weise Ventilationsstörungen zu diagnostizieren und zu differenzieren. Obstruktive Ventilationsstörungen mit erhöhtem bronchialem Widerstand lassen nur eine verminderte Luftmenge in der ersten Sekunde der Exspiration bewegen. Eine restriktive Ventilationsstörung ergibt jedoch in Prozent der VK einen weitgehend normalen Wert, da zwar die VK reduziert ist, jedoch ein normaler bronchialer Strömungswiderstand vorliegt.

Der Normalwert für eine gesunde Person des 3. Lebensjahrzehnts liegt über 80%. In neueren Untersuchungen beobachteten wir eine Abhängigkeit dieses Wertes von der Körperlänge bzw. von der VK. VK-Werte von über 5 l lassen in vielen Fällen physiologischerweise den Atemstoßwert auf eine Größenordnung um 75% absinken, bei Personen von einer VK von mehr als 7 l sogar in die Nähe von 70%. Die Werte wurden an Nationalspielern im Basketball ermittelt, bei denen die VK 7—9 l, der Atemgrenzwert bis 400 l betrug (HOLLMANN u. HEINY, unpubliziert).

Auch mit zunehmendem Alter nimmt die relative 1-sec-Kapazität ab. Hier besteht allerdings die Möglichkeit einer Fehldeutung durch die hohen intrathorakalen Drucke, die in Verbindung mit dem Tiffeneau-Test entstehen, mit Größenordnungen von über 60 cm H_2O (GARY u. Mitarb., 1967), welche infolge Abnahme der Elastizität zu einer Einengung der Bronchien führen, wie sie selbst bei schwerster körperlicher Arbeit nicht erreicht wird.

Der Atemgrenzwert wurde in die Klinik eingeführt zur Bestimmung der ventilatorischen Lungenreserve. Bei einwandfreien Geräten ist die Größe des

Wertes stark von der Art der Durchführung abhängig. Das betrifft vornehmlich die benutzte Atemfrequenz. Zur Ermittlung des Wertes wird der Betreffende aufgefordert, so schnell und so tief wie möglich durch den offenen Mund ein- und auszuatmen. Die Registrierdauer beträgt 10 sec; das Produkt von Atemfrequenz und Atemtiefe wird durch Multiplikation mit 6 auf 1 min umgerechnet. Es existiert nicht, wie theoretisch erwartet werden könnte, ein Frequenzoptimum, welches zur höchsten Literzahl für den Atemgrenzwert führt. Stattdessen nimmt die Größe mit steigender Atemfrequenz zu (VENRATH u. HOLLMANN, 1962). Eine Atmungsfrequenz von 80—90 sollte zur Erzielung eines annähernd zutreffenden Wertes das Frequenzminimum darstellen. Jenseits von 100 Atemzügen/min ändert sich der Atemgrenzwert infolge der zwangsläufig nunmehr auftretenden Reduzierung der Atemtiefe nur relativ wenig. Den zu Untersuchenden sollte daher vor der eigentlichen Registrierung die Möglichkeit für eine entsprechende Atemübung gegeben werden. Hinter der Atemgrenzwertangabe sollte die zugehörige Atemfrequenz mit aufgeführt werden.
Die Normwerte für gesunde männliche Durchschnittspersonen des 3. Lebensjahrzehnts liegen um 160 l/min, wobei Einzelwerte zwischen 120—400 l/min registriert werden. Weibliche Personen weisen Größenordnungen um 110 l/min mit physiologischen Extremwerten von 80—250 l/min auf (GRAY, 1950; GIESEN, 1961; HERXHEIMER u. KOST, 1931, 1932; HOLLMANN u. Mitarb., 1955; VENRATH, 1962; ROSSIER, BÜHLMANN u. WIESINGER, 1958 u. a.).
Bezüglich der Größenbeeinflussung durch sonstige Faktoren gelten die Anmerkungen, wie sie bei der VK erwähnt wurden. Wird der Atemgrenzwert während oder direkt nach einer submaximalen dynamischen Arbeit registriert, so liegen die Werte im Mittel um 10% höher als die im Ruhezustand beobachteten. Die arbeitsbedingte Vergrößerung ist vermutlich durch eine Bronchodilatation infolge der sympathicotonen Arbeitseinstellung hervorgerufen (HOLLMANN u. VENRATH, 1955).
Selbst bei schwerster körperlicher Arbeit erreichen die Atemminutenvolumina niemals die Größe des Atemgrenzwertes.

Die Lungenventilation

Man versteht unter der Ventilation die Bewegung der Luft in die Lunge hinein und aus der Lunge heraus. Die Größe der Ventilation wird durch das Produkt aus Atemfrequenz und Atemvolumen gleich Atemminutenvolumen (AMV) angegeben. Seine Größenordnung wird so gesteuert, daß der O_2- und CO_2-Partialdruck in der Alveolarluft und im arteriellen Blut auf einer optimalen Höhe verbleiben. Unter Grundumsatzbedingungen beträgt die O_2-Aufnahme für einen 70 kg schweren Mann des 3. Lebensjahrzehnts ca. 250 ml/min, die zugehörige Atemfrequenz 11—14/min, das Atemzugvolumen 450—600 ml.
Mit Beginn einer körperlichen Arbeit steigt der Sauerstoffbedarf des Organismus und damit die Ventilation an. Fast mit Arbeitsbeginn nehmen Atemzug-

volumen und Atemfrequenz zu. Ausdauertrainierte stellen sich durchweg schneller auf ein größeres Atemzugvolumen um als Untrainierte. Handelt es sich um eine submaximale dynamische Arbeit konstanter Intensität unter Einsatz großer Muskelgruppen, so erreicht das AMV nach 3—6 min einen steady state-Wert. Bis zu einer Belastungsintensität von 30—50% der maximalen Sauerstoffaufnahme nimmt das AMV etwa proportional der Sauerstoffaufnahme zu, um dann unproportional stärker anzusteigen. Das gilt allerdings nur für die Atmung normaler Luft, d. h. von 21 Vol.-% O_2 in der Inspirationsluft (Abb. 19).

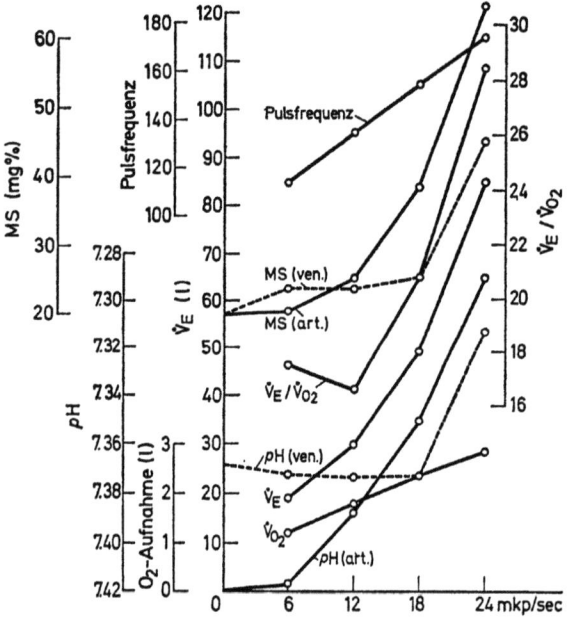

Abb. 19. Das AMV, die O_2-Aufnahme, die Pulsfrequenz, der Atemäquivalentwert (V_E/V_{O_2}), der arterielle und venöse Laktatspiegel (MS) sowie der arterielle und venöse pH-Wert bei 3-minütlich ansteigender Arbeit unter Luftatmung auf dem Fahrradergometer

Wird hingegen 100 Vol.-% Sauerstoff benutzt, steigt das AMV bis in den Grenzbereich der individuellen Leistungsfähigkeit ähnlich einer Geraden an (HOLLMANN, 1961). Werden Gasgemische von geringerem O_2-Gehalt als 21 Vol.-% benutzt, so erfolgt die kurvenförmige Zunahme des AMV schon in entsprechend niedrigeren Belastungsstufen. Handelt es sich um eine kon-

stante sehr schwere Arbeit, wird der Ventilationsaufwand von einer individuell unterschiedlichen Größe ab nur noch durch die Steigerung der Atemfrequenz vergrößert. Im Grenzbereich der Leistungsfähigkeit nimmt das Atemzugvolumen sogar ab.
Unterhalb der Dauerleistungsgrenze (E. A. MÜLLER, 1957) bleibt das AMV unabhängig von der Arbeitsdauer konstant. Im Bereich der Ausdauergrenze (HOLLMANN, 1961), welche im Mittel einer Pulsfrequenz von 130/min bei wenig trainierten Personen des 3. Lebensjahrzehnts entspricht, nimmt bei längerer Arbeitsdauer das AMV bereits zu. Jenseits einer Belastungsintensität von 70—80% der aeroben Kapazität (= maximale Sauerstoffaufnahme) wird auch kein Schein-steady state mehr erreicht. Bei leichter und mittelschwerer Arbeit entfallen ca. 20—25 l Ventilationsaufwand pro l O_2-Aufnahme. Bei schwerer körperlicher Arbeit steigt dieser Betrag auf 30—35 l AMV pro l O_2-Aufnahme (Abb. 20 a u. b).
Der Punkt des unproportional stärkeren Anstiegs des AMV in Relation zur linearen Vermehrung der O_2-Aufnahme kennzeichnet bei einer ansteigenden

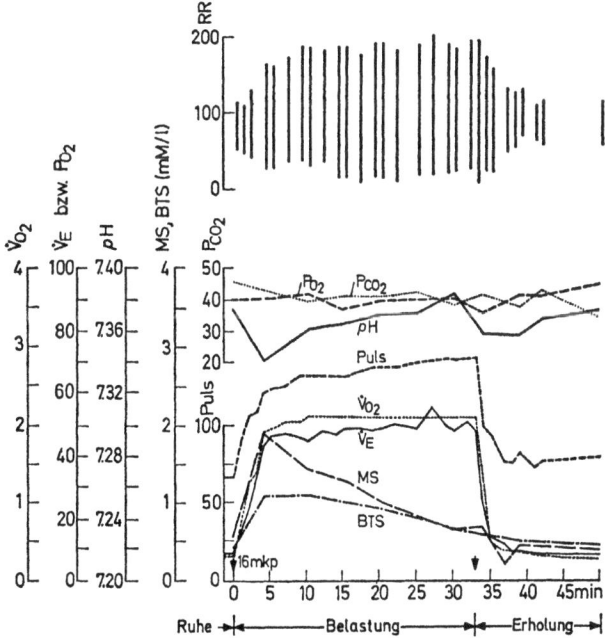

Abb. 20 a. Das Verhalten der Ventilation (V_E), der O_2-Aufnahme (V_{O_2}), der Pulsfrequenz, des Laktats (MS), des Pyruvats (BTS) sowie der arteriellen Blutgase und des pH-Wertes bei konstanter Belastung auf dem Fahrradergometer im Bereich der Ausdauergrenze (=Arbeitskapazität 130) (nach HARTUNG, VENRATH, HOLLMANN u. Mitarb., Westdeutscher Buch-Verlag Köln/Opladen, 1966)

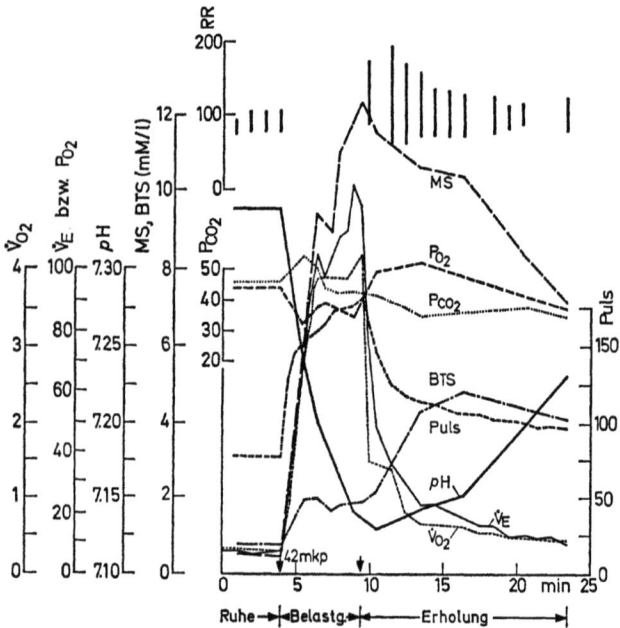

Abb. 20 b. Das Verhalten der Kriterien wie in Abb. 20 a während und nach einer maximalen Arbeit mit 42 mkp/sec bei 8-minütiger Dauer (nach HARTUNG, VENRATH, HOLLMANN u. Mitarb., Westdeutscher Buch-Verlag Köln/Opladen, 1966)

Belastung den Moment der besten Atmungsökonomie. An dieser Stelle wird mit einem Minimum an Ventilationsaufwand ein Maximum an Sauerstoffaufnahme erreicht. HOLLMANN (1961) bezeichnete diese Position als den „Punkt des optimalen Wirkungsgrades der Atmung" (PoW). Er ist identisch mit dem geringsten Atemäquivalentwert unter Arbeit. Unter letzterem Quotienten ist das AMV in ml dividiert durch die Sauerstoffaufnahme in derselben Minute zu verstehen. Je kleiner der Wert ausfällt, desto besser die Sauerstoffausnutzung der Inspirationsluft.

Mit Beginn einer dynamischen Arbeit von ansteigendem Charakter sinkt der Wert zunächst ab. Ursache ist eine bessere Belüftung und Capillarisierung der Lunge bei Arbeit. Im Bereich der Ausdauergrenze, also einer Belastungsintensität von ca. 50%/o der aeroben Kapazität, ist der Minimalwert erreicht. Er kann bei hochausdauertrainierten Personen um 20 liegen. Eine weitere Steigerung der Belastungsstufe läßt nunmehr den Atemäquivalentwert anwachsen. Eine Größenordnung von 30—35 bei Arbeit auf dem Fahrradergometer zeigt den Eintritt in den Grenzbereich der Leistungsfähigkeit an.

Hochausdauertrainierte Personen sowie das Vorliegen pathologischer kardiopulmonaler Befunde können Atemäquivalentwerte von 40—60 erreichen lassen. Das gilt vor allem bei Atmung von Sauerstoffmangelgemischen, bei denen naturgemäß das Erreichen des PoW vorverlegt ist. Hingegen kann der parabelförmige Anstieg des Atemminutenvolumens bei zunehmender Belastungsstufe unter Atmung von reinem Sauerstoff nicht beobachtet werden. Demgemäß entfällt hier der PoW.

Ein Vorverlegen des PoW in niedrigere Belastungsstufen erlebt man ebenfalls bei Einsatz kleinerer Muskelgruppen. Das läßt ein Vergleich von Drehkurbelarbeit und Fahrradergometer- bzw. Laufbandarbeit deutlich erkennen (Abb. 21).

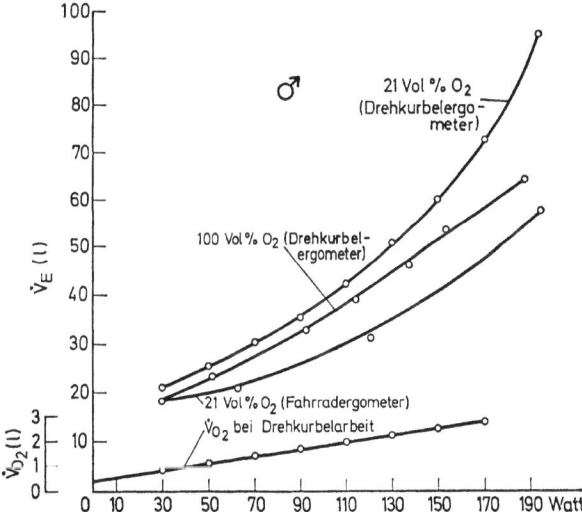

Abb. 21. Das Verhalten der Ventilation bei physikalisch identischen Belastungsstufen am Drehkurbelergometer und am Fahrradergometer unter Luft- und O_2-Atmung. 3-minütlich um je 20 Watt ansteigende Belastung ($n=20$)

Die Abweichung von der relativ geradlinigen Beziehung zwischen AMV und Sauerstoffaufnahme jenseits des PoW erfolgt etwa an demselben Punkt, an dem die Laktat-Konzentration des arteriellen Blutes deutlich über den Ruheausgangswert anzusteigen beginnt. Gleichzeitig setzt ein Abfall des pH-Wertes ein. Die Kurven des AMV, des Laktat-Spiegels und des pH-Wertes im arteriellen Blut zeigen einen gleichartigen Verlauf (HOLLMANN, 1961).

Eine Verbesserung des Ausdauertrainingszustandes läßt den Ventilationsaufwand für eine gegebene Leistung absinken. Parallel dazu verhalten sich der Laktat-Spiegel und der pH-Wert im arteriellen Blut. Einen ähnlichen Effekt kann man durch Vergrößerung des Sauerstoffgehaltes in der Inspirationsluft erzielen.

Die höchsten Atemminutenvolumenwerte beobachteten wir bei Laufbandbelastungen. Sie beliefen sich auf 250 l/min. Die zugehörigen Atemfrequenzwerte lagen um 60/min.
Rhythmische Bewegungen, insbesondere Sportarten wie Schwimmen, beeinflussen die Atmungsfrequenz und bedingen durchweg eine Frequenzminde-

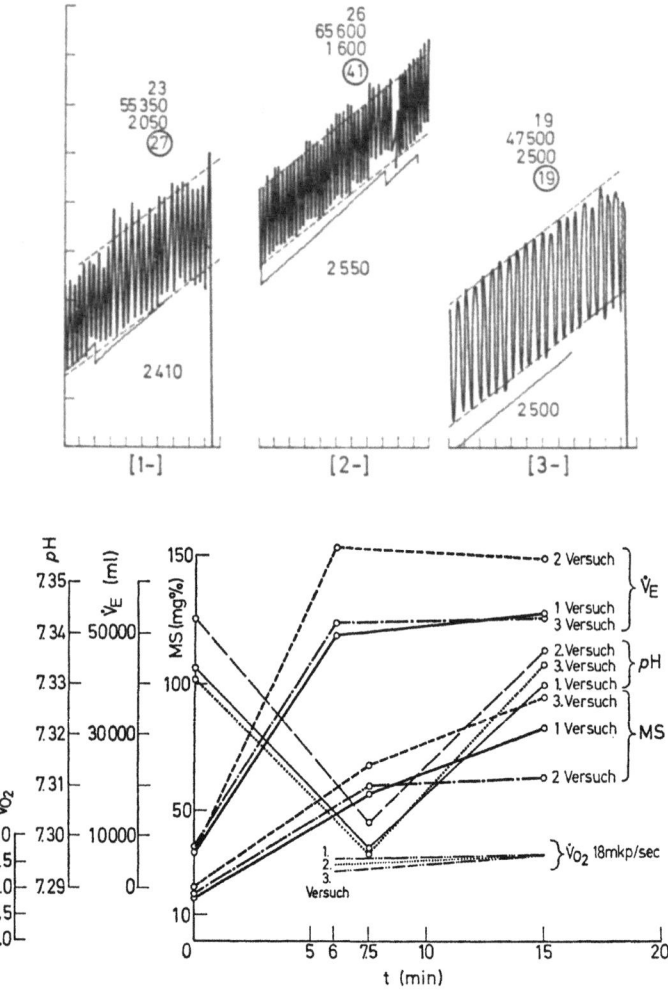

Abb. 22. Der Einfluß willkürlicher Modifikation der ventilatorischen Frequenz von 1 min Dauer im steady state einer Arbeit auf den pH-Wert und den venösen Laktatspiegel sowie das AMV. Dabei wurde im 2. und 3. Versuch die Atemfrequenz von der Normalfrequenz 27 auf 41/min bzw. 19/min willkürlich verändert

rung. Kompensatorisch wird soweit wie möglich das Atemzugvolumen vergrößert. MILIC-EMILI u. Mitarb. (1960) stellten fest, daß gesunde Personen grundsätzlich Atemfrequenz und Atemzugvolumen für den Wirkungsgrad der Atmung optimal einstellen. Jede artefizielle Veränderung führt zu einer Ökonomiereduzierung. Sportlern ist daher anzuraten, sich automatisch dem Atmungsmuster zu fügen, dem sie unbewußt folgen, soweit es die betreffende Sportart zuläßt. Jede willkürliche Beeinflussung kann sich nur negativ auswirken (Abb. 22).

Nach körperlicher Arbeit strebt das AMV ähnlich der Kurvenform einer e-Funktion zum Ruheausgangswert zurück. Nach einer gegebenen Leistung ist auch hier wieder charakteristisch die schnellere Normalisierung des Wertes

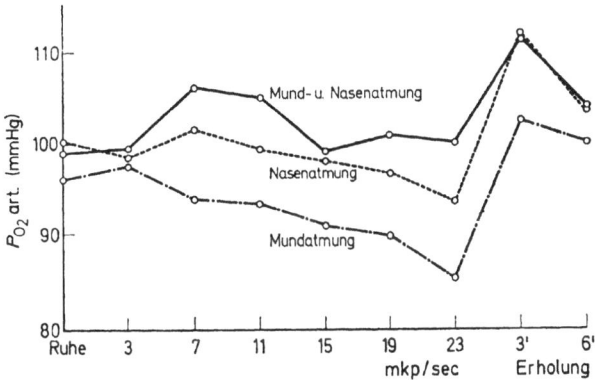

Abb. 23 a. Der Einfluß separater Nasen- bzw. Mundatmung auf den arteriellen Sauerstoffpartialdruck

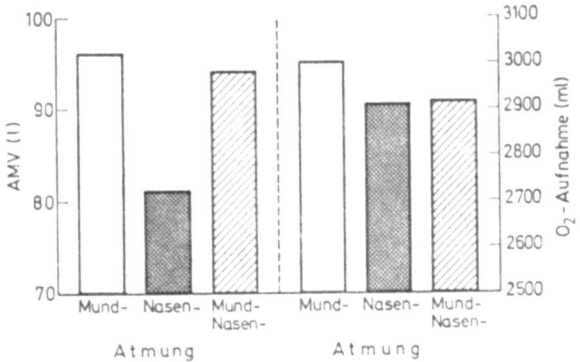

Abb. 23 b. Der Einfluß separater Nasen- und Mundatmung auf das Atemminutenvolumen und die Sauerstoffaufnahme bei einer Fahrradergometerbelastung von 23 mkp/sec bei 2 Probanden (nach LIESEN u. HOLLMANN)

beim Ausdauertrainierten gegenüber dem Untrainierten und beim Jüngeren gegenüber dem Älteren.

Alveoläre Ventilation und Totraum

Der anatomische Totraum umfaßt das Volumen der Atemwege und beläuft sich beim Erwachsenen auf etwa 150 ml. Das funktionelle Totraumvolumen betrifft den nicht am Gasaustausch teilnehmenden Raum. Er kann beim lungenkranken Patienten infolge einer ungünstigen Beziehung von Ventilation zu Perfusion wesentlich vergrößert sein. Bei einem 70 kg schweren Menschen beläuft sich die Totraum-Ventilation bei einem Ruhe-AMV von 7 l auf etwa 2 l/min, womit die alveoläre Ventilation ca. 5 l/min erreicht. Der alveoläre Wirkungsgrad von etwa 70% steigt mit zunehmender körperlicher Arbeit an. Der Totraum nimmt also relativ mit einem größeren Atemzugvolumen ab (BARGETON, 1967; STEGEMANN u. HEINRICH, 1967).

Die Diffusion in der Lunge

Einziger Ort des Gasaustausches zwischen Luft und Blut ist die Alveole. Alveolarluft und Blut sind durch die alveolo-capilläre Membran voneinander getrennt. Die Dicke dieser Luft-Blut-Schranke schwankt von $0,2\,\mu$ bis zu mehreren μ. Die Diffusion der Gase durch die alveolo-capilläre Membran gehorcht ausschließlich physikalischen Gesetzen, wonach die Bewegung von Gasmolekülen von einem Ort höheren zu einem Ort niedrigeren Drucks vonstatten geht.

Unter der Diffusions-Kapazität D_L versteht man die Gasdiffusion in ml (STPD) * in der Zeiteinheit pro mm Hg Partialdruckdifferenz zwischen Alveolarluft und Erythrocyteninhalt. Sie ist abhängig vom Gas-Partialdruckgefälle, von der Größe der Austauschfläche, von der Schichtdicke, von der Löslichkeit des Gases und von der Kontaktzeit des Blutes mit der Alveolarluft in den Lungencapillaren. In Körperruhe beläuft sich dieser Wert für Sauerstoff auf 20—50 ml/min/mm Hg. Infolge der günstigen Diffusionsbedingungen für CO_2 ist sein Partialdruck in der Alveolarluft praktisch identisch mit dem im arteriellen Blut. Der O_2-Partialdruck liegt jedoch in der Alveole bei 105, im arteriellen Blut bei 100 mm Hg. Dabei hängt die Höhe der am Ende der Capillaren sich einstellenden Gasdrucke von der Höhe der Gasdrucke im venösen Mischblut und in der Alveolarluft ab, von der Relation Ventilation zu Perfusion, von der Bindungsfähigkeit des Blutes für Gase und vom Diffusions- und Löslichkeits-Koeffizienten der Gase (VENRATH, 1956 u. a.).

Eine arterielle O_2-Untersättigung kann bei normalen Alveolarluftbedingungen auf folgende Faktoren zurückzuführen sein:

1. unvollständiger Ausgleich zwischen Alveolarluft und Lungencapillarblut (Membrangradient);

---

* STPD = standard temperature and pressure, dry;
BTPS = Gasvolumen bei normaler Körpertemp. u. umgebendem Barometerdruck, gesättigt mit Wasserdampf.

2. ungleichmäßige Verteilung von Ventilation und Perfusion (Distributionsgradient);
3. echte Beimischung von venösem Mischblut zum Capillarblut (venöser Zumischungsgradient).

Unter körperlicher Belastung nimmt die Diffusionskapazität zu, weil zusätzliche Gefäßgebiete eröffnet werden, die in Ruhe nur spärlich durchblutet sind. Eine maximale Sauerstoffaufnahme von 4 l hat eine Diffusionskapazität von 60 ml/min/mm Hg und eine Sauerstoffaufnahme von 6 l/min eine solche von 100 ml/min/mm Hg zur Voraussetzung (SHEPHARD, 1969). Diese theoretischen Zahlen entsprechen weitestgehend der beobachteten maximalen Diffusionskapazität. Infolgedessen ist durch eine Vergrößerung dieses Wertes keine zusätzliche Leistungssteigerung zu erwarten, während jedoch andererseits eine Abnahme der Diffusionskapazität sehr schnell diesen Faktor zu einer leistungslimitierenden Größe werden läßt.

Die Diffusionskapazität beginnt bereits jenseits des 20. Lebensjahres abzunehmen (RILEY u. Mitarb., 1951). Neben dem Alter und der Körperoberfläche wird die Diffusionskapazität auch von der Körperlage beeinflußt. Sie ist im Liegen ca. 15—20% größer als im Sitzen und fast 15% größer im Sitzen als im Stehen (BATES u. PEARCE, 1956; OGILVIE u. Mitarb., 1957). Ursache ist die orthostatisch bedingte Reduzierung der Perfusion speziell in den oberen Lungenteilen beim Stehen bzw. Sitzen gegenüber dem Liegen.

Weibliche Personen mit einer maximalen Sauerstoffaufnahme um 2 l weisen im Mittel eine Diffusionskapazität von 40 ml/min/mm Hg auf. Bei gesunden ausdauertrainierten männlichen und weiblichen Personen liegt die Diffusionskapazität stets um so höher, je größer die maximale Sauerstoffaufnahme ist.

Schwere körperliche Arbeit führt sowohl zu einem geringeren Sauerstoffgehalt im venösen Mischblut als auch zu einer Beschleunigung der Blutströmungsgeschwindigkeit. Als Folge letzterer sinkt die Kontaktzeit des Blutes in der Lungencapillare mit der Alveolarluft. ROUGHTON (1945) ermittelte ein Absinken der normalen Zeit von ca. 0,8 sec auf Werte um 0,3 sec. Diese Zeit reicht aber — trotz einer arbeitsbedingten Hyperventilation und damit eines vergrößerten alveolären O_2-Partialdruckes — kaum noch aus für eine völlige Sauerstoffaufsättigung. Tatsächlich kann bei manchen Personen im Grenzbereich der Leistungsfähigkeit — speziell bei hochausdauertrainierten — ein Absinken des PO_2 im arteriellen Blut registriert werden (HOLLMANN, 1963; HARTUNG u. Mitarb., 1966; KEUL u. Mitarb., 1966, 1969 u. a.). Hierzu mag bei den Ausdauertrainierten die starke periphere O_2-Ausschöpfung beitragen.

Die Beziehung Ventilation/Perfusion ist so gesteuert, daß z. B. aus pathologischen Gründen von einer Belüftung ausgeschlossene Capillaren reflektorisch auch einen weitgehenden Durchblutungsausschluß erfahren. Dadurch wird einem Absinken der arteriellen O_2-Sättigung vorgebeugt. Wenn dennoch die arterielle O_2-Sättigung in Körperruhe nur um 96—98% liegt, so ist das in erster Linie die Folge von veno-arteriellen Kurzschlüssen verschiedener Art. Unter körperlicher Arbeit wird nicht nur das Lungen-Capillar-Bett vergrößert durch Öffnung von Ruhecapillaren, sondern darüber hinaus die

Qualität der Luftverteilung (Distribution) verbessert. In Ruhe nur geringfügig belüftete Alveolen erfahren eine Einbeziehung in einen intensiven Gasaustausch. Dazu trägt auch bei der Anstieg des pulmonalen arteriellen Druckes (BJURSTEDT u. Mitarb., 1968). Infolgedessen steigt bei leichter und mittelschwerer körperlicher Arbeit der arterielle PO_2 über den Ruheausgangswert an.

Der Gastransport im Blut

Nach der Ventilation, Diffusion und Perfusion stellt der Gastransport im Blut die letzte Phase des Gasaustausches dar. Das Spiegelbild des Lungenfunktionseffektes sind der PO_2 und PCO_2 im arteriellen Blut. Der PO_2 beträgt im Idealfall 100 Torr, der PCO_2 40 Torr. Infolge zunehmender Beeinträchtigungen der Ventilation, Diffusion und Perfusion nimmt der arterielle O_2-Partialdruck im Laufe des Lebens immer mehr ab. Bei einem PO_2 von 100 Torr ergibt sich eine 98%ige O_2-Sättigung. Auf die O_2-Dissoziationskurve wirken sich der PO_2-Druck, der pH-Wert und die Bluttemperatur aus. Mit körperlicher Arbeit steigen der CO_2-Druck und die Temperatur in der arbeitenden Muskulatur an, während der pH-Wert abfällt. Hierdurch erfolgt bei gegebenem PO_2 eine zusätzliche Freisetzung von Sauerstoff, was die O_2-Versorgung des Muskels erleichtert. Andererseits erschwert dieser Vorgang die O_2-Aufnahme im Lungencapillarblut, was sich jedoch in Bereichen normaler alveolärer Sauerstoffdrucke nur unwesentlich auswirkt. Dieser leistungsnegative Effekt wird erst bedeutsam unter Höhenbedingungen.

Die Verlagerung der O_2-Dissoziationskurve nach rechts bei erniedrigtem pH-Wert, erhöhter Temperatur und vergrößertem PCO_2 wirkt sich im Grenzbereich der körperlichen Leistungsfähigkeit wesentlich aus, wenn im arbeitenden Gewebe der PO_2 auf Minimalwerte abgesunken ist. LIESEN u. Mitarb. (1971) beobachteten im venösen Blut der Arbeitsmuskulatur bei maximaler Fahrradergometerbelastung einen pH-Wert von 6,999 bei einem PCO_2 von 78 Torr und einem PO_2 von 10 Torr. Nach FORSTER (1967) ist die Arbeit der Mitochondrien noch gewährleistet bei einem intracellulären PO_2 von weniger als einem Torr.

Die Steuerung der Atmung bei Körperarbeit

In Körperruhe erfolgt die Atmungssteuerung sowohl über chemische als auch über nervale Mechanismen. Die Art des Zusammenspiels zwischen den bekannten chemosensiblen Reflexzonen des arteriellen Strombettes und der Integration afferenter Impulse mit Reizen, die auf das Atemzentrum direkt einwirken und so die präzise Anpassung an die Belastungssituation gewährleisten, ist jedoch im Detail noch unbekannt. Auf das Atemzentrum einwirkende Größen sind der PCO_2, die Wasserstoff-Ionen-Konzentration, der PO_2 und neurogene Antriebe. Eine Erhöhung der H-Ionen-Konzentration und des PCO_2 sowie ein Absinken des PO_2 wirken ventilationssteigernd. Mehrere Hypothesen über die Atmungssteuerung unter Arbeit stehen sich heute gegenüber. Einschlägige experimentelle Untersuchungen unseres

Arbeitskreises führten dabei zur Entwicklung eigener Vorstellungen (HARTUNG u. Mitarb., 1966). Danach wird die Einstellung des AMV während körperlicher Arbeit maßgeblich von der intracellulären Wasserstoff-Ionen-Konzentration bestimmt. Diese Hypothese kann nicht nur eine Fülle von Widersprüchen zwischen nachgewiesenen humoralen Veränderungen und den

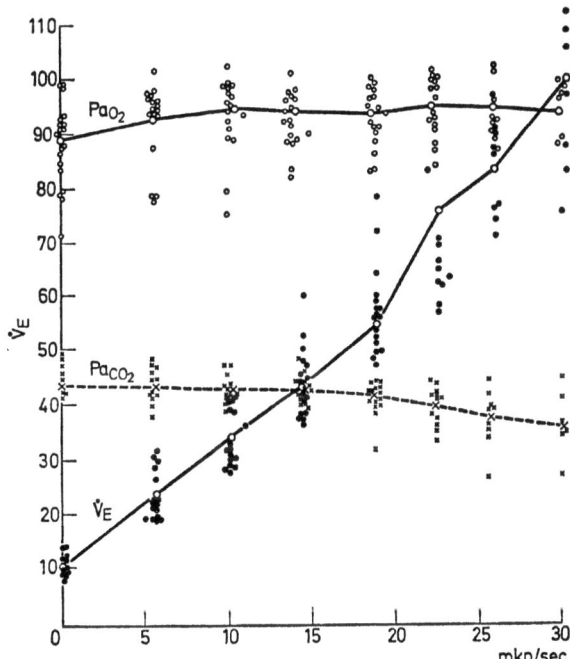

Abb. 24. Das Verhalten von PO_2 und PCO_2 sowie der Ventilation (V_E) bei ansteigender Belastung (nach HARTUNG, VENRATH, HOLLMANN u. Mitarb., Westdeutscher Buch-Verlag Köln/Opladen, 1966)

bekannten Tatsachen über die Empfindlichkeit der Chemoreceptoren und des Atmungszentrums erklären, sondern auch Verhaltensweisen der wesentlichsten Kriterien in unterschiedlichen physiologischen und pathologischen Stoffwechselsituationen (HARTUNG u. Mitarb., 1966).

Die Atmung als leistungsbegrenzender Faktor

In früheren Jahrzehnten wurde vielfach die Atmung als entscheidend leistungsbegrenzender Faktor für die Ausdauerleistungsfähigkeit angesehen. Die ventilatorische Kapazität wird jedoch selbst bei intensivsten dynamischen Arbeiten unter Einsatz großer Muskelmassen nicht ausgeschöpft. Das AMV erreicht unter diesen Bedingungen äußerstenfalls 70—80% des Atemgrenzwertes. Im Bereiche der maximalen Sauerstoffaufnahme können ausdauertrainierte Personen kurzfristig eine noch höhere Belastungsstufe bewältigen ohne weiteren Anstieg der O_2-Aufnahme, jedoch mit zusätzlicher Vermehrung des AMV. Selbst unter diesen Bedingungen kann willkürlich das AMV nochmals gesteigert werden. Diese Befunde sprechen eindeutig gegen einen leistungsbegrenzenden Effekt der Ventilation als solcher.

Wie bereits früher erwähnt, kann der Sauerstoffbedarf der Atmungsmuskulatur zu einer nennenswerten Größenordnung aufsteigen. Der Betrag dürfte aber im Gegensatz zu früheren Auffassungen 10—12% der gesamten

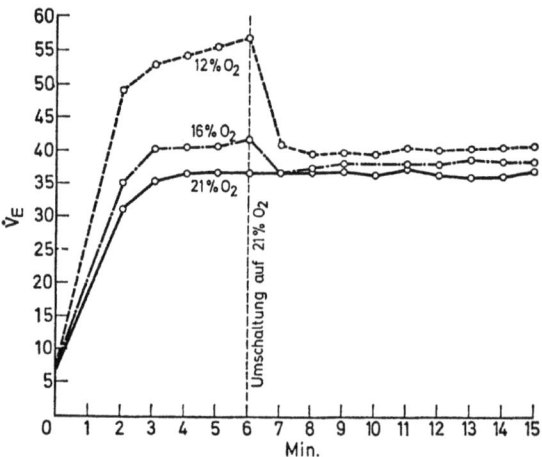

Abb. 25. Die Ventilationsgröße bei konstanter Arbeit nach Umschaltung auf Atmung atmosphärischer Luft bei vorangegangener Hypoxieatmung (nach HOLLMANN und GRÜNEWALD)

Sauerstoffaufnahme nicht übertreffen. Daß der Grenzbereich der Leistungsfähigkeit der Atmungsmuskulatur bei schwerer körperlicher Arbeit nicht erreicht und somit hierdurch keine Leistungsbarriere gesetzt wird, beweisen die obigen Ausführungen über die Möglichkeiten zusätzlicher Ventilationssteigerungen. Es besteht auch keine Ineffektivität der Atmung als solcher, da der alveoläre PO_2 mit der Hyperventilation ansteigt. Hingegen mag unter Höhenbedingungen sehr wohl die Hyperventilation als solche die Leistungsfähigkeit mit begrenzen. Selbst voll austrainierte Athleten klagen nach Wettkämpfen in der Höhe oft über „Muskelkater" der Atmungsmuskeln.

Die Diffusion ist noch bis in jüngster Zeit als eine mögliche Ursache der Leistungsbegrenzung angesehen worden. Die Untersuchungen von SHEPHARD (1969) und anderen Autoren lassen bei gesunden Personen des 3. Lebensjahrzehnts eine so hohe Diffusionskapazität erkennen, daß sie kaum eine

Begrenzung für die maximale O_2-Aufnahme darstellen kann. Wenn allerdings bei Spitzensportlern in Ausdauersportarten an der absoluten Grenze der Leistungsfähigkeit der arterielle PO_2 um 15 Torr absinkt (HOLLMANN, 1963; KEUL u. Mitarb., 1969 u. a.), so mag für dieses Verhalten eine extrem tiefe Sauerstoffausschöpfung in der Körperperipherie eine Rolle spielen, wodurch die Kontaktzeit des Blutes in der Lungencapillare mit der Alveole

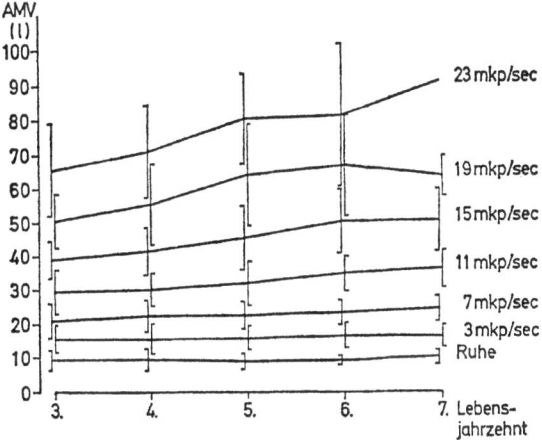

Abb. 26. Der Alterseinfluß auf ventilatorische Werte männlicher Personen des 3. bis 7. Lebensjahrzehnts bei ansteigender Arbeit auf dem Fahrradergometer (nach HOLLMANN u. Mitarb., Med. Welt 28, 1280, 1970)

infolge der gleichzeitigen Strömungsbeschleunigung bei einem Herzminutenvolumen von über 30 l zur vollen Aufsättigung nicht mehr ausreicht. Das ist mit Sicherheit der Fall unter Höhenbedingungen sowie bei vielen älteren Personen.

Die maximale Sauerstoffaufnahme/min (= aerobe Kapazität)

Die maximale Sauerstoffaufnahme — auch als Vita maxima (BRAUER u. KNIPPING, 1929), aerobe Kapazität und maximale aerobe Kraft (ÅSTRAND, 1952) bezeichnet — stellt das zuverlässigste Bruttokriterium dar zur Beurteilung der Leistungsfähigkeit des kardio-pulmonalen Systems. Sie wird erreicht, wenn maximale dynamische Arbeiten unter Einsatz von mehr als $1/7$ bis $1/6$ der gesamten Skeletmuskulatur über eine Zeitspanne von mindestens 5 min durchgeführt werden. Leitkriterien zur Beantwortung der Frage, ob tatsächlich das maximale O_2-Aufnahmevermögen ausgeschöpft wurde, sind das Ausbleiben eines weiteren O_2-Aufnahme-Anstiegs trotz zusätzlicher Vergrößerung der Belastungsstufe, ein Laktat-Spiegel von mindestens 80 mg/100 ml bei untrainierten Personen, eine Pulsfrequenz von 190/min und mehr, kein weiterer Anstieg des O_2-Pulses und ein starker

Anstieg des Atemäquivalentes in der letzten Arbeitsminute auf Werte von mindestens 30—35. Zur Belastung bedient man sich am zuverlässigsten der Laufband- oder Fahrradergometerarbeit.

Die höchsten Werte für die O_2-Aufnahme werden beim Laufen, speziell beim Bergauflaufen mit einem Winkel von 3—6° erzielt. Um 5—10% niedriger liegt die Größenordnung beim Schwimmen und Radfahren. Im Stehen durchgeführte Drehkurbelarbeit weist um 15—20% niedrigere Maximalwerte auf.

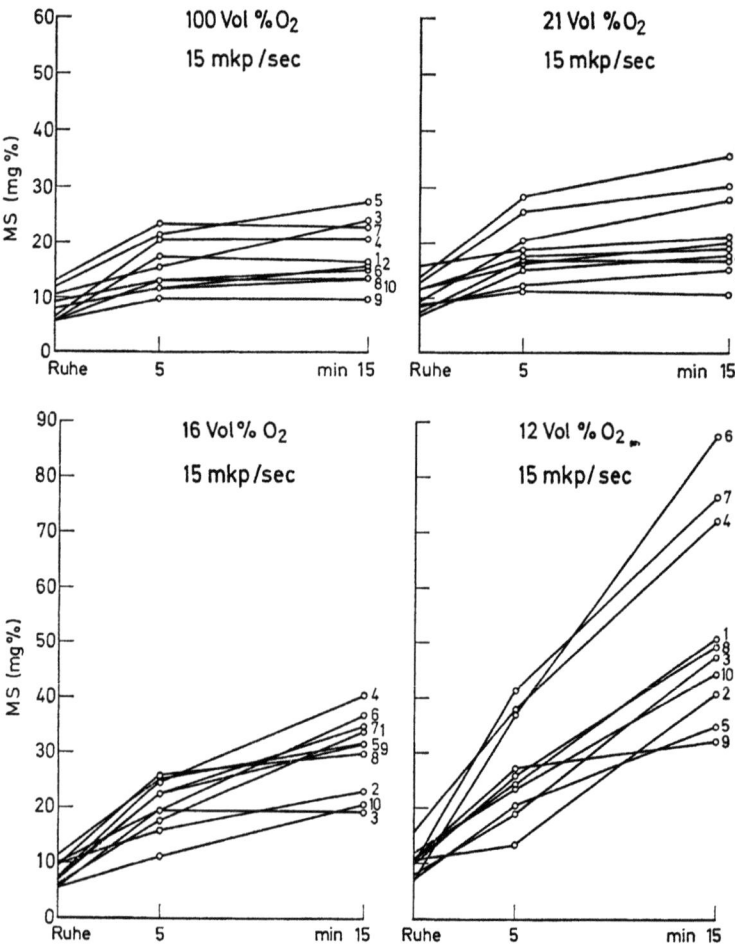

Abb. 27. Der Einfluß eines unterschiedlichen O_2-Partialdrucks in der Inspirationsluft auf den venösen Laktatspiegel bei identischen Belastungsstufen (nach HOLLMANN und GRÜNEWALD)

Erfolgt die Untersuchung statt unter Atmung atmosphärischer Luft unter reinem Sauerstoff, so liegt die aerobe Kapazität nochmals um ca. 10% höher (HOLLMANN, 1961, 1963).
Im Liegen verrichtete Tretkurbelarbeit läßt nur ca. 85—90% der Maximalwerte erreichen, welche eine im Sitzen getätigte Tretarbeit erzielt (MELLEROWICZ, 1962, u. a.).
Endogene leistungsbegrenzende Faktoren für die maximale Sauerstoffaufnahme/min können sein:

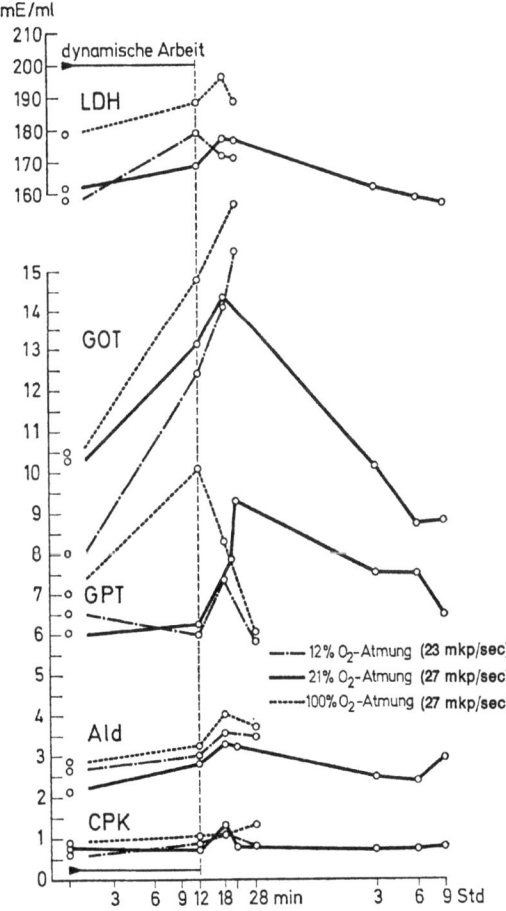

Abb. 28. Der Einfluß unterschiedlicher O_2-Partialdrucke in der Inspirationsluft auf 5 verschiedene Enzyme während und nach Arbeit auf dem Fahrradergometer (nach HOLLMANN, SCHLÜSSEL und SPECHTMEYER, Sportarzt und Sportmedizin, 5, 166, 1965)

1. die Ventilation;
2. die Diffusion;
3. das Herzminutenvolumen;
4. die arterio-venöse O_2-Differenz;
5. das Blutvolumen;
6. der Totalhämoglobingehalt;
7. der Ernährungszustand;
8. die celluläre metabolische Kapazität in der Arbeitsmuskulatur.

Bei Gesunden besteht eine Harmonie aller leistungsbegrenzenden Faktoren. Sie erreichen etwa gleichzeitig die Grenze ihrer Kapazität. Als wesentlichste Faktoren dürften dennoch das Herzzeitvolumen und die $AVDO_2$ bezeichnet werden. Beim älteren wie beim kranken Menschen kann der am stärksten reduzierte Faktor zum entscheidend leistungslimitierenden Element werden.

Körperliches Training vermag die maximale Sauerstoffaufnahme im Mittel um 15—25% zu vergrößern. In Extremfällen kann eine Leistungssteigerung um 50% eintreten (HOLLMANN, 1961).

Während die durchschnittliche maximale O_2-Aufnahme des untrainierten Mannes im 3. Lebensjahrzehnt bei 3 200 ± 300 ml liegt, können Spitzensportler in Ausdauersportarten Werte über 6 l/min aufweisen (Abb. 29). Weibliche Personen erreichen ihren Maximalwert bereits um das 15. Lebensjahr, männliche mit dem 18.—19. Lebensjahr. Jenseits des 30. Lebensjahres setzt die Rückbildung der aeroben Kapazität ein, falls kein Ausdauertraining betrieben wird. Im letzteren Falle können die Werte bis zum 50. Lebensjahr, in Ausnahmefällen noch darüber hinaus unverändert erhalten bleiben.

Sport und körperliches Training bei Lungenaffektionen

Die Indikationen zur Anwendung von Übung, Training oder Sport im Rahmen von Lungenschäden sind eng begrenzt. Der wichtigste Vertreter pulmonaler Störungen ist das obstruktive Lungenemphysem. Sein Befund ist gekennzeichnet durch Atrophie und Rarefikation sowie Anämie des Lungengewebes. Die Ventilations-, Diffusions- und Perfusionsreserven sind reduziert. Die Leistungsminderung des Patienten wächst mit der Zunahme des Residualvolumens. Daneben imponiert ein Anstieg des Strömungswiderstandes in den Luftwegen infolge funktioneller oder organischer Obstruktion.

Die Beeinflussung durch akute Belastung ist in Abb. 30 dargestellt. Die hier mit — 6 angenommene retraktive Lungenkraft steht im Gleichgewicht mit der Dehnungskraft des Thorax. Der Druck in der Alveole entspricht dem der Außenluft. Bei forcierter Ausatmung, z. B. beim Atmen des Tiffeneau-Tests, wird infolge damit verbundener Preßatmung die Lunge komprimiert. Der intrathorakale Druck steigt auf +60 an. Im Bronchus fällt der Druck kontinuierlich bis auf Außenluftverhältnisse. Je rascher die Lunge der thorakalen Kompression aufgrund ihrer elastischen Retraktion folgen kann, um so schneller tritt eine intrapulmonale Druckangleichung ein. Ist hingegen die

Elastizität vermindert, lastet der intrathorakale Exspirationsdruck zu lange und zu stark auf den Bronchien und kann sie vorübergehend zum Kollaps bringen.

Das in Abb. 30 dargestellte Phänomen haben die Amerikaner als Chec-Valve-Mechanismus bezeichnet. Es tritt vornehmlich bei Preßatmung auf. Infolge der regional unterschiedlichen morphologischen Verhältnisse in den

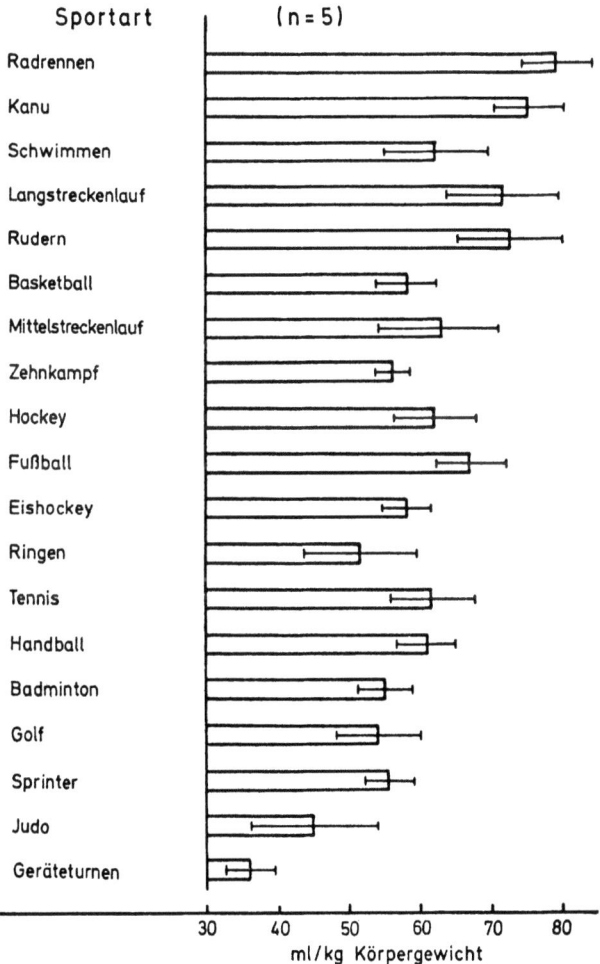

Abb. 29. Die relative maximale O_2-Aufnahme bei je 5 Spitzensportlern internationalen Formats aus verschiedenen Sportarten (nach HOLLMANN und HECK)

einzelnen Lungenbezirken kann es hierbei zu lokalen Gewebsüberdehnungen mit Zerreißung von elastischen Lungenelementen kommen, so daß eine zusätzliche Lungenschädigung resultiert. Man kann im Belastungsversuch durch kontinuierliche Registrierung der Ventilation das Auftreten des Chec-Valve-Mechanismus verfolgen. Er geht mit einer oftmals noch nach Stunden nachweisbaren Vergrößerung des Residualvolumens einher sowie mit einer Abnahme der dynamischen Ventilationsgrößen.

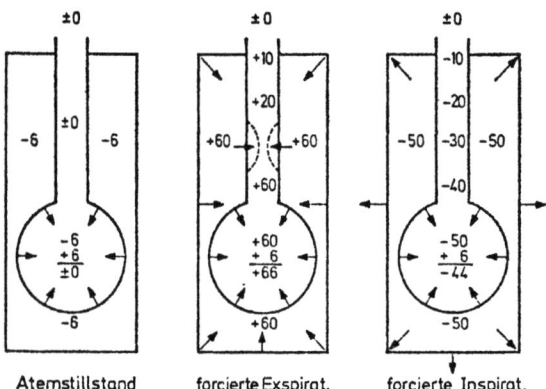

Abb. 30. Entstehung des Air-trapping-Phänomens als Folge einer pulmonalen Belastung bei Vorliegen eines Emphysems. Der Kollaps der Bronchien tritt infolge der großen intrathorakalen-intrabronchialen Druckdifferenz ein. Mit langsamer Anpassung des intraalveolären Druckes öffnet sich die Stenose wieder (nach VENRATH aus HOLLMANN, Hippokrates-Verlag, Stuttgart 1965)

Sport im Sinne eines Strebens nach hervorstechender Leistung kommt für solche Patienten nicht in Frage. Statt dessen sind hier Atmungs- und Bewegungstherapie am Platze, deren Ziel es ist, dem Patienten die Preßatmung abzugewöhnen und ihn zu einer mehrfach am Tage durchzuführenden vorsichtigen Hyperventilation zu erziehen, um so einer CO_2-Aufstockung vorzubeugen. Die Belastungsintensität im Rahmen einer Bewegungstherapie darf nicht so hoch liegen, daß infolge Verkürzung der alveolo-capillären Kontaktzeit die Sauerstoffaufnahme zusätzlich behindert wird. Die notwendigen Daten lassen sich bei der funktionsanalytischen Untersuchung des Emphysematikers bestimmen.

Primäre Diffusionsstörungen wie der diffuse Lungen-Boeck, Sklerodermia pulmonum, die Fibrosen nach Einwirkung gewerblicher aktiver Stäube etc. zeigen vielfach bereits in Ruhe die Symptomatik eines unzureichenden Druckausgleichs des Sauerstoffs zwischen Alveolarluft und Lungencapillarblut. Muskuläre Arbeit führt zu einer weiteren Verkürzung der Kontaktzeit und damit zu einer Untersättigung des arteriellen Blutes.

Auch hier ist kein Sport, sondern nur eine individuell angepaßte Bewegungstherapie angezeigt unter Berücksichtigung der notwendigen kardio-pulmonalen Medikation.

Tabelle 4. Vergleichende Darstellung einiger Funktions- und Leistungsgrößen bei männlichen und weiblichen Medizin- und Sportstudenten (Vitalkapazität, Atemgrenzwert, Atemstoßtest, max. O_2-Aufnahme, max. Atemminutenvolumen, max. O_2-Puls, Blutdruck auf der höchsten Belastungsstufe, Herzvolumen)

Trainingszustand		VK	AGW	ASTW	VO_2max.	VE max.	VO_2/Fmax.	RR max.	HV
Medizinstudent $n=36$	♂	4,2 l	180 l	83%	3200 ml/min	106 l	16,6	212/70 Torr	791 ml
Sportstudent $n=50$		5,3 l	220 l	80%	3800 ml/min	118 l	20,0	209/72 Torr	848 ml
Medizinstudent $n=21$	♀	3,0 l	135 l	85%	2100 ml/min	69 l	11,2	193/65 Torr	552 ml
Sportstudent $n=30$		3,7 l	165 l	84%	2600 ml/min	78 l	13,6	190/68 Torr	643 ml

Perfusionsstörungen, z. B. die primäre oder sekundäre Pulmonalsklerose, sind charakterisiert durch eine Erhöhung des pulmonalen Gefäßwiderstandes. Auch hier kann nur eine individuell angepaßte Bewegungstherapie am Platze sein, da das sowieso übermäßig belastete rechte Herz anderenfalls noch zusätzlich beansprucht würde.

Sinn einer Bewegungstherapie oder — in leichten Fällen — eines gezielten körperlichen Trainings ist die Verbesserung des Trainingszustandes des gesamten Organismus (Details siehe hierzu Kapitel „Präventivmedizin"), wodurch die Alltagsbeschwerden reduziert werden können.

Ein allergisch bedingtes Asthma bronchiale erlaubt hingegen im anfallsfreien Intervall ein körperliches Training und gegebenenfalls auch Sport. Die Patienten können hochleistungsfähig sein. Infolge der arbeitsbedingten sympathicotonen Einstellung wirkt muskuläre Belastung broncholytisch, jedoch ist zu beachten, daß nach Arbeitsende unter Umständen der nunmehrige Übergang zur vagotonen Ruheeinstellung eine reaktive Bronchokonstriktion mit entsprechender Verminderung der ventilatorischen Reserven nach sich ziehen kann.

Bewegungstherapie mit Atemgymnastik und Lockerungsübungen ist besonders bei Verschwartung der Lunge zu empfehlen. Mit zunehmender Belastbarkeit kann zu körperlichem Training und schließlich zu Sport übergegangen werden. In Untersuchungen mit Inhalation von ^{133}Xenon beobachteten wir z. B. in Fällen beidseitiger Verwachsungen des Sinus phrenico-costalis mit ausgedehnter Zwerchfellverschwartung eine trotzdem erstaunlich gute beidseitige Lungenbeatmung.

Ein weiteres großes Gebiet für körperliches Training stellen die Zustände nach lungenchirurgischen Eingriffen dar. Bereits wenige Tage nach dem Eingriff hat Atemgymnastik einzusetzen, die nach vollständiger Ausheilung gegebenenfalls bis in den Leistungssport gesteigert werden kann.

Energiestoffwechsel und körperliche Leistung

Von J. Keul und G. Haralambie

Jede muskuläre Tätigkeit ist abhängig von Energieumsetzungen im Muskelgewebe, die Voraussetzung für die Kontraktionsarbeit sind. Vorrangige Bedeutung haben somit für den Muskel Verbindungen, die durch ihren Abbau verwertbare Energie freisetzen (Abb. 31). Die wesentlichen energieliefernden Substrate für den Muskel sind Glucose und Fettsäuren bzw. deren Speicherformen, das Glykogen und die Fette. In geringem Maße können auch Aminosäuren der Energiebereitstellung dienen. Die chemische Energie

Energiestoffwechsel und körperliche Leistung 81

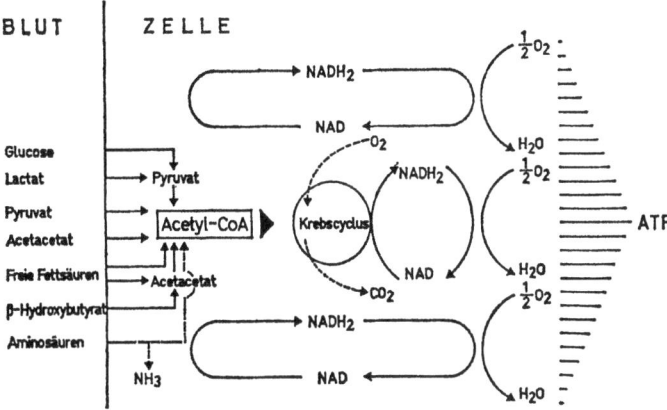

Abb. 31. Schematische Darstellung der verschiedenen energieliefernden Substrate, die vom Blut aufgenommen und in der Muskelzelle unter Sauerstoffverbrauch zu Wasser und Kohlensäure abgebaut werden. Das dabei gebildete ATP ist die unmittelbare Energiequelle für den Kontraktionsvorgang

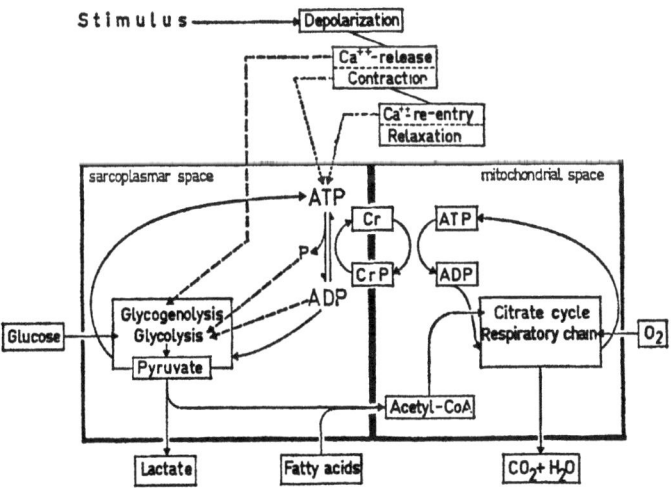

Abb. 32. Die Restitution der energiereichen Phosphate durch Abbau der verschiedenen energieliefernden Substrate. Dem Kreatinphosphat wird auch Bedeutung als Träger für energiereiches Phosphat durch die Mitochondrienmembran eingeräumt. Zugleich wird die Bedeutung des Calciums erkennbar (nach GERLACH, Wiener klin. Wschr. 79, 229, 1967)

dieser Substrate kann dem Muskel nur über verschiedene Zwischenstufen bereitgestellt werden. Entscheidend ist, daß durch den Abbau von Substraten energiereiche Phosphatverbindungen, und zwar ATP (Adenosintriphosphat) gebildet wird, das unmittelbar die Energie für die Kontraktion und die damit verbundenen Vorgänge liefert (Abb. 32).

Es ist daher verständlich, daß im Blut und Gewebe die energieliefernden Substrate (Kohlenhydrate und Fette) bei Körperarbeit starke Veränderungen erfahren und auch Anpassungen des Organismus an den Energieumsatz durch körperliches Training sichtbar werden lassen.

Körperliche Belastungen sind eine natürliche Tätigkeit des Organismus und es haben sich in der Entwicklung von Tier und Mensch Anpassungsvorgänge eingestellt, diese besser zu bewältigen. Durch den technischen Fortschritt in den letzten Jahrzehnten ist die körperliche Tätigkeit mehr und mehr eingeschränkt worden. Als Folge dessen werden auch diese Anpassungsvorgänge nicht mehr ausreichend genutzt und es entwickeln sich sogenannte Zivilisationskrankheiten, insbesondere des Herz- und Gefäßsystems.

Die nachteiligen Auswirkungen des Bewegungsmangels lassen sich durch eine Gegenüberstellung von Untrainierten und Trainierten besonders gut erkennen. Die Reaktion des Organismus auf eine körperliche Belastung ist abhängig von ihrer Art, Dauer, Häufigkeit und Intensität. Diese ist an vielfältigen metabolischen Veränderungen bei Belastung, aber auch nach wiederholtem Üben, d. h. Training zu beobachten.

1. Einwirkung kurzfristiger Körperarbeit auf den Skeletmuskel

Bei einer einmaligen, kurzen körperlichen Belastung, auch wenn dabei die Leistungsgrenze erreicht wird, z. B. das Heben eines Gewichtes, das Schleudern einer Kugel oder ein 100 m-Lauf, finden sich kaum wesentliche biochemische Veränderungen im Blut, obwohl die Reizbeantwortung des Organismus sich an vielen anderen Faktoren ablesen läßt (Herzfrequenz, Atmung, Erregbarkeit, intracellulärer Metabolitgehalt, Elektrolytverschiebungen u. a.). Die Ursache liegt darin, daß der Energiebedarf für eine solche Belastung fast ausschließlich durch die Energievorräte der Muskulatur gedeckt werden kann. Das Muskelgewebe selbst enthält 5 μMol ATP/g Muskelfeuchtgewicht und zusätzlich ca. 15 μMol Kreatinphosphat, eine besondere Speicherform energiereichen Phosphats. Die im ATP gebundene Energie kann unmittelbar den Kontraktionsvorgang unterhalten und durch das Enzym Kreatinphosphokinase aus dem Kreatinphosphatspeicher sofort regeneriert werden (Abb. 33). Der energiereiche Phosphatrest des Kreatinphosphats wird auf ADP übertragen, und es entsteht ATP, das unmittelbar für die Kontraktionsarbeit wieder genutzt werden kann. Die energiereichen Phosphate können die Energie für annähernd 20 maximale Muskelkontraktionen liefern. So ist es verständlich, daß bei einer einmaligen Muskelkontraktion oder gar Muskelarbeit bis 20 sec Dauer, z. B. einem 200 m-Lauf, nur eine geringe Zunahme der Milchsäure unmittelbar nach der Belastung gefunden wird.

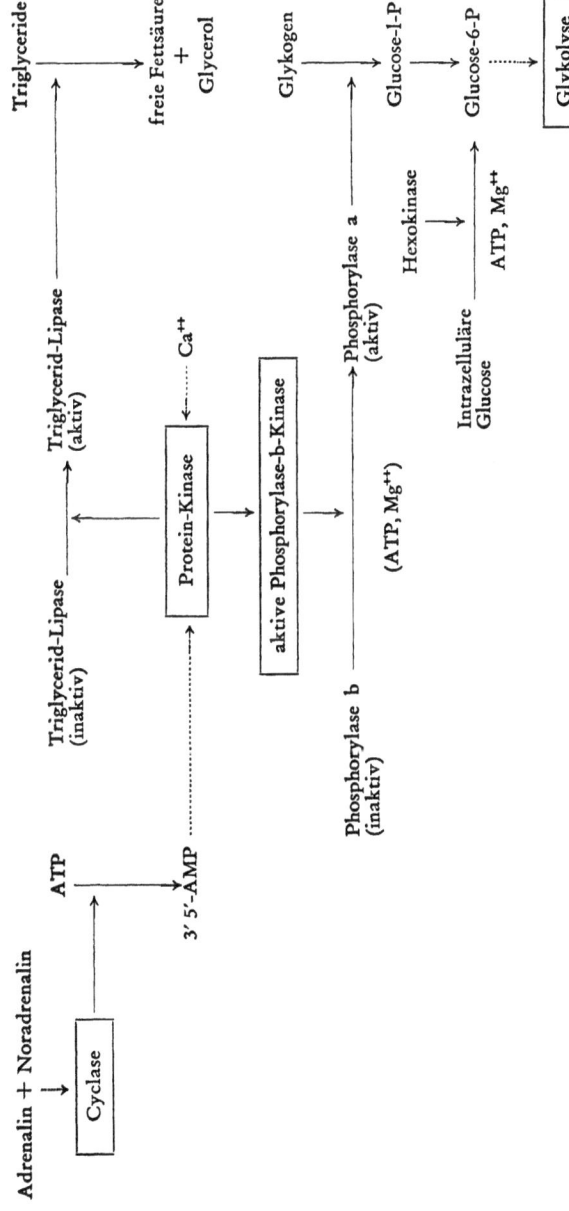

Abb. 33. Die Aktivierung der Abbauprozesse von Substraten (geändert nach DRUMMOND, G.: Amer. Zool. 11, 83, 1971)

Eine Wiederherstellung der energiereichen Phosphate über die Glykolyse oder Oxydationsprozesse ist während einer solchen Belastung nicht gegeben.

Wird die Belastung auf 1 min ausgedehnt, die auch noch als kurz zu bezeichnen ist, dann sind die energiereichen Phosphate des Muskels allein nicht ausreichend.

Während der Muskelkontraktion verlassen die Calciumionen das sarkoplasmatische Reticulum und gelangen in die lösliche Fraktion der Zelle, das Cytosol. Nur in Anwesenheit von Ca^{++} verläuft die energiefreisetzende ATP-Spaltung; die leicht erhöhte Ca^{++}-Konzentration im Cytosol wirkt als Aktivator für das Enzym Phosphorylase-Kinase, das die Umwandlung der inaktiven Muskelphosphorylase b in die a Form bewirkt. Dadurch wird der Abbau des Muskelglykogen eingeleitet (Abb. 32, 33). Durch die Catecholamin-Freisetzung (Adrenalin vom Nebennierenmark, bzw. Noradrenalin an den sympathischen Nervenendigungen), wie sie auch bei Körperarbeit eintritt, wird die Phosphorylase-Kinase noch mehr aktiviert. Während der Glykolyse bilden sich energiereiche Phosphatverbindungen, die die Resynthese des ATP ermöglichen. Dabei wird Pyruvat gebildet, und der den Glykosylresten entzogene Wasserstoff auf das Vitamin PP-enthaltende Coenzym NAD übertragen. Das reduzierte Coenzym $NADH_2$ entsteht auch bei der weiteren Oxydation des Pyruvates zu Acetylcoenzym A. Falls die Wasserstoffatome des $NADH_2$ durch eine Reihe von Reaktionen sich mit Sauerstoff verbinden, verläuft der Substratabbau aerob oder oxydativ. Falls jedoch die oxydativen Prozesse langsamer sind, oder aber ihre maximale Kapazität erreicht wird, kann $NADH_2$ in einer durch das Enzym Lactatdehydrogenase katalysierten Reaktion den Wasserstoff auf Pyruvat übertragen, wodurch Lactat entsteht; dabei wird die Energie über die Glykolyse anaerob oder anoxydativ bereitgestellt.

Durch den Abbau von Glucose bzw. Glykogen zu Milchsäure kann sehr schnell ATP aus ADP regeneriert werden und der Kontraktionsarbeit zur Verfügung stehen. Dieser energieliefernde anoxydative Prozeß ist jedoch begrenzt, da pro Mol Glucose bzw. Glykogen 2 Mol bzw. 3 Mol ATP frei werden. Beim oxydativen Abbau der Glucose bzw. eines Glykosylrestes werden 38 bzw. 39 Mol ATP gebildet. Dadurch kommt es zu einer Anhäufung von Lactat im Muskelgewebe und schließlich auch im Blut, da die Milchsäure nur über Oxydationsprozesse beseitigt werden kann. Die Glykolyse ist für manche Körperarbeit von entscheidender Bedeutung. Die Ursache der Milchsäurebildung ist jedoch nicht in einem Sauerstoffmangel des arbeitenden Muskelgewebes zu sehen. Unbestritten führt ein starker Sauerstoffmangel zur Lactatbildung im Muskel. Der arbeitende Muskel wird jedoch bei normalen Bedingungen fast immer ausreichend mit Sauerstoff versorgt (s. u.). Die Glykolyse kann kurzfristig einen so hohen Durchsatz tätigen, daß mehr Pyruvat gebildet wird, als über Oxydationsprozesse abgebaut werden kann. Daher wird bei starken Belastungen von einigen Minuten (entsprechend 800 oder 1500 m Laufen), die glykolytische Kapazität voll genutzt, obwohl gleichzeitig die Sauerstoffaufnahme auch Höchstwerte erreicht. Bei einer maximalen Sauerstoffaufnahme von ca. 3 l/min bei Untrainierten und 5 l/min bei Trainierten werden auch Lactatwerte von 10 μMol/ml Blut erreicht.

Bei schwerer Körperarbeit sinken die Sauerstoffdrucke im venösen, der Arbeitsmuskulatur entströmenden Blut auf $21{,}7 \pm 3{,}3$ mm Hg bei Untrainierten und auf 19,0 mm Hg bei Trainierten ab (Ruhewerte ≈ 45 mm Hg). Bemerkenswert ist, daß der Sauerstoffdruck im venösen Blut bei Körperarbeit sofort absinkt (Abb. 37) und auch bei leichter Körperarbeit von z. B. nur 50 Watt auf 27,6 ± 3,5 mm Hg absinkt. Der Organismus ist bestrebt, die Energiebereitstellung schnell und vollständig oxydativ abzudecken. So ist es auch sehr sinnvoll, daß durch das Absinken des pH-Wertes die Sauerstoffdissoziationskurve verschoben wird. Dadurch wird der Sauerstoffgehalt stärker ausgeschöpft und der Sauerstoffdruck weniger stark vermindert. Darin ist ohne Zweifel eine günstige Wirkung der Erniedrigung des pH-Wertes zu sehen.

Werden kurze Belastungen hintereinander geschaltet, wie es bei verschiedenen Formen des Intervalltrainings erfolgt, dann lassen sich die Reizwirkungen einer Einzelbelastung nicht in einfacher Weise summativ betrachten. Von ganz entscheidender Bedeutung ist für die folgende Belastung die Intensität der vorausgegangenen und die Dauer der Pause, bzw. der Ermüdungszustand des Organismus. Sind die Pausen ausreichend lang, dann werden bei

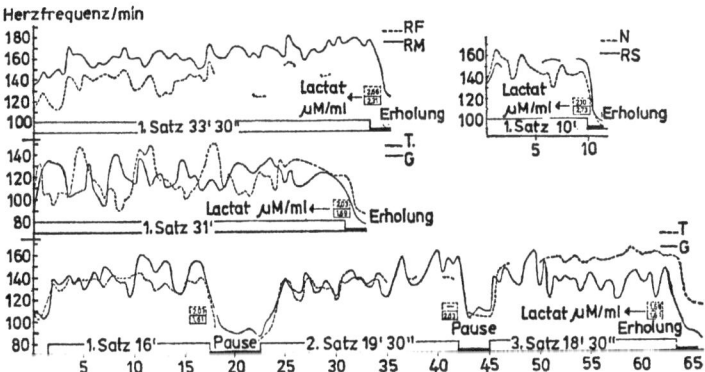

Abb. 34. Herzfrequenzen und Lactatspiegel von 6 Tennisspielern der deutschen und schweizerischen Davis-Cup-Mannschaft beim Vorbereitungstraining. Auffallend ist der schnelle Wechsel der Herzfrequenz. Nur in einem Falle werden im Durchschnitt Herzfrequenzen von über 160 Schl./min erreicht, ansonsten liegen die Herzfrequenzen um 140 Schl./min. Die Lactatspiegel sind sehr niedrig und zeigen keinen wesentlichen Anstieg. In keinem Falle werden 3 μ Mol/ml Blut überschritten (Dtsch. med. Wschr. 95, 462, 1970)

Belastungsphasen bis ca. 30 sec die abgebauten energiereichen Phosphate in der Erholungsphase wieder regeneriert. So finden sich bei Intervalltrainingsformen von einer halben Minute Dauer und einer Minute Pause völlig normale Lactatspiegel. Beim Tennisspiel mit seinem fortwährenden Wechsel zwischen kurzfristiger Belastung und anschließender Pause bestehen kaum Erhöhungen der Lactatspiegel (Abb. 34). Wird jedoch die Pause mehr und mehr verkürzt, daß sie schließlich nur noch 30 sec oder 15 sec erreicht, dann ist die Zeit nicht mehr ausreichend, um die energiereichen Phosphate zu re-

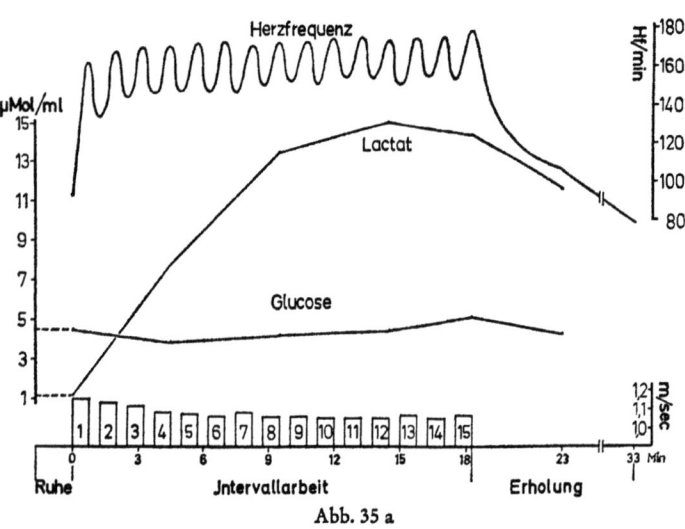

Abb. 35 a

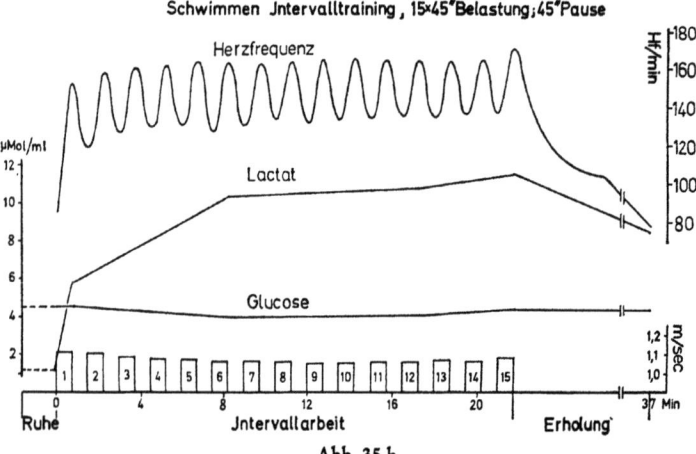

Abb. 35 b

Abb. 35 a u. b. Die Veränderungen der Herzfrequenz, der Lactat- und Glucosespiegel beim Intervallschwimmen. Wird bei gleicher Schwimmgeschwindigkeit und gleicher Zahl der Belastungen die Pause von 45 sec auf 30 sec verkürzt, dann kommt es zu einem schnelleren und stärkeren Anstieg der Milchsäure. Auch die telemetrisch gemessene Herzfrequenz liegt dann im Durchschnitt um 10/min höher (Mittelwerte von 10 Schwimmern)

generieren und es kommt zu einem Anstieg der Milchsäure im Blut (Abb. 35 a und b). Bei einer solchen Intervallarbeit werden die Glykogenvorräte des Muskels stark ausgeschöpft. Ist der Glykogengehalt des Muskelgewebes abgebaut, kommt es auch zum Abbruch der Körperarbeit.

Die Messungen der arteriovenösen Differenzen des arbeitenden Muskelgewebes ergaben, daß bei Intervallarbeit während der ersten Belastung die höchste Milchsäureabgabe vorliegt und sich dann auf gleichbleibende Werte einstellt (Abb. 36 a und b, Abb. 37). Die Sauerstoffdrucke bzw. die Sauerstoffsättigung des venösen aus der Arbeitsmuskulatur ausströmenden Blutes nimmt mit jeder Belastung weiter ab, so daß die arteriovenösen Differenzen für Sauerstoff zunehmen. Bei diesen Intervallbelastungen werden schließlich Sauerstoffdrucke erreicht, die unter anderen Belastungsformen wie steady-state-Belastungen oder eine einmalige Vita-maxima-Belastung nicht beobachtet wurden. Niedrigere Werte werden bei schwerer Körperarbeit nur unter Sauerstoffmangelbedingungen entsprechend einer Höhe von 2500 m oder 4250 m beobachtet. Sportler zeigen bezüglich des Verhaltens des Sauerstoffdruckes im venösen der Arbeitsmuskulatur entströmenden Blutes gegenüber Normalpersonen insofern Unterschiede, als Sportler bei Sauerstoffdrucken, bei denen Normalpersonen die Arbeit abbrechen, sich weiter belasten können und tiefere Sauerstoffdrucke im venösen Blut erreichen (Abb. 38). Somit wird durch Training bei Ausdauersportlern, die Fähigkeit, den Sauerstoff dem Blut zu entnehmen, verbessert, was durch die erhöhte oxydative Zellleistung als Trainingsfolge zu erklären ist.

2. Einwirkungen langwährender Körperarbeit auf den Skeletmuskel

Bei langwährender Körperarbeit wird die Intensität in der Zeiteinheit vermindert, jedoch kann der Energiebedarf so groß werden, daß die energieliefernden Substrate im Gesamtorganismus nicht ausreichen, um den Energiebedarf zu decken. Werden bei Belastungsintensitäten von 2 oder 4 min Dauer, wie sie bei einem 800 oder 1500 m-Lauf vorliegen, Höchstwerte der Sauerstoffaufnahme erreicht, liegen sie bei stundenwährender Körperarbeit im submaximalen Bereich, etwa bei 60—70%, und es ist auch kein starker Lactatanstieg im Blut nachweisbar. Somit kann bei solchen Belastungsübungen die maximale Sauerstoffaufnahmefähigkeit nicht die begrenzende Größe für die geforderte Leistung sein.

Substratumsatz und Energieverwertung des Muskels selbst werden zu limitierenden Faktoren und es ist für die Trainingsgestaltung entscheidend, die Fähigkeit des Muskels für den Energieumsatz zu verbessern. Dauert die Belastung länger als 2 Std, müssen dem Organismus Substrate zugeführt werden, da die Glucosevorräte nicht ausreichen. Während bei den kurzfristigen Belastungen die Kohlenhydrate vorrangige Bedeutung haben, wird bei langen Belastungen der Anteil der Fette an der Energiebereitstellung entscheidend. Bei einer Dauerbelastung von 2 Std sinken die arteriellen Glucosespiegel nicht stark ab, wenn die Intensität nicht so hoch ist, daß die Glucosevorräte aufgebraucht werden. Während langer Zeit vermag der Organismus

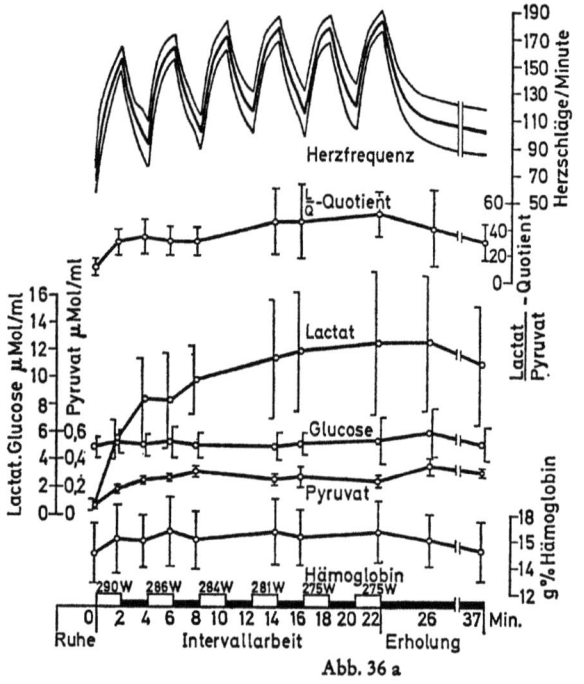

Abb. 36 a

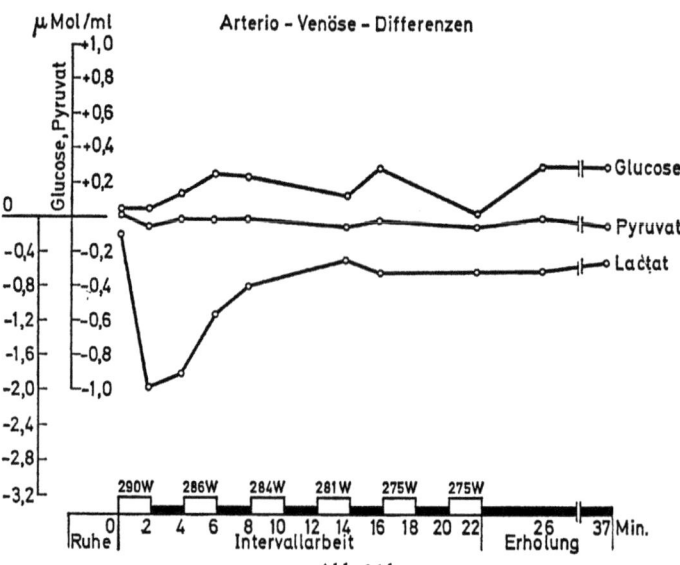

Abb. 36 b

Energiestoffwechsel und körperliche Leistung 89

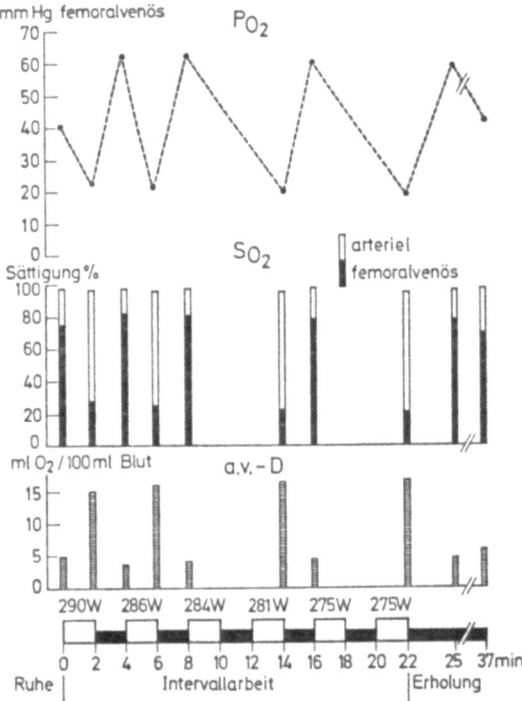

Abb. 37. Der Sauerstoffdruck und die Sauerstoffsättigung fallen bei Belastung stark ab. Entsprechend nimmt die arteriovenöse Gehaltsdifferenz zu. Nach Belastung steigt der femoralvenöse Sauerstoffdruck deutlich über den Ruhewert an, entsprechend ist die arteriovenöse Sauerstoffdifferenz verkleinert, was auf eine Luxusdurchblutung nach Belastung hinweist. Bemerkenswert ist, daß der femoral-venöse Sauerstoffdruck von der ersten bis zur letzten Belastung um 6 mm Hg tiefer abgesunken ist (Mittelwerte von 10 Versuchspersonen)

Abb. 36 a u. b. Herzfrequenz sowie Glucose, Lactat, Pyruvat, LP-Quotient und Hämoglobin im arteriellen Blut während 2-minütiger Intervallarbeit und ebenso langen Pausen auf dem Fahrradergometer. Während der Glucosespiegel keine wesentliche Veränderung zeigt, steigt der Lactatspiegel sprunghaft an und erreicht seinen höchsten Wert bei der letzten Belastung. Entsprechend verhalten sich, zwar geringer ausgeprägt, die Pyruvatspiegel und der Lactat-Pyruvat-Quotient. Hämoglobin im Blut steigt bei Belastung stets an. — Die arteriovenösen Differenzen lassen erkennen, daß fortwährend Glucose dem Blut entnommen wird, hingegen Lactat und Pyruvat ins Blut angeschwemmt werden. Bemerkenswert ist die starke Lactatabgabe während und nach der ersten Belastung. Später ist die arteriovenöse Differenz für Lactat annähernd konstant (Mittelwerte von 10 Versuchspersonen)

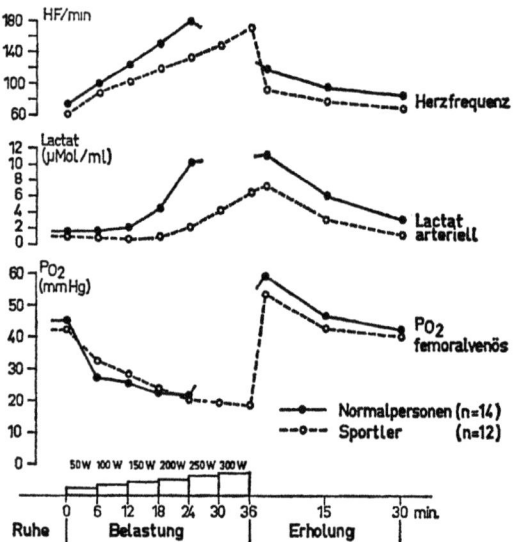

Abb. 38. Das Verhalten der Herzfrequenz, des arteriellen Lactatspiegels und des femoralvenösen Sauerstoffdruckes bei Normalpersonen und Sportlern im submaximalen und maximalen Arbeitsbereich. Bemerkenswert ist, daß bei 200 Watt, bei dem Normalperson und Sportler den gleichen femoralvenösen Sauerstoffdruck erreichen, der Lactatanstieg der Trainierten geringfügig ist, während er bei den Untrainierten bereits auf das über 10fache des Ruhewertes angestiegen ist (Verh. Dtsch. Ges. Kreislaufforschung 37, 101, 1971)

den Glucosespiegel aufrecht zu erhalten. Sinkt der Glucosespiegel ab, muß mit einem baldigen Abbruch der Arbeit gerechnet werden, falls nicht Kohlenhydrate zugeführt werden. Die Lactatspiegel erreichen einen anfänglichen Anstieg und nähern sich wieder dem Ruhewert (Abb. 39). Im Verlaufe der Belastung kommt es zu einer erheblichen Triglyceridspaltung, was an der Zunahme des Glycerols und der freien Fettsäuren im Blut erkenntlich wird. Die freien Fettsäuren können das Fünf- bis Sechsfache des Ruhewertes erreichen. Da das arterielle Angebot der freien Fettsäuren entscheidend ist für ihre Verwertung, kommt diesem Mechanismus große Bedeutung zu.

Der starke Anstieg der freien Fettsäurekonzentration erhöht Aufnahme und Abbau durch das Muskelgewebe. Somit wird es verständlich, daß bei langdauernden Belastungen der respiratorische Quotient absinkt. Durch die erhöhte Fett- und verminderte Kohlenhydratoxydation durch das Muskelgewebe wird dem Organismus eine wesentlich längere Arbeitszeit ermöglicht. Die Fettspeicher des Organismus übersteigen die Glykogen- bzw. Glucosevorräte um ein Vielfaches. Organen wie dem Gehirn, die auf eine Glucosezufuhr unbedingt angewiesen sind, wird dadurch über lange Zeit das not-

wendige Angebot gesichert. Durch Training wird die Fähigkeit der Fettoxydation durch das Muskelgewebe erhöht, so daß trotz gesteigertem Energieumsatz beim Trainierten die Kohlenhydratverbrennung eingeschränkt wird.
In welchem Ausmaß die Nahrungszufuhr die arteriellen Substratspiegel und somit auch die Substrataufnahme durch den Muskel beeinflußt, läßt sich an der Wirkung von 200 g Glucose oral unmittelbar vor einer zweistündigen Belastung erkennen. Bei gleicher Belastungsintensität sind die Herzfrequen-

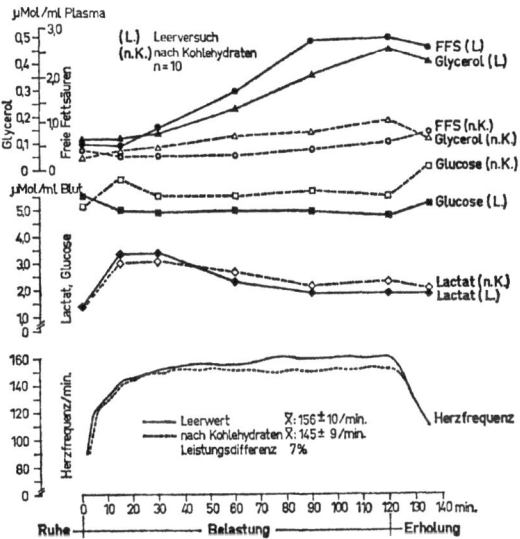

Abb. 39. Die Veränderungen der Herzfrequenz, des Lactats, der Glucose, des Glycerols und der freien Fettsäuren im Blut während einer zweistündigen Belastung auf dem Fahrradergometer. Auffallend ist beim Leerwert die anfängliche Zunahme des Lactatspiegels, die in der zweiten Hälfte der Belastung sich dem Ruhewert wieder nähert, sowie der erhebliche Anstieg der freien Fettsäuren sowie des Glycerols gegen Ende der Belastung. Nach Einnahme von Kohlenhydraten (200 g Glucose) ist die Herzfrequenz bei gleicher Belastungsstufe gesenkt, so daß bezogen auf die Herzfrequenz eine Leistungsverbesserung von 7% nachweisbar ist. Dieser Unterschied wird insbesondere in der 2. Hälfte der Belastung sichtbar.
Auffallend ist die nahezu völlige Depression der freien Fettsäuren und der geringe Anstieg des Glycerols im Blut

zen, insbesondere in der 2. Stunde niedriger, was einer Leistungsverbesserung von ca. 7% entspricht. Die Kohlenhydratzufuhr vor dieser Belastung verhindert fast völlig den Anstieg der freien Fettsäuren im Blut. In geringem Maße werden Triglyceride gespalten und die freien Fettsäuren utilisiert, was an dem geringen Anstieg des Glycerols erkennbar ist. Der gering erhöhte

Blutzuckerspiegel und die damit vermehrt dem Gewebe angebotene Glucose können für dieses Verhalten nicht verantwortlich sein, da bei intravenöser Zufuhr von Glucose diese Wirkung ausbleibt, bzw. viel geringer ausgeprägt ist. Wesentlich ist die Insulinausschüttung durch die Glucosezufuhr. Dadurch wird 1. die Lipaseaktivität insbesondere im Fettgewebe gehemmt und vermindert freie Fettsäuren angeboten, 2. die Glykogenolyse eingeschränkt und 3. der Transport von Glucose in die Zelle und auch ihre Verwertung gefordert.

Das Muskelgewebe ist auch in der Lage, die Ketonkörper (Betahydroxybutyrat, Acetacetat) zu oxydieren. Bei Körperarbeit über mehrere Stunden kommt es zu einem Anstieg der Ketonkörper im Blut. Dieser Anstieg kann zwei Ursachen haben und zwar eine Verminderung der Durchsatzrate im Krebszyklus oder die Anhäufung von Acetylresten durch den großen Abbau von Fettsäuren. Wie Lactat, können sie als unvollständig abgebaute Metaboliten der Fettsäure aufgefaßt werden. Bedeutsam ist, daß Menschen, die täglich mehrere Stunden trainieren, keine wesentliche Zunahme der Ketonkörper im Blut zeigen. Offensichtlich ist die Muskelzelle beim Trainierten in der Lage, Fette besser und vollständiger zu oxydieren.

In welchem Ausmaß Aminosäuren für die Energiebereitstellung Bedeutung haben, ist nicht gesichert, ihr Anteil an der Energiebereitstellung dürfte jedoch nicht höher als mit 2 bis 3% angegeben werden.

Es ist lange bekannt, daß bei bestimmten Formen von Körperarbeit ein vermehrter Proteinabbau stattfinden kann. Bei hart trainierenden Sportlern finden sich in Ruhe erhöhte Serumspiegel verschiedener Stickstoffverbindungen, wie Harnstoff, Harnsäure, einige Aminosäuren (Tyrosin, Tryptophan), Serumglykoproteine (Transferrin, Alpha-2 Makroglobulin, Alpha-1 Antitrypsin usw.), was auf einen erhöhten Proteinumsatz, bzw. -Abbau hinweist. Ein Anstieg von stickstoffhaltigen Verbindungen im Serum sowie ihre erhöhte Ausscheidung durch die Niere ist nach sehr langen Belastungen, bei jugendlichen und schlecht trainierten Sportlern auch nach einer starken Belastung über 30 bis 40 min zu bemerken. Nach Wiederaufnahme des Trainings nach einer längeren Pause oder bei Zunahme der Intensität und Dauer des Trainings wird neben den obengenannten Veränderungen auch eine negative Stickstoffbilanz gefunden. Schließlich wird körpereigenes Eiweiß bei Sportlern mit zu geringer Kalorienzufuhr (was bei in Gewichtsklassen eingeteilten Sportarten oft notwendig ist) bei unvermindertem Training abgebaut und dient als energielieferndes Substrat. Wenn die Aminosäure nicht unmittelbar als Energiequelle während Belastung dienen, haben einige von ihnen wichtige Funktionen für die Energiegewinnung. Während der Tätigkeit verschiedener Organe (Muskel, Gehirn u. a.) bildet sich Ammoniak; eine rasche Beseitigung dieser toxisch werdenden Verbindung bei gleichzeitiger Oxydation des reduzierten NAD erfolgt in einer Reaktion mit Pyruvat, unter Bildung von Alanin:

$$NH_3 + Pyruvat + NADH_2 \rightarrow Alanin + H_2O + NAD$$

Alanin wird nachträglich in der Leber desaminiert, und das enstandene Pyruvat zur Gluconeogenese verwendet. Ungefähr 70% des arteriellen Alanins werden während Belastung und 40% in Ruhe von der Leber aufgenommen. Quantitativ kann Alanin

eine Glucoseproduktion in der Leber unterhalten, die 12 bis 18% der vom Muskel aufgenommenen Glucose entspricht.
Ammoniak wird auch von Glutaminsäure unter Bildung von Glutamin gebunden. Durch den Abbau von Glutamin in der Niere werden zum Teil die sogenannten „fixen Basen" Na und K gegen Ammoniak ausgetauscht, wobei ein geringerer Mineralienverlust während Belastung eintritt.
Aspartat, Glutamat und Glutamin geben durch Verlust ihren Aminogruppen Dicarbonsäuren (Oxalacetat, Alpha-Ketoglutarat), die die Oxydation des Pyruvats durch den Krebszyklus sichern können. Während intensiver Körperarbeit wird ein Teil des ATP zu Adenosinmonophosphat abgebaut; dieses wird vom Muskelenzym Adenosindesaminase unter Verlust seiner Aminogruppe zu Inosinmonophosphat umgewandelt. Dadurch besteht die Möglichkeit, daß der Adeninnucleotidgehalt der Muskelzelle sich verringert. In einer Reaktion mit Aspartat kann jedoch Inosinmonophosphat wieder reaminiert werden, so daß kein Verlust eintritt. Weitere wichtige Aufgaben des Aspartats (bzw. der Glutaminsäure) beziehen sich auf den Transport wichtiger Metaboliten durch die Mitochondrienmembran, insbesondere beim Transport vom Wasserstoff des Lactats (bzw. des $NADH_2$) zum Mitochondrieninneren, wo es zu Wasser oxydiert wird.

Schließlich sind andere Aminosäuren Vorstufen wichtiger Hormone, wie das Tyrosin für Catecholamine und Schilddrüsenhormone, und das Tryptophan für Serotonin, denen entscheidende Bedeutung für die Leistungsfähigkeit zukommt.

3. Anpassung des Muskelstoffwechsels an körperliche Belastungen

Als sehr auffälliges Zeichen der Verbesserungen der körperlichen Leistungsfähigkeit durch Training ist bei Ausdauersportlern die Zunahme der Sauerstoffaufnahmefähigkeit zu werten. Qualitative und quantitative Anpassung des Muskelgewebes muß durch Training eintreten, wenn eine Verbesserung der Leistungsfähigkeit erreicht werden soll. Neben morphologisch nachweisbaren Veränderungen stellen sich ganz spezifische Adaptationsprozesse des Zellstoffwechsels ein, was insbesondere in den letzten Jahren erarbeitet wurde. Es ist jedoch bis heute nicht möglich, die Einwirkungen verschiedener Trainingsmethoden ausreichend zu beurteilen.
Wesentlich für die unterschiedliche muskuläre Ausbildung sind verschiedene Muskeltypen. Die Muskelfasern der quergestreiften Muskulatur bestehen nach ihren physiologischen, morphologischen und biochemischen Eigenschaften aus drei Grundtypen, und zwar den „tonischen", „intermediären" und „phasischen" Fasern. Die tonischen Fasern werden infolge ihres hohen Myoglobingehaltes rote genannt, sind reich an Mitochondrien und Enzymen des oxydativen Stoffwechsels und zu Ausdauerleistungen geeignet. Die phasischen, weißlich gefärbten schnellen Fasern sind dagegen reich an Glykolyse-, Glykogenolyse- und Glycerolphosphatstoffwechselenzymen. Der Wirkungsgrad bezüglich der energiereichen Phosphate ist bei den phasischen Fasern bei dynamischer Arbeit mehr als doppelt so groß. Hingegen ist bei den tonischen Fasern bei isometrischer Spannungsarbeit der Wirkungsgrad fünffach höher. Körperliches Training führt zu einer Verschiebung des Anteils der einzelnen Muskeltypen. So bewirkt Ausdauertraining eine Zunahme der prädominant roten Fasern, durch die die Ausdauerfähigkeit des Muskels ver-

bessert wird. Demnach ändert sich das Enzymmuster des Muskels mehr und mehr in Richtung eines roten Muskels. Dabei kommt es im wesentlichen zu folgenden Veränderungen (Tabelle 5):

a) Zunahme des Myoglobingehaltes sowie eine verbesserte Capillarisierung und Durchblutung des Muskels; da auch die Zahl der Mitochondrien sich pro Gramm Muskel erhöht, werden die Diffusionswege für Sauerstoff und Substrate zu den energieumsetzenden Zentren der Zelle verkürzt.

b) Erhöhte Aktivität oxydativer Enzyme, z. B. Cytochromoxydase, Succinatoxydase, NADH-Oxydase-System, 3-Hydroxyacyl-CoA-Dehydrogenase, Pyruvatoxydase, Glycerol-1-Phosphatdehydrogenase u. a.

c) Zunahme der kontraktilen Elemente insbesondere bei Krafttraining.

Bereits nach wenigen Wochen Training können sich Anpassungen der Enzymaktivitäten im Muskelgewebe zeigen (Tabelle 5). Die Erhöhung der verschiedenen Enzymaktivitäten steigert die Fähigkeit Pyruvat, Succinat, Acetoacetat, Palmitat u. a. zu oxydieren. Ausdauertraining bewirkt eine Verschiebung des Kohlenhydrat- und Fettumsatzes, besonders von weißen Muskeln, so daß der Unterschied der beiden Muskeltypen zugunsten des roten Muskels sich verringert. Derzeit kann nicht entschieden werden, ob die erhöhte oxydative Kapazität des trainierten Muskels durch eine Verschiebung der Kohlenhydratoxydation zugunsten der Fettoxydation hervorgerufen wird,

LACTATZYKLUS

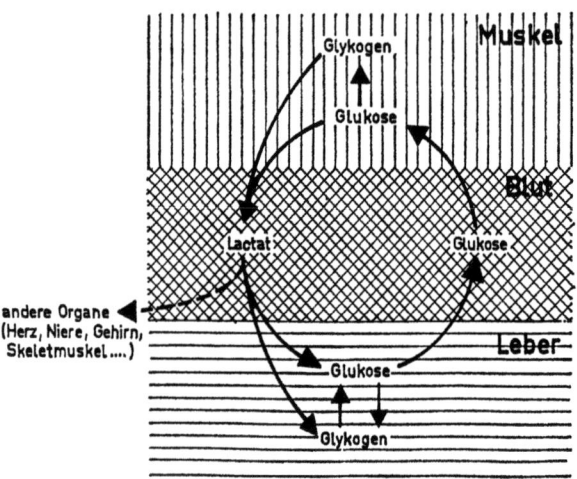

Abb. 40. Der Kreislauf des Lactats (Muskelstoffwechsel, A. Barth-Verlag, München 1969)

Tabelle 5. Veränderungen biochemischer Faktoren im Muskelgewebe durch Training.

	Meßeinheit	Untrainiert	Trainiert	Literatur
Glykogen	µMol/g	36,5	54,7	Kraus u. Mitarb., 1969
Kreatin weißer Muskel	mg/g	5,2	5,64	Short u. Mitarb., 1969
Myoglobin	mg/g	3,8	6,7	Pattengale u. Holloszy, 1969
Mitochondrialprotein	mg/g	2,97	4,67	Holloszy, 1967
Cytodrom a	µMol/g	5,3	8,2	Kraus u. Mitarb., 1969
Cytodrom b	µMol/g	5,2	8,56	
Cytodrom c	µMol/g	4,3	8,0	
O_2-Aufnahme	µAtom/min/mg Protein	0,112	0,170	Keul u. Mitarb., 1972
Hexokinase roter Muskel	E/mg Protein	5,1	9,2	Peter u. Mitarb., 1968
Hexokinase weißer Muskel		4,6	8,9	
Pyruvatumsatz	µMol/min/mg Protein	0,137	0,188	Keul u. Mitarb., 1972
Cytochromoxydase roter Muskel	µl O_2/min/g	427	691	Holloszy, 1967
Succinatoxydase roter Muskel	µl O_2/min/g	95	160	
NADH-Dehydrogenase	µMol/min/g	5,6	11,8	Molé u. Holloszy, 1970
NAD-Isocitrat-dehydrogenase	µMol/min/g	2,77	5,4	Wilkerson u. Evonuk, 1971
Myosin-ATPase	µg anorg. P/5 min, 25°	31	44,6	Edington, 1970
NAD	µMol/kg	970	1027	
NADH	µMol/kg	263	125	
NADP	µMol/kg	8,1	10,2	
NADPH	µMol/kg	106,4	67	
Glycerin-1-Phosphat-Oxydase	µMol/min/kg	117	154	Kraus u. Mitarb., 1969
Succinatdehydrogenase	µMol/min/kg	4,2	8,4	Holloszy u. Mitarb., 1972
Citratsynthase	µMol/min/kg	25,6	51,5	Holloszy u. Mitarb., 1971
Glykogensynthetase D	µMol/min/kg	5,8	7,7	Morgan u. Mitarb., 1971
Akonitase	µMol/min/g	5,8	11,7	
Palmityl CoA dehydrogenase	µMol/min/g	1,23	2,91	Holloszy u. Mitarb., 1971
Carnitin-palmityl-transferase	µMol/min/g	0,27	0,51	

da nämlich auch die extracellulären Voraussetzungen (erhöhte Blutspiegel) für den Fettabbau verbessert werden (s. o.).
Auch kommt es im Muskelgewebe zu einer Zunahme der Glykogenvorräte sowie der energiereichen Phosphate. Unsicher ist, ob auch die Triglyceride im Muskelgewebe erhöht werden. Es ist nicht sicher bekannt, ob sie während Körperbelastung Bedeutung für den Energiestoffwechsel haben.

Bei Sportlern sind die Lactatspiegel gegenüber Untrainierten vor allem im submaximalen Arbeitsbereich erniedrigt. Dieses Verhalten wird sowohl durch eine verminderte Lactatbildung im arbeitenden Muskelgewebe als auch durch einen schnelleren Abbau des aus der Arbeitsmuskulatur strömenden Blutes bedingt. Das Lactat unterliegt einem Kreislauf (Abb. 40): Im Muskel gebildet, wird es auf dem Blutweg anderen Organen wie Herz, Niere, Gehirn, Skeletmuskel u. a. zugeführt und abgebaut. Von der Leber selbst kann es sowohl oxydiert, als auch zu Glucose bzw. Glykogen umgewandelt werden. Gesichert ist, daß Lactat bei Trainierten vom Herzmuskel und der Leber in höherem Maße verwertet wird.

4. Elektrolytstoffwechsel

Den Elektrolyten kommt für die muskuläre Leistungsfähigkeit große Bedeutung zu. Ohne die Konzentrationsgradienten an den Zellmembranen, die durch ATP aufrechterhalten werden, sind Kontraktionsvorgänge nicht denkbar. An der roten Muskelfaser des Menschen besteht zwischen der inneren und äußeren Membranoberfläche eine elektrische Potentialdifferenz, das Membran- oder Ruhepotential von ca. —90 mV. Dieses Potential wird vor allem durch die hohen Konzentrationsunterschiede zwischen dem intra- und extracellulären Kalium und die weitaus höhere Permeabilität der Membran für Kalium als für Natrium hervorgerufen.

Bei Kontraktionsarbeit kommt es zu einem Ausstrom von Kalium aus der Muskelzelle, was auch beim Menschen durch Messungen arteriovenöser Differenzen nachgewiesen werden kann. Die Tatsache, daß der arbeitende Muskel Kalium verliert, läßt erwarten, daß ein hoher Kaliumverlust auch zu einer Einschränkung der muskulären Arbeitsfähigkeit führt. Daher ist es bedeutungsvoll, daß die trainierte Muskelzelle einen höheren Kaliumgehalt aufweist und darüber hinaus bei niedrigerem Kaliumgehalt noch Arbeit leisten kann. Die Zunahme von Kalium im Skeletmuskel und die Fähigkeit bei niedrigerem Kaliumgehalt noch Muskelarbeit leisten zu können, ist beim Intervalltraining stärker ausgeprägt als beim Dauertraining. Der Kaliumverlust des Organismus bei Körperarbeit dürfte durch Training eingeschränkt werden.

Von entscheidender Bedeutung für die Kontraktionsarbeit sind auch Calcium- und Magnesium-Ionen. So können verschiedene energieliefernde Prozesse nur in Gegenwart von Magnesium- und Calcium-Ionen ablaufen (Abb. 32, 33). Die Aktivität der Myofibrillen ATPase ist abhängig von Calcium-Ionen. Ferner bestehen Abhängigkeiten zwischen der Calcium-Freisetzung in der Muskelzelle und der Aktivierung der Phosphorylase-b-kinase. Verschiedene Enzyme der Glykolyse können ihre volle Aktivität nur in Gegenwart von Magnesium entfalten. So ist sowohl bei der Hexokinase, der Amylase, der Pyruvatkinase und der Phosphofructokinase, einem Schlüsselenzym des Kohlenhydratabbaus, Magnesium erforderlich. Inwieweit durch Training diese Elektrolyte im Muskelgewebe erhöht oder andere Konzentrationsgradienten erzeugt werden, ist nicht bekannt. Es steht jedoch fest, daß zwischen der muskulären Erregbarkeit und dem Magnesium-Gehalt im Blut Beziehungen bestehen, die darauf hinweisen, daß die muskuläre Erregbarkeit durch eine Verminderung des Magnesium-Gehaltes gestört werden kann.

5. Der Energieumsatz des menschlichen Herzens bei Körperarbeit

Der Herzmuskel zeigt zur metabolischen Organisation des Skeletmuskels einige Unterschiede. Der coronarvenöse Sauerstoffdruck ist bereits unter Ruhebedingungen sehr niedrig (≈ 25 mm Hg), und sinkt während Belastung nur gering ab, auch dann, wenn die Belastung beim gut Trainierten auf 300 Watt gesteigert wird (Abb. 38).
Durch die Zunahme des Hämatokrit während Körperarbeit und die Rechtsverschiebung der Sauerstoffdissoziationskurve wird die arterio-coronarvenöse Sauerstoffdifferenz bei Trainierten und Untrainierten erhöht, so daß sie gegenüber Ruhe im maximalen Arbeitsbereich um 30% zunimmt. Bezüglich der Sauerstoffversorgung bestehen zwischen dem trainierten und untrainierten menschlichen Herzen keine wesentlichen Unterschiede (Abb. 41). Der kri-

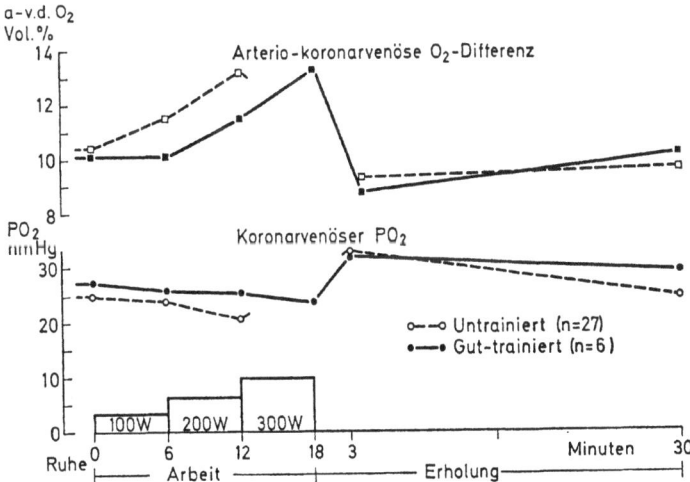

Abb. 41. Der koronarvenöse Sauerstoffdruck liegt bei Untrainierten geringfügig niedriger als bei Trainierten. Nach Belastung steigt er über den Ruhewert an, so daß nach Körperarbeit ein höherer Blutdurchfluß als unter Ruhebedingungen besteht, so daß von einer Luxusdurchblutung gesprochen werden kann. Entsprechend ist auch die arteriovenöse Sauerstoffdifferenz nach Belastung klein. Bei Belastung kommt es zu einer Zunahme der arteriovenösen Sauerstoffdifferenz von 30%. Im wesentlichen muß der Sauerstoffbedarf des Herzens bei schwerer Körperarbeit über eine Steigerung des Koronarflusses gedeckt werden (von: Muscle metabolism during exercise, 448, Plenum Press, New York - London, 1971)

tische coronarvenöse Sauerstoffdruck, bei dem eine nicht mehr ausreichende Sauerstoffversorgung des Herzens zu erwarten ist (< 5 mm Hg) wird nicht erreicht. Entsprechend der hohen arteriovenösen Sauerstoffdifferenz ist der oxydative Stoffwechsel des menschlichen Herzens groß. Das im Skeletmuskel durch unvollständigen Kohlenhydratabbau gebildete Lactat wird bei Körperarbeit zum wesentlichen Energiedonator für das Herz. Bei Hochleistungs-

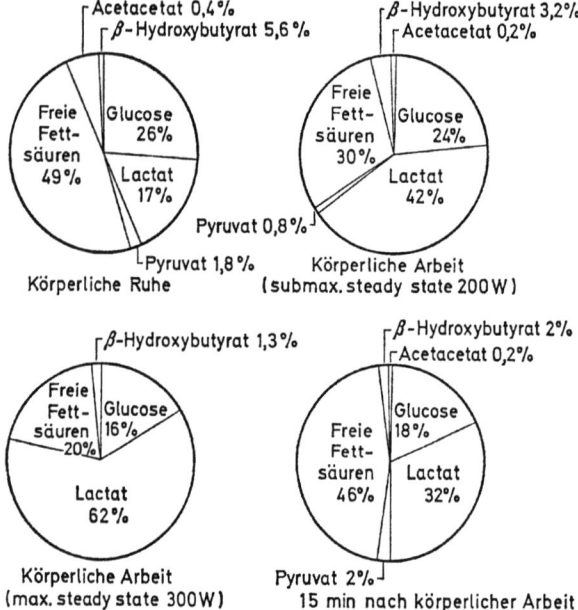

Abb. 42. Bei Körperarbeit nimmt beim Sportler der Anteil des Lactats an der Energiebereitstellung zu. Hingegen der Anteil der freien Fettsäuren und auch der Glucose ab. Bei stundenwährender Belastung, bei der auch keine Erhöhung des Lactatspiegels im Blut mehr nachweisbar ist, werden die freien Fettsäuren zum wesentlichen Energiedonator für das Herz (Z. Kreislaufforsch. 55, 190 und 447, 1966)

sportlern ist die Aufnahme von Lactat durch das Myokard trotz niedrigerer Lactatspiegel erhöht (Abb. 42); sie ist um so stärker, je besser der Trainingszustand des Sportlers ist. Das Sauerstoffäquivalent für Lactat kann nahezu $4/5$ der Sauerstoffextraktion durch das Myokard ausmachen. Als Ursache für die hohe Lactatextraktion bei Trainierten wurde die Tatsache gewertet, daß durch intensives Training die Glycerin-1-phosphat-Oxydase im Herzmuskel ansteigt und die Kapazität des Glycerin-1-Phosphat-Cyclus in einigen Geweben für den Transport extramitochondrialen Wasserstoffes durch die Mitochondrienmembran verantwortlich ist, gesteigert wird.

Im Gegensatz zum Skeletmuskel nehmen die freien Fettsäuren während schwerer Körperarbeit in geringerem Maße am oxydativen Stoffwechsel als in Körperruhe teil, obwohl die arterielle Konzentration deutlich angestiegen ist. Offensichtlich wird Lactat bevorzugt für den Energiestoffwechsel und vermag die Aufnahme von freien Fettsäuren, auch von Glucose, zu hemmen. Die Trainingsveränderungen im Herzmuskel sind geringer ausgeprägt als im Skeletmuskel, da der Herzmuskel als roter Muskel schon weitgehend differenziert ist.

6. Bedeutung der verschiedenen Substrate für die muskuläre Leistungsfähigkeit

Verschiedene Substrate können je nach Angebot, metabolischem Zustand der Zelle und der Reizart den Energiebedarf decken, falls eine ausreichende Sauerstoffversorgung gegeben ist. Es ist sehr wichtig, daß nicht nur ein Substrat für die Energieversorgung herangezogen werden kann, sondern die einzelnen Substrate teils austauschfähig sind; somit kann bei einem auftretenden Mangel ein Substrat das andere für die Energieversorgung ersetzen.

So ist der Anteil der verschiedenen energieliefernden Substrate am Energieumsatz abhängig von der Art, Stärke, Zahl und Dauer der Belastung, dem Trainings- und Erholungszustand, ferner der Ernährung sowie dem arteriellen Angebot, nervös-hormonaler Faktoren u. a.

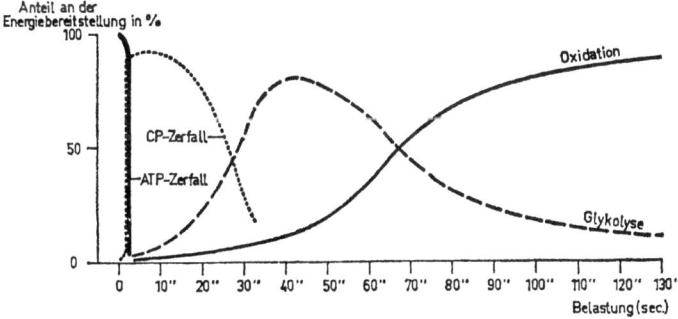

Abb. 43. Schematische Darstellung des Anteils der verschiedenen energieliefernden Substrate an der Energiebereitstellung. Bei einer starken körperlichen Belastung werden zuerst die ATP-Speicher ausgeschöpft. Sie können nur ganz kurzfristig Energie bereitstellen, mit der Ausschöpfung der ATP-Speicher werden auch die Kreatin-Phosphat-Speicher beansprucht. Die energiereichen Phosphate reichen je nach Arbeitsintensität höchstens 20 sec aus. Mit Beginn der Belastung wird auch schon ATP über die Glykolyse gebildet. Die Glykolyse erreicht ihr Maximum bereits nach 30 bis 40 sec und wird dann weniger an der Energiebereitstellung beteiligt. Die Oxydationsvorgänge kommen mehr und mehr zum Tragen und werden schließlich zur wesentlichen Energiequelle für muskuläre Arbeit (Muskelstoffwechsel, A. Barth-Verlag, München 1969)

Der Substratumsatz des Muskels ist bei lang- und kurzfristigen Belastungen nicht nur quantitativ, sondern auch qualitativ verschieden. Bei kurzfristigen muskulären Höchstleistungen (bis 2 min) wird nach Ausschöpfung der energiereichen Phosphate der Energiebedarf fast ausschließlich über den Abbau von Kohlenhydraten bestritten. Bei langwährender Arbeit wird stärker das Muskelglykogen, weniger das Leberglykogen beansprucht, wodurch dem Skeletmuskel über dem Blutweg die Kohlenhydratvorräte der Leber verfügbar werden und somit der Glykogenvorrat des Muskels eingespart werden kann. Mit Zunahme der Belastungsdauer tritt mehr und mehr eine Energiebereitstellung über den oxydativen Abbau von Fetten ein (Abb. 43).

Die Tatsache, daß der Skeletmuskel für seine Kontraktionsarbeit verschiedene energieliefernde Substrate heranziehen kann, muß auch bei der Energieausbeute berücksichtigt werden; denn bezogen auf die für den Abbau benötigte Menge Sauerstoff und die dabei entstehende Menge ATP werden beim Abbau von Glucose pro Mol Sauerstoff 6,34 Mol ATP, beim Glykogen pro Glucoseeinheit 6,5 Mol ATP, beim Lactat 6,0 Mol ATP und bei Fettsäuren (Palmitinsäure) 5,61 Mol ATP unter Bildung von Wasser und Kohlendioxyd erhalten. Die energetische Ausnutzung des Sauerstoffs ist somit beim Abbau der Fettsäuren um 7% geringer als bei der Oxydation des Lactat bzw. um 13 und 16% kleiner als bei Oxydation von Glucose und Glykogen. Der Abbau von Kohlenhydraten ist dann vorteilhaft, wenn der Sauerstoff zur limitierenden Größe für die muskuläre Leistungsfähigkeit wird.

Verschiedene Reizsetzungen im Training führen zu unterschiedlichen Anpassungen des Muskelgewebes. Obwohl in den letzten Jahren eine Vielzahl neuer Befunde erhoben werden konnte, sind unsere Kenntnisse noch lückenhaft, insbesondere bezüglich der Adaptation der verschiedenen enzymatischen Systeme an kurzfristige, mittelfristige und langfristige Körperarbeit.

Die Ernährung des Sportlers

Von B. Saltin und J. Karlsson

Sportler interessieren sich seit jeher für ihre Kost und versuchen, ihr Leistungsvermögen durch die Einnahme von speziellen Nährstoffen und Substanzen zu steigern. Die in diesem Zusammenhang angewandten Stoffe variierten jedoch von Zeit zu Zeit und es liegen Berichte vor über die Bedeutung der unterschiedlichsten Substanzen. In den letzten Jahrzehnten waren Vitamine, Eiweiß und Eisen beliebte Nährstoffe unter den Sportlern und zur Zeit dürfte der Effekt der anabolen Steroide im Brennpunkt der Diskussionen stehen.

Mangel an exaktem Wissen dürfte die ausschlaggebende Ursache für diesen Wechsel auf dem, besonders für Sportler, so wichtigen Gebiet der optimalen Ernährungsbalance sein. Die Forschung konzentrierte sich jahrelang einseitig auf respiratorische und zirkulatorische Studien. Wesentliche Leistungen wurden auch auf metabolischem Gebiet einschließlich der in Arbeit begriffenen Flüssigkeits- und Elektrolytbalance vollbracht. Indessen ist die Zahl der Studien, die den Bedarf an verschiedenen Nährstoffen speziell für trainierte Personen klarlegen, äußerst begrenzt.

Aufgaben der Nahrung

Mit dem Essen werden dem Organismus Nährstoffe zugeführt, die

1. verdaut und gespeichert werden und Energie abgeben,
2. für Aufbau, Unterhalt und Reparation von Zellen und Geweben dienen,
3. für den Aufbau von Enzymen oder für direkte Beeinflussung der Stoffwechselregulierung verwendet werden können.

In Gruppe 1 finden wir Kohlenhydrate und Fette, in Gruppe 2 z. B. Wasser, Eiweiß und Eisen, in Gruppe 3 die meisten Vitamine sowie verschiedene Mineralstoffe.

In dieser Übersicht wollen wir das Problem, wie eine adäquate Nahrungsaufnahme eines Sportlers aussehen soll, näher betrachten. Ausgehend von den verfügbaren Daten über die Größe des Energieumsatzes und den Metabolismen bei verschiedenen Muskeltätigkeiten und anhand von Untersuchungen, aus denen die Minimalforderungen für die Aufnahme von verschiedenen Nährstoffen hervorgehen, werden wir den Bedarf an differenten Nährstoffen analysieren. Es werden dazu die Ergebnisse aus Kostuntersuchungen betrachtet, die für verschiedene Sportlergruppen vorgenommen wurden. Abschließend folgen konkrete Ratschläge für die Nahrungsaufnahme unmittelbar vor und während Training und Wettkampf. Substanzen, die mit Doping (siehe S. 224) in Verbindung gebracht werden können oder spezielle Probleme, die bei der Aufrechterhaltung der normalen Flüssigkeits- und Elektrolytbalance bei Training und Wettkampf entstehen, werden hier nicht beschrieben. Aus der großen Gruppe von Mineralstoffen, die für eine normale Funktion notwendig sind, wird nur Eisen eingehender behandelt.

Die Größe des Energieumsatzes bei verschiedenen sportlichen Tätigkeiten

Die einzelne Muskelfaser erhöht ihren Stoffwechsel mehrere 100mal vom Ruhezustand bis zu dem Aktivitätsniveau, das sie unter Kontraktionsverhältnissen einnimmt. Der Gesamtenergieumsatz kann sich jedoch nur maximal um das 40—50fache erhöhen. Dies beruht darauf, daß die einzelne Faser in einem Muskel nach dem „alles oder nichts"-Prinzip arbeitet. Generell bestehen dann für die Muskelfaser zwei sehr verschiedene Ebenen des Energieumsatzes, zwischen welchen sie oszilliert. Die Spannung, welche der Muskel

entwickelt, hängt davon ab, wieviele seiner Fasern gleichzeitig aktiviert sind, welchen Energieumsatz der Organismus zeitigt und wie groß der an der Arbeit beteiligte Anteil der gesamten Muskelmasse ist.
Führen 2 Personen mit unterschiedlicher maximaler Leistungsfähigkeit eine relativ gleich schwere Arbeit durch, z. B. mit 70% der jeweiligen individuellen Kapazität, so erreichen beide Probanden dieselbe Arbeitsdauer unter der Voraussetzung einer gleichen und starken Motivation (SALTIN, 1971). Gut trainierte Personen leisten jedoch eine wesentlich größere absolute Arbeit (Abb. 44). Außerdem ist die Größe des Energieumsatzes zu ersehen, wenn

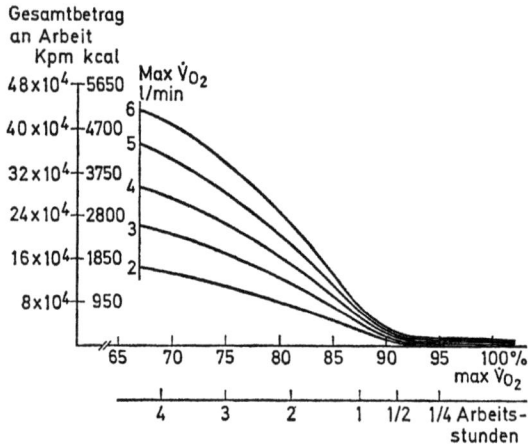

Abb. 44. Geschätzte Arbeitsgröße (kpm oder kcal), die von positiv eingestellten Personen bei verschiedener maximaler O_2-Aufnahme geleistet werden kann, wenn sie bis zur Erschöpfung arbeiteten und 100% oder weniger ihres Maximalleistungsvermögens in Anspruch genommen wurde. In der Skala unter der Skizze ist die geschätzte Arbeitsdauer angegeben, über die Personen Arbeitsaufgaben mit verschiedener relativer Intensität aushalten können

verschiedene Personen mit verschieden hohen Sauerstoffaufnahmen unter verschiedenen relativen Belastungen bis zur Erschöpfung arbeiten. Nachdem die höchsten gemessenen maximalen Sauerstoffaufnahmewerte unter Sportlern bei 6 l/min liegen (SALTIN u. ÅSTRAND, 1967), können durch aerobe Prozesse 30 kcal/min erzielt werden. Von anaeroben Quellen läßt sich bei den besten Sportlern ein Wert von 40—50 kcal (1 kcal entspricht etwa 4,2 kJ) erhalten (HERMANSEN, 1969). Das bedeutet, daß bei kurzfristiger sehr intensiver Arbeit, die mindestens 60—70% der gesamten Muskelmasse in Anspruch nimmt, 50—60 kcal/min umgesetzt werden. Eine solche Belastung kann aber nur während 2—3 min durchgehalten werden. Der gesamte Energieumsatz beträgt demnach höchstens 100—130 kcal (KARLSSON u. SALTIN, 1970).

Bei leichteren Belastungen, die mehrere Stunden lang zu bewältigen sind, werden 1000—1200 kcal/h umgesetzt, so daß bei den extremsten Ausdauer-Wettkämpfen wie Skilanglauf, Langstreckenlauf und Radfahren bis zu 5000—10 000 kcal pro 24 Std umgesetzt werden (HEDMAN, 1957; ÅSTRAND u. Mitarb.).

Die relative Rolle von Kohlenhydraten und Fetten als Substrat

Sportliche Betätigung, die bis zu 10 sec lang anhält

Die *Energie* für den unmittelbaren Bedarf des Muskels wird durch Aufspaltung von ATP und KP gedeckt. Die im Muskel vorhandenen Depots, die — ausgedrückt in Sauerstoffäquivalenten — etwa 1,5 l (15 kcal) Sauerstoff entsprechen (KARLSSON u. Mitarb., 1970), sollten für eine 8—10 sec lange Arbeit reichen. Möglichkeiten, z. B. mittels Einnahme einer speziellen Substanz oder eines besonderen Nährstoffs die Phosphatkonzentration im Muskel über den Normalwert von 21—23 mmol/kg^{-1} pro nassem Muskel zu steigern, sind zur Zeit nicht bekannt. Aspargat und ähnliche Substanzen wurden vorgeschlagen und auch ausprobiert (AHLBORG u. Mitarb., 1968), aber die Resultate waren bei weitem nicht überzeugend. Es ist indessen erwiesen, daß Ausdauertraining zu einer signifikanten Erhöhung vor allem der ATP-Konzentration führt (KARLSSON u. Mitarb., 1970). Diese Erhöhung kann jedoch vom quantitativen Standpunkt aus vernachlässigt werden. Es dürfte ohne Bedeutung sein, ob die ausgeführte Muskelarbeit dynamischer oder statischer Art ist, wenn sie nur bis zu 10 sec lang anhält. Viele Sportzweige, bei denen die Forderungen vor allem neuro-muskulärer Natur sind, fallen unter diese Kategorie.

Sportliche Betätigung, die von 10 sec bis zu 30 min lang andauert

In diesem Zeitabschnitt tragen sowohl anaerobe als auch aerobe Prozesse zum Energieumsatz bei. Zwei Umstände bewirken, daß die Aufspeicherung von Glykogen für diese Sportler Bedeutung gewinnt. Teils setzt anaerobe Arbeit Glykogen voraus und teils kann eine sehr harte Intensität gehalten

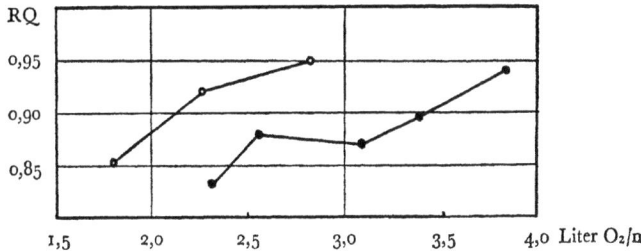

Abb. 45. RQ bei verschiedener Arbeitsbelastung mit Arm- (○) und Beinarbeit (●). (CHRISTENSEN und HANSEN, 1939 a, b)

werden, wenn die Arbeitsdauer 15—20 min nicht übersteigt. Das bringt mit sich, daß Kohlenhydrat in erster Linie in den Mitochondrien oxydiert wird (Abb. 45). Die gesamte Glykogenaufspaltung dürfte jedoch 150—200 g nicht übersteigen (KARLSSON u. SALTIN, 1970). Die normale Aufspeicherung von Glykogen in der Muskulatur beläuft sich auf mindestens 300 g (HULTMAN, 1967), weshalb auch in dieser Situation die Energiedepots des Körpers keinen einschränkenden Faktor darstellen. Die Einnahme eines speziellen Kosttyps oder von verschiedenen Stoffen in der Zeit unmittelbar vor einem Wettkampf, der nur bis zu etwa $^{1}/_{2}$ Std dauert, ist deshalb nur schwerlich als indiziert anzusehen. Die Kohlenhydratvorräte sollten vor dem Training jedoch aufgefüllt sein, da Intervallarbeit die Zuckerdepots im Körper stark reduziert (KARLSSON u. SALTIN, 1971).

Sportliche Betätigungen, die 30 min und länger dauern

Erst wenn sich die Arbeitsdauer auf $^{1}/_{2}$ Std. und mehr beläuft, entsteht langsam die Gefahr, daß die normalen Depots an Nährstoffen im Körper — vor allem die Glykogenvorräte — bei nur normaler Speicherung nicht ausreichen. Bei sportlichen Leistungen dieser Gruppe wird daher die Kost vor Training und Wettkampf sehr wesentlich (Abb. 46). Wenn der Arbeit 3 Tage mit gemischter schwedischer Hausmannskost vorausgingen, war die mittlere Glykogenkonzentration in der Muskulatur 15—20 g/kg Muskel, und die Versuchspersonen arbeiteten im Durchschnitt 2 Std. lang. Nach 3 Tagen

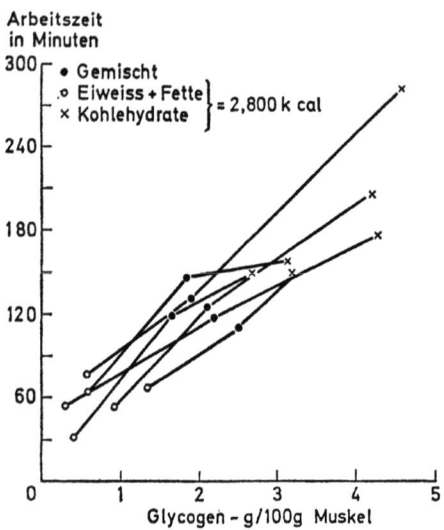

Abb. 46. Die Arbeitszeit bei Ausführung derselben Arbeitsbelastung (70—75% von max. V_{O_2}) bis zur Erschöpfung mit verschieden großer Glykogenspeicherung in der Muskulatur (BERGSTRÖM et al., 1967)

mit einer Kalorieneinnahme aus nur Eiweiß und Fett ergab sich eine Glykogenkonzentration von 5—9 g/kg. Die Arbeitszeit betrug dabei nur knapp 1 Std. Dieser Wert sollte nun mit der Leistung verglichen werden, die die Versuchspersonen 3 Tage später erbringen konnten, nachdem sie gemischte Kost mit mindestens 2300 kcal aus Kohlenhydraten erhalten hatten. Die Arbeitszeit betrug über 3 Std. und diese Verbesserung stand im direkten Verhältnis zu der Muskelglykogenkonzentration vor Arbeitsbeginn. In diesem Fall betrug sie 40 g/kg nasser Muskel.

Eine in diesem Zusammenhang sehr wichtige Fragestellung ist, inwieweit eine reichliche Glykogenspeicherung nicht nur die Arbeitsdauer beeinflußt, sondern auch die Arbeitsintensität, welche die Versuchsperson bewältigt. Es wurden neun Läufer untersucht, die zweimal zu verschiedenen Gelegenheiten

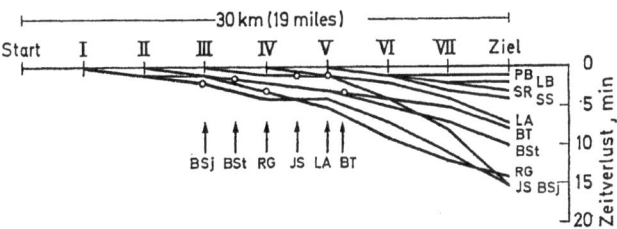

Abb. 47. Zeitlicher Unterschied zwischen den beiden Wettläufen (gemischte Kost im Vergleich zur Spezialdiät) während verschiedener Teile der Läufe. Pfeile und offene Kreise geben an, wann die Glykogendepots bis auf 3 g/kg oder weniger entleert waren bei einer Kost von 0,5 g/kg nassem Muskel×km (KARLSSON und SALTIN, 1971)

den Lidingölauf (30 km) absolvierten (KARLSSON u. SALTIN, 1971). Das erste Mal erfolgte der Lauf in Verbindung mit dem richtigen Wettkampf, der zweite Lauf fand drei Wochen später statt. Damit auch bei diesem zweiten „Wettlauf" ein optimaler Ansporn gegeben war, erhielten die Teilnehmer eine finanzielle Vergütung. Für jede 4 km, die sie mindestens mit derselben Geschwindigkeit zurücklegen konnten wie in dem richtigen Wettkampf, erhielten sie 25 Skr ($ 5). Die halbe Gruppe aß eine kohlenhydratreiche Diät, welche zu erhöhten Muskelglykogenkonzentrationen vor dem richtigen Wettkampf führte. Beim zweiten Wettkampf erhielten die übrigen in der Gruppe Spezialdiät. Die Ergebnisse dieses Versuches gehen aus Abb. 47 hervor, die zeigt, daß zu Beginn des Laufs eine identische Geschwindigkeit gehalten wurde, ob nun der Start mit hohen oder niedrigen initialen Muskelglykogenkonzentrationen erfolgte. Der große Unterschied zeigte sich im optimalen Tempo, das bis zum Ziel nur dann durchgehalten werden konnte, wenn die Muskelkonzentration vor dem Start über 22 g/kg nassen Muskel betrug. Aus diesem Versuch ergibt sich, daß die Arbeitsintensität, die gehalten werden kann, primär im Verhältnis zu der maximalen Sauerstoffaufnahme und der

Technik in der aktuellen Arbeitsform steht und nicht zu der Glykogenaufspeicherung, die jedoch ihrerseits wiederum entscheidend dafür ist, wie lange die hohe Geschwindigkeit durchgehalten werden kann. Wie schon früher betont worden war, gilt diese Tatsache bei Arbeitsintensitäten von zwischen 60 bis 90%/o des max. V_{O_2} (Arbeitszeit $\approx$ 30—240 min).
Daß das Glykogen in der Muskulatur wirklich entscheidend für die Leistung von hohen Arbeitsintensitäten ist, zeigt eine weitere Versuchsserie, bei der auf einem Fahrradergometer eine Ein-Beinarbeit bis zur Erschöpfung mit und ohne Zufuhr von Kohlenhydrat und Fett als Substrat ausgeführt wurde. Die Arbeitsintensität, welche die Personen etwa 1 Std. aushalten konnten, war mit nur wenig in der Muskulatur gespeichertem Glykogen, aber intaktem Fettmetabolismus 25—30%/o niedriger als in der Normalsituation und entsprach höchstens etwa 55—65%/o des max. V_{O_2} (PERNOW u. SALTIN, 1971).

Zu den Sportarten, in denen eine Glykogenspeicherung entscheidend für die Effektivität von Training und Wettkampfleistungen ist, zählen außer reinen Langstreckenzweigen wie Laufen (Waldorientierungslauf), Radfahren, Skilauf auch z. B. Fußball und Handball. Bei einem Fußballspiel stellte sich heraus, daß Spieler, die zu Spielbeginn infolge eines nicht eingenommenen kohlenhydratreichen Abendessens am Vortag nur halbvolle Glykogendepots besaßen, sich in der zweiten Halbzeit des Spiels wesentlich weniger bewegten als in der ersten und in beiden Halbzeiten insgesamt ein geringeres Laufpensum erledigten als Spieler mit normalen Depots (unpublizierte Daten). Besonders große Unterschiede wurden bei raschem Positionswechsel festgestellt.
Der Glykogenvorrat in der Leber, der sich normalerweise auf 40—50 g beläuft, ist äußerst labil (HULTMAN u. NILSSON, 1971). Ein eintägiges Fasten oder Fehlen von Kohlenhydrat in der Diät bringt eine starke Herabsetzung der Glykogenkonzentration in der Leber mit großer Gefahr für Hypoglykämie bei Arbeit mit sich. Zum Unterschied von der Leber scheint unter normalen Verhältnissen nur harte Arbeit das Muskelglykogen markant zu reduzieren.
Die glaubhafteste Erklärung für die große Rolle des Glykogens bei der Ausübung von hohen Arbeitsintensitäten und damit auch für den Leistungssportler dürfte in der Rekrutierungsweise der verschiedenen Fasertypen des Muskels unter Arbeit zu finden sein. Auch bei hohen submaximalen Arbeitsbelastungen werden wahrscheinlich Fasertypen beansprucht, die glykogenabhängig sind. Wenn kein Glykogen initial gespeichert ist oder das Glykogen aufgebraucht wurde im Laufe der Tätigkeit, ist der Sportler darauf angewiesen, die Arbeit mit nur jenen Fasertypen auszuführen, die eine hohe Oxydationskapazität haben, und das sind vor allem Fette. Dieses Arbeitsniveau ist nur schwerlich exakt zu definieren, nachdem Resultate vorliegen, die auf eine große Adaptationsmöglichkeit in der Muskelzelle hindeuten (HERMANSEN u. SALTIN, 1967), jedoch wahrscheinlich über 50%/o, aber unter 75 (90%/o) von max. V_{O_2} liegt. Eine Arbeit mit Intensitäten, die niedriger als die vorstehend aufgeführten sind, ist auch nur unter Schwierigkeiten ganz ohne im Körper gespeicherte Kohlenhydrate auszuführen, weil die Blutzuckerkonzen-

Tabelle 6. Untersuchungsergebnis von 6 Fußballspielern. Die Konzentration des Muskelglykogens wurde vor, während und nach dem Spiel bestimmt. Während des Spiels wurde durch Filmen ermittelt a) wie weit sich die verschiedenen Spieler vor und zurück bewegten, b) insgesamt während des Spiels und c) aufgegliedert auf maximale Geschwindigkeit und Gehen (ausgedrückt in % der zurückgelegten Strecke). Jene (3) Spieler, die bei Beginn eine niedrige Glykogenkonzentration aufwiesen, hatten am Tag vor dem Spiel zwar trainiert, aber dann kein Abendessen zu sich genommen (KARLSSON, unpublizierte Daten)

Glykogenkonzentration nasser Muskel g/kg			Zurückgelegte Strecke				
Vor dem Spiel	Halbzeit	Nach dem Spiel	1. Spielhälfte m	2. Spielhälfte m	Gehen %	Max. Geschwindigkeit %	> Gehen < Max. Geschwindigkeit %
15	4	2	6 100	5 900	27	24	49
7	1	0	5 600	4 100	50	15	35

Die Ernährung des Sportlers

tration in diesem Falle auf sehr niedrige Werte absinken würde (BERGSTRÖM u. Mitarb., 1967). Die Müdigkeit, die man dann empfindet, ist mehr allgemeiner Art (CHRISTENSEN u. HANSEN, 1939 c) als die mehr lokal betonte Müdigkeit, die in den arbeitenden Beinen bei nur niedrigen Muskelglykogenkonzentrationen verspürt wird (HERMANSEN u. Mitarb., 1967). Eine während der Sportausübung eingenommene Zuckerlösung kann hier eine entscheidende Rolle spielen (CHRISTENSEN u. HANSEN, 1939 c; HEDMAN, 1957; BENADE u. ROGERS, 1971).

Kalorienaufnahme — Nährstoffe ohne Kaloriengehalt

Ein im regelmäßigen Training stehender Sportler hat eine Kalorienaufnahme, die wesentlich über der Normalzufuhr der Bevölkerung liegt. Dabei stellt sich die Frage, ob sonstige wesentliche Nährstoffe, wie z. B. Eiweiß, Mineralstoffe und Vitamine, auch in erhöhtem Umfange eingenommen werden. In Schweden wurde festgestellt, daß die Größe der Kalorienaufnahme entscheidend für die Einnahme von Nährstoffen ohne Kaloriengehalt ist (Abb. 48). In welchem Ausmaß diese Resultate auch in anderen Ländern zutreffen, ist nur schwerlich genau anzugeben. Verfügbare Daten deuten je-

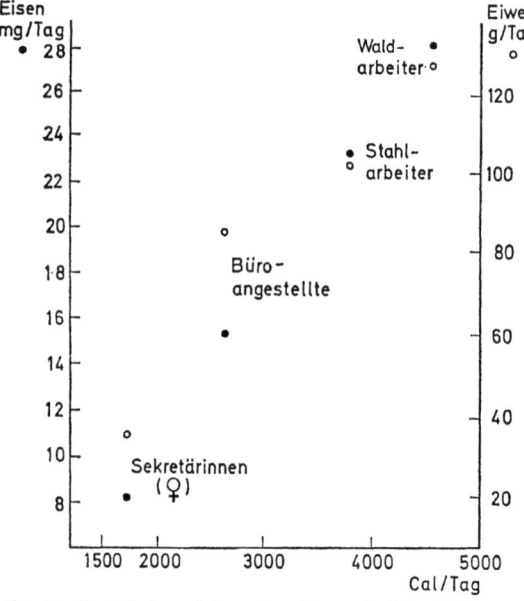

Abb. 48. Verhältnis zwischen dem Eisen- (gefüllte Kreise) und dem Eiweißgehalt (leere Kreise) im Essen und der gesamten Kalorienzufuhr innerhalb von 24 Std. Eine größere Kalorienzufuhr ist „automatisch" mit einer größeren Aufnahme von lebenswichtigen Bestandteilen wie Eisen und Eiweiß verbunden (BLIX, 1956)

doch darauf hin, daß in Ländern und Gebieten, in denen keine direkte Unterernährung vorherrscht, der Mineralstoff-, Eiweiß- und in gewissem Ausmaß auch der Vitamingehalt pro 1000 kcal gewöhnlich gleichartig oder etwas höher ist als in gemischter schwedischer Hausmannskost (WRETLIND, 1968).

Der Bedarf an Nährstoffen ohne Kaloriengehalt bei Training und Wettbewerb

Sportler könnten im Normalfalle sehr gut ihren Bedarf an verschiedenen lebenswichtigen Substanzen durch ihre tägliche Nahrungsaufnahme decken, wenn eine gesteigerte physische Betätigung keine wesentliche Zunahme des Bedarfs an Nährstoffen ohne Kaloriengehalt bedingt. Diese Betrachtungsweise wird jedoch nicht immer in Sportlerkreisen akzeptiert. Statt dessen streicht man die Möglichkeit heraus, daß ein markant beschleunigter Umsatz und damit erhöhter Bedarf von speziellen Nährstoffen bei intensiver physischer Tätigkeit vorliegen könnte. Nachstehend folgt ein Versuch einer Analyse über einen eventuellen außerordentlichen Bedarf an gewissen aktuellen Stoffen.

Eiweiß

Seit PETTENKOFER und VOIT (1866) wird Eiweiß unter dem Titel „Nährstoffe ohne Kaloriengehalt" abgehandelt. Es wurde damals erwiesen, daß bei Muskelarbeit keine erhöhte Stickstoffabscheidung in den Urin erfolgt, und das bedeutet einen relativ unveränderten Eiweißumsatz (gilt nach lange anhaltendem Fasten oder Hungern). Diese These wurde durch ähnliche Untersuchungen später bestätigt (MARGARIA u. FOÀ, 1939; HEDMAN, 1957). Auch in Studien mit radioaktiv markierten Aminosäuren in vivo und in vitro konnten nicht mehr als geringe Steigerungen des Eiweißumsatzes bei intensiver Muskelkonzentration festgestellt werden (ARWILL, 1967). Sportler benötigen im Leistungstraining daher nicht mehr als eine etwas erhöhte Proteinaufnahme. Daten (VELLAR, 1969) über Stickstoffverluste bei Schweißaussonderung zeigen, daß bei sehr großem Schweißverlust während mehrerer Stunden nicht zu vernachlässigende Mengen verloren gehen (0,3 g/h). Der gesteigerte Verlust von Stickstoff durch Schweißaussonderung kann teilweise durch eine geringere Stickstoffausscheidung in den Urin ausgeglichen werden. Außerdem ist erwiesen, daß die Akklimatisation an eine Wärmebelastung eine geringere Stickstoffkonzentration in der Schweißabsonderung herbeiführen kann (ASHWORTH u. HARROWER, 1967).

Für Sportler in den Ausdauer- und Leistungssportzweigen, speziell in Jugendjahren, dürfte deshalb die anerkannte Norm von 0,9—1 g/kg K.-Gew. und Tag mit Fug und Recht auf 1,2 (—1,5) g Protein erhöht werden können. Um eine adäquate Proteineinnahme zu erreichen, ist eine Nahrungsaufnahme von etwa 3000 kcal/Tag notwendig — eine Menge, die für die meisten der regelmäßig im Training stehenden Sportler nicht sehr hoch ist —

da der Proteingehalt in vielen Ländern (mehrere Ausnahmen, u. a. der Ferne Osten) 25—30 g/1000 kcal beträgt. Bei einer Proteinaufnahme von über 50 g/1000 kcal kann der Überschuß jedoch nicht für Proteinsynthesen ausgenützt werden, sondern er wird als Brennstoff (Kohlenhydrate und Fett) gespeichert. Dies gilt auch für die Proteineinnahme bei einzelnen Mahlzeiten. Viele Sportler supplementieren ihre Kost durch teure Proteintabletten. Diese enthalten gewöhnlich höchstens 0,5 g Protein pro Tablette und das bedeutet, daß sie — außer es handelt sich um eine äußerst kostspielige Art der Proteinzufuhr — doch nur homöopathische Dosen liefern.

Eisen

In den meisten Ländern wird der tägliche Minimalbedarf an Eisen mit etwa 10 (♂) und 18 mg (♀) angegeben. Es sind mindestens zwei Gründe vorhanden, warum eine etwas höhere Einnahme für im Training stehende Sportler motiviert sein kann. Ebenso wie bei Eiweiß werden gewisse Eisenmengen bei Schweißaussonderung ausgestoßen, die — bei Eisen— nicht durch geringere Absonderungen anderweitig kompensiert werden können. Da die Größe des Eisenverlustes durch Schweißverlust bis zu 0,3—0,5 mg pro Std. betragen kann, dürfte sich der außergewöhnliche Bedarf, der auf die Eisenverluste im Schweiß zurückzuführen ist, an den meisten Tagen 1 (—2) mg betragen (VELLAR, 1969).
Eine andere Ursache für einen etwas erhöhten Bedarf an Eisen bei Sportlern ist deren gesteigerte Gesamtmenge an Myoglobin und Hämoglobin und deshalb wahrscheinlich ein etwas größerer Eisenumsatz. Der hierdurch erhöhte Bedarf kann sich jedoch höchstens auf Teile von mg/Tag belaufen. Es zeichnete sich auch bei Untersuchungen von Langstreckenläufern in Finnland und Schweden die Möglichkeit (VUORIO; EKBLOM persönliche Mitteilung) ab, daß — falls die Sportler auf einer harten Unterlage laufen — die roten Blutkörperchen sich in gesteigertem Ausmaße zersetzen, nachdem sie in den Capillaren unter der Fußsohle zerdrückt wurden.

Für weibliche Sportler kommt zu den vorerwähnten außerordentlichen Verlusten auch noch jener hinzu, der durch die Eisenverluste bei der Menstruation entsteht. Diese Dosis beläuft sich im Durchschnitt auf 10—15 mg mit Variationen bis zu 20 mg (HALLBERG u. Mitarb., 1968).

Die vorstehenden Ausführungen führen zu dem Schlußsatz, daß bei sportausübenden Personen, einschließlich Frauen, eine zusätzliche Einnahme von 2 (—3) mg/Tag (demnach 12 bzw. 20 mg/Tag) Eisen angebracht sein dürfte. Diese Eisenzufuhr wird auch bei einer Nahrungsaufnahme von 2250 kcal/Tag bei Männern, jedoch erst bei 4000 kcal/Tag bei Frauen erreicht.

Von der per os eingenommenen Eisenmenge werden nur 5—10% (bei Eisenmangel 10—20%) resorbiert (MOORE, 1968). Die Eisenaufnahme (nur Fe^{2+} wird resorbiert) variiert stark von Person zu Person. Regelmäßig trainierende Frauen können, wenn sie kein speziell eisenreiches Essen zu sich nehmen, ihre Kost mit Eisentabletten vervollständigen. An dieser Stelle sollte jedoch betont werden, daß Eisenzufuhr in Tablettenform, die nicht in Verbindung mit Mahlzeiten erfolgt, sehr schlecht resorbiert wird. Einzelne Personen können eine extrem niedrige Resorption von Eisen haben, die trotz adäquater Zufuhr zu Anämie führen kann (ELWOOD, 1968). Es ist deshalb empfehlenswert, den Hämoglobingehalt des Blutes regelmäßig kontrollieren zu lassen.

Vitamine

Wie hoch der Bedarf an verschiedenen Vitaminen über die allgemeinen Empfehlungen hinaus für einen Sportler ist, kann bisher nicht genau angegeben werden. Literatur hierüber ist jedoch vorhanden und von GRÄFE (1964) zusammengefaßt. Sportlern verschiedener Kategorien wird eine Verdoppelung der täglichen Zufuhr der meisten Vitamine empfohlen. Was gewisse B-Vitamine und C-Vitamine anbelangt, gibt es Empfehlungen auf eine Erhöhung bis zum Fünffachen des Normalbedarfs. Diese Empfehlung wird damit erklärt, daß die Vitamine entweder für die Glykolyse oder die Oxydation von Pyruvat oder freien Fettsäuren von Bedeutung sind. Die wissenschaftlichen Grundlagen für eine erhöhte Vitaminzufuhr bei Sportlern sind jedoch noch nicht endgültig abgeklärt. Andererseits dürfte niemand durch eine gesteigerte Zufuhr der vorgenannten Vitamine Schaden nehmen, die sich mühelos durch geeignetes Essen herbeiführen läßt, ohne die Kost durch Vitaminpräparate ergänzen zu müssen.

Sonstige Mineralstoffe

In unserem Organismus sind praktisch alle Grundstoffe anzutreffen. Für mehr als zwanzig davon können die exakten Funktionen genannt werden. Bei im Training stehenden Personen dürfte neben Kochsalz und möglicherweise Kalium nur ein Extrabedarf an Eisen in Form einer adäquaten Aufnahme von ausgewogener Kost bestehen.

Was und wieviel ißt ein Sportler?

In Skandinavien wurde eine Reihe von Untersuchungen vorgenommen. Sie umfaßten auch Männer und Frauen im Konditionstraining, Handballspieler und Diskuswerfer. Bei sämtlichen Studien wurden sehr hohe Kalorienaufnahmen notiert (Abb. 49) und sämtliche Gruppen lagen bei einer durchschnittlichen Zufuhr von über 3500 kcal/Tag. Diskuswerfer wiesen die allergrößten Kalorienzufuhren auf (4200 kcal). Geringe Variationen wurden auch bei der prozentuellen Aufgliederung auf Eiweiß, Fett und Kohlenhydrate in den verschiedenen Gruppen notiert; die Mittelwerte betrugen approximativ 12 (11—14), 40 (38—43) und 48 (41—51)%. Das bedeutet, daß alle ihren Mindestbedarf an Eiweiß gut deckten.

Die sehr hohe Kohlenhydratzufuhr stimmt gut mit den vorherigen Ausführungen über die Bedeutung von Kohlenhydrat als Substrat bei Muskelarbeit von hoher Intensität, wie Sportler sie halten müssen, überein. Da ein sehr großer Teil der Kohlenhydratzufuhr aus Zwischenmahlzeiten stammt, die hauptsächlich aus Schokolade, Keksen und Saft oder ähnlichem bestanden, lag die Aufnahme von verschiedenen Vitaminen und Mineralstoffen pro 100 kcal in den meisen Fällen unter den empfohlenen Normen. Die Gesamtzufuhr an diesen Nährstoffen war jedoch nur im Ausnahmefall unter den gegebenen Richtdosen. In den schwedischen Untersuchungen lag speziell die Aufnahme von B_{12} sehr nahe bei oder unter dem Minimalbedarf. Dasselbe galt auch für die Eisenzufuhr der Mädchen im Schwimmtraining. In den norwegischen Untersuchungen lag die Aufnahme von Vitamin D am niedrigsten im Verhältnis zu dem ermittelten Bedarf.

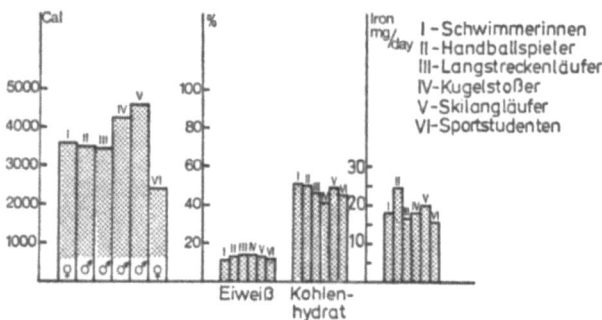

Abb. 49. Kalorien-, Protein- und Eisengehalt in der Ernährung für einige regelmäßig trainierende Gruppen. Die Untersuchung fand in Skandinavien statt. (HULTÉN, STRÖM und SOLVALL, unpublizierte Daten)

Bei Untersuchungen von Handballspielern wurden z. B. in Rumänien Kostuntersuchungen vorgenommen. Infolge der großen Anzahl von Spielen, die während eines einwöchigen Aufenthaltes in Rumänien abgehalten wurden und die sich auf die Verköstigung auswirkten sowie aufgrund von Mageninfektionen, denen manche Spieler ausgeliefert waren, ergab sich eine durchschnittliche Kalorienzufuhr von nur 2100 kcal/Tag. Durch die Qualität der Essensversorgung ist jedoch der Mindestbedarf an Nährstoffen ohne Kaloriengehalt übertroffen worden.
Viele der untersuchten Sportler vervollständigten ihre Kost durch verschiedene Präparate. Doch nur in bezug auf die Einnahme von Eisentabletten (Schwimmerinnen) und für einzelne Personen (D-Vitamine) war dies als notwendig zu erachten. In den übrigen Fällen bedeutete die Tabletteneinnahme, daß noch mehr von jenen Stoffen eingenommen wurde, welche die Kost bereits ohnehin schon in reichlichen Mengen enthielt. Das Vorliegen einer sehr großen Überzufuhr an verschiedenen Stoffen konnte u. a. durch die extrem hohen Vitaminmengen im Urin bestätigt werden. Die Schlußfolgerungen aus den vorgenommenen Kostuntersuchungen besagen, daß die Nahrungsaufnahme mit geringen Ausnahmen adäquat war.

Praktische Ratschläge

Allgemeines

Bei der großen Kalorienzufuhr, die Frauen im Leistungssport zur Deckung ihres Energieumsatzes vornehmen, wird bei einer ausgewogenen Verköstigung auch der Bedarf an den übrigen Nährstoffen ohne Kaloriengehalt gedeckt. Eine geringfügige Korrektur der Nahrungsaufnahme in Form von mehr Kohlenhydratzufuhr aus Wurzeln und Getreideprodukten würde bedeuten, daß die Nahrungsaufnahme auch hoch geschraubte Ansprüche an Qualität erfüllt. Im Hinblick auf Karieserkrankungen wäre eine Verminderung der Anzahl der Zwischenmahlzeiten ebenfalls zu begrüßen.

Diätratschläge für die Glykogenspeicherung

In Abb. 50 wird angegeben, wie verschiedene Diäten und harte physische Arbeit variiert werden können, um eine hohe Muskelglykogenkonzentration

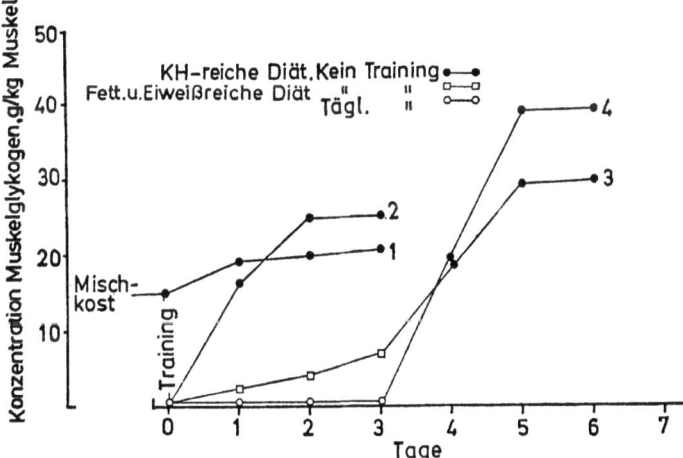

Abb. 50. Verhalten der Muskelglykogenkonzentration (in diesem Fall der Oberschenkelmuskulatur), wenn Diät und physische harte Arbeit variieren. Hausmannskost allein ergibt eine Muskelkonzentration von rund 15 g/kg Muskel. Wird die Hausmannskost speziell kohlenhydratreich zusammengesetzt (mindestens 2000 kcal aus Kohlenhydraten), kann sich das Glykogen auf rund 20 g/kg erhöhen (Alt. 1). Sollen höhere Werte erzielt werden, muß die kohlenhydratreiche Diät eingenommen werden, nachdem sich die Glykogendepots in der Muskulatur entleerten (Alt. 2). Höhere Werte ergeben sich, wenn das Glykogenniveau des Muskels einige Tage nach Entleerung der Depots niedrig gehalten wird. Dabei gibt es zwei Möglichkeiten. Nach intensiver Arbeit von etwa 1—1¹/₂ Std. wird vor der Kohlenhydratdiät ausschließlich nur Eiweiß und Fett gegessen (Alt. 3). Noch höhere Muskelglykogenspeicherungen erzielt man, wenn (in denselben Tagen) mit Eiweiß- und Fettdiäten trainiert wird (Alt. 4). Bei Einnahme der Kohlenhydratdiät darf kein intensives Training stattfinden (modifiziert von SALTIN und HERMANSEN, 1967)

zu erzielen. Welche Faktoren die Größe dieser Anlagerung von Glykogen in der Muskulatur bestimmen, ist noch nicht klargestellt. Erfahrungsgemäß erwies es sich jedoch als unmöglich, eine extrem große Glykogenspeicherung in der Muskulatur öfter als mit jeweils einigen Wochen Abstand zu erzielen, selbst wenn das in Abb. 50 skizzierte Schema genauer eingehalten wird.

Wenn sich Glykogen in der Leber anlagert, wird Wasser gebunden. Durch Bestimmung des Körperwassers anhand von mit Tritium versetztem Wasser fand man heraus (OLSSON und SALTIN, 1970), daß Wasser wahrscheinlich bei Speicherung in der Skeletmuskulatur an Glykogen gebunden wird und dieses Wasser durch den Verbrauch des Glykogens während der Arbeit frei wird. Bei maximal aufgefüllten Glykogendepots beläuft sich das auf diese Weise gebundene Wasser auf 2 bis 3 l (Körpergewicht steigt 2,5—2,5 kg). Dem Körper wird damit eine Wasserreserve zugeführt, die dazu beitragen kann, das Entstehen von Dehydrierung bei gesteigertem Schweißverlust zu verhindern. Der während der Arbeit gemessene Verlust an Körpergewicht braucht damit keine Herabsetzung des funktionalen Körperwasservolumens zu bedeuten.

Ein Aufladen mit Glykogen vor Beginn der Arbeit scheint deshalb die doppelte Aufgabe zu erfüllen, nämlich teils eine hocheffektive Energiequelle zuzuführen, die in erster Linie bei harter Arbeit ausgenützt wird, teils eine Wasserreserve zusetzen zu können. Nach beendigter Arbeit dauert es zwei bis drei Tage, bis sich der Körper rehydriert hat. Wahrscheinlich trägt die relativ langsame Aufspeicherung von Glykogen in der Muskulatur (Abb. 50) hierzu bei. Als wesentlich ist auch zu merken, daß eine Nahrungszufuhr (Kohlenhydrate) notwendig ist, um dasselbe Körpergewicht und eine normale Wasserbalance nach lang anhaltender Muskelarbeit wiederherzustellen.

Zufuhr von Flüssigkeit, Elektrolyten und Glucose während der laufenden Tätigkeit

Vorstehend wurde die Bedeutung einer Nahrungs- und Flüssigkeitsaufnahme vor langfristigen harten Anstrengungen hervorgehoben. Das ist jedoch nicht so zu verstehen, daß eine Zufuhr während der Ausführung von Tätigkeiten ohne Bedeutung wäre. Aus dem Darmkanal werden Wasser, Glukose sowie Elektrolyte im großen und ganzen auch während harter Arbeit ebenso resorbiert wie im Ruhestand (FORDTRAN u. SALTIN, 1967). Die Entleerungsgeschwindigkeit des Magens ist jedoch nicht nur im Ruhezustand, sondern auch bei Arbeit durch die Osmolalität der zugeführten Flüssigkeit gesteuert. Dieser Umstand begrenzt die während der Arbeit per os zugeführten Volumen. In Tabelle 6 ist angegeben, wieviel Wasser und Glucose den Magen im Laufe einer Stunde schätzungsweise passiert, wenn 1 l Zuckerwasser verschiedener Konzentration getrunken wird (eine höhere Zuckerkonzentration als 5—10% ist nicht zu empfehlen). Eine kleine Menge Glukose wird im Magen resorbiert, kann jedoch das Unbehagen durch die großen, während der Arbeit im Magen befindlichen Volumen nicht aufwiegen. 1—3 dl einer wohlschmeckenden Flüssigkeit (Temp. +25° C), die 5 (— 10)% Zucker enthält, werden am besten jede 10. oder 15. min während der laufenden Tätigkeit getrunken. Eine gesamte Aufnahme von 1—1,5 l Flüssigkeit und 50—60 g Glucose pro Stunde sind auf diese Weise, auch während harter Arbeit, nicht unmöglich. Der zugeführte Zucker, der 15 min nach Einnahme im Blut aufgefunden werden kann, gewinnt in dieser Situ-

Tabelle 7. Flüssigkeitsvolumen, das den Magen passiert, wenn 2 dl Zuckerwasser verschiedener Konzentration jede 12. Minute während 1 Stunde getrunken werden. Die angegebenen Ziffern sind ungefähre Werte und basieren auf Resultaten von HUNT u. PATHAK (1960) sowie FORDTRAN u. SALTIN (1967)

Glukosekonzentration, %	0	5	10	20	40
Getrunkene Menge, ml	1000	1000	1000	1000	1000
Entleerte Menge, ml/Std	1000	800	600	350	200
Entleerte Zuckermenge, Gramm	0	40	60	70	80

ation in erster Linie wesentliche Bedeutung zur Aufrechterhaltung der Blutzuckerkonzentration, da ein Teil des Zuckers im Blut nicht nur in die Nervengewebe diffundiert, sondern z. B. auch in die Skeletmuskulatur (BENADE u. Mitarb., 1971).

Sportler sollten und können die Wahl ihrer Nahrungszufuhr so treffen, daß mit einer qualitativ hochwertigen Kost auch bei gewünschter Steigerung der Leistung keine Ergänzungspräparate nötig sind. Dies gilt vor allem in jenen Sportarten, in denen die Zufuhr von adäquaten Mengen an Flüssigkeit, Zucker und Elektrolyten während des Wettkampfes erforderlich ist.

Die körperliche Leistungsfähigkeit in der Höhe

Von P.-O. ÅSTRAND

Einleitung

Von jeher hat es den Menschen fasziniert, hohe Berggipfel zu bezwingen. Sein Drang nach Entdeckungen hat ihn heute bis in den Weltraum geführt. Permanente menschliche Wohnungen existieren bis in Höhen von über 4500 m. Es wird immer populärer, Sommer- und Winterferien in hohen Gebirgsgegenden zu verbringen unter Einbeziehung von schweren körperlichen Beanspruchungen wie Bergsteigen oder Skilaufen. Die Entscheidung,

die Olympischen Spiele von 1968 nach Mexiko City in eine Höhe von 2300 m zu legen, hat ein spezielles Interesse an den Problemen der Leistungsfähigkeit und des Leistungsverhaltens in der Höhe geschaffen (WEIHE, 1964; DILL, 1964; LUFT, 1964 b; HOLLMANN und Mitarb., 1965; Schweiz. Z. Sportmed. 14, 1—329, 1966; MARGARIA, 1967; GODDARD, 1967; JOKL und JOKL, 1968; ROSKAMM u. Mitarb., 1968).
LUFT gab 1964 einen historischen Überblick über die Erforschung der Höhe und ihrer Auswirkungen auf den menschlichen Organismus.

Physikalische Gesichtspunkte

Im 19. Jahrhundert erkannte BERT (1878), daß die nachteiligen Effekte großer Höhe auf einen verringerten O_2-Partialdruck zurückzuführen waren. Tabelle 8 stellt den Barometerdruck und den Sauerstoffdruck der Inspirationsluft (Trachealluft) bei verschiedenen Höhen dar. Bei einer konstanten Sauerstoffkonzentration von 20,94% und einer trockenen Luft kann der

Tabelle 8. Barometerdruck (Standardatmosphäre) in verschiedenen Höhen und der Sauerstoff-Partialdruck in der Trachealluft (Wasserdampfsättigung, 37° C)

Höhe m	Fuß	Druck mm Hg	PO_2- Trachealluft mm Hg	Höhe m	Fuß	Druck mm Hg	PO_2- Trachealluft mm Hg
0	0	760	149	5 500	18 050	379	69
500	1 640	716	140	6 000	19 690	354	64
1 000	3 280	674	131	6 500	21 330	330	59
1 500	4 920	634	123	7 000	22 970	308	55
2 000	6 560	596	115	7 500	24 610	287	50
2 500	8 200	560	107	8 000	26 250	267	46
3 000	9 840	526	100	8 500	27 890	248	42
3 500	11 840	493	93	9 000	29 530	230	38
4 000	13 120	462	87	9 500	31 170	214	35
4 500	14 650	433	81	10 000	32 800	198	32
5 000	16 400	405	75	19 215	63 000	47	0

Die Werte basieren auf Trockenbedingungen für die durchschnittliche Temperatur in Höhe, wenn die Temperatur in Meereshöhe 15° C beträgt und der Barometerdruck 760 mm Hg

Sauerstoffdruck der Inspirationsluft in der Trachea, gesättigt mit Wasserdampf, leicht berechnet werden aus der Formel $P_{O_2} = (P_{Bar} - 47) \times 20{,}94/100$. Somit wird ausgedrückt, daß in einer Höhe von über 19 000 m, wo der Barometerdruck 47 mm Hg beträgt, sich nichts befindet außer Wassermolekülen der Trachea.

Die Sauerstoffspannung der Alveolarluft und damit auch der P_{O_2} des arteriellen Blutes wird von der Größe der Lungenventilation in Verbindung mit der Zusammensetzung und dem Druck der Inspirationsluft bestimmt. Je

häufiger die Luft ausgetauscht wird, desto enger entspricht die Zusammensetzung der Lungenluft der der Inspirationsluft (den Wasserdampf abgezogen). Dieser Befund wird später diskutiert.
Die reduzierte Luftdichte in großen Höhen berührt auch die Mechanik der Atmung. Ein Teil der Atmungsarbeit wird dazu aufgewandt, Luft gegen den Widerstand in den Luftwegen zu bewegen. Der Widerstand ist relativ hoch bei turbulentem Luftfluß, wie es bei körperlicher Arbeit der Fall ist. Darum ist der Einfluß der reduzierten Dichte bemerkenswerter bei hohen Luftflußgeschwindigkeiten wie in Hyperpnoe, während schwerer Arbeit oder in strömungsabhängigen Lungenfunktionstesten. Der Atemgrenzwert fällt beträchtlich höher aus bei großer Höhe als in Meereshöhe (MILES, 1957; ULVEDAL u. Mitarb., 1963). Der Effekt des reduzierten Widerstandes bei verringertem Barometerdruck besteht in einer verringerten Atmungsarbeit, bezogen auf ein gegebenes Luftvolumen in- und außerhalb der Lungen. Manches Mal wurden bereits Ventilationen von 200 l/min während maximaler Belastung in großer Höhe gemessen (siehe unten).
Ein anderer Effekt der reduzierten Luftdichte bei einem niedrigen Barometerdruck ist ein verringerter Luftwiderstand. Letzterer ändert sich mit der Windgeschwindigkeit. Die äußere Arbeit fällt deshalb in großer Höhe bei muskulären Beanspruchungen, wie beim Sprint, reduziert aus, desgleichen beim Skiabfahrtslauf, Radfahren und alpinen Skilauf mit hohen Geschwindigkeiten. Die Lufttemperatur liegt im ganzen tiefer, je größer die Höhe ist. Sie nimmt linear ab um $6,5°$ C/1000 m Höhe bis zu über 11 000 m Höhe, ausgehend von einer durchschnittlichen Jahrestemperatur von $15°$ C in Meereshöhe. Dazu wird die Luft mit ansteigender Höhe zunehmend trockener. Darum spielt der Wasserverlust über die Respirationswege in größeren Höhen eine wesentlichere Rolle als in der Tiefe. Wird eine kalorisch große Arbeit verrichtet, mag dieser Faktor zu einer Hypohydration in großer Höhe führen und einem Gefühl des Wundseins und der Trockenheit in der Kehle. Die Sonneneinstrahlung ist gleichfalls bei großer Höhe intensiver. Der ultraviolette Anteil kann zusätzliche Schwierigkeiten bedingen in Form von Sonnenbrand oder Schneeblindheit. Schließlich ist auch die Kraft der Gravitität mit der Entfernung vom Erdmittelpunkt verringert. Das kann sich günstig auswirken für Sportler in Disziplinen wie Springen oder Werfen in größerer Höhe.

Körperliche Leistungsfähigkeit

Die Reduzierung der körperlichen Leistungsfähigkeit in großer Höhe ist durch zahlreiche Untersuchungen gesichert. Sie fällt bereits in einer Höhe von 1200 m auf, wenn es sich um Belastungen unter Einbeziehung großer Muskelgruppen mit einer Dauer von 2 min oder länger handelt. HENDERSON (1938) bemerkte, daß es Menschen zwar gelungen wäre, in bezug auf die Distanz nahe an den Gipfel des Mount Everest heranzukommen, daß sie aber noch weit entfernt gewesen wären in bezug auf die aufzuwendende Zeit. Als ein Beispiel für die körperliche Beanspruchung, die die Besteigung eines hohen Berges mit sich bringt, führte SOMERVELL (1925) aus:

„Es mag von Interesse sein, über ein oder zwei persönliche Beobachtungen zu berichten, welche ich während der Besteigung eines 27 000—28 000 Fuß hohen Berges machte. Der Puls: die Herzschlagzahl während des Aufwärtssteigens lag beständig zwischen 160—180 pro min, manchmal sogar höher; der Rhythmus war gleichförmig... Die Atmung: über 50—55 Atemzüge/min während des Aufstiegs. Bei annähernd 28 000 Fuß Höhe fühlte ich, daß für jeden einzelnen Schritt weitere 7—10 komplette Atemzüge erforderlich waren. Die Atmung ging schnell und tief vonstatten; dabei war sie bemerkenswert leicht in großer Höhe, wohl infolge der reduzierten Luftdichte."

NORTON (1925) schreibt, daß er in einer Höhe von 8 500 m für die Zurücklegung einer Distanz von 35 m über eine Stunde benötigte, obgleich das Gelände nicht besonders schwierig war.

Sportwettbewerbe in der Höhe verlangen besonders gut trainierte Athleten von hoher Motivation. LEARY u. WYNDHAM (1966) berichten über Beobachtungen in Südafrika, wo wichtige leichtathletische Veranstaltungen in Höhen von 1500 m und darüber hinaus durchgeführt werden. Sie kamen zu dem Ergebnis, daß die besten Leistungen in Mittel- und Langstreckendistanzen an der Küste beobachtet werden, wohingegen die besten Sprintleistungen in mittlerer Höhe zu verzeichnen sind.

Bei den Wettkämpfen in Mexico City (2300 m Höhe) erzielte man gleiche oder bessere Leistungen als in Meereshöhe in Laufdistanzen bis zu 800 m (Abb. 51). Im 5000 und 10 000 m-Lauf dagegen war ein Leistungsverlust von ca. 6% zu beobachten. In Sprung- und Wurfdisziplinen fanden sich keine eindeutigen Unterschiede bei Durchführung der Veranstaltung in Meereshöhe oder in mittlerer Höhe. Häufig wurde bemerkt, daß die Erholungszeit in Mexiko City beträchtlich länger war als in geringerer Höhe.

Disziplin	Weltrekord 1. 10. 1968	Olympische Spiele Gewinner	Mexico City Zeit +/− Abweichung in %
100 m	10.0	HINES	9.9 −1.00
200 m	20.0	SMITH	19.8 −1.00
4 × 100 m Staffel	38.6	USA	38.2 −1.03
400 m	44.5	EVANS	43.8 −1.57
4 × 400 m Staffel	3.02.8	USA	2.56.1 −3.66
110 m Hürden	13.2	DAVENPORT	13.3 +0.75
400 m Hürden	49.1	HEMERY	48.1 −2.03
800 m	1.44.3	DOUBELL	1.44.3
1 500 m	3.33.1	KEINO	3.34.9 +0.84
3 000 m Hindernisrennen	8.26.4	BIWOTT	8.51.0 +4.85
5 000 m	13.16.6	GAMMOUDI	14.05.1 +6.08
10 000 m	27.39.4	TEMU	29.27.4 +6.50
42 000 m	2.12.11.2	WOLDE	2.20.26.4 +6.24

Abb. 51. Prozentuale Abweichung der Gewinnzeiten von Mexico City von den Weltrekorden. Alle Läufe von weniger als 2 min Dauer mit der bemerkenswerten Ausnahme von 110 m Hürden wurden in neuer Weltrekordzeit gewonnen. Der 800-m-Lauf wurde von RALPH DOUBELL gewonnen, der die Weltrekordzeit einstellte. Alle anderen Läufe wurden in Zeiten bestritten, die schlechter als die entsprechenden Weltrekorde waren. (Zusammengestellt von JOKL u. JOKL, 1969)

Dieser kurze Überblick zeigt, daß in Belastungsformen von intensiver Aktivität, aber kurzer Dauer (nicht mehr als 1 min) und in sogenannten technischen Disziplinen keine bemerkenswerten Unterschiede in der Leistungsfähigkeit zwischen Meereshöhe und mittlerer Höhe von etwa 2500 m zu beobachten sind. Hingegen wird die Leistungsfähigkeit bei Dauerbelastungen von mehr als 2 min eindeutig in größerer Höhe reduziert, ausgenommen diejenigen Sportarten, in welchen der Luftwiderstand eine große Rolle spielt (bezüglich weiterer Einzelheiten siehe die Angaben über das internationale Höhensymposium in Magglingen 1965, veröffentlicht in der „Schweizer Zeitschrift der Sportmedizin" 14, 1966).

Leistungsbegrenzende Faktoren

Läßt man Höhen von über 3000 m außer Betracht, die auch eine Störung der psychologischen Funktionen herbeiführen können, so ist es klar, daß die individuelle maximale Sauerstoffaufnahme (aerobe Kapazität) von einem reduzierten O_2-Druck in der Inspirationsluft beeinträchtigt wird. Einschlägige Untersuchungen haben gezeigt, daß Arbeit unter akutem Einfluß von großer Höhe schon in geringeren Belastungsstufen einen Anstieg des Blutlactatspiegels verursacht als unter Meereshöhebedingungen. Auf einer gegebenen Belastungsstufe fällt der Lactatspiegel höher aus, während die maximal erreichbare Konzentration während erschöpfender Arbeit etwa dieselbe wie unter Meeresbedingungen ist (EDWARDS, 1936; ASMUSSEN u. Mitarb., 1948; ÅSTRAND, 1954; STENBERG u. Mitarb., 1966; BUSKIRK u. Mitarb., 1967; HERMANSEN und SALTIN, 1967).

Die maximale anaerobe Kapazität, welche maßgeblich von der Glykogenolyse bestimmt wird, erfährt wahrscheinlich durch die Höhe keine Beeinflussung. Die maximale Sauerstoffschuld ist dieselbe nach einer maximalen Belastung in Meereshöhe und in mittlerer Höhe. Das gilt sowohl für die akute Höhenbelastung als auch für eine begrenzte Akklimatisation (SALTIN, 1967; BUSKIRK u. Mitarb., 1967). Als Beispiel erwähnt SALTIN (1967), daß der Mittelstreckenläufer BODO TÜMMLER die 1500 m Distanz in Stockholm in 3,42 min zurücklegte und in Mexiko City in 3,54 min. Die Sauerstoffaufnahme während der nachfolgenden 60minütigen Erholungspause betrug 38 bzw. 42 l; die höchste Blutlactatkonzentration belief sich auf 18,6 bzw. 18,3 mMol/l. Nach einem 3000 m Hindernislauf waren die Werte für BENGT PERSSON in Stockholm 28 l O_2-Aufnahme und 18,2 mMol pro l Blutlactat bei einer Laufzeit von 8,34 min. Die entsprechenden Werte in Mexiko City betrugen 33 l O_2-Aufnahme, 20,3 mMol/l Lactat und 9,32 min Laufzeit.

Hinsichtlich der neuromuskulären Funktion hatten CHRISTENSEN und NIELSEN (1936) gezeigt, daß Geschwindigkeit und Kraft von mäßiger Hypoxie nicht beeinflußt werden. In einem Test an HILL's Rad, an welchem die Kontraktionszeit weniger als 6 sec betrug, erreichten die Probanden identische Maximalwerte in Meereshöhe sowie bei einem Barometerdruck von 440 bzw. 390 mm Hg.

In gegebenen submaximalen Belastungsstufen, z. B. am Fahrradergometer, fällt ebenfalls die Sauerstoffaufnahme in Meereshöhe und in mittlerer Höhe identisch aus (CHRISTENSEN, 1937; ASMUSSEN u. CHIODI, 1941; ÅSTRAND, 1954; PUGH u. Mitarb., 1964).
Vom psychologischen Standpunkt mag der Aufenthalt selbst in mäßiger Höhe einen beträchtlichen Stress darstellen, auf jeden Fall aber eine ungewöhnliche Milieuänderung. Aus der Erfahrung weiß man, welche Gefühle eine bestimmte Belastungsintensität im Körper unter normierten Umständen auslöst. Ein gegebener Anstrengungsgrad führt in größerer Höhe zu einer höheren Lungenventilation, einer höheren Herzschlagzahl und möglicherweise anderen Symptomen der Ermüdung, die unter Normalbedingungen bei dieser Belastung nicht auftreten. Demgemäß findet graduell eine Adaptation an die neue Situation statt. Demgemäß mag die Taktik des Athleten bei Wettbewerben in der Höhe eine andere sein als bei solchen in der Tiefe. Am Ende dieses Kapitels wird hierauf näher eingegangen.

Abschließend ist festzustellen, daß es die aerobe Kapazität ist, welche direkt von Arbeit unter den Bedingungen eines reduzierten O_2-Partialdruckes beeinflußt wird.

Sauerstofftransport

Die Lungenventilation fällt für eine gegebene Sauerstoffaufnahme unter Höhenbedingungen erheblich vergrößert aus (Abb. 52). In diesem Falle betrug die Ventilation bei einer Sauerstoffaufnahme von 4 l/min 80 l/min bei Atmung von reinem Sauerstoff. Unter Luftatmung stieg der Wert auf 105 l/min, bei einer Höhe von 2000 m auf 140 l/min und in 3000 m Höhe auf 160 l/min, d. h. doppelt so hoch wie unter Sauerstoffatmung. Sogar unter Meereshöhebedingungen existiert eine hypoxische Tendenz, die bei Überschreitung einer Sauerstoffaufnahme von 1,5 l/min in Erscheinung tritt.

Diese hypoxische Hyperpnoe wird ausgelöst über die Chemoreceptoren im Carotissinus und in der Aorta. Wenn die Produktion von CO_2 bei einer gegebenen Sauerstoffaufnahme etwa dieselbe ist, reduziert die höhenbedingte Hyperventilation den CO_2-Gehalt des Blutes. Der zweite Effekt der Hyperpnoe ist deshalb ein pH-Anstieg im Blut als Ausdruck einer unkompensierten respiratorischen Alkalose. Der reduzierte P_{CO_2} und erhöhte pH-Wert des arteriellen Blutes macht einen inhibitorischen Einfluß auf das Atmungszentrum geltend. Andererseits verursacht die frühere Laktatanhäufung im Blut einen pH-Abfall. Demgemäß muß die Ventilationsgröße als physiologischer Kompromiß angesehen werden zwischen der Forderung nach einer adäquaten Sauerstoffzufuhr und der Notwendigkeit, den Säure-Basenhaushalt so normal wie möglich zu halten.

Entsprechend dem großen Anstieg der Ventilation während Arbeit unter Höhenbedingungen liegt der alveoläre PO_2 höher als unter Normalbedingungen. Hierdurch wird die Sauerstoffdiffusion von den Alveolen in die Lungencapillaren erleichtert.

Die maximale Lungenventilation während Arbeit in der Höhe ist dieselbe oder höher als unter Meereshöhebedingungen (STENBERG u. Mitarb., 1966; SALTIN, 1967; GROVER u. REEVES, 1967; ROSKAMM u. Mitarb., 1968). Die

Diffusionskapazität wird als unverändert angesehen nach Ankunft in größerer Höhe (WEST, 1962). Der alveolo-arterielle PO_2-Gradient ist indessen geringer in der Höhe. Während submaximaler Arbeit mit reduziertem O_2-Partialdruck in der Inspirationsluft wird die niedrige O_2-Sättigung mit einem vergrößerten Herzzeitvolumen kompensiert (ASMUSSEN u. NIELSEN, 1955; STENBERG, 1966).

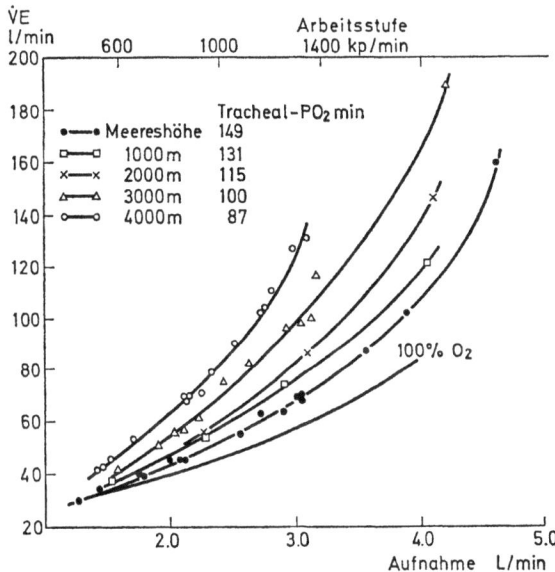

Abb. 52. Lungenventilation (BTPS) in Beziehung zur Sauerstoffaufnahme bei verschiedenen Arbeitsbelastungen unter Atmung von Sauerstoff oder Luft in verschiedenen simulierten Höhen. Beachte die hohe Ventilation von 190 l/min bei Arbeit in 3 000 m Höhe (nach ASTRAND, 1954)

Dieser und andere Effekte großer Höhe auf den Sauerstofftransport sind in Abb. 53 dargestellt. Die Vergrößerung des Herzzeitvolumens wird über ein Anwachsen der Herzschlagfrequenz ermöglicht; das Schlagvolumen kann sogar reduziert sein. Der arterielle Blutdruck ist kaum beeinflußt. Eine Vasodilatation als Resultat der Hypoxie verursacht einen reduzierten peripheren Widerstand.

Es ist sehr interessant festzustellen, daß die beobachteten Maximalwerte für die Herzschlagfrequenz, für das Herzzeitvolumen und das Schlagvolumen in einer Höhe von 4000 m (akuter Höheneinfluß) dieselben sind wie in Meereshöhe. Augenscheinlich ist der Sauerstoffmangel nicht von solcher Bedeutung, daß die Pumpkapazität des Herzmuskels reduziert wird, und das trotz der Tatsache eines um mehr als 50 mm Hg reduzierten P_{aO_2}. In einer vergleichenden Studie zeigten BLOMQVIST u. STENBERG (1965), daß es keine Zeichen einer myokardialen Ischämie im EKG gibt, wenn Probanden maximale Arbeit bei einer simulierten Höhe von 4000 m verrichten. STENBERG und Mitarb. schlossen daraus, daß die reduzierte maximale Sauerstoffaufnahme bei mäßiger akuter Hyperoxie einen engen Bezug zur Reduzierung

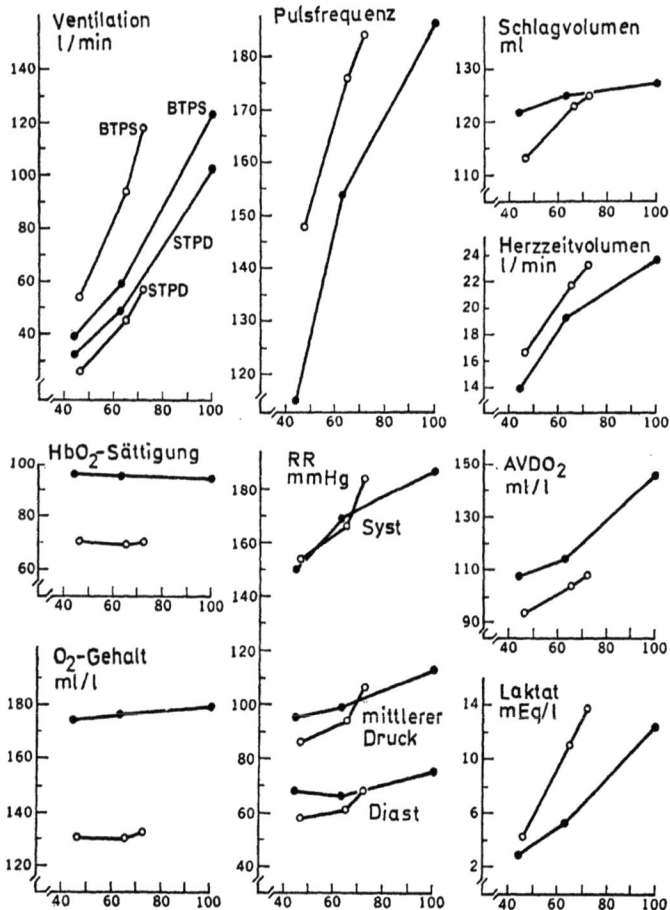

Abb. 53. Mittelwerte von 6 Personen bei 2 submaximalen und 1 maximalen Belastung (Fahrradergometer) in Meereshöhe (gefüllte Punkte) sowie bei akuter Hypoxie, entsprechend einer Höhe von 4 000 m (offene Punkte). Die maximale Sauerstoffaufnahme ist auf 72% des Ausgangswertes abgesunken. Abscisse = Sauerstoffaufnahme in % der maximalen O_2-Aufnahme in Meereshöhe (nach STENBERG u. Mitarb., 1966)

des arteriellen Sauerstoffgehaltes aufwies. Während maximaler Arbeit in Hypoxie sank die Sauerstoffaufnahme auf durchschnittlich 72% des Normalwertes, die arterielle Sauerstoffsättigung auf 74%, während das Herzzeitvolumen völlig dem auf Meereshöhe entsprach. Mit anderen Worten, die maximale Sauerstoffaufnahme weist eine Korrelation mit dem Sauerstoffvolumen auf, welches dem Gewebe angeboten wurde (arterieller Sauerstoffgehalt mal maximales Herzzeitvolumen).

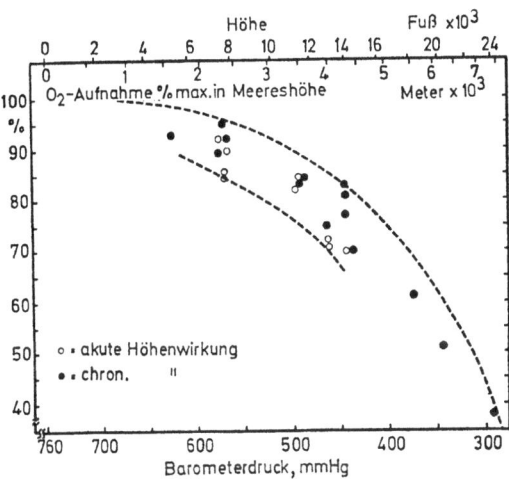

Abb. 54. Die Reduktion der maximalen Sauerstoffaufnahme in Beziehung zum Barometerdruck. Die nicht gefüllten Punkte bezeichnen das Experiment unter akuter Hypoxie, die gefüllten Punkte bei verschiedenen Akklimationsphasen. Im Prinzip fällt die maximale Sauerstoffaufnahme bei akuter Hypoxie-Aussetzung innerhalb der gepunkteten Linien; als Folge der Akklimatisation tritt eine Abweichung zum oberen Teil des Feldes ein. (Daten von BALKE, 1960; PUGH, 1964; STENBERG u. Mitarb., 1966; BUSKIRK u. Mitarb., 1967; HANSEN u. Mitarb., 1967 b; ROSKAMM u. Mitarb., 1968)

Während maximaler Arbeit in Meereshöhe wird fast der gesamte Sauerstoff demjenigen Blut entzogen, welches die Arbeitsmuskulatur passiert, so daß dort in dieser Hinsicht kein zusätzlicher Gewinn bei Arbeit unter Höhenbedingungen erzielt werden kann.

Der quantitative Effekt des Sauerstofftransportes während maximaler Arbeit in unterschiedlichen Höhenlagen wird in Abb. 54 dargestellt. In Mexico City (2300 m) beträgt die Reduktion im Mittel 15%, bei 4000 m über 30% (von 4,24 auf 3,07 l/min in der Untersuchung von STENBERG u. Mitarb., 1966). Eine beträchtliche Streuung der Daten, wie in der Studie beobachtet wurde, mag durch folgende Punkte erklärt werden:

1. der Effekt eines reduzierten O_2-Druckes hinsichtlich der körperlichen Leistungsfähigkeit weist individuell große Differenzen auf;

2. es sind verschiedene Techniken benutzt worden, besonders diejenigen Kriterien betreffend, die das Erreichen der maximalen Sauerstoffaufnahme kennzeichnen;

3. Personen mit einer hohen aeroben Kapazität werden in stärkerem Maße von einer reduzierten Diffusionskapazität betroffen als solche mit einer geringeren maximalen Sauerstoffaufnahme. Die progressive Abnahme der arteriellen Sauerstoffsättigung nimmt bei Arbeit in großer Höhe immer weiter zu trotz der angewachsenen alveolären O_2-Spannung, und die daraus resultierende große alveolo-arterielle Sauerstoffdifferenz kann durch die Begrenzung der Diffusionskapazität der Lunge unter diesen Bedingungen erklärt werden (WEST u. Mitarb., 1962; GROVER u. REEVES, 1967; BLOMQVIST u. Mitarb., 1969).

Wir werden nun den Effekt eines längeren Aufenthalts in großer Höhe diskutieren, d. h. die Akklimatisation an einen reduzierten O_2-Partialdruck in der Inspirationsluft. Dabei ist zu unterscheiden zwischen einer kurzfristigen Adaptation, die eine Angelegenheit von Tagen oder wenigen Wochen ist, und einer langfristigen, wenn Jahre in großer Höhe verbracht werden. In den allerersten Tagen eines akuten Höhenaufenthaltes erwächst ein starker Anstieg der Lungenventilation für eine gegebene Arbeitsbelastung. Diese Hyperpnoe vergrößert den P_{O_2} und reduziert den P_{CO_2} der Alveolarluft. Ein längerer Aufenthalt in 4000 m Höhe verursacht ein 40- bis 100%iges Ansteigen der Lungenventilation, verglichen mit den Werten unter Meereshöhebedingungen. Dieser Anstieg ist besonders ausgeprägt während schwerer körperlicher Arbeit. Sogar die Einatmung von reinem Sauerstoff während Arbeit in der Höhe verhindert nicht einen solchen Anstieg der Lungenventilation, obwohl dabei die peripheren Chemoreceptoren geblockt werden. Die Atmung von Sauerstoff bei Arbeit in großer Höhe wirkt sicherlich sauerstoffsparend, wenn der Proband nicht akklimatisiert ist. Andererseits kann Sauerstoff kaum kontinuierlich über längere Zeitperioden verabfolgt werden. Wenn man auf Meereshöhe zurückkehrt im Anschluß an einen Höhenaufenthalt, dauert es mehrere Wochen, bis die Ausgangswerte hinsichtlich der verschiedenen Kriterien wieder erreicht sind (BUSKIRK u. Mitarb., 1967). Der Energieaufwand für die Atmungsmuskulatur ist in großer Höhe nicht größer als in Meereshöhe infolge der reduzierten Luftdichte. Wenn die Meereshöhe wieder erreicht wird, muß die „abnorm" hohe ventilatorische Antwort auf eine gegebene Sauerstoffaufnahme eine zusätzliche respiratorische Arbeit mit sich bringen. Die Regulation der Atmung wird von ÅSTRAND u. RODAHL (1970) diskutiert.

Weiterhin ist eine reduzierte Alkalireserve im Blut bei höhenakklimatisierten Personen zu beobachten. Infolgedessen liegt eine geringere Fähigkeit vor, einer Acidose zu widerstehen, die infolge körperlicher Arbeit entsteht (ROUGHTON, 1964). Während akuter Höhenkonfrontation mit einer Dauer von wenigen Wochen kann wahrscheinlich derselbe hohe Blutlaktatspiegel ertragen werden wie in Meereshöhe, jedoch lassen Resultate von EDWARDS (1936) eine graduelle Abnahme des Maximums vermuten (HANSEN u. Mitarb., 1967 a). Die reduzierte Alkalireserve mag ein Faktor sein, welcher diese Abnahme der maximalen anaeroben Kapazität verursacht.

PUGH u. Mitarb. (1964; PUGH, 1964) führten hämodynamische Untersuchungen in großen Höhen durch während maximaler Arbeit. Sie berichten, daß ein verlängerter Aufenthalt in verschiedenen Höhen das Herzzeitvolumen für eine gegebene Belastungsintensität bis zu jenem Niveau herabsetzte, welches für dieselbe Belastungsstufe in Meereshöhe beobachtet wurde. Das maximale Herzzeitvolumen war indessen deutlich reduziert. Nach einem Aufenthalt von mehreren Monaten Dauer in einer Höhe von 5800 m sanken die Werte auf 17 bis 16 l/min, verglichen mit 22 bis 25 l/min in Meereshöhe. Diese Reduktion des Herzzeitvolumens war ein kombinierter Effekt eines verringerten Schlagvolumens und einer reduzierten maximalen Herzschlagfrequenz (Senkung von 192 auf 135 Schläge/min). Diese Untersuchung bestätigt die Daten von CHRISTENSEN u. FORBES (1937).

Messungen des Herzzeitvolumens während Arbeit in Höhen zwischen 3000 und 4300 m wurden während eines mehrwöchigen Aufenthaltes durchgeführt (KLAUSEN, 1966; Alexander u. Mitarb., 1967; HARTLEY u. Mitarb., 1967; VOGEL u. Mitarb., 1967; SALTIN u. Mitarb., 1968). Die Ergebnisse besagen, daß schon nach wenigen Tagen das Herzzeitvolumen während submaximaler Arbeit reduziert ist im Vergleich mit den Werten während akuter Höhenexposition. Es kehrt stufenförmig zu den für Meereshöheverhältnisse typischen Werten zurück oder zumindest in deren Nähe. Während maximaler Arbeit ist das Herzzeitvolumen reduziert. Ein verringertes Schlagvolumen scheint der primäre Grund für das reduzierte Herzzeitvolumen zu sein; die herabgesetzte maximale Herzschlagzahl ist nicht so einheitlich zu finden (ÅSTRAND u. ÅSTRAND, 1958; CHRISTENSEN u. FORBES, 1937; CERRETELLI u. MARGARIA, 1961; PUGH u. Mitarb., 1964). (Abb. 53 zeigt, daß das Schlagvolumen während leichter Arbeit bei akuter Höhenexposition verringert ist.)

Innerhalb der ersten Tage eines Höhenaufenthaltes wächst die Hämoglobinkonzentration im Blut. Dieses Anwachsen ist primär eine Folge einer Hämokonzentration, sekundär eine Abnahme des Plasmavolumens (MERINO, 1950; SURKS u. Mitarb., 1966; BUSKIRK u. Mitarb., 1967). Graduell bringt die angewachsene Erythropoese den Hämoglobingehalt auf hohe Werte, so daß der Sauerstoffgehalt pro Liter arteriellen Blutes bei akklimatisierten Menschen in 4500 m Höhe derselbe sein kann wie in Meereshöhe (CHRISTENSEN u. FORBES, 1937; HURTADO u. Mitarb., 1945; CHIODI, 1957; REYNAFARJE, 1967). Bei einer Höhe von 4500 m wiesen die Eingeborenen in Monocotha in Peru eine Hämoglobinkonzentration mit Durchschnittswerten von 20,8 g/100 ml Blut auf (HURTADO u. Mitarb., 1945).

Als eine Konsequenz der angewachsenen Hämokonzentration während Höhenakklimatisation kann der dem Gewebe angebotene Sauerstoff pro Liter arteriellen Blutes derselbe sein wie in Meereshöhe. Die angewachsene Viskosität des Blutes mit dem erhöhten Hämatokritwert muß zwangsläufig zu einer vergrößerten Herzarbeit für ein gegebenes Herzzeitvolumen führen, doch der Nettoeffekt der hämatologischen Antwort auf eine verlängerte

Hypoxie hinsichtlich der Leistungsfähigkeit des Herzens kann gegenwärtig nicht zahlenmäßig berechnet werden.
BARBASHOVA (1964) hat die verschiedenen Aspekte der cellulären Adaptation an einem Aufenthalt in großer Höhe zusammengefaßt. Danach soll die Sauerstoffutilisation für eine aerobe Energiemenge bei einer niedrigen O_2-Spannung anwachsen. Dieser Vorgang wird als enzymale Adaptation der Zelle interpretiert. Die Fähigkeit, Sauerstoffmangel zu tolerieren, wächst in Verbindung mit der Akklimatisation. VANNOTTI (1964) und CASSIN u. Mitarb. (1966) berichten, daß eine angewachsene Capillarisierung nach einer Akklimatisationsperiode in großer Höhe stattfindet. Ein Anwachsen der Capillarzahl reduziert die Entfernung zwischen der Capillare und den am entferntest gelegenen Zellen innerhalb des Gewebszylinders. Eine relativ niedrige O_2-Spannung in den Capillaren kann deswegen noch die Sauerstoffbelieferung selbst dieser ungünstig gelegenen Zellgebiete sichern. RAHN (1966) betont, daß ein Anwachsen der Zahl offener Capillaren die wichtigste Rolle nicht nur im täglichen Leben spielt unter Meereshöhebedingungen, sondern besonders während Akklimatisation an große Höhe.

REYNAFARJE (1962) stellt fest, daß der Myoglobingehalt im Skeletmuskel während Höhenadaptation anwächst; dies wäre ein weiterer günstiger Effekt für den O_2-Transport.
Der kritische alveoläre pO_2, bei welchem eine nicht akklimatisierte Person innerhalb weniger Minuten bewußtlos wird, liegt bei 30 mm Hg mit geringen individuellen Schwankungen (CHRISTENSEN u. KROGH, 1936). Diese Grenze ist bei einer Höhe von etwas mehr als 7000 m erreicht. Unterhalb dieses geringen pO_2 kann der O_2-Bedarf der Nervenzellen wahrscheinlich nicht gedeckt werden (NOELL, 1944). Die gut akklimatisierte Person kann mehrere Stunden in einer Höhe von über 8000 m verbringen unter Atmung der normalen Umgebungsluft. Dies kann als Beispiel der möglichen Zelladaptation aufgeführt werden. Der letzte Schritt des Sauerstofftransfers von der Luft zum Gewebe, d. h. von der Capillare zur Mitchondrie, ist indessen noch ungenügend bekannt.

Zusammenfassung

Die akute Konfrontation mit einem reduzierten O_2-Druck in der Inspirationsluft während Arbeit ist mit einer Hyperpnoe verbunden, die über die Arbeitshyperventilation für eine gegebene Belastung unter Meereshöhebedingungen hinausgeht. Auch das Herzzeitvolumen steigt stärker an als die Sauerstoffaufnahme. Diese Faktoren vergrößern in Verbindung mit einer Verschiebung der O_2-Dissoziationskurve zu ihrem steilen Teil den Sauerstofftransport. Diese Mechanismen können indessen nicht voll den reduzierten O_2-Partialdruck kompensieren. Demgemäß ist die maximale Sauerstoffaufnahme herabgesetzt, womit die Bedeutung der anaeroben Energieproduktion anwächst.
Es kann festgestellt werden, daß im Zuge einer Höhenakklimatisation immer mehr kompensatorische Kunstgriffe erworben werden wie (1) ein wei-

teres Anwachsen der Lungenventilation; (2) ein Anwachsen der Hämoglobinkonzentration im Blut; (3) morphologische und funktionelle Veränderungen in den Geweben (angewachsene Capillarisierung, vermehrter Myoglobingehalt, modifizierte Enzymaktivität). Das initial beobachtete Ansteigen des Herzzeitvolumens für eine gegebene Belastung wird ersetzt durch eine graduelle Abnahme auf oder sogar unter den Wert in Meereshöhe. Sowohl während submaximaler als auch bei maximaler Arbeit ist das Schlagvolumen reduziert. Lag der Aufenthalt in einer Höhe von 4000 m oder höher, erfährt die maximal erreichbare Herzschlagzahl eine Reduktion im Vergleich mit den Werten auf Meereshöhe. Andere genannte Adaptationsmechanismen sind reversibel. Es bedarf jedoch mehrerer Wochen, bevor die Größen zu den Ausgangswerten in Meereshöhe zurückkehren. Das gilt vor allem für Personen, die sich einen Monat oder länger in der Höhe aufgehalten hatten.

Der Nettoeffekt dieser Höhenakklimatisation ist eine graduelle Verbesserung der körperlichen Leistungsfähigkeit in Ausdauerbelastungen. Die maximale anaerobe Kapazität nach einer langen Periode der Akklimatisation ist noch nicht sorgfältig analysiert worden. Bis zu einer Höhe von 2500 m existieren objektive Messungen, welche zeigen, daß die maximale aerobe Kapazität innerhalb der ersten wenigen Wochen des Höhenaufenthaltes ansteigt (PUGH, 1965; SALTIN, 1967; ROSKAMM u. Mitarb., 1968).

Es ist ebenfalls sicher, daß der Sauerstoffgehalt pro Liter Blut ansteigt, aber das maximale Herzzeitvolumen ist etwa im selben Maße reduziert. Es sollte darauf hingewiesen werden, daß der gut trainierte Athlet sich weder schneller noch effektiver in der Höhe akklimatisiert als eine untrainierte Person.

Die Abb. 55 stellt ein Beispiel dar von Daten, die in der Höhe von Mexico City an einem Spitzenathleten (Kanu) gewonnen wurden. Sein initialer Abfall in der maximalen Sauerstoffaufnahme von 14% wurde weniger während des Aufenthaltes in Mexico City, betrug aber selbst nach 19 Tagen noch 6% im Vergleich zum Maximalwert in Meereshöhe. Derselbe Trend wurde für die Sauerstoffaufnahme während maximaler Belastung im Kanu beobachtet. In einer Gruppe von acht internationalen Spitzenathleten belief sich die Reduktion der maximalen Sauerstoffaufnahme in einer Höhe von 2300 m auf durchschnittlich 16% (9—22%); nach 19-tägigem Höhenaufenthalt war der Maximalwert noch 11% unter dem Meereshöhenwert (6—16%) (SALTIN, 1967). Dieses Beispiel illustriert die individuellen Variationen in Beantwortung des Hypoxiereizes.

Die Leistungsfähigkeit nach der Rückkehr auf die Meereshöhe

Die Meinungen differieren hinsichtlich der Beantwortung der Frage, ob die Leistungsfähigkeit nach einem Höhenaufenthalt auch unter Meereshöhebedingungen verbessert ist bzw. ob ein Training in der Höhe die Leistungsfähigkeit in der Tiefe zusätzlich steigert (GODDARD, 1967). Die in Abb. 55 dargestellte Person war der bestadaptierte schwedische Athlet in der Testgruppe, die Mexico City 1965 besuchte. Als er nach dreiwöchigem Aufenthalt in Mexico City nach Stockholm zurückkehrte, war seine maximale Sauerstoffaufnahme nicht höher als vorher. BUSKIRK u. Mitarb. (1967) wie auch CONSOLAZIO (1967) stellen fest, daß ihre Probanden nach einem Höhenaufenthalt in mehr als 4000 m Höhe über eine Zeitspanne von 4 Wochen oder mehr keine besseren Resultate in Meereshöhe erzielten als vorher. Die

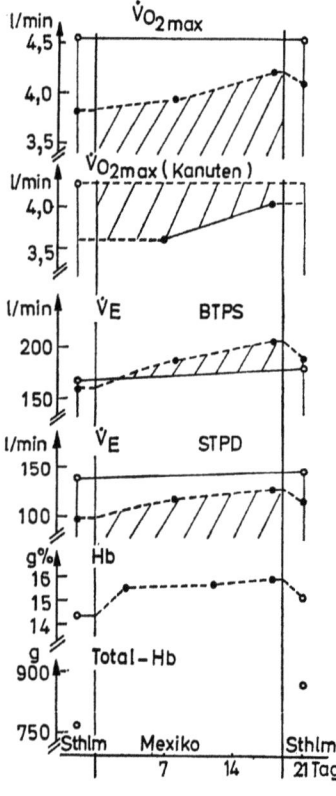

Abb. 55. Respiratorische und kardiovasculäre Reaktion auf einen 19tägigen Aufenthalt in Mexico City (2 300 m Höhe) bei G. UTTERBERG, Goldmedaillen-Gewinner bei den Kanuten in Tokyo 1964. Die leeren Kreise bedeuten Bestimmungen in Meereshöhe in Stockholm. Die gefüllten Kreise repräsentieren die in der Höhe erhaltenen Werte bzw. die in einer Unterdruckkammer gewonnenen bei 580 mm Hg. Die ventilatorischen Größen (BTPS und STPD) sind während maximaler Arbeit auf dem Fahrradergometer gemessen'(nach SALTIN, 1967)

maximale Sauerstoffaufnahme war nicht angestiegen. BUSKIRK u. Mitarb. schließen daraus, daß es wenig sinnvoll ist, die Leistungsfähigkeit unter Höhenbedingungen verbessern zu wollen zwecks Einsatz im Wettkampf in Meereshöhe.

GROVER u. REEVES (1967) kamen ebenfalls zu ähnlichen Ergebnissen hinsichtlich einer Studie, die die Leistungsfähigkeit von Eingeborenen sowie von Normalpersonen in 3100 m und 300 m Höhe betraf. Die maximale Sauerstoffaufnahme war in beiden Gruppen um 26%/o in der größeren Höhe niedriger. Die Athleten aus Gebieten von Meereshöhe gewannen alle leichtathletischen Wettbewerbe sowohl in der geringen als auch in der großen Höhe. Ihre Leistungsfähigkeit nach Rückkehr in die geringe Höhe war von ihrem Aufenthalt in der mittleren Höhe nicht verbessert (FAULKNER u. Mitarb., 1968; HANSEN u. Mitarb., 1967 b; KOLLIAS u. Mitarb., 1968).

Es ist wahr, daß sowohl Training als auch verlängerter Aufenthalt unter Hypoxiebedingungen ähnliche Veränderungen bewirken hinsichtlich einer verbesserten Vascularisation im Skeletmuskel, einem angewachsenen Myoglobingehalt und möglicherweise ähnlichen positiven Veränderungen intracellulärer Art. Andererseits bringt Training unter Meereshöhebedingungen keine Hämoglobinkonzentration hervor. Eine Höhenanpassung von mehr als einigen Tagen Dauer verhindert augenscheinlich das Erreichen des maximalen Schlagvolumens, und die angewachsene Lungenventilation, die der Rückkehr auf Meereshöhe folgt, repräsentiert keinen Vorteil. Dasselbe gilt für die reduzierte Alkalireserve im Blut mit einer reduzierten Pufferkapazität für Milchsäure als Konsequenz. Darüber hinaus muß die Trainingsintensität als Folge der Höhe dort reduziert werden. Aus diesen Gründen können die höhenbedingten Verbesserungen nicht direkt auf die Leistungsbedingungen auf Meereshöhe übertragen werden.

Praktische Anwendungen

Um in Ausdauersportarten die höchste denkbare Leistungsfähigkeit in Höhen von 2000 m und mehr zu erreichen, ist eine Akklimatisationszeit von mindestens 3 Wochen notwendig. Eine geringere Höhe erfordert wahrscheinlich eine geringere Zeit. Ein längerer Aufenthalt in großer Höhe würde vermutlich aus einigen physiologischen Aspekten heraus günstig sein, kann sich aber aus psychologischen, sozialen und wirtschaftlichen Gründen unter Umständen auch negativ auswirken. Nach der initialen Akklimatisation ist der wöchentliche Leistungszuwachs so gering, daß er von den natürlichen täglichen Schwankungen der körperlichen Leistungsfähigkeit überspielt werden kann.
Athleten in Sportarten mit dominierenden technischen Gesichtspunkten oder mit Ansprüchen an erstrangig anaerobe metabolische Prozesse können ohne weiteres zum Zeitpunkt des Wettkampfes in der Höhe eintreffen, wenn die Höhe nicht so groß ist, daß eine Bergkrankheit befürchtet werden muß.

Sowohl theoretische Überlegungen als auch praktische Erfahrungen zeigen, daß die Leistungskapazität in einigen Sportarten in der Höhe größer ist (z. B. 100 m- bis 400 m-Lauf, Bahnradrennen u. a.). Im Hinblick auf die Tatsache, daß Werfer gewohnt sind, mit unterschiedlichen Windbedingungen fertig zu werden, erfordert die reduzierte Luftdichte in der Höhe gewiß keine spezielle Vorbereitungsperiode.
Ferner ist es wichtig zu bedenken, daß das subjektive Gefühl der Ermüdung in der Höhe zu individuell unterschiedlicheren Zeiten eintritt als im Tiefland. Dem muß auch die Taktik angepaßt werden. Die Erfahrung hat ge-

zeigt, speziell im Skilangstreckenlauf, daß bei zu intensiver Beanspruchung eine beträchtlich längere Erholungszeit erforderlich ist als unter Normalbedingungen (eventuell ein Effekt des höheren Lactatspiegels?).

Man ist gezwungen, ein geringeres Tempo zu akzeptieren, und sowohl die Intensität als auch die Dauer der Trainingsbelastungen müssen verringert werden. Die Schwimmer entdecken, daß sie nur eine kürzere Zeit unter Wasser verbleiben können, als es normalerweise der Fall ist, und sie müssen ihre Schwimmzüge einem unterschiedlichen Atmungsrhythmus anpassen.

Die Fähigkeit, ein intensives Tempo für längere Zeitspannen in großer Höhe zu tolerieren, ist von Person zu Person verschieden. Das wiederum kompliziert die Auswahl der Athleten für eine Mannschaft. Es gibt Beispiele für das totale Versagen von sonst außergewöhnlich guten Athleten in Ausdauerwettbewerben, wenn sie unter Höhenbedingungen starten müssen. In Wettbewerben in großer Höhe ereignen sich weit mehr Kreislaufkollapse als im Tiefland üblich. Dazu erklären JOKL u. JOKL (1969): „Eine beispiellose Zahl von Sportlern kollabierte in Mexico City nach ihren Wettkämpfen. Vier verschiedene klinische Zustände wurden beobachtet: Anstrengungsmigräne, plötzlicher primärer Bewußtseinsverlust, Schock- und Kraftlosigkeitsanfälle. Obwohl derartige Zustände auch nach maximalen Sportleistungen auf Meereshöhe bekannt sind, war ihre Häufigkeit in der Höhe unverhältnismäßig größer."

Dies scheint indessen keine größere gesundheitliche Gefährdung zu repräsentieren. Die Ausdauerbelastung in großer Höhe mag die Aufnahme zusätzlicher Flüssigkeit und möglicherweise auch zusätzlicher Kohlenhydrate erforderlich machen. Es gibt keinen Anhalt für die Vermutung, daß die Vorbereitung für Wettbewerbe in ausdauerbeanspruchenden Sportarten Training mit einschließen sollte in einer größeren Höhe als jener, in der der Wettkampf stattfindet.

PUGH (1964) stellt fest, daß nach einer entsprechenden Akklimatisation mit eigenen Kräften und ohne Zufuhr von reinem Sauerstoff eine Höhe von 8600 m (28 200 Fuß) erreicht werden kann. So ist es in einer Hinsicht schade, daß der Mount Everest eine Höhe von 8848 m hat; es ist wahr, daß der Gipfel mittels Sauerstoffatmung erreicht worden ist; aber vom sportlichen Gesichtspunkt ist der Mount Everest noch unbesiegt.

Körperliche Arbeit bei hoher Temperatur

Von C. H. WYNDHAM und N. B. STRYDOM

Sir ADOLPHE ABRAHAMS stellt in seinem Artikel über „Athletics" in der 1950 erschienenen Ausgabe der Britischen Enzyklopädie über praktische Medizin fest, „ich bin der Meinung, daß bei gesunden Personen die einzige ernsthafte potentielle Gefahr für das Leben bei einer intensiven körperlichen Beanspruchung der Hitzschlag ist — eine Gefahr, die deutlich demonstriert wurde von den Beispielen, die ich gesehen habe: Alarmierende Kollapse und, bei einer Gelegenheit, ein Todesfall. Eine korrekte Vorsichtsmaßnahme würde das Verbot sein, das Rennen unter Umständen zu bestreiten, unter welchen ein derartiger Vorfall erwartet werden könnte — eine feuchtigkeitsbeladene Atmosphäre, ein nachfolgender Wind am frühen Nachmittag oder ein Tag mit einer Temperatur von 85° F (29,5° C) im Schatten oder höher".

Sir ADOLPHE konnte seine Warnung nicht deutlicher ausgedrückt haben, aber dennoch setzen Sportmanager fort, Wettkämpfe unter klimatischen Bedingungen zu arrangieren, welche ständig das Risiko eines Hitzschlags beinhalten. Als Beispiele seien hier nur der Tod eines Berufs-Radrennfahrers während der Tour de France 1965 genannt, der beinahe tödlich verlaufene Zusammenbruch eines britischen Marathonläufers während der Empirespiele in Kanada 1955 und die Hitzschläge von drei dänischen Radrennfahrern während eines 100 km-Rennens in Rom 1960.

Wegen der Bedeutung der Überwärmung und ihrer Folgen für den menschlichen Körper speziell in sportlichen Wettkämpfen wird sich dieses Kapitel spezifisch mit den physiologischen und den psychologischen Reaktionen bei Belastungen unter Hitzebedingungen befassen. Es wird auf die Symptome und Behandlung von Salz- und Wasserdefizit sowie von „Hitzeverletzungen" und auf die Möglichkeiten ihrer Prävention vor allem durch Akklimatisation und bestimmte Hitzevorschriften bei der Abhaltung von sportlichen Wettkämpfen eingegangen werden.

Physiologische und psychologische Reaktionen bei Hitze

I. Körpertemperatur

Obwohl der Mensch homöotherm ist, steigt seine Rectal- oder Kerntemperatur während einer stetigen körperlichen Belastung in der Kälte oder in einer angenehmen Lufttemperatur innerhalb von 40—60 min auf ein neues Einstellungsniveau. Die neue Basis der Rectal-Temperatur ist direkt korreliert mit der Größe der Hitzeproduktion; je größer der Stoffwechselumsatz in einem Organismus ist, desto höher steigt die Rectal-Temperatur und desto schneller wird das zugehörige neue Niveau erreicht, wie von NIELSEN (1938) in seinen klassischen Untersuchungen gezeigt wurde. Daneben beinflußt eine

Anzahl individueller Faktoren die Körpertemperatur während körperlicher Belastung. Das Alter, Geschlecht, die Körpergröße, Körperzusammensetzung u. a. zählen hierzu. Eine der wichtigsten Größen stellt jedoch die maximale Sauerstoffaufnahme dar. Wenn zwei Personen mit vergleichbaren Größen in sämtlichen Parametern eine körperliche Belastung mit einer gleich großen Sauerstoffaufnahme auf sich nehmen, wird derjenige von den beiden die höhere Körperkern- und Rectaltemperatur aufweisen, der die geringere maximale Sauerstoffaufnahme hat.

Der Anstieg der Körpertemperatur während Belastung kann nicht dem Fieber gleichgesetzt oder als ein Fehlschlag der Temperaturregulation angesehen werden. Er ist erstens der Tatsache zuzuordnen, daß muskuläre Beanspruchung nur einen Wirkungsgrad von 25% hat und daß die anderen 75% der entstandenen Energie in Hitze umgesetzt werden, die der Körper abzugeben hat; zweitens ist der Temperaturanstieg darauf zurückzuführen, daß die Zellen, einschließlich der Muskelzellen, mit einem verbesserten Wirkungsgrad operieren, wenn die Körpertemperatur auf 38 bis 39° C angestiegen ist. In bezug auf diesen Faktor ist die Feststellung bedeutsam, obgleich es hier noch einige Kontroversen gibt, daß der Sauerstoffverbrauch in niederen, mittleren und hohen Belastungsbereichen nicht durch die erhöhte Temperatur als solche ansteigt (STRYDOM u. Mitarb., 1966 a).

WYNDHAM u. Mitarb. (1952) zeigten, daß das neue Körpertemperaturgleichgewicht, bezogen auf eine bestimmte Stoffwechselrate, nur für einen begrenzten Bereich der Lufttemperatur gehalten wird. Ist einmal eine kritische Lufttemperatur und -feuchtigkeit überschritten, steigt die Körpertemperatur zunächst auf eine höhere Basis; schließlich kann sie ununterbrochen weiter ansteigen bis zur Auslösung eines Hitzschlages. Je höher der Stoffwechselumsatz liegt, desto niedriger befindet sich der kritische Punkt der Lufttemperatur, jenseits dessen eine ständige weitere Zunahme der Körpertemperatur eintritt.

Der Mensch reguliert seine Körpertemperatur gegen excessive Anstiege bei Muskelarbeit auf zwei Wegen: Mittels aktiver Dilatation der Blutgefäße der Haut, und mittels Schweißsekretion. Es resultiert ein Anstieg der Hautdurchblutung, wodurch die Hitzeabgabe an die umgebende Luft vergrößert wird mittels Strahlung und Konvektion. Die Schweißverdampfung kühlt die Hautoberfläche und damit auch das durchströmende Blut. Der bedeutsamste Regulationsmechanismus ist letzterer. Die komplette Verdampfung von 100 ml Schweiß entfernt über 60 Hitze-kcal von der Körperoberfläche. Somit stellt sich die Frage, wieviel Hitze ein Leistungssportler, z. B. ein Marathonläufer, von seiner Körperoberfläche abzugeben hat, um in einem Körpertemperatur-Gleichgewicht zu verbleiben.

Untersuchungen von WYNDHAM u. Mitarb. (1969 d) über den Sauerstoffverbrauch von 6 Marathonläufern ergaben bei einer Geschwindigkeit von 18 km/h einen Bereich von 2,6 l/min für einen 50 kg schweren Mann und von 3,9 l/min für ein Körpergewicht von 72 kg. Dabei besteht eine signifikante Korrelation zwischen der Sauerstoffaufnahme und dem Körpergewicht ($r = 0,71$).

Ähnliche Resultate erhielten COSTILL u. FOX (1969). Um unter diesen Bedingungen ein Temperaturgleichgewicht aufrecht zu erhalten, muß ein Mann von 60 kg Gewicht bei einer Laufgeschwindigkeit von 18 km/h über 900 kcal/h über seine Körperoberfläche abgeben. Das würde bei einer totalen Schweißverdunstung einer Schweißproduktion von 1500 ml/h entsprechen. Beobachtungen von WYNDHAM u. Mitarb. (1969 a) an 30 Marathonläufern während eines 30 km-Rennens an einem kühlen Tag (die Lufttemperatur schwankte zwischen 9° C um 8 Uhr morgens und 17° C am Nachmittag und bei einer relativen Luftfeuchtigkeit von 96% bis 30% zu diesen Zeiten) zeigten, daß eine signifikante Korrelation bestand zwischen den Schweißverlusten und dem Körpergewicht, unabhängig von der Position, in der die betreffenden Personen das Rennen beendeten ($r = 0,90$) (Abb. 56).

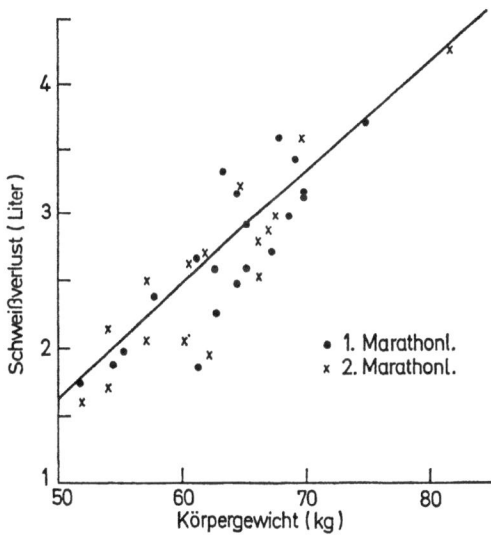

Abb. 56. Korrelation zwischen Schweißverlust und Körpergewicht nach einem Marathonlauf

Von der Regressionslinie kann man schätzen, daß ein 60 kg schwerer Mann, der seine Renndistanz in 2 Std bewältigte, über 1250 ml/h Schweiß produzierte. Wenn dieser gesamte Betrag verdampfte, betrug der Hitzeverlust etwa 90% der Hitzeproduktion des hypothetischen 60 kg Marathonläufers bei einer Laufgeschwindigkeit von 18 km/h. PUGH u. Mitarb. (1967) schätzten indessen, daß nur 40% des produzierten Schweißes total verdampft; unter Anwendung dieses Faktors auf unser Beispiel würde der Hitzeverlust durch Verdunstung nur bei 330 kcal/h liegen. Es erscheint zweifelhaft, ob ein Marathonläufer, ausgenommen sehr kalte Bedingungen, fähig ist, die verbleibenden 600 kcal/h mittels Strahlung und Konvektion abzugeben. Dieser Zweifel wird von der Tatsache unterstützt, daß die Rectaltemperaturen von 30 Marathonläufern unmittelbar nach dem Rennen zwischen 38,2 und 40,8° C lagen (WYNDHAM u. Mitarb., 1969 a). PUGH u. Mitarb. (1967) berichteten über Rectaltemperaturen von über 41,1° C und eine maximale Schweißproduktion von 1800 ml/h während eines Marathonlaufes an einem warmen Tag in England mit einer DB-Temperatur von 23° C und WB-Temperatur von 17° C.

Andere Untersucher berichteten über sehr hohe Körpertemperaturen bei Sportlern, die hohe Laufgeschwindigkeiten über Perioden von 30 min und länger bei hohen Lufttemperaturen beibehielten. ROBINSON publizierte 1949 Rectaltemperaturen von 41° C bei Rice und Lash nach einem 3- und 6 Meilen-Rennen in Nebraska/USA an einem sonnigen und feuchten Tag mit Lufttemperaturen von 29,5° C. Später wurde eine Rectaltemperatur von 40,5° C mitgeteilt bei einem internationalen Rennen nach 45minütiger erschöpfender Belastung in einer DB-Temperatur von 25° C und WB-Temperatur von 21° C.

Der Gebrauch von Amphetaminen kann unter diesen Umständen besonders gefährlich werden, weil Sportler unter Einfluß dieser Drogen ihre Leistungen auch bei hohen Belastungsintensitäten über längere Zeiten als normal durchhalten können (WYNDHAM u. Mitarb., 1971). Das mag zu einem gefährlichen Anstieg der Körpertemperatur führen. Ein tödlich endender Hitzschlag ist auch von einem Radrennfahrer bekannt geworden, der unter Amphetamineinfluß stand.

II. Das Kreislaufsystem

Das Herz pumpt Blut durch die Arterien, Arteriolen und Capillaren zu allen Organen des Körpers und zur Haut. Die Hauptaufgabe des Blutkreislaufes ist die Versorgung des Organismus mit genügend Sauerstoff und Nahrungsstoffen. Der Kreislauf ist auch verantwortlich für die Entfernung von Stoffwechselzwischen- und Endprodukten wie CO_2 etc. Die Beziehung zwischen Sauerstoffverbrauch als einem Maß des Stoffwechsels und zentralen Kreislaufparametern kann in einer einfachen mathematischen Formel ausgedrückt werden:

$$VO_2 = F \times SV \times A - V_{diff}.$$

Dabei bedeutet VO_2 die Sauerstoffaufnahme in ml/min; F ist die Pulsfrequenz/min, SV das Schlagvolumen in ml und $A - V_{diff}$. die Differenz in der arterio-venösen Sauerstoffsättigung in ml. Das Herzzeitvolumen erscheint in dieser Formel nicht, ist aber durch das Produkt aus $F \times SV$ ausgedrückt

Das Kreislaufsystem hat darüber hinaus noch eine andere wichtige Funktion. Sie besteht in der Überführung von überschüssig produzierter Hitze zur Haut, wo sie mittels Strahlung und Konvektion an die umgebende Atmosphäre abgegeben wird, und in der Mitbeteiligung an der Schweißproduktion. Eine vermehrte Hitzeüberführung zur Haut während muskulärer Arbeit

wird von einer Eröffnung sonst geschlossener Capillaren begleitet sowie von einer Eröffnung arterio-venöser Kurzschlüsse innerhalb der Haut. Die Vergrößerung der Gefäßlumina in der Haut und der Temperaturanstieg beeinflussen die zentrale Zirkulation und die Blutverteilung zu den verschiedenen Körperregionen.
WYNDHAM u. Mitarb. (1962) und ROWELL u. Mitarb. (1967) studierten zentrale zirkulatorische Parameter bei verschiedenen Stufen körperlicher Arbeit unter angenehmen und heißen Umgebungsbedingungen. Übereinstimmend wurde festgestellt, daß bei submaximaler muskulärer Belastung unter Hitzebedingungen die Herzschlagzahl ansteigt und das Schlagvolumen reduziert ist, verglichen mit den gleichen Belastungsstufen unter angenehmen Temperaturbedingungen. Hingegen sind die arterio-venöse O_2-Differenz und das Herzzeitvolumen unverändert. Die Tatsache, daß das Herzminutenvolumen bei submaximaler Belastung unter Hitzebedingungen nicht ansteigt, war seinerzeit unerwartet wegen der angestiegenen Hautdurchblutung. ROWELL u. Mitarb. (1967) formulierten daher: „Die Größe des Stoffwechsels ist entscheidend für die Regulation des Herzzeitvolumens." Demgemäß muß eine Umverteilung der Durchblutung unter Hitzebedingungen stattfinden. RADIGAN u. ROBINSON (1949) berichteten über eine reduzierte renale Durchblutung während Arbeit bei größerer Hitze. ROWELL u. Mitarb. (1968) demonstrierten eine reduzierte Leberdurchblutung. Der letztere Befund ist mit einer Vergrößerung des Lactatspiegels im hepatovenösen Blut verbunden, was als Zeichen einer hepatischen Hypoxämie gedeutet werden kann. WYNDHAM u. Mitarb. (1962) stellten fest, daß die Konzentration an Lactat im arteriellen Blut schon bei geringen Belastungsstufen unter Bedingungen erhöhter Außentemperatur ansteigt. Offensichtlich führt die hitzebedingte Umverteilung des Blutvolumens zu einer Minderdurchblutung des arbeitenden Muskels und damit zu einer Vergrößerung von dessen anaerobem Stoffwechsel.

Nach diesen Ausführungen wird es verständlich, daß bei muskulären Belastungen von mittlerer und langer Dauer unter Hitzebedingungen der Athlet sehr benachteiligt ist hinsichtlich der Leistungsfähigkeit. Er muß kompensatorisch schon bei niedrigeren Sauerstoffaufnahmewerten anaerobe Stoffwechselmechanismen entwickeln und ist daher bei einer gegebenen Lauf- oder Tretgeschwindigkeit etc. frühzeitiger erschöpft. Der erhebliche Abzug von Blut aus dem Splanchnicusgebiet kann ernste metabolische Konsequenzen haben, wenn er bis zu einer hepatischen Anoxie geht, wie ROWELL u. Mitarb. (1968) vermuten. Eine unter diesen Bedingungen länger aufrechterhaltene körperliche Belastung könnte weiterhin zu einem Nierenschaden führen oder ihn begünstigen.
Ein anderer Nachteil von hoher körperlicher Beanspruchung unter Hitzebedingungen besteht darin, daß die maximalen Herzschlagfrequenzen schon bei geringeren Sauerstoffaufnahmen erreicht werden. Jeder zusätzliche Stress, der zu einer Reduktion des Schlagvolumens führt, wie Dehydration oder Ansammlung von Blut in unteren Extremitäten infolge Verlusts an venomotorischem Tonus — wie er nach ROWELL u. Mitarb. (1971) unter diesen Bedingungen passieren kann — kann nicht mittels eines entsprechenden An-

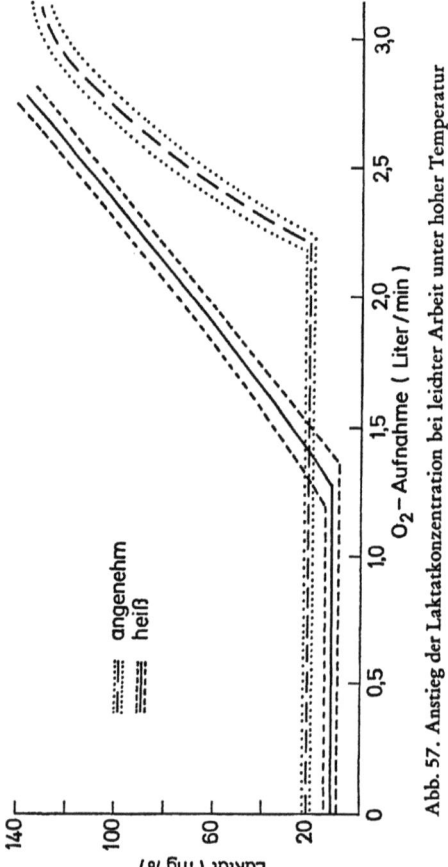

Abb. 57. Anstieg der Laktatkonzentration bei leichter Arbeit unter hoher Temperatur

wachsens der Pulsfrequenzen kompensiert werden. Das Herzzeitvolumen fällt bis zu einer vasovagalen Schwäche; es resultieren eine Nausea und schließlich ein Kreislaufkollaps. Manchen von diesen akuten Hitzeeffekten kann in einem bestimmten Ausmaß begegnet werden durch eine entsprechende Hitze-Akklimatisation.

Trotz der erwähnten negativen Mechanismen, die sich zirkulatorisch auswirken, konnten weder WYNDHAM u. Mitarb. (1962) nach ROWELL u. Mitarb. (1967) irgendeinen signifikanten Abfall der maximalen Sauerstoffaufnahme bei Personen finden, die sich maximal über 5—10 min Dauer in einer Atmosphäre stark erhöhter Temperatur belasteten. WYNDHAM u. Mitarb. (1962) zeigten, daß, anders als unter Normalbedingungen, sowohl das Schlagvolumen als auch die arterio-venöse O_2-Differenz bei maximaler Belastung unter Hitzebedingungen anstiegen in Verbindung mit einem starken Anstieg der Rectaltemperatur. Sie schlossen hieraus auf einen Shunt des Blutflusses von der Haut zur Arbeitsmuskulatur, was den Hitzefluß von der Haut zur Umgebung reduzierte. Der Körper scheint auf diese Weise die Temperaturregulation dem Stoffwechsel gewissermaßen zu opfern, zumindest bei solchen kurzen Perioden maximaler Belastung unter Hitzebedingungen. Das Bild ändert sich indessen bei verlängerten Arbeitsperioden. Etliche Untersucher fanden eine Reduzierung der maximalen Sauerstoffaufnahme unter diesen Umständen. PIRNAY u. Mitarb. (1970) z. B. ließen einen Probanden Arbeit bei Hitze mit 300 kcal/h über 20 min absolvieren, bevor sie die maximale Sauerstoffaufnahme registrierten. Dabei wurde eine 25%ige Reduktion dieses Wertes beobachtet.

III. Psychologische Reaktionen

Wenn nicht hitzeakklimatisierte Personen eine körperliche Arbeit unter hohen Temperaturen durchzuführen haben, leiden sie unter diesen erschwerten Bedingungen. Die psychologischen Reaktionen wurden von WYNDHAM studiert (1969 c). Sie nehmen die Form von Aggression, Hysterie oder Apathie an. Eine aggressive Person kann auf eine geringfügige Reizung hin jemanden anfallen, eine hysterische mag weinen, sich auf den Boden werfen und hyperventilieren, ein apathischer Mensch zieht sich zurück und verweigert ggfs. jeden Kontakt mit anderen Personen.

Einige von diesen psychologischen Reaktionen sind von einem erfahrenen Psychologen beschrieben worden, der einige Stunden lang unter schweren Hitzebedingungen (34° C wb) arbeitete:

„In der ersten halben Stunde fiel mir die Arbeit leicht und ich dachte, daß der Streß nicht so groß sein könnte, wie er mir vorher beschrieben worden war. Gegen Ende der Stunde begann sich das zu ändern. Ich fühlte mich übermäßig erhitzt, mein Gesicht war hochrot und ich bekam Atmungsschwierigkeiten ... Ich begann mich ungewöhnlich schwach und ermüdet zu fühlen, jedoch ohne die Möglichkeit einer regionalen Lokalisierung dieses Gefühls ... Die Kontrolle über mein „soziales Tun" begann jenseits dieser Zeit immer geringer zu werden ... Ich bemerkte, daß ich übermäßig auf jeden trivialen Reiz zu reagieren begann, fand aber trotz dieses Wissens keine Kontrollmöglichkeit mehr über mich selbst. Meine ganze Welt engte sich ein auf den Bezug zu meiner Aufgabe ... Sie nahm, so schien es, meine gesamte geistige Leistungsfähigkeit in Anspruch."

Es ist bemerkenswert, daß Personen, die solche ernsten psychologischen Reaktionen am ersten Tag der Hitzeexposition erleiden, am 4. oder 5. Tag der Akklimatisation ihre Aufgabe relativ leicht erfüllen ohne auffällige psychologische Fakten.

Es gibt hier zwei wichtige Anweisungen für Sportmanager und ärztliche Betreuer von Aktiven:

1. Wenn nicht hitzeakklimatisierte Sportler Wettkämpfe bei hohen Temperaturen absolvieren, können sie Verhaltensreaktionen wie die oben genannten aufweisen. Ein irrationales Verhalten muß unter solchen Um-

ständen auf klimatische Umstände zurückgeführt werden und sollte deswegen nicht in der üblichen Weise belangt werden. Sportfunktionäre sollten auf diese Möglichkeit der Aggression seitens der von ihnen betreuten Sportler hingewiesen werden mit der Maßgabe, anders zu reagieren als unter Normalbedingungen.
2. Mannschaften, die von einem kälteren Klima in ein heißes kommen, beispielsweise wie in Rom 1960, sollten vor den klimatischen Bedingungen gewarnt werden. Es sollte ihnen geraten werden, Erfahrungen am Ort zu sammeln und sich einer Hitzeakklimatisation zu unterziehen.

1. Wasser-Salz-Verluste

ADOLPH und MARIOT beschrieben die Symptome, die von einem Wasserverlust erwartet werden können.

1. Ein Wasserdefizit von 2% des Körpergewichts (1,5 l bei einem 70 kg schweren Mann) — Hauptsymptom ist Durst.
2. Ein Wasserdefizit von 6% (4 l bei einem 70 kg schweren Mann) — die Hauptsymptome sind Durst, Oligurie, Schwäche, Reizbarkeit und Aggressivität, während die körperliche und geistige Leistungsfähigkeit noch gut sind.
3. Ein Wasserdefizit von mehr als 6% (mehr als 5 l bei einem 70 kg schweren Mann) verursachen Symptome und Zeichen wie in 2. — zusätzlich nunmehr eine eindeutige Schwächung sowohl der körperlichen als auch der geistigen Leistungsfähigkeit.

Beobachtungen von WYNDHAM u. Mitarb. (1969 a) an 30 Marathonläufern zeigten, daß die Rectaltemperaturen am Ende des Rennens eine Korrelation zum Ausmaß des Wasserverlustes aufwiesen. Sportler mit weniger als 3% Wasserverlust hatten Rectaltemperaturen von 38,3 bis 38,8° C; solche mit über 3% Wasserdefizit ließen eine lineare Beziehung zwischen dem Wasserdefizit und der Rectaltemperatur erkennen (Abb. 58).
Sportler mit Wasserverlusten von mehr als 5% zeigten Rectaltemperaturen über 40° C. Der hochsignifikante Effekt des Wasserdefizits auf die Körpertemperaturregulation und auf die Leistungsmoral wurde von STRYDOM u. Mitarb. (1966 b) an zwei Leistungsgruppen demonstriert, die mit einer Geschwindigkeit von 6,6 km/h eine Distanz von 30 km gingen. Eine dieser Gruppen trank eine Wassermenge nach eigenem Belieben, während die andere an eine Wasseraufnahme von 1,0 l über die gesamte Periode gebunden war. 7 der 30 Sportler aus der wasserkontingierten Gruppe erlitten einen Kollaps und erreichten das Ziel nicht.
In der Vergleichsgruppe schied nur eine Person vorzeitig aus. Die atmosphärischen Bedingungen waren warm bis heiß mit DB-Temperaturen zwischen 22 und 32° C, WB-Temperaturen von 16—20° C und „Black-Globe"-Temperaturen von 29—50° C. Das mittlere Wasserdefizit der wasserreduzierten Gruppe betrug am Ende des 5 Std-Marsches 4,8%; diese Gruppe wies eine mittlere Rectaltemperatur von 38,8° C auf, wobei ein Proband 39,6° C erreichte. Das mittlere Wasserdefizit der Probandengruppe, die in

beliebigen Mengen nach freiem Ermessen Wasser trinken konnte, belief sich auf 2,9% bei einer durchschnittlichen Rectaltemperatur von 38,3° C. Eine schlechte Leistungsmoral war ein Charakteristikum der wasserrestringierten Gruppe. Sie wirkte abgeschlagen, aggressiv, undiszipliniert und zeigte große Ermüdungszeichen.

An besonders heißen Tagen werden die Schweißproduktionsraten aus den oben erwähnten Experimenten übertroffen. Dieses Anwachsen der Schweißproduktion birgt die Gefahr, ein Wasserdefizit von 5% oder mehr einzugehen mit der Möglichkeit eines sich daraus anbahnenden Hitzschlages. Ein Wasserdefizit äußert sich nicht nur in einem signifikanten Anstieg der Körper-

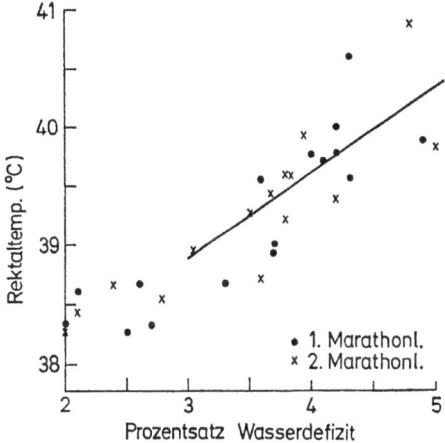

Abb. 58. Die Beziehung zwischen Rectaltemperatur und dem Prozentsatz Wasserdefizit nach einem Marathonlauf

temperatur, sondern beeinflußt auch die Leistungskapazität für eine langandauernde Belastung. SALTIN (1964) und andere Autoren dehydrierten Probanden bis zu 5% des Körpergewichtes und registrierten dennoch keine Abnahme der maximalen Sauerstoffaufnahme. Die betreffenden Personen waren jedoch nicht in der Lage, eine langdauernde maximale Arbeit in dehydriertem Zustande so lange durchzuhalten wie unter Normalbedingungen. Subjektiv wurden Beschwerden wie Nausea, Schwäche, abdominale und muskuläre Schmerzen angegeben.

Für Trainer, ärztliche Betreuer und natürlich für die Sportler selbst sollte daraus die Lehre gezogen werden, daß langdauernde muskuläre Beanspruchungen unter erhöhten Umgebungstemperaturen mit intervallmäßig eingenommenen kleinen Mengen von Wasser verbunden sein sollten, mindestens 1 l/Std. Den Idealfall stellt die Verabfolgung von 250 ml/15 min dar. *Die internationalen Regeln, die die Aufnahme jedweder Flüssigkeit auf den* ersten 15 km eines Marathonlaufes verbieten, sind als kriminell zu bezeichnen, wenn der Wettkampf unter warmen oder heißen klimatischen Bedingungen vonstatten geht. Derartige Regeln sollten sofort gestrichen werden.

Die Zeichen und Symptome von Salzverlust sind:

1. Ein Defizit von 0,5 g/kg (35 g bei einem 70 kg schweren Mann) verursacht Mattigkeit, Schwindel, Schwäche und leichte Muskelkrämpfe.
2. Ein Defizit von 0,5—0,75 g/kg (35—52,5 g bei einem 70 kg schweren Mann) verursacht zusätzlich zu den in 1. genannten Symptomen Nausea, Brechreiz, Blutdruckabfall, Kollaps und schwere Muskelkrämpfe.
3. Ein Defizit von mehr als 0,75 g/kg (mehr als 52,5 g bei einem 70 kg schweren Mann) löst Apathie aus, Stupor, einen deutlichen Blutdruckabfall und einen schweren Kollaps, von dem sich der Betreffende nicht durch alleiniges Liegen erholt.

Die Konzentration von Kochsalz (NaCl) im Schweiß, einer hypotonischen Lösung, liegt innerhalb eines Bereiches von 0,1—0,4% und ist sehr uneinheitlich, ausgenommen an sehr warmen und feuchten Tagen bei Schweißverlusten von 6—8 l innerhalb 2½ Std. In diesem Falle weisen ein Marathonläufer oder ein Straßenradrennfahrer genügend große Salzverluste auf, um sogar Salzdefizite von 0,5 g/kg Körpergewicht zu produzieren. Es resultiert ein großes und sich anhäufendes Salzdefizit vor allem bei nichtakklimatisierten Athleten besonders dann, wenn in den letzten Trainingstagen vor einem Wettkampf warme und feuchte Witterung herrscht und die Salzzufuhr bei den Mahlzeiten nicht adäquat ausfällt. Die zusätzliche körperliche Belastung während des eigentlichen Wettkampfes selbst mit den noch höheren Schweißverlusten können jetzt dazu führen, daß ein Salzdefizit von 50 g und damit ein schwerer Kreislaufkollaps verursacht wird. Wird ein derartiger Befund nicht unmittelbar und mit geeigneten ärztlichen Maßnahmen behandelt, kann er zu einem Nierenschaden führen. Die Differentialdiagnose zwischen einem Hitzschlag und den Folgen eines schweren Salzverlustes kann schnell und einfach gestellt werden durch 1. Messung der Rectaltemperatur und 2. Untersuchung, ob NaCl im Urin enthalten ist *(Fantus-Test)*.

Das Vorliegen eines chronischen Salzdefizits muß in differentialdiagnostische Überlegungen einbezogen werden bei jedem Sportler, der als Ausdauersportler über Mattigkeit, Kopfschmerz und Muskelkrämpfe klagt. Die Diagnose kann bestätigt werden mittels täglicher Gewichtsmessungen unmittelbar nach dem morgendlichen Aufstehen und nach einer Blasenentleerung. Ein kontinuierlicher geringfügiger Gewichtsverlust sollte stets den Verdacht auf ein chronisches Salzdefizit wecken. In diesem Zusammenhang sei daran erinnert, daß der Grund für Gewichtsverlust bei einem Salzdefizit in dem Wasserbindungsvermögen des Salzes liegt. So bedeutet ein Salzverlust von 0,5 g/kg bei einem 70 kg schweren Mann ein Defizit von 4 l isotonischer Salzlösung (d. h., ein Gewichtsverlust von 4 kg); ein Salzdefizit von 0,75 g/kg bedeutet einen isotonischen Salzlösungsverlust von 6 l bei

einem 70 kg wiegenden Menschen (gleichbedeutend einem Gewichtsverlust von 6 kg).
In diesem Zusammenhang ist darauf aufmerksam zu machen, daß die einfache Wasserzufuhr bei einem Menschen mit Salzdefizit zu keiner Normalisierung des Körpergewichts führt. Er wird stattdessen eine Oligurie entwickeln, weil sich eine inadäquate Salzmenge in seinem Körper befindet, um das getrunkene Wasser im Gewebe behalten zu können. Er bleibt infolgedessen dehydriert trotz Zufuhr großer Wassermengen. Einfach gesagt, *der Körper muß über genügend Salz verfügen, um dasjenige Wasser in sich behalten zu können, welches durch die Schweißproduktion verlorengegangen ist.*

Der sicherste Weg zur Prävention der Entwicklung eines Salzdefizits ist die Hinzufügung von Salz zum Essen bei den Mahlzeiten. Eine andere Möglichkeit besteht darin, Sportlern bei Langstrecken-Wettbewerben in warmen Klimata hypotonische Salzlösungen trinken zu lassen, und zwar sowohl während des Trainings als auch während des Wettkampfes selbst, so daß sie sowohl die genügende Flüssigkeits- als auch Salzmenge erhalten. Sie sollten darauf trainiert werden, mindestens 1 l/Std zu trinken, entsprechend 250 ml/15 min. Der Salzgehalt des Wassers sollte nicht 0,3% überschreiten (3 g von NaCl/l). Eine nicht zu akzeptierende Prozedur besteht unserer Meinung nach darin, *Salztabletten* zu geben (gewöhnlich 0,5 g Salz pro Tablette enthaltend) und zu erlauben, daß die Sportler diese Tabletten nach eigenem Ermessen mit einem Glas Wasser zu sich nehmen. Das ist ein höchst gefährliches Unterfangen, weil es zusätzlich die Nieren mit Salz belastet und einen obligatorischen Wasserverlust verursacht, um die überschüssig aufgenommene Salzmenge ausscheiden zu können. Dadurch kann ein Sportler in ein ernsteres Salz- und Wasserdefizit gebracht werden als vorher.

Es gibt eine Reihe von einfachen Regeln, die dafür sorgen, daß bei Langstrecken-Wettbewerben (2 oder mehr Std Dauer) in warmen Klimata keine Salz- und Wasserdefizits auftreten. Es sind:

1. Nimm täglich frühmorgens eine Gewichtskontrolle vor, besonders dann, wenn man Mattigkeit, Reizbarkeit, Kopfschmerzen und Schwäche verspürt.
2. Untersuche den morgens nüchtern gelassenen Urin einmal wöchentlich auf Kochsalzgehalt.
3. Erinnere den Läufer oder Radrennfahrer etc. daran, mehr Salz bei seinen Mahlzeiten hinzuzufügen als üblich und ermuntere ihn, eine 0,3%ige Kochsalzlösung zu trinken.
4. Trainiere den Leistungssportler darauf, genug Wasser zu trinken, um wenigstens $^2/_3$ seiner Flüssigkeitsverluste zu kompensieren. Der Restbetrag kann während des Trainings vor und nach einem beispielsweise vollen Marathonlauf geschätzt werden (füge das Gewicht des getrunkenen Wassers hinzu und subtrahiere das des gelassenen Urins vom Gewichtsverlust).
Sollte das nicht möglich sein, dann sollte der Sportler darauf trainiert werden, mindestens 1 l/Std zu trinken.

5. Untersage den Gebrauch von Salztabletten und das Trinken von unkontrollierten Salzlösungen, d. h. von solchen Lösungen, deren Salzkonzentration 0,3% übersteigt.

2. Hitzeschäden während Belastung bei hohen Temperaturen

Der Anstieg der Körpertemperatur auf hohe Werte während schwerer muskulärer Arbeit über eine längere Dauer läßt die Frage stellen, ob Hitzeschäden im Organismus entstehen können. McKenie berichtete über EKG-Befunde und verschiedene Serum-Enzyme von 20 Marathonläufern nach Beendigung eines Wettkampfes. Sie fand keinen Anhalt für irgendwelche EKG-Veränderungen, die auf eine Mangeldurchblutung des Myokard schließen ließen. Die Serum-Aldolase war bei allen 20 Sportlern unmittelbar nach dem Rennen erhöht und bei 4 von 6 Personen auch noch 14 Tage später. 6 der 20 untersuchten Athleten wiesen erhöhte SGOT-Spiegel auf. 13 hatten erhöhte SGPT-Werte und 8 überhöhte LDH-Spiegel, verbunden mit erhöhten Serum-Kalium-Konzentrationen. Diese Befunde lassen auf einen Anstieg der Zellpermeabilität schließen. Es stellt sich die Frage, ob die erhöhten Serum-Enzym-Werte Ausdruck einer Zellschädigung des arbeitenden Muskels infolge der hohen energetischen Beanspruchung über eine lange Zeitdauer sind, oder ob erhöhte Körpertemperatur auch eine Rolle spielt.

Kew u. Mitarb. (1967 b) studierten die Serum-Enzym-Veränderungen bei 20 Fällen von Hitzschlag bei Goldgrubenarbeitern in Südafrika, die eine durchschnittliche Rectaltemperatur von 41,7° C aufwiesen. Die Serum-Enzym-Spiegel dieser Fälle wurden verglichen mit denen von Normalpersonen und von 20 Marathonläufern (Tabelle 9).

Tabelle 9. Serum-Enzym-Werte bei Hitzschlag, Marathonläufern und Normalpersonen

	26 Normalpersonen	20 Langstreckenläufer	20 Hitzschläge
SGOT	36	60	854
SGPT	24	50	360
LDH	308	436	3011

Rose u. Mitarb. (1970) studierten eingehend die Isoenzyme der LDH von Marathonläufern und zeigten, daß ein signifikanter Anstieg bestand der LDH-3-, -4- und -5-, aber nicht der LDH-1- und -2-Fraktionen in Verbindung mit Herzmuskel- und Nierenschäden. Kew u. Mitarb. (1969) untersuchten ebenfalls diese Isoenzyme bei Fällen von Herzschlag und berichteten über LDH-1-Werte von 53—1120 Einheiten bei 16 Personen mit Hitzschlag. Die durchschnittliche Rectaltemperatur betrug bei ihnen 42,3° C. Rose u. Mitarb. (1970) geben im Vergleich hierzu bei Marathonläufern einen Mittelwert von 46 Einheiten (bei einem Bereich von 30—71 Einheiten) an.

Obwohl die Isoenzyme LDH 1 und -2, gemessen an Marathonläufern, keinerlei Hinweis auf einen renalen Schaden abgeben, liegen Berichte vor über Proteinurie und sogar von Hämaturie nach derartigen Wettbewerben. Zwei Fälle von „Nephropathie" bei Marathonläufern wurden von DANCASTER u. Mitarb. (1969) berichtet:

In dem einen Falle handelt es sich um einen 38jährigen Mann, der nach einem Rennen einen schweren Kollaps erlitten hatte. Der Sportler war einige Zeit nach dem Kollaps noch benommen und hatte schwere Diarrhoe sowie Erbrechen. 48 Std lang konnte er nach dem Kollaps keinen Urin lassen, wobei ein Blutdruck von 200/130 mm Hg registriert wurde. Der Zustand verbesserte sich nach intravenöser Behandlung in den nächsten 2 Wochen. Der Blutdruck, der auf 186 mg/100 ml angestiegene Harnstoff im Serum und die renale Funktion normalisierten sich.

In einem anderen Falle fühlte sich ein Marathonläufer unwohl und abgeschlagen nach einem Rennen. Er wies eine schwere Diarrhoe auf und ließ innerhalb der nächsten 4 Tage nur 400 ml Urin. Sein Blutdruck stieg auf 160/90 mm Hg, sein Harnstoffwert auf 176 mg/100 ml Blut. Der Serum-SGOT-Spiegel belief sich auf 135, der Wert für SGPT auf 130 und der LDH-1-Wert auf 500 Einheiten. Nach intravenöser Therapie entwickelte er eine massive Diurese von 4 000 ml innerhalb von 24 Std und erholte sich vollständig. Leider wurde keine Messung der Rectaltemperatur vorgenommen, noch irgendeine Anamnese hinsichtlich der aufgenommenen Wassermenge vor oder während des Rennens, so daß keine Schätzung des Ausmaßes der Dehydrierung vorgenommen werden konnte.

Das klinische Bild dieser zwei Männer, ein Verwirrtheitszustand mit Kollaps, Diarrhoe, angestiegenem Blutdruck und Harnstoff während einer anurischen Phase, und, in einem anderen Fall, die angestiegenen Serum-Enzym-Spiegel sind ähnlich den von KEW u. Mitarb. (1967 a) beschriebenen in ihrer Serie von Hitzschlagfällen mit renaler Beteiligung. Diese zwei Marathonläufer hatten höchstwahrscheinlich einen Hitzschlag erlitten, der von den Ärzten nicht erkannt worden war.

Aus dem Obigen können wir schließen, daß mäßige Erhöhungen der Serumspiegel speziell nach Beendigung eines Rennens einer temporären Schädigung in der arbeitenden Muskulatur entspricht. Sind indessen diese Erhöhungen in der Größenordnung von einem der zwei Fälle von Nephropathie, dann muß ein Hitzschlag angenommen werden. Die Ermittlung der Serum-Enzyme bei einem Verdachtsfall von Hitzschlag ist daher sehr nützlich für die Diagnose.

Die *Zeichen und Symptome des Hitzschlages* sind gut beschrieben worden. In manchen Fällen gibt es eine Vorwarnphase, in der der Patient entweder gereizt oder aggressiv erscheint oder sogar jemanden angreifen mag, der ihm zu helfen versucht. In diesem Vorstadium kann er aber auch Symptome emotioneller Instabilität mit hysterischem Weinen oder aber totaler Apathie aufweisen. Bereits in dieser Phase kann eine zeitliche und örtliche Desorientierung bestehen. Er läuft z. B. einen falschen Weg oder ist sich nicht der Tageszeit bewußt. Mit starrem Blick und glasigen Augen läßt er Fragen unbeantwortet. Der unkoordinierten und unsicheren Gangart folgt oft bald der Kollaps auf der Strecke. Die Haut erscheint entweder trocken und rot oder kann auch tief schweißüberströmt sein. Der Puls ist in diesen Fällen schwach und schnell und unter Umständen nicht tastbar; andererseits kann es sich

auch um einen gutgefüllten Puls handeln. Viele von den Symptomen der Vorwarnphase sind ähnlich denen des schweren Salzverlustes. Der einzige unfehlbare Weg zur Unterscheidung zwischen den zwei Möglichkeiten ist die Registrierung der Rectaltemperatur.
Der Fall sollte als Hitzschlag diagnostiziert werden, wenn Bewußtlosigkeit vorliegt und die Rectaltemperatur höher ist als 41° C. Die Bewußtlosigkeit kann sich als Stupor manifestieren (d. h., der Mann kann mit starken Reizen geweckt werden, aber fällt hinterher sofort in die Bewußtlosigkeit zurück) oder als Koma (der Patient kann mit keiner Methode akut geweckt werden). Alternativ können demgegenüber auch Erregtheitszustände verschiedener Art auftreten. Ein Verlust der Sphincter-Kontrolle von Blase und Rectum ist üblich. Die klinische Untersuchung des Zentralnervensystems läßt keinerlei Zeichen einer Gehirnläsion erkennen; periphere Reflexe können entweder fehlen (bei komatösen Personen) oder gesteigert sein (bei erregten Patienten).

Bei jedem sportlichen Wettkampf, der 30 min oder länger in warmer, feuchter Luft andauert, sollte jeder plötzliche Fall von Bewußtlosigkeit auf einen Hitzschlag verdächtig sein und demgemäß eine sofortige Messung der Rectaltemperatur veranlassen. Deshalb gehört ein Thermometer dieser Art zur Standardausrüstung eines jeden Arztes, der zur Betreuung derartiger Wettkämpfer eingesetzt wird.
Liegt die Rectaltemperatur bei 41° C oder höher, sollte der Mann sofort gekühlt werden. Das bedeutet an der Wettkampfstelle das Aufsuchen eines Schattens oder eines kühlen Raumes. Er sollte sofort und häufig wiederholt mit Wasser besprizt werden, um seine Haut feucht zu halten und für eine Luftbewegung über seinem Körper zu sorgen.
Dazu eignet sich am besten ein elektrischer Ventilator, aber man kann im Notfall auch Zuschauer bitten, mit einer Zeitung oder einem Kleidungsstück über dem Körper des Patienten einen ständigen Luftzug zu entfachen. Diese Behandlung sollte so lange fortgesetzt werden, bis die Rectaltemperatur Werte um 38° C erreicht. Sie sollte vor allem auch nicht in der Ambulanz auf dem Wege zum Hospital unterbrochen werden.

3. Anleitung für Sportärzte in der Behandlung von Fällen mit Hitzschlag

Die absolute Priorität in den Behandlungsmaßnahmen besitzen die *Kühlungsversuche*, bis die Rectaltemperatur 38° C aufweist. Wir ziehen den Gebrauch eines Wasserspray vor sowie schnelle Luftbewegung über dem Körper des Betreffenden. Hingegen empfehlen wir nicht, den Patienten in ein Eisbad zu legen. Es ist in diesen Fällen sehr schwierig, das Ausmaß des Absinkens der Körpertemperatur zu kontrollieren. Einige Fälle von Eisbadbehandlung sind beschrieben, wobei die Rectaltemperatur zu hypothermischen Werten absank mit fatalen Resultaten.
Der zweite Punkt in der Prioritätsliste ist die *Normalisierung des angestiegenen Blutdruckes*. Am zweckmäßigsten erreicht man das mit einer intravenösen Behandlung, wobei Plasmolyt-B das Mittel der Wahl darstellt. Die

Normalisierung des Blutdruckes so schnell wie möglich ist besonders bedeutsam wegen des renalen Gefäßschlusses, der den Schock begleitet. Die Hyperthermie führt zu einem renalen Schaden, wie er von KEW u. Mitarb. (1967 a) und anderen in Fällen von Hitzschlag beschrieben worden ist und einen tödlichen Ausgang haben kann.

Der dritte Punkt der Prioritätsliste ist die *Beseitigung der metabolischen Acidose*. WYNDHAM (1966) berichtete über einen Fall von Hitzschlag bei einem pH-Wert von 7,280, einem PCO_2 von 18 mm Hg, einem Base-Excess-Wert von —14,5 mÄq/l. Relativ große Dosen von intravenös gegebenem Bicarbonat (10—30 g) werden hier benutzt, um die metabolische Acidose zu korrigieren. Wir beobachteten zum Teil dramatische Verbesserungen.

Der vierte Punkt in der Liste der therapeutischen Maßnahmen ist die *Behandlung der Nierenfunktion*. Vor allem ist die Anwesenheit von Eiweiß und roten Blutzellen im Urin zu beobachten, weiterhin die 24stündige Urinmenge, der Harnstoffspiegel und der Blutdruck. Oligurie mit einem ständigen Anstieg des Harnstoffspiegels sind Symptome einer Nierenschädigung, so daß eine Blut-Dialyse notwendig werden kann. In den von KEW u. Mitarb. (1967 a) behandelten 40 Fällen von Hitzschlag entwickelten 10 einen Nierenschaden, bei einigen wurde die Dialyse erforderlich. Die Mehrheit der Patienten erholte sich indessen voll, wie eine Kontrolle der Nierenfunktion und auch Nierenbiopsie-Studien 6 Monate nach dem Vorfall bewiesen.

Eine sichere Diagnose und schnelle Behandlung reduzieren die Zahl der fatalen Ausgänge auf ein Minimum. Wird jedoch die Diagnose verzögert gestellt und die Behandlung verspätet eingeleitet, z. B. über 1 Std nach Eintritt des Unfalles mit einer Rectaltemperatur von 42° C, dann stehen die Chancen 7 : 10 für einen fatalen Ausgang (WYNDHAM, 1966). Dies betont die Notwendigkeit für Sportärzte und Sportfunktionäre, in Zweifelsfällen stets an einen Hitzschlag zu denken und unmittelbar die obengenannten Schritte einzuleiten.

Aus den obigen Ausführungen sollten Sportärzte und vor allem Sportveranstalter folgende Lehren ziehen:

1. Wettkämpfe von einer Art, die einen hohen Stoffwechselumsatz erfordern und länger als 30 min dauern, sollten nicht bei warmem, feuchtem Wetter durchgeführt werden. (Die atmosphärischen Bedingungen werden später angegeben.)
2. Stets sollte Wasser verfügbar sein und den Athleten die Gelegenheit gegeben werden, in mindestens 20minütigen Intervallen trinken zu können. Die Wettbewerbsteilnehmer sollten vor dem Rennen darauf hingewiesen werden, geringe Mengen (250 ml) von Wasser in häufigen Intervallen zu trinken.
3. Liegt bei einem Wettkampfteilnehmer ein anomales Verhalten oder gar ein Kollaps vor, sollte sofort die Rectaltemperatur gemessen werden. Liegt sie oberhalb 41° C, sollte der Betreffende wie ein klar diagnostizierter Hitzschlagfall behandelt werden (d. h., er sollte unmittelbar mit Wasser und Ventilator gekühlt werden).

4. Von solchen Personen sollte Blut entnommen und zwecks Untersuchung auf die Serum-Enzyme SGOT, SGPT und LDH eingeschickt werden.

4. Präventive Maßnahmen

Akklimatisation an Hitze, körperliche Vorbedingung und Kleidung

Eine Hitzeakklimatisation sollte für alle jene Athleten in Betracht gezogen werden, die aus kalten und gemäßigten Klimata zu Wettkämpfen unter warmen oder heißen Bedingungen bei erhöhter Luftfeuchtigkeit antreten. Ist eine Akklimatisierung erfolgt, sind maßgebliche physiologische Veränderungen vonstatten gegangen, die den betreffenden eine größere Leistungsfähigkeit mit geringerer physiologischer Belastung gestatten (Abb. 59). Die wich-

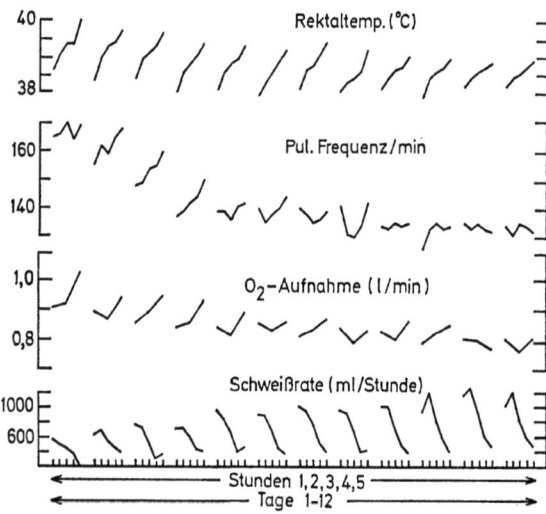

Abb. 59. Tägliche physiologische Veränderung während einer 12tägigen Akklimatisation

tigste, unmittelbare Anpassung betrifft die zentrale Zirkulation. Liegt beispielsweise eine Herzschlagzahl von 180/min am ersten Trainingstag unter Hitzebedingungen vor, so sinkt sie innerhalb von drei bis vier täglichen Belastungen unter Hitzebedingungen in signifikanter Weise, während das Schlagvolumen ansteigt. Das Herzzeitvolumen ändert sich für eine gegebene Belastungsintensität nicht. Die Senkung der Herzschlagzahl stabilisiert in Verbindung mit dem angestiegenen Schlagvolumen die Kreislaufregulation, und die Neigung zu einem Hitzekollaps, wie man sie am ersten Belastungs-

tag unter den neuen Klima beobachten kann, verschwindet mit dem vierten oder fünften.
Zwei Faktoren sind verantwortlich für diese Verbesserung der zentralen Zirkulation. Die eine ist eine Expansion des Blut- und extracellulären Volumens in den ersten Tagen der Akklimatisation. Die andere besteht in einem Anwachsen des venomotorischen Tonus. Beide tragen zur Vergrößerung des Schlagvolumens bei. Die Verbesserung der zentralen Zirkulation ist verbunden mit einer ökonomischen Konvektion der Hitze.
Andere wichtige Veränderungen sind ein Anwachsen der Schweißproduktionsrate und eine größere Empfindsamkeit der Schweißdrüsen mit einem früheren Einsetzen des Schwitzens bei Belastungsbeginn. Es gibt eine graduelle Abnahme des Energieaufwandes, gemessen anhand des Sauerstoffverbrauchs; die Rectaltemperatur fällt sowohl in Ruhe als auch während Belastung in Hitze um $1°$ C oder mehr. Die Salzkonzentration ist im Schweiß allgemein verringert. Diese physiologischen Anpassungserscheinungen gehen mit einer dramatischen Verbesserung des subjektiven Wohlbefindens einher. Die ernsten psychologischen Störungen, die am ersten Trainingstag in der Hitze auftreten, sind an anderer Stelle beschrieben. Sie verschwinden innerhalb einiger weniger Tage bei einer richtig durchgeführten Akklimatisation.
Es gibt zahlreiche Publikationen über die besten Methoden zur Hitzeakklimatisation. Der wichtigste Gesichtspunkt ist die körperliche Belastung während der Hitze. Das Sitzen in Körperruhe selbst bei schwerer Hitze-Exposition führt zu keinen physiologischen Adaptationen. Unser Institut führte eine beträchtliche Menge von Untersuchungen durch hinsichtlich der praktischen Aspekte einer Hitzeakklimatisation (WYNDHAM u. STRYDOM, 1969) und fand, daß ein Minimum von 8 täglichen Hitze-Expositionen von nicht weniger als 2 Std Dauer in Verbindung mit körperlicher Belastung erforderlich sind. Eine „optimale" Akklimatisation wurde in den südafrikanischen Goldgruben bei ca. 250 000 Neulingen pro Jahr erreicht, indem sie Arbeit in klimatisierten Räumen mit einer DB-Temperatur von $32°$ C, mit nahezu voll mit Wasserdampf gesättigter Luft und einem geringen Luftstrom von etwa 0,5 m/sec verrichteten. Die Arbeitsintensität wuchs von anfangs 1 l Sauerstoffaufnahme pro min am ersten Tag auf 1,5 l/min am 8. Tag. Stündlich erfolgten Untersuchungen der Körpertemperatur; Personen mit zu stark angestiegenen Temperaturen durften darauf eine Zeitlang ruhen. Tägliche Gewichtskontrollen gaben die Sicherheit einer ausgeglichenen Salz- und Wasserbilanz.
Aus unserer Sicht ist die Hitze-Adaptation besonders wichtig für Athleten, die aus kalten und gemäßigten Klimata in warme und feuchte Luft kommen. Ein Beispiel dafür stellen die Olympischen Spiele 1960 in Rom dar. Diese Hitzeakklimatisation ist mindestens genauso wichtig wie die Höhenakklimatisation, welche vor den Spielen in Mexiko-City 1968 vorgenommen wurde. Die Gefahr eines Hitzschlag-Todes bei nichtakklimatisierten Personen, die einen Ausdauerwettbewerb bei großer Hitze durchstehen, ist viel größer als die eines tödlichen Unfalles bei maximalen Belastungen gleicher Art unter den Bedingungen einer mittleren Höhe ohne vorangegangene An-

passung. Dabei sollte hervorgehoben werden, daß diese Aussage nicht nur Mittelstrecken- und Langstreckenläufer sowie Straßenradrennfahrer betrifft. Kurzstreckenläufer verbessern oft ebenfalls nach einer richtig durchgeführten Akklimatisation nicht nur die Reaktionen ihres Herzkreislaufsystems und ihrer Psyche, sondern weisen auch eine Verbesserung im Wettkampf selbst auf.

Akklimatisation sollte nicht das Training ersetzen, aber mit ihm verbunden werden. Hitzeakklimatisation soll in den Morgenstunden durchgeführt werden im Anschluß an eine genügende Nachtruhe. Der Athlet wäre dann für ein normales Lauftraining im Verlaufe des Nachmittags bereit. Die Akklimatisation geht rapide verloren bei Rückkehr in kalte und gemäßigte Klimata. Der Effekt würde wahrscheinlich noch genügend sicher sein, wenn man ein 14tägiges Intervall zwischen dem Ende der Hitzeakklimatisation und dem Beginn der Wettkämpfe erlaubt. Aber selbst einem vollakklimatisierten Athleten sind Grenzen gesetzt hinsichtlich der Kombination maximaler körperlicher Ausdauerbelastung und atmosphärischer Bedingungen. Dazu zählt beispielsweise ein Marathonlauf, als Wettkampf durchgeführt, bei einer Temperatur, die 30° C überschreitet.

Obgleich die während eines Trainings und einer Hitzeakklimatisation beobachteten Veränderungen einander sehr ähnlich und in den Parametern zum Teil gleich sind, wurde von STRYDOM u. WILLIAMS (1969) bewiesen, daß es sich bei beiden letztlich um gänzlich unterschiedliche Vorgänge handelt. Sogar Befürworter dieser These wie PIWONKA u. ROBINSON (1967) müssen eingestehen, daß die physiologischen Reaktionen auf die Hitzeakklimatisation signifikant besser sind als jene von Personen, die nur ein körperliches Training absolviert haben.

Die meisten Athleten machen keinen richtigen Gebrauch von *Trainingsanzügen*. Es ist nicht notwendig oder nicht einmal ratsam, einen Trainingsanzug zum Aufwärmen bei warmem Wetter zu tragen. Der Hauptzweck eines Trainingsanzugs ist, den Träger nach vollendetem Aufwärmen warmzuhalten, besonders vor oder zwischen Wettbewerben. Das Aufwärmen in Trainingsanzügen hat Nachteile. Es gibt ein falsches Wärmegefühl, und der Athlet mag deshalb ggfs. seine Muskeltemperatur in nicht genügendem Umfange für den optimalen Wirkungsgrad bei Arbeit vorbereiten. Nicht permeable Trainingsanzüge können gefährlich werden wegen der Möglichkeit der Überhitzung. Schließlich muß der Sportler bei kaltem Wetter darauf achten, daß der Schweiß den Anzugstoff nicht durchnäßt und die Isolierung beeinträchtigt mit der Gefahr, sich während des Wartens auf den Wettkampf zu erkälten.

5. Umweltbedingte Hitzestreß-Limitierungen

Die Hitze wird von der Körperoberfläche auf die Umgebung mittels Strahlung, Konvektion und Verdampfung übertragen. (Der geringe Anteil der Leitung kann dabei ignoriert werden.) Die Größe der Hitzestrahlung hängt ab von der Durchschnittstemperatur der umgebenden Oberfläche — der mittleren Strahlungstemperatur (M.R.T.) — und der mittleren Hauttemperatur. Der Betrag an Strahlungshitze ist gleich 0, wenn U.R.T. 35° C erreicht, die durchschnittliche Hauttemperatur eines muskulär tätigen Mannes in einer warmen Umgebung. Wenn M.R.T. 35° C überschreitet, erhält der Mensch Wärme mittels Strahlung. Direkte Sonneneinstrahlung wird dabei problematisch. Da es sich bei der Sonne um eine Punktquelle von hoher Strahlungshitze handelt, ist ihr Effekt proportional der angestrahlten Körperfläche und, z. B. mittags, stellt die angestrahlte Fläche eines laufenden Menschen nur einen kleinen Teil seines Körpergebietes dar. Die geeignetste Methode zur Messung der M.R.T. ist die mittels des Bedfort-„Black-Globe"-Thermometers.

Die Windgeschwindigkeit und die trockene Lufttemperatur sind die bestimmenden Faktoren für den konvektiven Hitzetransport. Kühle Luft, die über eine erhitzte Haut hinwegstreicht, entfernt einen beträchtlichen Hitzebetrag. Je wärmer die Luft ist, desto weniger Hitze wird von ihr absorbiert, bis bei einer Hauttemperatur von 34°—35° C keine Hitze mehr mittels Konvektion entfernt werden kann. Lufttemperaturen von mehr als 35° C kehren den Hitzefluß um, und je wärmer die Luft ist, desto mehr Hitze wird vom Körper aufgenommen mittels Konvektion.

Die Wasserdampfmenge in der Luft, die Lufttemperatur und die Windgeschwindigkeit beeinflussen den Hitzeverlust an Verdunstung, für den Sportler die wichtigste Größe einer Wärmeabgabe. Jede Luftbewegung vergrößert die Verdunstung und den konvektiven Hitzeverlust. Dem Sportler kommt zugute, daß beispielsweise der Läufer und der Radfahrer eine gute Luftbewegung sich selbst um seinen Körper verschafft und damit den Hitze-Transfer fördert.

Nach den obigen Ausführungen ist es verständlich, daß der Hitzestreß, wie der Sportler ihm ausgesetzt ist, dem kombinierten Effekt der Lufttemperatur, der Luftfeuchtigkeit, der Windgeschwindigkeit und der Strahlung entspricht. Hitzetransfergleichungen sind entwickelt worden zur Berechnung des Hitzeaustausches zwischen dem menschlichen Körper und seiner Umgebung mittels Strahlung, Konvektion und Verdunstung, doch sie nutzen kaum etwas für die Beurteilung des Hitzestreß bei einem in direktem Sonnenlicht laufenden Sportler. Wir empfehlen daher, die „Wet-Bulb-Globe-Temperature (WB-GT)", wie sie beispielsweise von der U.S-Army benutzt wird zur Kontrolle in Trainingslagern, hinzuzuziehen als einen Hitzestreß-Index. MINNARD (1961) berichtete, daß ein WB-GT-Limit von 25° C für anstrengende muskuläre Beanspruchung die Unfallquote an Hitzschlag in Trainingscamps der USA signifikant senkte.

Wir empfehlen ferner, daß kein Athlet unakklimatisiert einem Wettkampf unter Hitzebedingungen ausgesetzt wird, wenn es sich um eine Beanspruchung handelt, die länger dauert als 30 min, wenn WB-GT 25° C überschreitet. Hitzeakklimatisierte Athleten sollten nicht an Wettbewerben teilnehmen bei einer höheren WB-GT als 28° C. Die Bedeutung solcher Begrenzungen wird z. B. ersichtlich bei einer Betrachtung der Situation während der Olympischen Spiele 1960 in Rom. Dort betrug die WB-GT über die Zeit von

10—16 Uhr im Mittel 28° C und überschritt an extrem heißen Tagen 32° C. So verwundert es nicht, daß dort Hitzschläge passierten.
Es gibt zwei praktische Schritte zu ihrer Vermeidung. Der eine ist eine Überprüfung der meteorologischen Gegebenheiten eines Ortes, bevor die Olympischen Spiele dorthin vergeben werden. Die andere besteht darin, Wettkampfdisziplinen mit einem hohen Energieaufwand über eine Zeitspanne von länger als 30 min an Orten mit WB-GT-Werten von mehr als 28° C nicht zwischen 9 Uhr vormittags und 5 Uhr nachmittags durchzuführen.

Training

Von H. MELLEROWICZ

I. Naturgesetzliche Grundlagen des Trainings

Die naturgesetzlichen Beziehungen von organischer *Form und Funktion* sind die biologischen Grundlagen für die Gesetzmäßigkeiten des Trainings:
Die organische Form bestimmt die Funktion (Abb. 60). *Andererseits hat die Funktion bildenden, verändernden Einfluß auf die organische Form* (ROUX).
Ohne diese funktionellen Wirkungen gäbe es keine Anpassung des Organis-

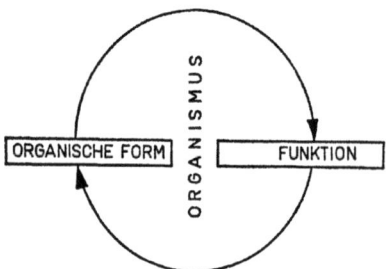

Abb. 60. Wechselseitige Beziehungen von organischer Form und Funktion

mus an wechselnde und wachsende Anforderungen der Umwelt. Sie sind wesentliche Voraussetzung und wirksamstes Prinzip der Leistungssteigerung.
— Im Training werden funktionelle Reize von ansteigendem Maß systematisch zu leistungssteigernden Veränderungen der organischen Form und Funktion angewandt.

Jeder Organismus tendiert stets, auch im Training, auf Erhaltung der „Homöostase", des dynamischen Gleichgewichts der Stoffe und der Leistungsfunktionen in ihren Relationen zu den Anforderungen der Umwelt. Alle Wirkungen des Trainings auf den Organismus ermöglichen eine Anpassung an erhöhte Leistungsanforderungen. Sie stellen das *dynamische Gleichgewicht* der Leistungskapazität und der Leistungsforderungen bis an die Grenzen der biologischen Potenz wieder her.

Ein wesentliches Prinzip der Leistungssteigerung durch Training ist die *Ökonomisierung von Funktionen.* Hierdurch werden die Leistungsreserven und die Leistungskapazität des Organismus vergrößert. So wie durch Rationalisierung eines Betriebes seine Produktivität erhöht wird.

Anwendung spezieller funktioneller Übungsreize von ansteigendem Maß löst spezielle Wirkungen auf den Organismus aus, die zu einer Steigerung spezieller Leistungen führen. Alle Trainingswirkungen werden von der Qualität des Trainings bestimmt *(Qualitätsgesetz des Trainings).*
Zwischen der Quantität des Trainings und der Quantität der Trainingswirkungen bestehen naturgesetzliche Beziehungen (Quantitätsgesetz). Meßbarer Ausdruck der Trainingswirkung sind die Gewichts- und Volumenveränderungen von Organen sowie der Leistungszuwachs des Organismus. *Übermaß von Training* (Übertraining) bewirkt bestimmte Veränderungen der organischen Form und Struktur, Funktionsstörungen und Leistungsminderung. *Trainingsmangel* führt zu Quantitätsverlusten der Organe in Form und Funktion (Inaktivitätsatrophie), strukturellen Veränderungen und Funktionsstörungen.

II. Qualität des Trainings

Von der Qualität des Trainings werden die Trainingswirkungen in Form und Funktion bestimmt. *Spezielles Training hat spezielle Wirkungen auf den Organismus.* An wiederholte besondere Anforderungen paßt er sich in besonderer Weise an. Z. B. hat Krafttraining andere Wirkungen als ein Ausdauertraining. Ein Lauf-Dauertraining hat andere Wirkungen als ein Schwimm- oder ein Radrenn-Dauertraining. Das spezielle Anpassungsvermögen des Organismus ist die Voraussetzung für die spezielle Leistungssteigerung.

Deshalb muß auch das spezielle Training der speziellen Leistung im Mittelpunkt des Trainings stehen. Die spezielle Anpassung und spezielle Leistungssteigerung wird gestört, wenn überschwellig in anderer Richtung trainiert wird. Wenn ein Läufer viel schwimmt oder radfährt, werden durch die überschwellige Quantität dieser nicht speziellen Leistungsformen zusätzliche Trainingswirkungen ausgelöst, die spezielle Anpassung gestört und die spezielle Leistung reduziert. Hierfür liegen übereinstimmende Erfahrungen aus verschiedenen Sportarten vor.

Unterschwellige, ausgleichende, entspannende andersartige Bewegungsformen werden hierdurch jedoch nicht ausgeschlossen. So können z. B. Radsportler und Läufer durchaus baden, sich im Wasser tummeln oder mit mäßiger Geschwindigkeit und

Dauer schwimmen, ohne eine Minderung ihrer speziellen Leistung befürchten zu müssen.

In einigen Sportarten werden verschiedenartige und sogar in ihren Wirkungen gegensätzliche Trainingsformen angewandt. Z. B. führen die Ruderer ein spezielles Krafttraining und ein spezielles Ausdauertraining mit gegensätzlichen Wirkungen durch. Der Organismus wird hierbei gezwungen, in morphologischer Anpassung und physiologischer Funktion eine „*Kompromißlösung*" zwischen Kraft und Ausdauer einzugehen. Er kann in einem solchen gemischten Training weder maximal kräftig noch maximal ausdauernd werden. Es kann aber durchaus bei optimaler Mischung beider Komponenten eine optimale Ruderleistung erreicht werden. —

Da die meisten sportlichen Leistungen sich aus mehreren biologisch unterschiedlichen Komponenten von verschiedener Wertigkeit für die spezielle Leistung zusammensetzen, ist es meist von entscheidender Bedeutung, außer dem speziellen Haupttraining eine *optimale Mischung* der einzelnen Komponenten anzuwenden. So braucht der Mittelleister zusätzlich zum speziellen Training seiner besonderen Mittelleistung meist ein Training der Einzelkomponenten Kraft, Schnelligkeit und Ausdauer u. a. In Abhängigkeit von den konstitutionellen Gegebenheiten kommt es hierbei darauf an, die optimale Mischung der einzelnen Leistungskomponenten zu finden und anzuwenden. — Eine Analyse der endogenen bedingenden Leistungsfaktoren gibt hierfür quantitative und qualitative Hinweise. —

Krafttraining bewirkt u. a. eine starke Hypertrophie der Muskulatur mit erheblicher Querschnitts- und Volumenzunahme der trainierten Muskeln. Dagegen hat Ausdauertraining von großer Dauer und geringerer Intensität keine erkennbaren hypertrophierenden Wirkungen auf die Skeletmuskulatur. *Dauertraining* bewirkt eine erhebliche absolute und relative Zunahme der Capillarisierung des trainierten Muskels, eine Gewichts- und Volumenzunahme des Herzens, der Lungen und anderer innerer Organe. Diese Wirkungen sind bei reinem Krafttraining nicht nachweisbar. Dauer- bzw. Krafttraining bewirken zudem unterschiedliche, spezifische strukturelle und biochemische Veränderungen der Skeletmuskulatur.

Für die Entwicklung der inneren Organe haben deshalb Dauertraining und überschwellige Leibesübungen, die ohne Pause mehr als ≈ 6 min dauern, besondere Bedeutung. Für Leistungen von mehr als ≈ 6 min überwiegt der Anteil der aeroben Energiebildung gegenüber der anaeroben Energiebildung. Infolgedessen werden bei Dauerleistungen (> 6 min) die Organsysteme, die der O_2-Aufnahme und dem O_2-Transport dienen, besonders in Anspruch genommen und bei ansteigendem Trainingsmaß ihre Entwicklung gefördert. Bei älteren Menschen sind sie besonders zur Erhaltung der Funktion innerer Organe, speziell des Herz-, Kreislauf- und Lungensystems, geeignet.

Eine Förderung der Entwicklung innerer Organe wird dagegen von Kurzleistungen, d. h. Leistungen, deren Dauer kürzer ist als ≈ 1 min, nicht bewirkt. Sie sind geeignet zur Förderung von Kraft, Schnelligkeit und Beweglichkeit (motorisches Koordinationsvermögen). Durch Leistungen hoher

Intensität bereits einer Dauer von ≈ 20—60 sec wird auch die sogenannte „lokale Muskelausdauer" gefördert, d. h. u. a. die Fähigkeit des Muskels, trotz großer Säuerung und entsprechend hoher Wasserstoffionen-Konzentration eine hohe Leistung länger aufrechterhalten zu können.

III. Quantität des Trainings

1. Definition der Trainingsquantität

Die Trainingsquantität (das Trainingsmaß) wird gekennzeichnet durch
1. die Trainingsleistung (Trainingsintensität),
2. die Trainingsdauer und
3. die Trainingshäufigkeit

in bestimmter Zeit (z. B. pro Woche, pro Monat, pro Jahr).
Zu unterscheiden ist die *absolute* Trainingsleistung von der *relativen* Trainingsleistung.
Ein Maß für die *absolute Trainingsleistung* ist z. B. die Laufgeschwindigkeit, die Schwimmgeschwindigkeit, die Geschwindigkeit des Bootes beim Rudern bzw. die Strecke, die in bestimmter Zeit zurückgelegt wird. Beim experimentellen Training auf dem Ergometer wird die Trainingsleistung in mkp/sec gemessen.
Die *relative Trainingsleistung* wird in % der höchsten Leistung angegeben.

Beispiel: 3000 m Bestzeit: 10 min = 18 km/Std = 100%
3000 m Trainingszeit: 12 min = 15 km/Std = 83,3%
= Bestzeit + 20% der Bestzeit.

Schwieriger ist die Trainingsleistung im Intervalltraining zu bestimmen. Zu berechnen ist die mittlere Leistung, z. B. indem die gesamte Laufstrecke durch die Laufzeit dividiert wird. Zur Kennzeichnung der Art des Intervalltrainings ist jedoch die Leistung und die Dauer der Intervallphasen anzugeben.

Die *T-Dauer*[*] wird in Sekunden, Minuten und Stunden angegeben. Die *T-Häufigkeit* wird gekennzeichnet durch die Zahl der in engerem zeitlichem Zusammenhang durchgeführten Trainingsleistungen pro Tag, pro Woche, pro Monat, pro Jahr.

Werden z. B. 2mal 10 km am Nachmittag gelaufen, ist die T-Häufigkeit 1mal täglich. Werden dagegen z. B. 1mal 10 km vormittags gelaufen und 1mal 10 km nachmittags, ist die T-Häufigkeit 2mal täglich. Bei gleicher Laufgeschwindigkeit ist dann zwar die Trainingsquantität pro Tag gleich, bei unterschiedlicher Häufigkeit kann aber die Trainingswirkung unterschiedlich sein (vergl. III, 4).

Die Trainingsquantität kann definiert werden als das Produkt aus T-Leistung (in mkp/sec), T-Dauer (in sec, min, h) und T-Häufigkeit (in Zahlen) in bestimmter Zeit.

Z. B. wird beim experimentellen Training auf dem Ergometer die T-Quantität in mkp pro Tag, Woche, Monat, Jahr oder auch in Wattsekunden, Wattstunden, Kilowattstunden pro Tag, Woche, Monat, Jahr angegeben (1 mkp/sec = 9,81 Watt = ≈ 10 Watt). Im speziellen Training, in dem die Leistung nicht in mkp/sec gemessen

---

[*] = Trainingsdauer

wird, ist die Angabe der T-Quantität entsprechend abzuändern, z. B. durch Angabe der Laufgeschwindigkeit, Schwimmgeschwindigkeit usw.

2. Trainingsquantität und Leistungszuwachs (Lzw)

Die Kenntnis der Beziehungen von Trainingsquantität und Leistungszuwachs (Lzw) sind von grundsätzlicher Bedeutung für die allgemeine und spezielle Trainingslehre. Es entspricht allgemeiner Erfahrung: mit zunehmendem Trainingsmaß steigt die Leistung entsprechend an.

Zur näheren Definition der Relationen von T-Quantität und Lzw sind jedoch experimentelle Untersuchungen mit konstitutionell und konditionell annähernd gleichen Gruppen erforderlich, die während vergleichender Trainingsuntersuchungen in einem gleichen Milieu leben und gleiche Ernährung haben.

4 annähernd gleiche Gruppen trainierten wir (mit MAIDORN) mit unterschiedlicher Trainingsquantität (bei gleicher T-Leistung und T-Häufigkeit).

Gruppe I trainierte am Ergometer mit einer T-Quantität von
$\approx$ 6 000 mkp/Woche
Gruppe II trainierte mit der 3fachen T-Quantität von $\approx$ 18 000 mkp/Woche
Gruppe III trainierte mit der 6fachen T-Quantität von $\approx$ 36 000 mkp/Woche
Gruppe IV trainierte mit der 10fachen T-Quantität von
$\approx$ 60 000 mkp/Woche

Nach 4 Wochen wurde der Leistungszuwachs in mkp/sec und in Prozent der Grundleistung gemessen. Der mittlere Lzw jeder Gruppe wurde in ein Koordinatensystem eingetragen (Abb. 61), das erkennen läßt: *Die Beziehun-*

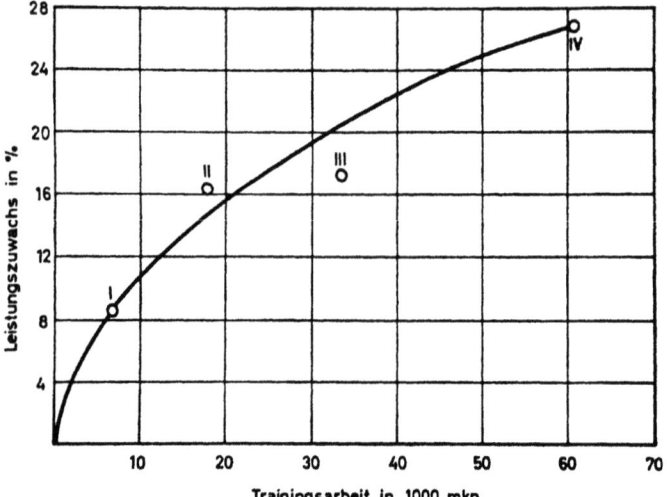

Abb. 61. Leistungszuwachs bei 4 annähernd gleichen Gruppen, die mit unterschiedlichem Trainingsmaß am Ergometer trainierten (nach MAIDORN u. MELLEROWICZ)

gen von T-Quantität und Lzw werden durch die eine Kurve von annähernd parabolischem Verlauf charakterisiert. HETTINGER (1961), E. A. MÜLLER (1968) und JOSENHANNS (1962) kamen bei Krafttrainingsversuchen zu ähnlichen Ergebnissen.

Mit zunehmender T-Quantität wird der Leistungszuwachs in gesetzmäßiger Form relativ (in Relation zum Trainingsmaß) stetig kleiner.

Es kann nach den vorliegenden Trainingserfahrungen angenommen werden: Die Kurve steigt mit zunehmendem Trainingsmaß bis zu einem (durch endogene und exogene Faktoren bedingten) Maximum an. — Bei einem Übermaß an Training fällt sie erfahrungsgemäß wieder ab (Abb. 62).

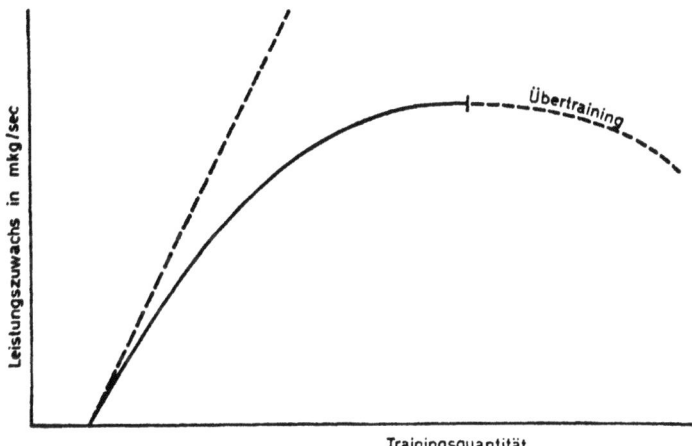

Abb. 62. Beziehungen von Trainingsmaß und Leistungszuwachs in schematischer Form

3. Der Leistungszuwachs bei gleicher Trainingsquantität und verschiedener Trainingsleistung

Bei gleicher Trainingsquantität (= Trainingsarbeit in mkp) pro Tag, Woche, Monat kann die T-Leistung unterschiedlich sein. Ist der Leistungszuwachs hierbei gleich oder unterschiedlich? Zur Klärung dieser Frage ließen wir (mit MELLER) eineiige Zwillinge von gleichem Trainingszustand mit unterschiedlicher Trainingsleistung bei gleicher Trainingsarbeit trainieren.

Zwilling I trainierte mit 90% der 6 min-Maximalleistung am Ergometer täglich 6 min. Zwilling II trainierte mit 60% der 6 min-Maximalleistung am Ergometer täglich 9 min. Nach 3 und 6 Wochen wurde unter wettkampfmäßigen Bedingungen der Leistungszuwachs im 6 min-Maximalversuch und die O_2-Kapazität bestimmt (Abb. 63).

Der Zwilling, welcher mit hoher Intensität, aber kürzer trainierte erreichte einen wesentlich höheren Leistungszuwachs. Die Unterschiede im Lzw beider Zwillinge liegen außerhalb der Fehlerbreite der Methode. In einem Kontrollversuch mit gleicher Trainingsarbeit und unterschiedlicher Trainingsleistung (30%∶60% der Maximalleistung) erreichte der Zwilling, der mit höherer Leistung kürzere Zeit trainierte, ebenfalls einen wesentlich größeren Leistungszuwachs.

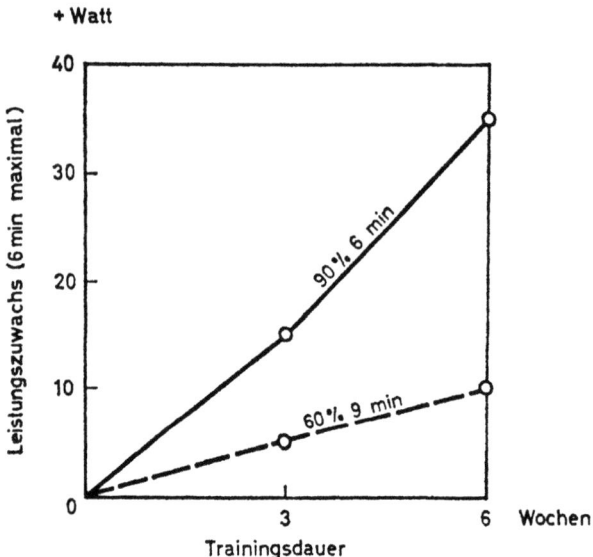

Abb. 63. Der Leistungszuwachs in Watt nach 3 und 6 Wochen Dauertraining mit gleicher Arbeit, aber unterschiedlicher Leistung an eineiigen Zwillingen.
Zwilling I trainierte täglich mit 90% der 6-min-Maximal-Leistung 6 min
Zwilling II trainierte täglich mit 60% der 6-min-Maximal-Leistung 9 min n.
MELLER u. MELLEROWICZ

Nach diesen Untersuchungen ist es wesentlich wirksamer und ökonomischer, mit hoher Leistung zu trainieren. Es wird dann in kürzerer Zeit ein größerer Leistungszuwachs erreicht.
Auch für Dauerleistungen ist die T-Leistung von größerer Bedeutung als die T-Dauer. Es kommt weniger auf die im Training zurückgelegte Strecke an (z. B. für Läufer, Schwimmer, Radfahrer u. a.). Die gleiche Trainingsgesetzmäßigkeit kann auch für Mittelleistungen (von 6—1 min Dauer) und Kurzleistungen (—1 min Dauer) angenommen werden. Kurz-, Mittel- und Dauerleister, die häufig und lange mit geringer Intensität trainieren, brauchen viel Zeit bei geringerem Wirkungsgrad des Trainings und erreichen nicht den höchstmöglichen Leistungszuwachs.

4. Der Leistungszuwachs bei gleicher Trainingsquantität und verschiedener Trainingshäufigkeit

Es ist von grundsätzlichem Interesse zu wissen, ob bei gleicher T-Leistung und T-Dauer die T-Häufigkeit den Lzw beeinflußt. Auch diese Frage ist nur experimentell mit annähernd gleichen Gruppen oder eineiigen Zwillingen zu klären.

In einem Versuch mit eineiigen Zwillingen ließen wir Zwilling I täglich (6 Tage wöchentlich) 10 min mit 80% seiner Maximalleistung trainieren.

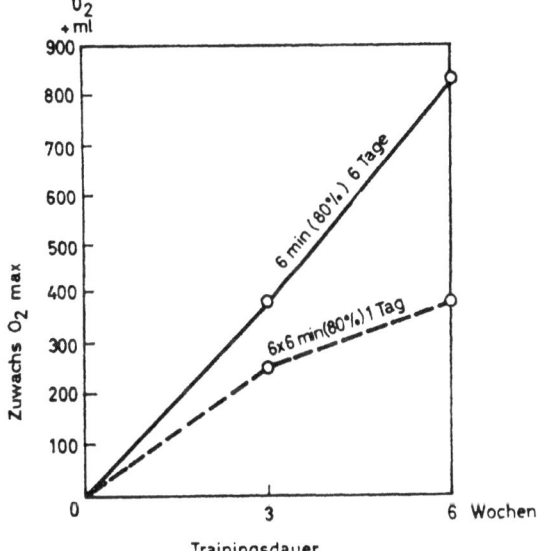

Abb. 64. Die Zunahme der O_2-Kapazität in ml nach einem sechs-wöchigen Dauertraining mit verschiedener Häufigkeit, aber gleicher Arbeit und Leistung bei eineiigen Zwillingen.
Zwilling I trainierte mit 80% der 6-min-Maximal-Leistung 6mal wöchentlich 1×6 min.
Zwilling II trainierte mit 80% der 6-min-Maximal-Leistung 1mal wöchentlich 6×6 min n. MELLER u. MELLEROWICZ

Zwilling II trainierte 1mal wöchentlich 6mal 10 min mit 80%. Nach 3 und 6 Wochen hatte Zwilling I einen erheblich größeren Zuwachs der Leistung und der O_2-Kapazität (Abb. 64). *Die gleiche Trainingsquantität bewirkt einen größeren Lzw, wenn sie in mehrere Quanten aufgeteilt wird.*
Es erscheint deshalb unzweckmäßig, eine sehr große Trainingsquantität auf einzelne Tage zu konzentrieren, z. B. 2—3 Wochenstunden Leibesübungen in der Schule auf einen Tag zu legen. Die vorliegenden Erfahrungen lassen

annehmen, daß man nur mit häufigem, annähernd täglichem (evtl. 2mal täglich) Training höchste Leistungen erreichen kann.

5. Der Leistungszuwachs bei gleicher Trainingsquantität in Dauer- oder Intervallform

Die Auffassung, Intervalltraining sei wesentlich wirksamer, wie auch die Auffassung, nur mit Dauertraining könne man Dauerhöchstleistungen erreichen, ist von vielen Trainern in den letzten zwei Jahrzehnten mit Nachdruck vertreten worden. Auch diese Frage ließ sich offenbar nicht durch Beobachtungen an einzelnen oder mehreren Spitzensportlern klären. Naturwissenschaftliche Experimente sind auch zur Klärung dieser Frage erforderlich.

Eine gleiche Trainingsquantität kann in Intervall- oder Dauerform geleistet werden. Ergeben sich hierbei Unterschiede im Leistungszuwachs? Versuche mit annähernd gleichen Gruppen und eineiigen Zwillingen ergaben keine nachweisbaren Unterschiede (Abb. 65). Nach 3 und 6 Wochen war sowohl der Zuwachs der Leistung und die Zunahme der O_2-Kapazität gleich. Auch vergleichende Versuche von ROSKAMM, CLASING et al. an großen annähernd gleichen Gruppen mit Dauertraining und verschiedenen Formen von Intervalltraning ergaben keine sicheren Unterschiede des Leistungszuwachses unter der Voraussetzung annähernd gleicher Trainingsquantität.

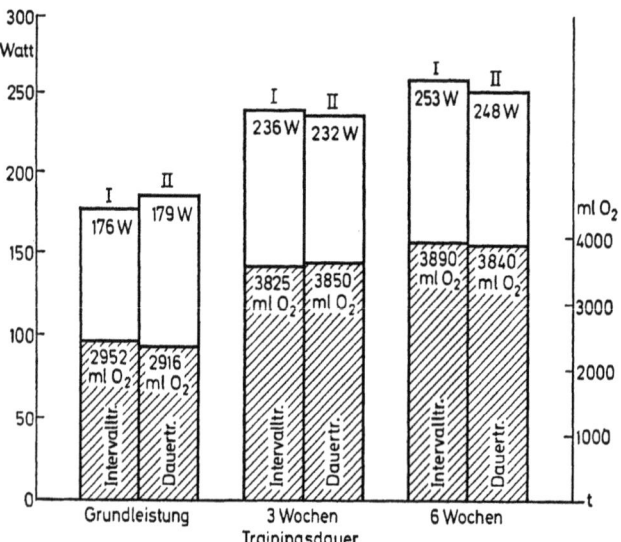

Abb. 65. Leistungszuwachs bei einer 10-min-Maximal-Leistung auf dem Fußkurbelergometer und Zunahme der O_2-Kapazität nach 3 und 6 Wochen Training in Intervall- und Dauerform bei gleicher Trainingsarbeit von eineiigen Zwillingen (nach KÖLLING u. MELLEROWICZ)

Dennoch haben Dauertraining und Intervalltraining sicher etwas unterschiedliche Wirkungen auf den Organismus. Hierdurch wird jedoch nicht ausgeschlossen, daß mit verschiedenen Trainingsmitteln und Trainingswirkungen bei gleicher Trainingsarbeit ein gleicher Leistungszuwachs erreicht wird. Es wird z. Z. angenommen, daß weder allein mit der einen oder der anderen Methode die höchste Dauerleistung erreicht werden kann. Beide Methoden scheinen sich zu ergänzen. Sie sind in optimaler Kombination anzuwenden (NETT, 1970).

6. Der Leistungszuwachs bei gleicher Trainingsquantität und unterschiedlichem Trainingszustand

Trainieren ein Hochtrainierter und ein Untrainierter mit gleicher Trainingsquantität, so erfolgt bei dem Untrainierten eine große Leistungssteigerung, bei dem Hochtrainierten eine kleine Leistungssteigerung. Dies entspricht allgemeinen Trainingserfahrungen und Untersuchungsergebnissen von HETTINGER u. E. A. MÜLLER.
Generell kann formuliert werden:
Der Leistungszuwachs ist bei gleichem Trainingsmaß umgekehrt proportional zum Trainingszustand.
Infolgedessen kann der Untrainierte mit einem kleinen Trainingsmaß einen großen Leistungszuwachs erreichen. Der Hochtrainierte braucht ein sehr großes Trainingsmaß, um noch eine kleine Leistungssteigerung zu erreichen. Hierdurch wird der scheinbare Widerspruch erklärt, daß Büromenschen schon mit 6 min täglichem Training viel für ihre körperliche Fitness erreichen können, während hochtrainierte Dauerleister täglich Stunden trainieren müssen, um ihre Höchstleistung zu erreichen.

7. Der Schwellenwert des Trainings

Eine sehr geringe Trainingsintensität führt erfahrungsgemäß nicht zu einer erkennbaren und nachweisbaren Leistungssteigerung. Es muß offenbar ein bestimmter „Schwellenwert" der T-Leistung, der T-Dauer und der T-Häufigkeit überschritten werden, damit ein Leistungszuwachs erreicht wird.

Nach Untersuchungen von HETTINGER u. E. A. MÜLLER liegt der Schwellenwert im Krafttraining bei etwa 20—30% der Maximalkraft. Eigene Untersuchungen [mit BORSDORF (1958) u. MELLER (1968, 1970)] mit ergometrischem Training an gleichen Gruppen und einiigen Zwillingen lassen für eine 3 min-Maximalleistung und eine 6 min-Maximalleistung ebenfalls einen Schwellenwert bei etwa 20—30% der Maximalleistung erkennen. Zur sicheren Erfassung dieses Schwellenwertes in Abhängigkeit von Trainingszustand, Konstitution, Alter und Geschlecht sind jedoch weitere Untersuchungen erforderlich.

Es kann angenommen werden, daß auch ein bestimmter Schwellenwert der T-Dauer überschritten werden muß, um eine nachweisbare Trainingswirkung zu erreichen. Im Krafttraining liegt dieser Schwellenwert bei Training mit maximaler Kraft unter 1 sec (HETTINGER u. E. A. MÜLLER), über den

Schwellenwert der T-Dauer im Mittel- und Dauerleistungstraining ist nichts Sicheres bekannt.
Auch eine minimale Häufigkeit des Trainings muß überschritten werden, um eine Leistungssteigerung erkennbar werden zu lassen. HETTINGER u. E. A. MÜLLER fanden: Ein einmaliges Krafttraining in 14 Tagen erbrachte noch keinen erkennbaren Kraftzuwachs. Bei einem Krafttraining pro Woche erfolgte jedoch bereits ein meßbarer Kraftzuwachs. Auch im Mittel- und Dauerleistungstraining scheint bereits ein einmaliges Training pro Woche einen kleinen, aber deutlichen Leistungszuwachs zu verursachen. Das zeigen Erfahrungen mit Trainingsgruppen, die nur einmal in der Woche trainierten.

8. Der Wirkungsgrad des Trainings

Der Wirkungsgrad des Trainings wird gekennzeichnet durch die Relation von Leistungszuwachs und Trainingsquantität. Im ergometrischen Trainingsversuch kann die Trainingsquantität in mkp gemessen und der Leistungszuwachs für eine Leistung bestimmter Dauer ebenfalls in mkp bestimmt werden. Der Wirkungsgrad des Trainings ist dann der Quotient aus $\frac{\text{Lzw (mkp)}}{\text{T-Quantität (mkp)}}$, der in Prozent angegeben werden kann.

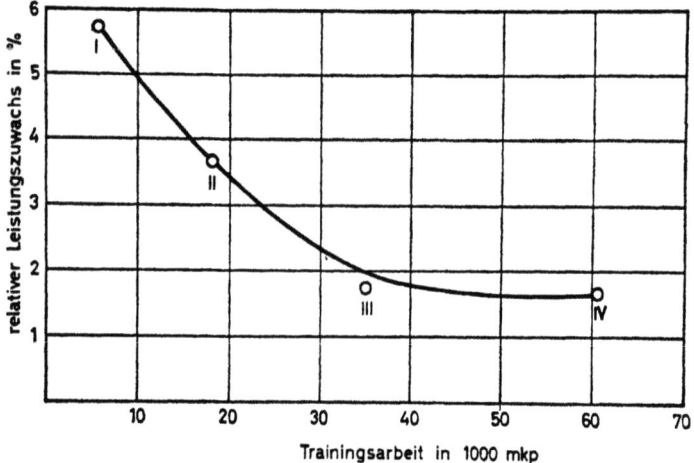

Abb. 66. Wirkungsgrad des Trainings bei 4 gleichen Gruppen, die mit unterschiedlichem Trainingsmaß am Ergometer trainierten. Relativer Leistungszuwachs in Prozent der Trainingsarbeit

Abb. 66 zeigt das Verhalten des Wirkungsgrades des Trainings bei vier annähernd gleichen Gruppen, die vier Wochen mit unterschiedlicher Trainingsquantität trainierten. Der Wirkungsgrad des Trainings war am höchsten in der Gruppe, die mit der kleinsten Trainingsquantität trainierte. Er war

wesentlich kleiner in den Gruppen, die mit der höchsten Trainingsarbeit trainierten.
1. *Mit zunehmendem Trainingsmaß nimmt der Wirkungsgrad des Trainings bei gleicher T-Leistung in Form einer Kurve von exponentieller Verlaufsform ab.*
2. *Bei gleicher Trainingsquantität, aber ansteigender Trainingsleistung nimmt der Wirkungsgrad des Trainings mit zunehmender T-Leistung zu* (vgl. III, 3).
3. *Bei gleicher Trainingsquantität, aber verschiedener T-Häufigkeit wird der Wirkungsgrad mit zunehmender Häufigkeit größer* (vgl. III, 4).
4. *Mit zunehmendem Trainingszustand nimmt der Wirkungsgrad des (gleichen) Trainings ab* (vgl. III, 6).
5. *Der höchste Wirkungsgrad wird deshalb bei Trainingsformen von großer Intensität, relativ kleiner Dauer, jedoch großer Häufigkeit bei geringem Trainingszustand erreicht.*

Um die Höchstleistung zu erreichen, sind dennoch große Trainingsquantitäten von langer Dauer und kleinem Wirkungsgrad erforderlich.

IV. Prinzipien des Kurz-, Mittel- und Dauertrainings

Die scheinbare Kompliziertheit verschiedener Trainingssysteme für *Mittel- und Langstreckenleistungen* läßt sich auf zwei Grundfragen zurückführen:
1. Die Frage nach der *optimalen Qualität* des Trainings,
2. die Frage nach der *optimalen Quantität* des Trainings.

1. Qualität

Das spezielle Training der speziellen Leistung steht im Mittelpunkt des Trainings.
Die *Hauptkomponente* der Leistung muß ganz überwiegend trainiert werden. Die *Nebenkomponenten* der Leistung sind entsprechend ihrem quantitativen Anteil an der Leistung zu trainieren.
Z. B. ist die *Hauptkomponente* der Dauerleistungen ($> \approx 6$ min Dauer) die *aerobe* Kapazität. Sie kann trainiert werden durch reines Dauertraining und Dauertraining in Intervallform.
Die wichtigste *Nebenkomponente* ist die *anaerobe Kapazität* (ohne Sauerstoff-Leistung), die quantitativ in entsprechend geringerem Maße zu trainieren ist. Sie wird trainiert durch Mittelleistungen ($\approx 30-300$ sec Dauer) mit hoher Leistung (z. B. Tempoläufe 300—1500 m). Weitere Nebenkomponenten geringerer Bedeutung sind *Kraft* und *Schnelligkeit*.

2. Quantität

Die Beantwortung gliedert sich in die Fragen
1. nach der optimalen Häufigkeit,
2. nach der optimalen Dauer,
3. nach der optimalen Intensität
   des Trainings auf.

1. Tägliches Training ist erforderlich, um Höchstleistungen zu erreichen.
2. Es ist anzunehmen, daß die optimale Trainingsdauer zwischen der Dauer von 1 bis 3 Leistungseinheiten liegt.
Unter 1 Leistungseinheit ist zu verstehen: eine Trainingsmenge von annähernd der Strecke oder Dauer der Spezialleistung (z. B. 1—3mal 10 km oder ½—2 Std für einen 10 000 m-Läufer). Hinzu kommt die kleinere Zeit, die für das Training der Nebenkomponenten erforderlich ist.
3. Die optimale Intensität im Training liegt zwischen annähernd 60—100%. Je höher die Intensität, umso größer ist die Trainingswirkung und umso geringer kann die Dauer- bzw. die Streckenleistung sein. Durch langes Laufen mit geringer Intensität um ca. 60% können Höchstleistungen nicht erreicht werden.

Alle bekannten erfolgreichen Trainingssysteme sind nur Varianten dieses Grundschemas.

V. Präventives und rehabilitives Training

In unserer technisierten Zivilisation nehmen uns Maschinen fast jede körperliche Arbeit und sogar die eigene Fortbewegung ab. Mangel an Bewegung, körperlicher Arbeit und Trainingsmangel bewirken eine fortschreitende Verkümmerung (Inaktivitätsatrophie) und Leistungsschwäche des Organismus. Sie führen auch in Verbindung mit Überernährung und nervöser Überbeanspruchung, als weitere konditionale pathogenetische Faktoren, zu einer erhöhten Morbidität für Krankheiten, die von KRAUS und RAAB zu Recht als „*hypokinetic diseases*" (Hypokinetosen, Bewegungsmangelkrankheiten) bezeichnet worden sind. Es gehören zu ihnen die degenerativen Erkrankungen von Herz und Kreislauf, manche Formen der Hypertonie und Regulationsstörungen des Kreislaufs, die Fettsucht durch Bewegungsmangel bei relativer Überernährung, der Diabetes mellitus und manche geriatrische Erkrankungen, die durch eine vorzeitige funktionelle Schwäche von Organen gekennzeichnet sind. Diese Krankheiten sind die häufigsten in unserer Zeit geworden, wie Krankheits- und Todesursachenstatistiken übereinstimmend zeigen.

Gegen diese Krankheiten ist *Dauer-Training* ein ätiologisch wirkendes *Mittel der Prävention*. Schon mit 6 min, besser 10 min (in Dauer- oder Intervallform) täglichem Training lassen sich Inaktivitätsatrophie des Skelet- und Muskelsystems, Leistungsschwäche und Ökonomieverlust von Herz-Kreislauffunktionen aufhalten und sehr wahrscheinlich eine präventive Wirkung gegen hypokinetic diseases erreichen.

Die Trainingsintensität soll im präventiven Training $\approx$ 60—90% der maximalen 6-min- bzw. 10-min-Leistung sein. Die Herzschlagfrequenzen (Hf) erreichen hierbei $\approx$ 60—90% der Hf-Leistungsreserven. Das sind z. B. bei Hf-Leistungsreserven von $\approx$ 100 (70→170/min) $\approx$ 60—90/min, entsprechend Herzschlagzahlen von 130 bis 160/min. Geeignet sind besonders schnelles Gehen, Laufen, Radfahren, Schwimmen und viele andere Formen körperlicher Leistungen.

Ebenso ist Training (verschiedener Art) bei und nach vielen Erkrankungen in richtiger Indikationsstellung und Dosierung ein vorzügliches *Mittel zur*

Rehabilitation, zur Wiederherstellung der Leistungsfähigkeit und Lebenstüchtigkeit. Das gilt besonders für die häufigen Krankheiten, die durch Mangel an Bewegung, Trainingsmangel und Überernährung (Wohlstandskrankheiten) bedingt werden. *In seinem Bereich ist rehabilitives Training bei richtiger Dosierung als ätiologische Methode wirksamer als eine Vielzahl von nur symptomatisch und prothetisch wirkenden Mitteln.*

Biomechanik des Sports

Von H. GROH und J. KLAUCK

I. Zur Geschichte der Biomechanik

Die Biomechanik als Grenzwissenschaft von Anatomie, Mechanik und Physiologie wurde in ihrer Entwicklung weitgehend von den Fortschritten in diesen drei Wissenschaften bestimmt. Zu fast jeder Zeit sind Bemühungen zu verfolgen, die Erkenntnisse über die Bewegung in Beschreibung und Deutung — entsprechend dem Stand der Wissenschaft — zu vertiefen. Die Schriften des ARISTOTELES (384—322 v. Chr.), Arzt und Philosoph, „de motu animalium", „de progressu animalium", „de incessu animalium" sind das erste überlieferte Zeugnis der Beschäftigung mit Bewegungsvorgängen. Diese Werke sind Ergebnisse von Beobachtungen beim Laufen, Hüpfen und Flug von Tieren. In ihnen wurden Gesetze über die Bewegung, wie sie heute in mathematischer Formulierung vorliegen, in verbaler Form ausgedrückt. Vier Jahrhunderte später beschrieb CLAUDIUS GALENUS (130—201 n. Chr.), Leibarzt des Kaisers Marcus Aurelius, als erster Lage und Aktion von Muskeln beim Menschen („de motu musculorum"). Damit war der Grundstock zur Erforschung des menschlichen Bewegungsapparates geschaffen.
In der Folgezeit unterbanden Christentum und Islam jedes weiterführende Studium der Anatomie. Erst mit LEONARDO DA VINCI (1452—1519) endete diese Periode der Stagnation. Als Künstler, Ingenieur und Wissenschaftler war er an der Struktur des menschlichen Körpers und seinem Bewegungsverhalten interessiert. Er beschrieb die mechanischen Eigenheiten verschiedener Bewegungen. Einen großen Aufschwung nahm die Mechanik durch die grundlegenden Arbeiten GALILEO GALILEIs (1564 bis 1643), dessen mathematische Formulierungen von Bewegungen ALFONSO BORELLI (1608—1679) zur Erforschung von Muskelbewegungen herangezogen hat. In Borellis Buch „de motu musculorum" werden bereits Probleme der Muskelmechanik — wie Beugung und Streckung — und der menschlichen Lokomotion behandelt. Die Gebrüder WEBER haben 1836 zum ersten Mal — aufgrund von Messungen mit Meßband und Uhr — eine für die damalige Zeit unübertreffliche Darstellung der „Mechanik der menschlichen Gehwerkzeuge" gegeben.
Mit der Erfindung der Fotografie (DAGUERRE, 1837) wurde eine Möglichkeit geschaffen, bleibende Bilder, auch der Körperbewegung, herzustellen. MUYBRIDGE (1882) hat die Serienfotografie und MAREY (1882—1894) die Chronocyclo-Fotografie zur Registrierung von Körperbewegungen des Menschen und der Tiere heran-

gezogen. FISCHER hat dann 1895 die erste biomechanische Analyse eines Doppelschrittes beim Gang des Menschen mit Hilfe der Chronofotografie durchgeführt. 1894 haben die Gebrüder LUMIÈRE mit der ersten Filmapparatur die Möglichkeit geschaffen, Bewegungsbilder herzustellen. Die ersten Filmbildanalysen sportlicher Bewegungsabläufe lieferte KNOLL im Jahre 1925. Die Arbeiten von SETSCHENOW (1863), LESGAFT (1938), PAWLOW (1951), UCHTOMSKI (1956) und BERNSTEIN (1967) waren programmatisch für die heutige Biomechanik als Wissenschaft.

Bereits 1931 wurde von KOTIKOWA ein von LESGAFT konzipierter Vorlesungszyklus am Leningrader Institut für Körperkultur vorgetragen mit dem Titel „Biomechanik der Körperübungen". Unter diesem Titel erschien 1939 das erste Lehrbuch. Eine umfassende Darstellung hat DONSKOI (1961) in seiner Monographie „Biomechanik der Körperübungen" gegeben. Die Weltraumfahrt hat mit ihren Problemen der Beschleunigung und der Schwerelosigkeit der Biomechanik weitere Impulse gegeben. Ein neuer amerikanischer Arbeitskreis „Biomechanical Engineering" ist nach dem 2. Weltkrieg zu weiterführenden Erkenntnissen gelangt. Diese beziehen sich vor allem auf das Verhalten von menschlichen Geweben unter verschiedenen Belastungen und auf die Schaffung von verhaltensnahen mathematischen Modellen des menschlichen Bewegungsapparates.

II. Grundbegriffe einer Biomechanik des Sports

Die Biomechanik des Sports versucht die Gesetzmäßigkeiten sportlicher Bewegungsabläufe zu erfassen mit dem Ziel der Schaffung einer modernen, experimentell gesicherten Bewegungslehre. Es ergeben sich dabei zwei Grundaspekte. In der *Grundlagenforschung* soll eine Objektivierung der Parameter sportlicher Bewegungsabläufe durch eine experimentelle Analyse durchgeführt werden mit dem Ziel der Aufdeckung gesetzmäßiger *Bewegungsstrukturen*. Zum anderen soll mit Hilfe einer *komplexen Bewegungsanalyse* versucht werden, optimale, biomechanische Lösungsmöglichkeiten für Bewegungsabläufe im Sport festzulegen mit dem Ziel der *Leistungssteigerung*.

Es ist davon auszugehen, daß die Körperbewegung immer eine Ganzheitsbewegung des Organismus darstellt. Die komplexen Gliederbewegungen und ihre mannigfaltigen Bedingungen verbieten es von selbst, das biologische System einseitig unter mechanischen Gesichtspunkten zu betrachten. Die *physiologische Analyse* geht davon aus, daß die menschliche Körperbewegung durch eine abgestimmte Koordination eine Reihe von Muskelaktionen erzeugt wird. Alle Bewegungsabläufe sind komplexe Regelvorgänge, in denen Nervensystem und Bewegungsapparat unlösbar und sinnvoll miteinander verknüpft sind.

In der *Motorik* stellt sich die Frage nach der Aufdeckung von zentral-peripheren Bewegungsmustern (motorisches Stereotyp). Die nervöse Regelschaltung wird wieder gesteuert durch Bewußtseinsakte und Willensimpulse. Im *psychologischen Bereich* ergeben sich so Probleme über Merkmale mentaler Zustände, ihrer Relevanzen bezüglich der sportlichen Leistung und ihrer Veränderungen beim Lernprozeß. Aus dieser strukturellen Gesamtschau ergeben sich 3 Untersuchungskreise bei der Analyse menschlicher Körperbewegungen:

1. Die physikalische Analyse der Funktionen des Bewegungsapparates
2. Die physiologische Analyse der Funktionen der nervösen Regelsysteme

3. Die psychologische Analyse der Bewußtseinsinhalte, Motivationen und Lernprozesse.

Daher wird die Biomechanik trotz ihrer Eigenständigkeit auf Methoden und Ergebnisse der funktionellen Anatomie, der Physiologie und der Psychologie zurückgreifen müssen.

Die sportliche Leistung wird wesentlich bestimmt durch den Entwicklungsstand der *Bewegungseigenschaften*. Das sind zunächst die angeborenen *Körperbaumerkmale:* Längen des Rumpfes und der Glieder — Lage des Körperschwerpunktes und der Teilschwerpunkte — Länge der Hebelarme der Muskeln und die Gewichte der Glieder — Größe der Drehmomente und Trägheitsmomente. Im Vordergrund stehen dabei andererseits die trainierbaren *Eigenschaften der Muskulatur:* Muskelkraft — Muskelschnellkraft — Muskelausdauer — muskuläre Koordination.

Zum anderen wird die Leistung bestimmt von dem Grad der erworbenen *Bewegungsfertigkeiten,* d. h. von der Vollkommenheit der Beherrschung einer bestimmten sportlichen Technik.

Neue durch Übung erworbene Bewegungseigenschaften und Bewegungsfertigkeiten ergeben höher qualifizierte *Bewegungsstrukturen*. Es handelt sich dabei um allgemein gültige Bewegungsgesetze der jeweiligen Sportart. Diese Bewegungsstrukturen beruhen nicht nur auf Bewegungseigenschaften und Bewegungsfertigkeiten, sondern im gleichen Maße auf geistigen und seelischen Fähigkeiten des Menschen: Taktik, Emotion, Motivation, Siegeswillen.

Der Sportler entwickelt auf der Grundlage einer Bewegungsstruktur bei seiner Bewegungsaufgabe einen *persönlichen Stil* im Sinne seiner individuellen

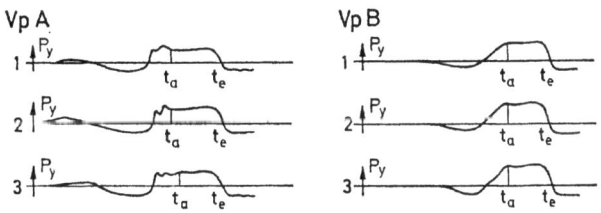

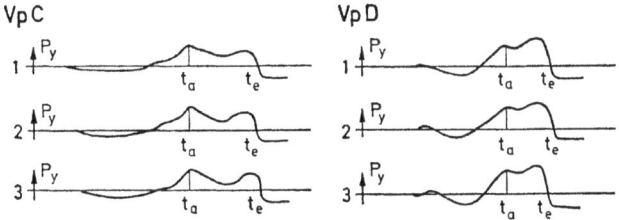

Abb. 67. Kraftkennlinien beim Absprung-Kraftstoß (HOCHMUTH, 1962)

Ausführung der sportlichen Übung. Dieser sportliche Stil, die persönliche Ausführung einer speziellen Bewegungsaufgabe, ist — im Gegensatz zur Bewegungsstruktur — grundsätzlich nicht auf andere übertragbar.

Durch experimentelle Bewegungsanalysen lassen sich *biomechanische Kennlinien*, z. B. typische Kurvenverläufe des *Weges, der Geschwindigkeit, der Beschleunigung, des Kraftstoßes, der muskulären Koordination* gewinnen. Dabei haben alle Sportler für die gleiche sportliche Bewegungsaufgabe eine gleich allgemeine *Kurvencharakteristik*, also eine gemeinsame gesetzmäßige Bewegungsstruktur, wie es der Absprung-Kraftstoß beim Streck-Weitsprung zeigt (Abb. 67).

Jeder Sprung des einzelnen Sportlers hat aber auch eine einmalige *spezifische Kennlinie* des Kraftverlaufs. Die Kennlinien der verschiedenen Sprünge des gleichen Sportlers sind nicht miteinander identisch. Sie weisen gewisse Abweichungen voneinander auf. Dennoch aber besteht beim gleichen Sportler eine sehr große Ähnlichkeit der Kennlinien untereinander im Sinne eines persönlichen Stils. Die Kraftkennlinien der verschiedenen Sportler weichen aber so erheblich voneinander ab, daß nur noch die Grundstruktur des Kraftverlaufs erhalten geblieben ist. Der persönliche Stil setzt sich in jedem Falle durch, ohne daß die gesetzmäßige Bewegungsstruktur aufgelöst werden könnte.

III. Untersuchungs- und Meßmethoden

Zur quantitativen *Deskription* von Bewegungsabläufen sportlicher Übungen erweist sich die *Entwicklung* geeigneter Meßmethoden und -geräte als notwendig, weil hier nicht — wie etwa in Physiologie oder Kreislaufforschung — ein fester erprobter Satz von Meßeinrichtungen herangezogen werden kann.

Eines der Hauptkriterien für den Einsatz von Meßeinrichtungen zur Untersuchung sportlicher Bewegungen ist die Rückwirkungsfreiheit von Meßwertaufnehmer auf das auszumessende Objekt. Dies bedeutet: der Sportler darf in seiner Bewegungsausführung nicht oder nur vernachlässigbar wenig durch die Messung behindert werden. Diese Frage tritt besonders dann in den Vordergrund, wenn Meßwerte unmittelbar am Körper des Sportlers gewonnen werden müssen, wie es z. B. bei der elektromyografischen oder bei ortsunabhängigen dynamografischen Messungen geschieht. Im übrigen gelten für Messungen und Meßgeräte die gleichen Bedingungen wie sie in der Physik für die Aufnahme von Quantitätsgrößen bestehen.

Da die Biomechanik im Sport *Körperbewegungen* untersucht, konzentrieren sich Definition und Messung von Bewegungsparametern auf den Bewegungsablauf in *Zeit* und *Raum* sowie auf die Bestimmung von *Kraft-* und *Impulsgrößen*, die mit der Bewegung verbunden sind. Zur Klasse der räumlich-zeitlichen Bewegungsparameter gehören *Wege* — des ganzen Körpers, von Körperteilen, von ausgezeichneten Körperpunkten, des Körperschwerpunktes, — *Winkel* — zwischen Körperachsen, Körperteilachsen, ausgewählten Be-

zugsachsen oder — ebenen — und die aus Wegen und Winkeln abgeleiteten Größen — Geschwindigkeit und Beschleunigung.
Die *Elektromyografie* vermittelt Erkenntnisse über den koordinativen, zeitlichen Einsatz der für die Bewegung maßgebenden Muskelgruppen.

1. Optische Verfahren zur Bestimmung der Raum-Zeit-Merkmale einer Bewegung

Zur Ermittlung von Ortsveränderungen in ihrem zeitlichen Verlauf eignen sich in besonderem Maße optische Verfahren: *Kinematografie, Chronocyclo-Fotografie, Impulslicht-Fotografie*. Mit diesen Verfahren wird die Primärinformation über die Bewegung gespeichert und kann der numerischen Auswertung zugänglich gemacht werden. Über Funktionsweise und Eigenschaften in bezug auf meßtechnische Verwertbarkeit dieser Methoden läßt sich grundsätzlich folgendes sagen:

Bei der *Kinematografie* wird das zeitliche *Auflösungsvermögen* allein von der Bildfrequenz bestimmt. Die für sportliche Bewegungen *optimale Bildfrequenz* liegt — je nach Bewegungsgeschwindigkeit — bei 100 ... 300 Bildern/sec. Bei einer Bewegungsgeschwindigkeit von 10 m/sec und einer Bildfrequenz von 100 B./sec legt dabei ein ausgezeichneter Körperpunkt — von Bild zu Bild — einen Weg von 10 cm zurück.

Das *räumliche Auflösungsvermögen* wird durch die optischen Eigenschaften der Abbildungskette: Aufnahmeoptik — Filmschicht — Projektionsoptik — Auswerter festgelegt. Bei guter Optik ergibt sich ein räumliches Auflösungsvermögen von 70—90 Linien/mm. Ein ausgezeichneter Körperpunkt kann dabei mit einer *Genauigkeit* von 0,5—0,7 cm räumlich festgelegt werden. Bewegungsschärfen werden mit kurzen *Belichtungszeiten* (0,3—1,0 msec) unterdrückt (BAUMANN, 1968).

Die *Chronocyclo-Fotografie* beruht darauf, daß die einzelnen Bewegungsphasen in konstanten Zeitintervallen auf einem Fotobild abgebildet werden. Dieser Effekt wird erreicht, indem man das Objektiv der Kamera eine gelochte oder geschlitzte Scheibe mit bestimmter konstanter Frequenz rotieren läßt. Mit Hilfe einer nachführbaren Schlitzblende kann die Mehrfachbelichtung ein und desselben Abschnittes des Objektivhintergrundes vermieden werden. Das räumliche Auflösungsvermögen ist bei diesem fotografischen Verfahren höher als bei der Kinematografie, da die Fläche des Fotobildes wesentlich größer sein kann als die Fläche eines Filmeinzelbildes. Der Abbildungsmaßstab eines 6 × 6 cm Fotobildes z. B. ist 50mal größer als der eines 16 mm-Filmbildes (7 × 10 mm Bildfeld).

Bei der *Impulslicht-Fotografie* werden an ausgewählten Körperpunkten Lichtquellen angebracht, deren Lichtabstrahlung in Frequenz und Dauer elektronisch gesteuert wird. Die Lichtimpulse werden bei offenem Kameraverschluß auf dem Fotonegativ abgebildet. Bei guter Aufnahmeoptik und guter Ansteuerelektronik lassen sich sowohl das zeitliche wie das räumliche Auflösungsvermögen im Vergleich zur Kinematografie etwa um den Faktor 100 steigern.

Diese 3 Methoden zeigen also Unterschiede im räumlichen und zeitlichen Auflösungsvermögen. Ein entscheidendes Argument gegen die Kinematografie ergibt sich aus folgenden Aspekten: Bei der Analyse von *Filmbildern* können *Wegdifferenzen* von Körperpunkten von Bild zu Bild — also von Bewegungsphase zu Bewegungsphase — mit genügender Genauigkeit bestimmt werden. Bei der Bildung des Quotienten aus Wegdifferenz und zugehöriger Zeitdifferenz zur Bestimmung der *Geschwindigkeit* eines Körperpunktes treten aber erhebliche Unterschiede in den Meßwerttoleranzen auf — eine Folge des ungenügenden Auflösungsvermögens der Kinematografie. Diese Meßwerttoleranzen vergrößern sich ganz erheblich bei der weiteren Quotientenbildung Geschwindigkeitsdifferenz/Zeitdifferenz zur Ermittlung der *Beschleunigung* eines *Objektpunktes* (Abb. 68).

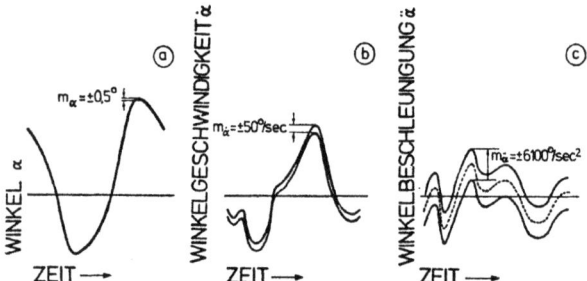

Abb. 68. Fortpflanzung des Meßfehlers aus Filmbildern bei der Bildung abgeleiteter Größen — a) Fehlerbreite bei der Winkelmessung, b) Fehlerbreite bei der Berechnung der Winkelgeschwindigkeit, c) Fehlerbreite bei der Berechnung der Winkelbeschleunigung — die berechnete Beschleunigungskurve ist gestrichelt eingezeichnet (BAUMANN, 1968)

Infolge dieser Meßfehlerfortpflanzung lassen sich Beschleunigungswerte — insbesondere in langsamen Bewegungsphasen — aus Filmbildern nur mit sehr großer Ungenauigkeit ermitteln. Schon die Chronocyclo-Fotografie, wesentlich mehr noch die Impulslicht-Fotografie, liefern infolge ihres höheren Auflösungsvermögens ungleich genauere, d. h. mit geringerer Meßunsicherheit behaftete Werte, welche diese zwei Methoden zur Ableitung der beiden wichtigen Größen *Geschwindigkeit* und *Beschleunigung* als wesentlich geeigneter erscheinen lassen.
Bei der Auswertung der optischen Aufzeichnungen ergeben sich zusätzliche wesentliche Vorteile der Fotobilder gegenüber den Filmbildern was den Zeitaufwand angeht. Zur Auswertung genügt die einmalige Einstellung eines Fotobildes, während für den gleichen Bewegungsablauf bis zu 300 Filmbilder nacheinander eingestellt werden müssen. Das bedeutet einen ungleich größeren zeitlichen Aufwand bei der Filmbildanalyse im Vergleich zur Fotobildanalyse.

Mit Hilfe einer *halbautomatischen Auswertanlage* wird die gesamte Auswertarbeit reduziert auf die Einstellung eines Fadenkreuzes auf einen ausgezeichneten Bildpunkt. Die Koordinatenwerte dieses Punktes werden sowohl im Klartext ausgedruckt als auch gleichzeitig in Lochstreifen gestanzt. Damit stehen die kinematischen Daten bereits zur weiteren Auswertung durch einen Digitalrechner zur Verfügung. Das bedeutet eine erhebliche Reduktion des Zeitaufwandes gegenüber der Handauswertung.

Mit Hilfe von *Lichtschranken* lassen sich Einzelwerte über *Bewegungsgeschwindigkeiten* gewinnen. Der bewegte Körper unterbricht nacheinander zwei Lichtstrahlenbündel zwischen je einer Lichtquelle und einer Fotozelle. Die von den Fotozellen daraufhin abgegebenen elektrischen Impulse in ihrer zeitlichen Distanz registriert. Aus der so gewonnenen Zeitdifferenz und dem bekannten räumlichen Abstand beider optischer Systeme wird die mittlere Geschwindigkeit des Objektes bestimmt.

2. Dynamografische Methoden zur Bestimmung äußerer Kräfte

Zur Bestimmung der bei Körperbewegungen auftretenden *äußeren Abstoßkräfte (Reaktionskräfte)* wurden *ortsfeste Kraftmeßplatten* auf piezoelektrischer oder Dehnungsmeßstreifenbasis entwickelt (BAUMANN, 1968). Bei diesen Meßeinrichtungen wird der Effekt der registrierbaren elastischen Verformung des Meßwertaufnehmer tragenden Materials durch die äußeren Kräfte ausgenutzt.

Diese Kraftmeßplatten messen gleichzeitig, aber unabhängig voneinander, den zeitlichen Verlauf der Stützkräfte der Beine in den 3 Raumrichtungen (Abb. 69 und 70).

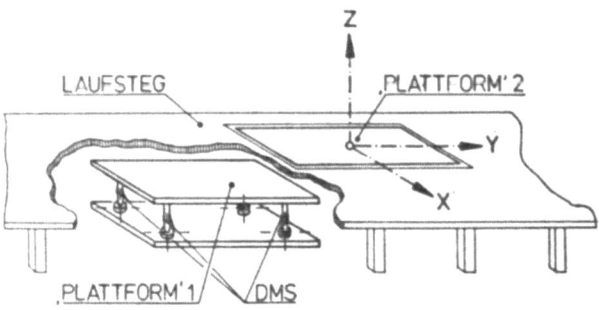

Abb. 69. Ortsfeste Kraftmeßplatte (Dehnungsmeßstreifen, BAUMANN, 1968)

Für spezielle Untersuchungen wurden miniaturisierte, *ortsunabhängige Kraftmesser* entwickelt, die sich z. B. zwischen zwei Spikes am Rennschuh anbringen lassen (BAUMANN, GALBIERZ, PEUCKER, 1971). Sie erlauben sowohl eine drahtgebundene als auch eine drahtlose Meßwertübertragung (Abb. 73 d).

3. Bestimmung von Muskelkräften bei der Bewegung

Mit dem Datensatz der Kinematik und der Dynamik äußerer Kräfte ist der äußere Bewegungsablauf genügend genau zu charakterisieren. Ein schwieriges und bisher weitgehend ungelöstes Problem ist die Bestimmung der *inneren Muskelkräfte* und die Frage ihrer Wechselbeziehungen zu den äußeren Kräften. Innere Kräfte lassen sich nicht unmittelbar messen, doch ist ihre Berechnung unter speziellen Bedingungen möglich.

Statische Muskelkräfte können — da Gleichgewicht besteht — aus äußeren statischen Kräften (Lastgewicht) mit Hilfe der vorliegenden Hebelverhältnisse aus Momentengleichungen berechnet werden. Die statische Kraft, welche z. B. die *Unterarmbeuger* aufbringen müssen, um einer Last von 10 kp — bei senkrecht herabhängendem Oberarm und 90° Beugung im Ellenbogengelenk — das Gleichgewicht zu halten, errechnet sich zu 96 kp.

Bei der Berechnung von *dynamischen Muskelkräften* treten erhebliche Schwierigkeiten auf, weil sowohl die Drehimpulse wie auch die Trägheitsmomente sich während der gesamten Bewegung ändern. Es war naheliegend, die bewegenden Kräfte aus den Beschleunigungen der Gliedmaßen — nach dem Newtonschen Gesetz $K = m \cdot b$ — zu berechnen. Versuche, Gliedmaßenbeschleunigungen mittels *Beschleunigungsaufnehmer* unmittelbar zu erfassen, haben bei Gang- und Laufuntersuchungen zu keinen brauchbaren Ergebnissen geführt. Man wird daher auf die Berechnung von Beschleunigungen mit Hilfe der Impulslicht-Fotografie zurückgreifen müssen.

4. Bestimmung der Muskelkoordination (Bewegungs-Elektromyografie)

Das *Elektromyogramm* erlaubt keine unmittelbare Messung der Muskelkräfte. Die Ableitung von Aktionspotentialen der an einer sportlichen Übung beteiligten Muskelgruppen gibt aber Aufschluß über deren zeitliches Zusammenspiel. So erscheint es möglich, vorhandene *Bewegungsmuster* aufzudecken, um daraus Schlüsse auf den Trainingszustand des Sportlers zu ziehen. Durch Verwendung moderner elektronischer Bauelemente konnte eine miniaturisierte *Bewegungs-Elektromyografie* mittels Hautelektroden entwickelt werden, die weitgehend behinderungsfrei bei sportlichen Bewegungsabläufen eingesetzt werden kann (KLAUCK, 1970).

5. Komplexe Bewegungsanalyse

Zur umfassenden Information über den Ablauf sportlicher Bewegungen wurde die Methode einer *komplexen Bewegungsanalyse* entwickelt. Hierbei werden kinematische, dynamische und koordinatorische Merkmale der Bewegung gleichzeitig registriert. Diese Methode soll vor allem dazu dienen, funktionale und statistische Zusammenhänge zwischen verschiedenen Bewegungsmerkmalen aufzudecken (Abb. 70).

Mit Hilfe des so gewonnenen Datensatzes wird es möglich sein, die im Sport so bedeutungsvollen Bewegungsparameter zu quantifizieren. Die mit den beschriebenen Meß- und Untersuchungsmethoden zu gewinnenden Ergebnisse sollen an einem Beispiel dargestellt werden.

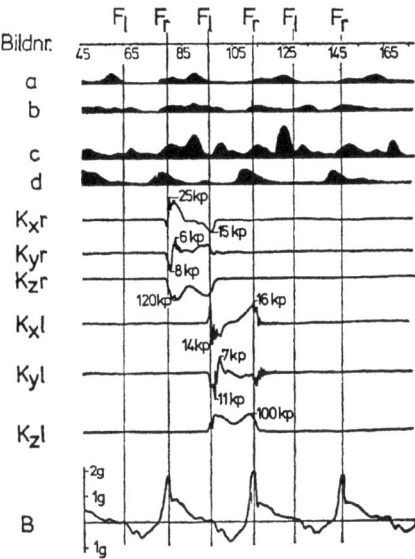

Abb. 70. Komplexe Bewegungsanalyse des Ganges. EMG des rechten Beines: a) M. gastrocnemius, b) M. tibialis, c) M. quadriceps, d) M. biceps femoris — Kraftkomponenten des rechten Beines: K_{xr}=horizontal in Gangrichtung, K_{yr}=horizontal quer zur Gangrichtung, K_{zr}=vertikal — linkes Bein: K_{xl}, K_{yl}, K_{zl} wie rechtes Bein — B=Tangentialbeschleunigung am rechten Unterschenkel

IV. Über biomechanische Untersuchungen des 100-m-Laufs

Beim 100 m-Lauf sollen kinematische und dynamische Parameter der Laufbewegungen auf ihre Leistungsrelevanz hin betrachtet werden.

GUNDLACH (1963) hat bei 54 100 m-Läufern verschiedener Qualifikation (A—F) Einzelschrittlänge, Einzelschrittfrequenz und Laufgeschwindigkeit untersucht (Abb. 71).
Es ergeben sich folgende Tatbestände:
1. Die qualifizierten Sprinter der Gruppe A haben über die ganze 100 m-Distanz eine größere *Schrittlänge* gegenüber den weniger Qualifizierten (Abb. 71 a).
2. Die Läufer der Gruppe A weisen über die ganze Distanz eine höhere *Schrittfrequenz* auf als weniger Qualifizierte (Abb. 71 b).
3. Infolge einer größeren und länger dauernden *Sprintbeschleunigung* resultiert für die Spitzengruppe A eine größere *Laufgeschwindigkeit* für die 100 m-Strecke (Abb. 71 c).

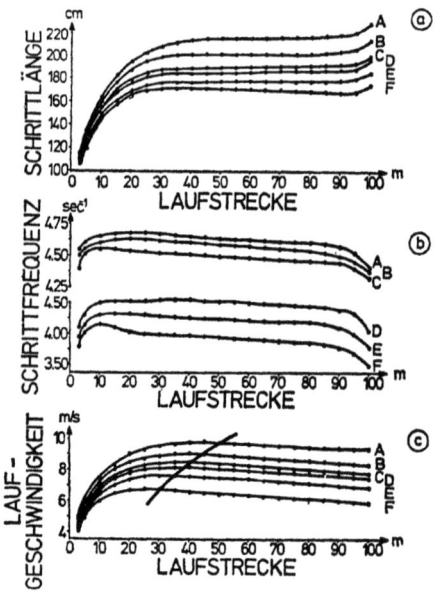

Abb. 71. Verläufe von a) Schrittlänge, b) Schrittfrequenz, c) Laufgeschwindigkeit. 100-m-Läufer verschiedener Qualifikation A—F (nach GUNDLACH, 1963)

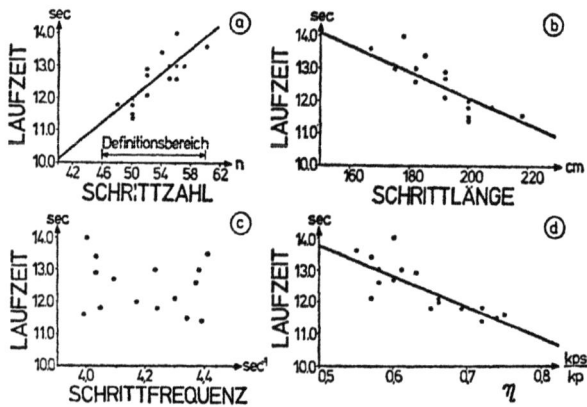

Abb. 72. Regressionsanalysen von a) Schrittzahl, b) Schrittlänge, c) Schrittfrequenz, d) η-Verhältnis in bezug auf die Laufzeit — 17 100-m-Läufer verschiedener Qualifikation (11,4—14,0 sec) (nach SCHMITZ, 1971)

SCHMITZ (1971) hat bei 17 Sprintern verschiedener Qualifikation (11,4 bis 14,0 sec Laufzeit) eine *Regressionsanalyse* für die Größen, *Schrittzahl, Schrittlänge, Schrittfrequenz und Stützimpuls* in bezug auf die 100 m-Laufzeit mit folgendem Ergebnis durchgeführt (Abb. 72).
1. Mit zunehmender *Schrittzahl* verlängert sich die Laufzeit. Dabei entsprach einer Zunahme um 1 Schritt eine Laufzeitverlängerung von rd. 0,2 sec (Regressionskoeffizient a = 0,19).
2. Mit zunehmender *Schrittlänge* verkürzt sich die Laufzeit. Einer Vergrößerung der Laufschritte um 10 cm entsprach eine Verkürzung der Laufzeit von 0,4 sec (Regressionskoeffizient a = —0,04).
3. Eine Abhängigkeit zwischen Laufzeit und *Schrittfrequenz* sowie zwischen Schrittlänge und Schrittfrequenz ließ sich nicht nachweisen.

Nach dieser Analyse sind also Schrittlänge und Schrittzahl *leistungsrelevante* Parameter des 100 m-Laufes. Die gefundene Dominanz der Schrittlänge gegenüber der Schrittfrequenz als leistungsbestimmender Faktor stimmt mit den Ergebnissen von BALLREICH (1969) überein. Ebenso wurde die von GUNDLACH (1963) gefundene Unabhängigkeit der Schrittlänge von der Schrittfrequenz bestätigt.

4. *Die Stützimpulse* wurden unter gleichzeitiger Verwendung einer ortsfesten Kraftmeßplatte und von ortsunabhängigen Meßwertaufnehmern an beiden Rennschuhen gemessen. Mit der ortsfesten Apparatur konnten die Stützkräfte nur an *einer* Stelle — allerdings 3-dimensional — registriert werden. Die ortsunabhängige Einrichtung lieferte sämtliche Stützimpulse während des Durchlaufens der ganzen 100 m-Strecke und damit gleichzeitig die Schrittzahl und die Einzelschrittfrequenz (Abb. 73).

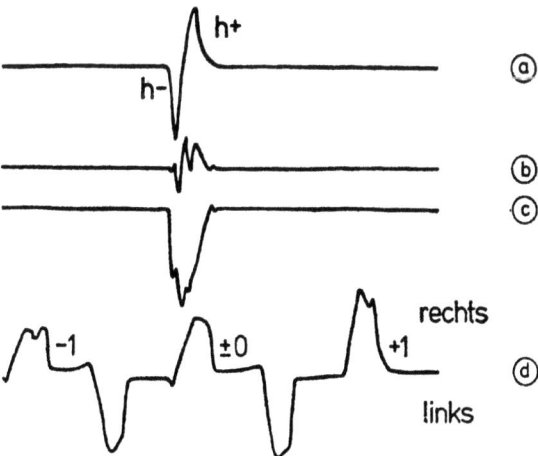

Abb. 73. Verlauf der Stützkräfte bei ortsfester (a, b, c) und ortsunabhängiger (d) Kraftmessung — Kraftkomponenten: a) horizontal in Laufrichtung, b) horizontal quer zur Laufrichtung, c) vertikal, d) Stützkraftverlauf am rechten und linken Fuß

Die Auswertung der mit der *ortsfesten Anlage* gemessenen dynamischen Größen zeigte erwartungsgemäß, daß der *horizontale Beschleunigungsimpuls* bei den schnelleren Sprintern größer ist als bei den langsameren. Der Vertikalimpuls normiert auf das Körpergewicht zeigte keine Leistungsrelevanz. Die Auswertung der mit der *ortsunabhängigen Anlage* gewonnenen *Stützimpulse* ergab folgendes (Abb. 73 d):

Aus den Stützimpulsen wurde ein η-Verhältnis definiert, indem der mittlere Stützimpuls über die 100-m-Distanz auf das Körpergewicht der Versuchsperson normiert wurde. Einem größeren η-Wert entsprach eine kürzere Laufzeit. Das bedeutet also, daß die qualifizierten Läufer größere Stützimpulse aufbringen als die weniger qualifizierten. Dabei entsprach einer Zunahme des η-Wertes von 0,1 $\frac{\text{kp} \cdot \text{s}}{\text{kp}}$ eine Verkürzung der Laufzeit um rd. 1 sec (Regressionskoeffizient $a = -9{,}6$). Darüber hinaus wurde ein korrelativer Zusammenhang durchschnittlicher Schrittlänge und dem η-Verhältnis gefunden als Ausdruck dafür, daß einem größeren Stützimpuls eine größere Schrittlänge entsprach.

Die Komplexität aller sportlicher Bewegungsabläufe, auch der Laufbewegung, impliziert die Frage nach dem *Merkmalsgefüge*, d. h. den wechselseitigen Abhängigkeiten der Merkmale voneinander. Es bleibt zu klären, welche Merkmale trainierbar sind.

V. Zur Frage einer wissenschaftlichen Trainingsberatung

Es stellt sich das Problem, biomechanische Erkenntnisse in eine für die Praxis brauchbare Form von Trainingsanweisungen umzusetzen. Trainer und Leistungssportler kennen die Wettkampfbedingungen ihrer Sportarten. Sie wissen Bescheid über den Einfluß wechselnder Umweltbedingungen wie Bodenbeschaffenheit und Klima. Sie sind durch meist jahrelange Arbeit vertraut mit der speziellen Bewegungsaufgabe der jeweiligen Sportart.

Eine wissenschaftliche Trainingsberatung hat darüber hinaus die Aufgabe, Kenntnisse zu vermitteln über die mechanischen und funktionalen Strukturen des Bewegungsapparates: Körperbaumerkmale — Muskelfunktion — neuromuskuläre Koordination.

Das Erlernen von Bewegungsstrukturen soll über Intuition und Eigenerfahrung von Sportler und Trainer hinausgehen, indem ihnen Möglichkeiten in die Hand gegeben werden, die sportartspezifischen Bewegungsabläufe mit Hilfe objektiver Meßdaten zu kontrollieren und zu korrigieren.

VI. Sofortinformation

Bei dem derzeitigen Entwicklungsstand der Meßmethoden ist eine Erfassung wesentlicher Bewegungsmerkmale während der Bewegungsausführung und deren Sofortübertragung möglich: Schrittlänge und Schrittfrequenz — Bewegungsgeschwindigkeit — Absprungkraftstoß — Erfassung des peripheren Bewegungsmusters. So würde die Information unmittelbar nach der sportlichen Leistung zur Verfügung stehen und es könnte die notwendige Korrektur noch unter dem Erlebnis der Bewegungsausführung und vor der näch-

sten sportlichen Übung gegeben werden. Das würde besonders wertvoll sein für das Erkennen von Fehlern und würde zu einer wesentlich effektiveren Trainingsberatung führen.
Die fließende Trainingsberatung kann ergänzt werden durch die Erfassung des kinematischen Bewegungsablaufes mit Hilfe einer *Fernsehkamera*. Auf dem Fernsehschirm können Athlet und Trainer sich den Bewegungsablauf unmittelbar und beliebig oft zur Anschauung bringen. Quantitative Aussagen allerdings lassen sich aus Fernsehaufzeichnungen nicht ableiten, weil deren räumliches und zeitliches Auflösungsvermögen unzureichend sind.

Sport im Jugendalter

Von C. BOUCHARD

Sport wirft bei männlichen und weiblichen Jugendlichen besondere Probleme auf. Wir werden dabei zunächst die körperliche und motorische Entwicklung des normalen Jugendlichen untersuchen und die Faktoren bestimmen, die zu individuellen Unterschieden der normalen Entwicklung von Jugendlichen führen. Abschließend folgt eine kurze Untersuchung der Auswirkungen des Sports auf die Entwicklung des Jugendlichen.

I. Die physische und motorische Entwicklung des Jugendlichen

Ein zufriedenstellendes Verständnis der physischen und motorischen Entwicklung des Jugendlichen kann erreicht werden durch die Beobachtung des Verhaltens der morphologischen Faktoren, der körperlichen Leistungsfähigkeit, der muskulären Eigenschaften, der Psycho-Motorik und der Motorik.

1. Die morphologischen Strukturen

Im morphologischen Bereich ist das Jugendalter durch eine Phase schnellen Wachstums des Knochenapparates gekennzeichnet. In der Tat werden zum Zeitpunkt der physiologischen Pubertät neue Entwicklungsschübe angetroffen, die u. a. zum Ausdruck kommen im jährlichen Längenwachstum, in der jährlichen Erhöhung des „bi-acromialen" Durchmessers und „bi-iliaque" Durchmessers und in mehreren anderen Maßen des Knochenbaues (Abb. 74).

Das Muskelgewebe, welches bei der Geburt 20% des körperlichen Gewichtes darstellt, erreicht ungefähr 33% am Anfang der Pubertät und schließlich 40% zum Zeitpunkt physiologischer Reife. Kürzliche Untersuchungen (MALINA u. JOHNSTON, 1967; TANNER, 1965) haben gezeigt, daß sich auch

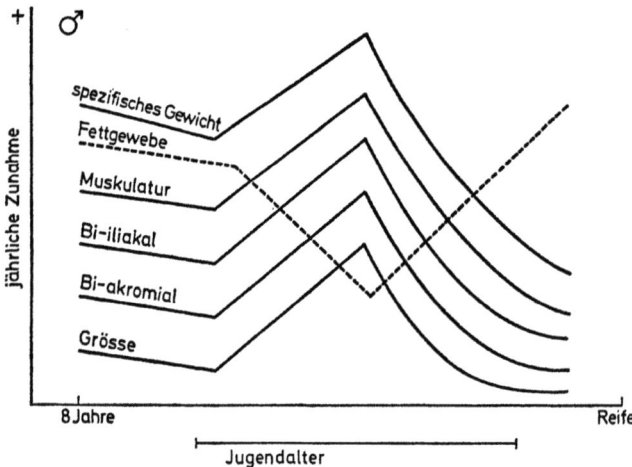

Abb. 74. Verhalten einiger morphologischer Parameter im Laufe der Entwicklung bei männlichen Jugendlichen. Es wird für jeden berücksichtigten Parameter eine Kurve der Entwicklungsgeschwindigkeit wiedergegeben ohne Vergleich zwischen den einzelnen Parametern

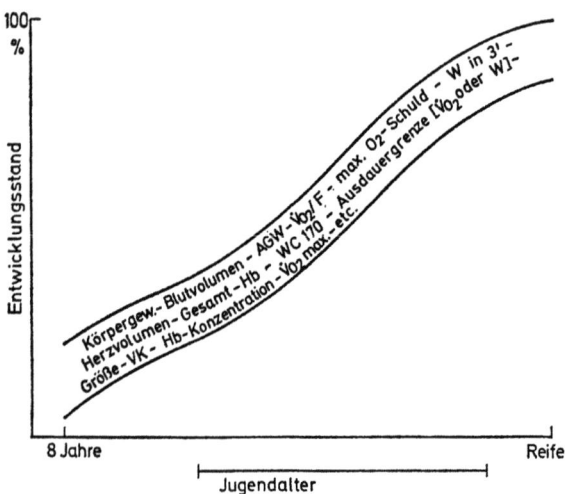

Abb. 75. Entwicklung nach Alter in relativen Werten der organischen Faktoren und der körperlichen Leistungsfähigkeit. Das erhaltene Modell stimmt gut überein mit dem allgemeinen Entwicklungsgradienten

die Muskulatur im Zeitraum der Pubertät schneller entwickelt als in den davorliegenden Jahren (Abb. 75).
Beim männlichen Jugendlichen fällt dieser Entwicklungsschub der Muskulatur zusammen mit dem Zeitraum schnellsten Längenwachstums, während bei weiblichen Jugendlichen die Beschleunigung der Entwicklung der Muskulatur erst einige Monate nach der gleichen Erscheinung maximalen Längenwachstums erfolgt (TANNER, 1965). Diese Phase schnellen Wachstums zwischen 14 und 16 Jahren bei männlichen Jugendlichen ist bei weiblichen Jugendlichen fast 2 Jahre früher zu beobachten.
Die Veränderungen des Knochenbaues und der Muskulatur sind von sehr verschiedenen Veränderungen im Bereich des Fettgewebes begleitet. So kann, ganz besonders in den Gliedmaßen, eine starke Verringerung der Ansammlung von Fettgewebe während der Pubertät festgestellt werden (MALINA u. JOHNSTON, 1967; TANNER, 1965). Diese Verringerung der Entwicklungsgeschwindigkeit des Fettgewebes ist beim männlichen Jugendlichen ausgeprägter. Sie zeigt sich bei ihm oft in einer klaren Reduzierung des Fettes in den Gliedmaßen, vor allem im Zeitraum maximalen Längenwachstums (TANNER, 1965).
Es ist augenscheinlich, daß das spezifische Gewicht beeinflußt wird durch die Veränderungen des Knochenbaues, der Muskulatur und des Fettgewebes im Laufe des Jugendalters.
Wir können schon abschätzen, daß bei den Jungen die „magere Masse" dazu tendiert, mehr zuzunehmen als die „fette Masse". NOVAK (1963) hat diese Frage des körperlichen spezifischen Gewichtes im Jugendalter bei Jungen und Mädchen untersucht. Wir können aus seiner Untersuchung folgern, daß das spezifische Gewicht bei Jungen zunimmt, während es bei Mädchen in der gleichen Periode beträchtlich abnimmt. PARIZKOVA (1961) kommt bei einem chronologischen Alter von 13 Jahren zu gleichen Ergebnissen.

2. Die organischen Strukturen und Eigenschaften

Mehrere Untersuchungen haben nachgewiesen, daß sich Herzgröße und Herzvolumen im gleichen Sinne und im gleichen Rhythmus entwickeln wie die körperlichen Maße, insbesondere wie das Körpergewicht (HELLBRÜGGE u. Mitarb., 1960; HOLLMANN u. Mitarb, 1965; KEUL u. Mitarb., 1961; MUSSHOFF u. Mitarb., 1961), und zwar unabhängig vom chronologischen Alter (BOUCHARD u. Mitarb., 1968 b). 1968 hat CERMAK mit einer Längsschnittuntersuchung die Frage weiter klären können. Er konnte bei 91 Jungen von 12 bis 15 Jahren zwischen Herzgröße und körperlichem Gewicht eine konstante Beziehung beobachten. Zwischen 13 und 14 Jahren tendiert diese Beziehung sogar zu einer Verbesserung, obwohl dieser Zeitraum früher als sehr ungünstig betrachtet wurde.
Der Herzgrundrhythmus stabilisiert sich im Laufe des Jugendalters als ein Zeichen besserer vegetativer Regulation. Für die körperliche Leistungsfähigkeit so kritische Variable wie die Blutmenge, die Blutkörperkonzentration und die Gesamthämoglobinmenge weisen eine Entwicklungskurve auf, die

gut mit dem Verhalten der bereits diskutierten Faktoren übereinstimmt (ÅSTRAND, 1958; KJELLBERG u. Mitarb., 1949; MUGRAGE u. ANDERSEN, 1938).
Die mittlere Entwicklungskurve der Vitalkapazität, die von ESPENSCHADE (1967) nach verschiedenen Autoren ermittelt wurde, entspricht der Kurve der Kreislaufparameter, die wir eben genannt haben. Unsere eigenen Ergebnisse über den Atemgrenzwert und über den Sauerstoffpuls (VO_2/Fc) erlauben uns die gleichen Schlußfolgerungen.

Die aerobe Leistungsfähigkeit. Es ist erwiesen, daß bei einer gegebenen submaximalen körperlichen Belastung der Stress, dem das Herz-Kreislauf- und Atmungssystem ausgesetzt sind, allmählich abnimmt, je mehr man sich der physiologischen Reife nähert. So nimmt z. B. der Puls mit zunehmendem Alter bei einer gegebenen körperlichen Belastung durchweg ab (NÖCKER, 1955; KÖNIG u. Mitarb., 1961; HOLLMANN u. BOUCHARD, 1970).

Wenn man jedoch bei dieser Belastung die körperliche Entwicklung berücksichtigt (W/Gewicht), stellt man fest, daß die physiologische Reaktion des jungen Jugendlichen identisch ist mit der des jungen Erwachsenen (MELLEROWICZ u. LERCHE, 1958). Der systolische Blutdruck bei submaximaler körperlicher Belastung tendiert während des Jugendalters mit zunehmendem Alter zu einer Erhöhung (KÖNIG u. Mitarb., 1961). Gleichzeitig neigt die Ventilation für die gleiche Art körperlicher Belastung dazu, mit Annäherung an die Reifezeit geringer zu werden (KÖNIG u. Mitarb., 1961). Mit dem Atemäquivalent verhält es sich ähnlich.
Die Arbeitsquantität, die der Jugendliche an der Ausdauergrenze leisten kann, nimmt ebenfalls nach dem gleichen Muster wie das Körpergewicht systematisch zu (BOUCHARD u. Mitarb.; 1968 a). Sehr ähnliche Ergebnisse werden erzielt bei der Beobachtung des PWC_{170} im Laufe dieser Entwicklungsperiode.
Mehrere Berichte über die Entwicklung des maximalen Sauerstoffverbrauchs während des Jugendalters führen zur Schlußfolgerung, daß dieses wichtige Kriterium körperlicher Leistungsfähigkeit sich in der gleichen Weise verhält wie die repräsentativen Parameter der körperlichen Entwicklung (ÅSTRAND, 1952, 1958; HOLLMANN u. Mitarb, 1965; KÖNIG u. Mitarb.,1961; MELLEROWICZ u. LERCHE, 1958; HOLLMANN u. BOUCHARD, 1970).

Dies wird bewiesen durch die Konstanz der Beziehung des maximalen Sauerstoffverbrauchs zum Körpergewicht in dieser Wachstumsphase.

Die anaerobe Leistungsfähigkeit. Die Arbeitsquantität, die während einer maximalen körperlichen Belastung von 3 min Dauer registriert wird, nimmt mit dem Alter zu. Aber auch dieses Maß, welches es uns erlaubt, einen Teil der anaeroben Arbeitskapazität zu erklären, ergibt eine konstante Beziehung zum Körpergewicht während des Jugendalters (MELLEROWICZ u. LERCHE, 1958).
Obwohl über das Verhalten der maximalen Sauerstoffschuld während der Periode des Jugendalters keine Untersuchung zur Verfügung steht, ermög-

lichen es uns die Querschnittsuntersuchungen von ÅSTRAND (1952) über die
Entwicklung der maximalen Milchsäurekonzentration während körperlicher
Belastung mit zunehmendem Alter, unsere Meinung über diese Frage zu
präzisieren. Die Fähigkeit, während maximaler körperlicher Belastung hohe
Werte von Milchsäurekonzentration zu ertragen, läßt annehmen, daß der
Jugendliche mit zunehmendem Alter eine höhere maximale Sauerstoffschuld
einzugehen vermag.
Die von ÅSTRAND erhaltenen Ergebnisse scheinen bei Mädchen und Jungen
eine enge Beziehung zur allgemeinen körperlichen Entwicklung zu bestätigen.
Die Veränderungen im Bereich der Herz-Kreislaufstrukturen und im Bereich
der körperlichen Leistungsfähigkeit im Verlauf der Jahre des Jugendalters
werden in der Entwicklungskurve der Abb. 75 wiedergegeben.

Es ist nützlich hinzuzufügen, daß diese Kurve unserer Meinung nach übereinstimmt mit dem allgemeinen Entwicklungsgradienten, der von mehreren
Autoren verwendet wird, um eine Übersicht über die äußerliche körperliche
Entwicklung zu geben. Obwohl die Mehrzahl der Untersuchungen, über die
wir verfügen, nur Querschnittsuntersuchungen sind, scheinen genügend An-
haltspunkte vorzuliegen, daß der allgemeine Entwicklungsgradient auch für
die dynamischen Erscheinungsformen körperlicher Leistungsfähigkeit im
Laufe des Jugendalters zutrifft. Das würde nur gelten für Jugendliche ohne
pathologische Erscheinungen und für Personen, deren Fettmasse normal
wäre.

3. Die muskulären Eigenschaften

Die Untersuchungen haben gezeigt, daß sich die Muskelkraft im Jugendalter
stark entwickelt (ASMUSSEN u. NIELSEN, 1956; BOUCHARD, 1966; JONES,
1947, 1949; TUDDENHAM u. SNYDER, 1954). Entgegen früher geäußerter
Meinungen scheint das Ausmaß der Entwicklung der Muskelkraft größer zu
sein als im Falle der äußeren körperlichen Masse registriert wurde. Die Folge
daraus ist eine Verschiebung der Beziehung Muskelkraft/Körpergewicht zugunsten der Muskelkraft.
Die von IKAI (1966) veröffentlichten Arbeiten lehren uns andererseits, daß
die Muskelausdauer, d. h. die Fähigkeit, lokale Muskelarbeit von geringer
und mittlerer Intensität auszuführen, bei beiden Geschlechtern während des
Jugendalters immer in konstanter Beziehung zur Muskelkraft steht. Die absoluten Werte der Muskelausdauer nehmen also in Proportionen zu, die mit
denen der Muskelkraft vergleichbar sind.
Es ist weiter erwiesen, daß im Falle der Muskelkraft und der Muskelausdauer die Entwicklung ihr Maximum beim Mädchen früher erreicht als beim
Jungen. Man stellt sogar bei den Mädchen nach der Pubertät oft eine Tendenz zur Regression der Leistungsfähigkeit in diesen beiden Bereichen fest.

Schließlich nimmt die Bewegungsamplitude für die Mehrzahl der Gelenke
und der Bewegungsabläufe beim Jugendlichen ab dem 10. Lebensjahr allmählich ab (LEIGHTON, 1956).

4. Die Wahrnehmung und die Psycho-Motorik

Die nervlichen Strukturen, die Wahrnehmungsmechanismen und psychomotorischen Mechanismen sind durch eine rasche Entwicklung im niedrigen Alter gekennzeichnet. Die Phasen der Reifung des Nervensystems und der Myelinisation sind, so glaubt man, vor dem Jugendalter durchlaufen.

Die Reaktionsfähigkeit, schnell auf einen wahrnehmbaren Reiz zu reagieren, entwickelt sich vor allem vor der Pubertät, zeigt aber Zeichen der Verbesserung während der Jugendzeit, vor allem bei Jungen (SINGER, 1968). Die Bewegungsgeschwindigkeit steigt bei den Mädchen bis zur Pubertät, bei den Jungen im ganzen Verlauf des Jugendalters. Die neuro-muskuläre Koordination verbessert sich beim Jugendlichen langsam weiter.

Die Bewegungsbeherrschung tendiert jedoch bei Mädchen dazu, sich während und nach der Pubertät zu stabilisieren (ESPENSCHADE, 1940).

Es scheint endlich, daß die Entwicklung der Körperbeherrschung, wie sie im Körperschema, in der Seitigkeit, dem Gleichgewicht zum Ausdruck kommt, im Moment der Geschlechtsreife abgeschlossen ist.

Das motorische Verhalten verbessert sich beim Jungen während des ganzen Jugendalters beständig. Diese Erscheinung wird durch die Ergebnisse, die von einer großen Anzahl von Autoren in motorischen Prüfungen wie Weitsprung ohne Anlauf, Geschicklichkeitslauf, Schnellauf, Zielwurf, Weitwurf usw. erzielt wurden, nachgewiesen. Es ist uns jedoch nicht möglich, das auf weibliche Jugendliche zu übertragen. So stellt man einen Stillstand und oft sogar eine Verschlechterung der motorischen Leistungsfähigkeit der weiblichen Jugendlichen in den oben genannten Aufgaben fest.

Diese letzte Erscheinung scheint weniger eine Folge der Geschlechtsreife und ihrer physiologischen Erscheinungsformen zu sein als die Folge eines Mangels an Interesse der weiblichen Jugendlichen für körperliche Anstrengungen nach dem Zeitpunkt ihrer ersten Menstruation.

II. Die individuellen Unterschiede in der körperlichen Entwicklung des Jugendlichen

In allen Ländern der Welt sind die Unterschiede, die man in der körperlichen Entwicklung der Jugendlichen feststellen kann, beträchtlich. Der Zeitraum der Entwicklung fällt zusammen mit der Zunahme der qualitativen Verschiedenartigkeit der körperlichen Masse sowie der motorischen Leistungsfähigkeit. Abb. 76 macht deutlich, daß das Jugendalter durch einen großen Spielraum der Entwicklung gekennzeichnet ist. Zu diesem Zeitpunkt bestehen die größten Unterschiede hinsichtlich der statischen Muskelkraft. Im Rahmen der Beobachtungen von TUDDENHAM u. SNYDER (1954) stellen wir fest, daß vom 11. Lebensjahr an die Standard-Differenz (σ) der Meßwerte, die die statische Muskelkraft betreffen, allmählich zunimmt, um sich gegen das 14. Lebensjahr zu verdoppeln. Sie bleibt in dieser Höhe während des ganzen uns interessierenden Zeitraums.

Welches können die Ursachen dieser großen Unterschiede sein? Welche Faktoren ermöglichen eine Erklärung dieser hohen Variabilität in der körperlichen Entwicklung der männlichen und weiblichen Jugendlichen?

Es gibt nicht *eine* Antwort auf die Frage, da es nicht nur einen verantwortlichen Faktor dieser Verschiedenartigkeit gibt. Das „Warum" dieser großen individuellen Unterschiede findet sich vielmehr in einer Gesamtheit von Faktoren begründet, von denen folgende die wichtigsten zu sein scheinen: die Vererbung, das chronologische Alter, der biologische Reifegrad, das Geschlecht, die ethnischen Ursprünge, das sozio-ökonomische Milieu, das körperliche Training und das motorische Lernen. Wir stellen weiter fest, daß die inter-individuelle Variabilität nach einer Rangordnung eingeteilt ist, die den Faktoren körperlicher Leistungsfähigkeit entspricht, die uns interessieren.

In einer Veröffentlichung schreiben CORROL u. CURETON (1967), daß der Variabilitätskoeffizient (σ 100) variiert je nach Art der Parameter, die bei 6—7jährigen Jungen während des Wachstums festgestellt werden können. Der Variationskoeffizient betrug in diesem Fall 19,9 für eine Summe von morphologischen Meßwerten, 21,3 für eine Summe von kardiovasculären Parametern, 32,2 für Meßwerte über muskuläre Eigenschaften und Faktoren der motorischen Geschicklichkeit und er erreichte 52,3 im Falle von Faktoren der Atemfunktion.

1. Die Vererbung

Der „genetische Code" (Erbanlagen) beeinflußt stark die körperliche und motorische Entwicklung des Jugendlichen. Der Einfluß wird übrigens leicht erkennbar am Morphotypus des Jugendlichen. Die große Ähnlichkeit eineiiger Zwillinge illustriert sehr schön diesen Aspekt. Auch wenn man behaupten kann, daß „die Morphologie vor allem von den Erbanlagen abhängt" (TANNER, 1964), so kennen wir immer noch nicht ihre Rolle in der Entfaltung der körperlichen und motorischen Eigenschaften. Wir nehmen wohl an, daß der „genetische Code" z. B. die Entwicklung der aeroben Leistungsfähigkeit durch Training stark mitbestimmt; diese Annahme ist jedoch noch nicht überprüft. Seit langer Zeit gilt die Auffassung, die meisten Unterschiede in der Bewegungsgenauigkeit, der Reaktions- und Bewegungsgeschwindigkeit seien von der Vererbung abhängig; Training würde diese Faktoren nur gering beeinflussen. Dies müßte jedoch noch nachgewiesen werden.

Manche Untersuchungen (HIERNAUX, 1968) haben die enge Beziehung aufgezeigt, die zwischen „genetischem Code" und dem biologischen Reifungsrhythmus beim Menschen zu bestehen scheint. Diese Untersuchungen demonstrieren z. B., daß bei eineiigen Zwillingen der Erscheinungszeitpunkt mancher Knochenbildungszentren eng korreliert ($r = 0,71$), während der Koeffizient nur —0,01 beträgt, wenn die Personen nicht miteinander verwandt sind.

2. Das chronologische Alter

Die Gruppen von Jugendlichen weisen große individuelle Unterschiede auf, wenn das chronologische Alter eine zu große Streubreite aufweist. Eine Gruppe von Jugendlichen, bei denen das chronologische Alter zwischen 11 und 18 Jahren variiert, wird mehr individuelle Unterschiede aufweisen als eine Gruppe, bei der das chronologische Alter homogener ist.

3. Das Geschlecht

Im Jugendalter läßt eine Gruppe, in der beide Geschlechter vertreten sind, größere Unterschiede im körperlichen und motorischen Bereich erkennen als eine Gruppe, die sich nur aus Jungen oder nur aus Mädchen zusammensetzt. Im sportlichen Bereich könnte also die Anwesenheit beider Geschlechter die Homogenität der Gruppen verringern.

4. Der biologische Reifegrad

Dies ist wohl der nützlichste Faktor für das Verständnis der individuellen Unterschiede im Laufe der Entwicklung des Jugendlichen. Der Stand biologischer Reife stellt das erreichte Stadium in der Entwicklung dar. Um das momentane Niveau auf dem Weg zur biologischen Reife einzuschätzen, ist es notwendig, auf Strukturen zurückzugreifen, deren Endstand im Erwachsenenalter man kennt und deren Entwicklungsverlauf man untersuchen kann.

Die meistgebrauchten Kriterien zur Bestimmung des biologischen Reifegrades beim Jugendlichen sind das Knochenalter und der Entwicklungsstand der sekundären Geschlechtsmerkmale. Mit Hilfe des einen oder anderen dieser Kriterien ist es möglich, das Entwicklungsalter der weiblichen oder männlichen Jugendlichen zu ermitteln. Wahrscheinlich läßt dieses Entwicklungsalter die erheblichen individuellen Unterschiede im Jugendalter am deutlichsten werden.

Wir können z. B. einen Unterschied von mehr als sechs Jahren chronologischen Alters feststellen bei einer bestimmten Erscheinungsform eines sekundären Geschlechtsmerkmals zwischen den weiblichen oder männlichen Jugendlichen mit frühester Reife und denen, die in ihrer physischen und physiologischen Entwicklung am langsamsten sind. Wir erhalten ebenso ausgeprägte Unterschiede, wenn wir das Knochenalter als Kriterium des biologischen Reifegrades wählen (BOUCHARD u. Mitarb., 1968 b).

Der biologische Reifegrad übt einen hohen Einfluß auf die somatische Entwicklung und die physischen Eigenschaften aus. Teilen wir für jedes chronologische Alter des Jugendalters die Individuen gleichen Geschlechts in drei Gruppen verschiedenen Reifegrades ein, ergeben sich biologisch „Retardierte", biologisch „Normale" und biologisch „Akcelerierte".

In allen chronologischen Altersstufen zeigen die biologisch „Akcelerierten" ausgesprochene Vorteile im morphologischen Bereich: sie sind im allgemeinen größer, schwerer, breiter. Wir können ferner identische Unterschiede im Bereich der Entwicklung der Herzgröße und der aeroben Kapazität feststellen

(HOLLMANN u. BOUCHARD, 1970). ROUS u. VANK (1970) kommen in einer Untersuchung der Beziehung von chronologischem Alter, somatischem Alter und Knochenalter zu körperlicher Leistungsfähigkeit von Kindern zu gleichen Ergebnissen. Wir stellen das gleiche Phänomen im Fall der statischen Muskelkraft fest (Abb. 76).

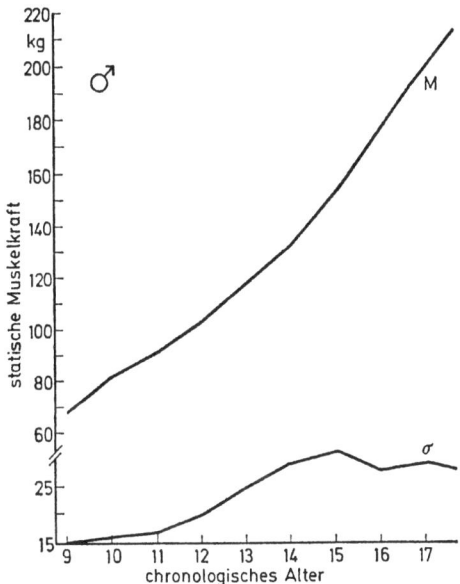

Abb. 76. Entwicklung der statischen Muskelkraft (Durchschnitt) und ihrer Variabilität (Standard-Differenz) während des Wachstums. Statische Muskelkraft=Summe des Greifens mit der rechten Hand, des Greifens mit der linken Hand, Druck und Zug, Längsschnittangaben

JONES (1949) hat das Knochenalter verwendet, um den biologischen Reifegrad von Jugendlichen zu bestimmen. Diese wurden nach ihrem Knochenalter mit 11 Jahren in 3 Gruppen eingeteilt und in einer Längsschnittuntersuchung bis zum Alter von 17 Jahren verfolgt. Wir können der Abb. 77 entnehmen, daß die Gruppe der biologisch Akcelerierten den beiden anderen Gruppen zwischen 11 und 17 Jahren überlegen ist. Am Anfang und am Ende des Jugendalters sind die Akcelerierten und Retardierten durch eine Standard-Differenz (σ) voneinander getrennt, während sie es in der Zwischenphase durch zwei sind.

5. Die ethnischen Ursprünge

Die ethnischen und in manchen Fällen die „rassischen" Ursprünge des Jugendlichen tragen ebenfalls zum Ausmaß der beobachteten Entwicklungsunterschiede bei. Mehrere Untersuchungen haben gezeigt, daß die Morphologie der Asiaten wesentlich von der der Europäer aus Mittel- und Nordeuropa abweicht. Andere Arbeiten demonstrieren bei Jugendlichen aus Zentralamerika bei gleichem biologischem Reifegrad einen deutlich niedrigeren morphologischen Entwicklungsstand als bei den Jugendlichen aus Nordamerika — in diesem Falle USA (FRISANCHO u. Mitarb., 1970).

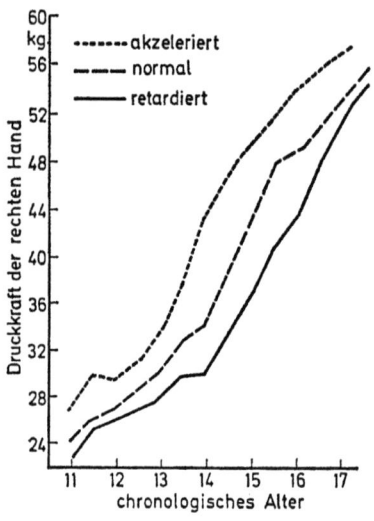

Abb. 77. Entwicklung der Druckkraft der rechten Hand bei Jungen, die nach Knochenalter in drei Gruppen eingeteilt sind. Längsschnittwerte (JONES, 1949)

Im letzten Jahrzehnt durchgeführte Untersuchungen haben gezeigt, daß gleichartige Unterschiede wahrscheinlich auch im Bereich der motorischen Leistungsfähigkeit bestehen. Nach Untersuchungen von CAMPBELL u. POHNDORF (1961) und KNUTTGEN (1961) über die motorische Leistungsfähigkeit Jugendlicher aus England und Dänemark sind diese in besserer Verfassung als gleichaltrige Amerikaner. Wir müssen jedoch, wie SHEPHARD (1969) es vorschlägt, diese Unterschiede vielleicht vor allem dem Einfluß des Milieus zuschieben. Die zur Zeit zur Verfügung stehenden Untersuchungen informieren uns noch nicht genügend über die kardiovasculäre Arbeitskapazität.

6. Die sozio-ökonomischen Faktoren

Die Einflüsse des sozio-ökonomischen Milieus auf die somatische Entwicklung und die motorische Leistungsfähigkeit der weiblichen und männlichen Jugendlichen sind offensichtlich. Der sozio-ökonomische Faktor beinhaltet die Auswirkungen sehr einflußreicher Faktoren wie Ernährung des Jugendlichen, seine Erziehung, die hygienischen Präventivmaßnahmen sowie seine

allgemeine Pflege, die Gelegenheiten, die er zu motorischer Aktivität und Sport hat usw. Alle diese Faktoren scheinen nicht ohne Konsequenzen zu bleiben (TANNER, 1962, 1964).
Es wird in der Wissenschaft allgemein anerkannt, daß das Vorhandensein von günstigen sozio-ökonomischen Bedingungen zu größerer Körperlänge und höherem Körpergewicht führt als bei ungünstigen Bedingungen, wie sie in benachteiligtem Milieu vorkommen. Dies gilt natürlich für die somatische Entwicklung.
Die Schlußfolgerungen sind nicht so klar, wenn es um sportliche Leistungen der Jugendlichen geht. GREEN (1967) hat in Untersuchungen an Studenten und Studentinnen aus ländlichen und städtischen Schulen von Alberta (Kanada) zwischen diesen beiden sozialen Schichten keine signifikanten Unterschiede beobachtet, was den Quotienten maximaler Sauerstoffverbrauch/Körpergewicht betrifft.

7. Das körperliche Training und das motorische Lernen

Dies ist ein weiterer Faktor, dessen Auswirkungen sehr bedeutsam sind für die Unterschiedlichkeit der Entwicklung und der Leistungsfähigkeit weiblicher und männlicher Jugendlicher. Das körperliche Training und das motorische Lernen dürfen bei einer Diskussion der in den Gruppen von Jugendlichen beobachteten individuellen Unterschiede nicht übersehen werden. Wegen ihrer außerordentlichen Bedeutung für unsere Fragestellung wird im nächsten Kapitel darauf eingegangen.

III. Die Wirkung des Sports auf die körperliche Entwicklung des Jugendlichen

Wir lassen in diesem Kapitel bewußt die physischen und physiologischen Anpassungsmechanismen während körperlicher Belastung weg und beschränken uns auf die Auswirkungen wiederholter Konfrontation des Organismus mit körperlicher Belastung und Sport. Wir beschränken also diese kurze Untersuchung auf die Auswirkungen körperlichen Trainings auf Jugendliche und auf die motorischen Lernprozesse.
Wir akzeptieren für unsere Untersuchung alle Formen physischer Aktivität, vorausgesetzt, daß sie zu dauernden Veränderungen der uns interessierenden Faktoren führen. So finden sich hier Sport und bestimmte Sportarten neben Training, Arbeit, einigen Gymnastikformen, künstlerischen Tätigkeiten usw. Wir müssen weiter annehmen, daß in allen Fällen die notwendigen Mindestwerte (in mehreren Fällen noch wenig erforscht) gegeben sind, was Intensität, Dauer und Wiederholung der Belastung betrifft.

1. Die Auswirkungen auf die morphologische Struktur

Die Literatur über morphologische Unterschiede bei Gruppen von Kindern, die sich im Wachstum befinden und verschiedenen Programmen körperlicher Übung oder körperlicher Arbeit ausgesetzt werden, häuft sich allmählich. ARNOLD (1960) hat die Berichte studiert über den Einfluß von Arbeit oder

des Berufs und regelmäßiger körperlicher Tätigkeit und kommt dabei zur allgemeinen Schlußfolgerung, daß der sich im Wachstum befindliche Organismus in der Gewichtsentwicklung sowie hinsichtlich Umfang des Rumpfes und der Gliedmaßen stark gefördert wird. BROZEK (1965) faßt einen großen Teil der wissenschaftlichen Literatur zusammen und stellt die Wirkung der verschiedenen körperlichen Tätigkeiten auf die Beschaffenheit der Gewebe heraus. BUSKIRK u. Mitarb. (1956) haben bei der Beobachtung der dauernden Veränderungen, die durch einseitige Tätigkeit verursacht werden, signifikante morphologische Unterschiede ermittelt.
PETERSEN (1959), CLARKE u. PETERSEN (1961) berichten über die signifikanten Unterschiede zwischen trainierten Schülern und jenen, die an körperlichen Aktivitäten nicht teilnahmen, hinsichtlich anthropometrischer Meßwerte (Größe, Gewicht, Brustumfang, Armumfang, Unterschenkelumfang usw.).
CURETON (1964) führt die Untersuchungen von ARAKI (1960) und POWEL (1957) auf, die bei im Wachstum befindlichen Jungen durch spezielle Programme körperlichen Trainings spezifische morphologische Veränderungen erzielt haben. ESPENSCHADE (1960), HELLBRUEGGE u. Mitarb. (1960), RARICK (1960), SMODLAKA (1960), STEINHAUS (1933) usw. haben hervorragende Berichte über die zu dieser Frage durchgeführten Untersuchungen veröffentlicht. Danach kann körperliche Tätigkeit während des Wachstums eine gewisse aktivierende Rolle auf die morphologischen Faktoren spielen. Obwohl die Übereinstimmung der Werte größer ist in bezug auf das Breitenwachstum (HEBBELINCK, 1962), wissen wir praktisch nichts über das Ausmaß dieser Aktivierung und über die notwendige Intensität, Dauer sowie Häufigkeit der Belastung.
Kürzlich konnten wir in einer Querschnittsuntersuchung bei Kindern zwischen 8 und 18 Jahren den Einfluß regelmäßiger körperlicher Tätigkeit auf 12 morphologische Kriterien untersuchen. Dabei wurde der biologische Reifegrad mitberücksichtigt (BOUCHARD u. Mitarb., 1968). Wir kamen zu dem Ergebnis, daß körperliche Tätigkeit zu nur geringen Unterschieden im Bereich der somatischen Maße führt.
Die Wirkungen von Sport auf spezifisches Gewicht, Muskelmasse und Prozentsatz von Fettgewebe im Körpergewicht können exakter identifiziert werden.
Nach Untersuchungen von PARIZKOVA (1965) führt körperliches Training zu einer Vergrößerung der „fettfreien Masse" und des spezifischen Gewichts, während das Fehlen körperlichen Trainings eine Zunahme des Fettgewebes und eine starke Verringerung des spezifischen Gewichts bedingt. PARIZKOVA (1968) hat übrigens in einer Längsschnittuntersuchung über 5 Jahre nachgewiesen, daß bei Jungen Sport und Leibeserziehung signifikante Auswirkungen auf das Fettgewebe bewirken.

2. Auswirkungen auf die organischen Strukturen und Eigenschaften

Es wurde eine statistisch bedeutsame Beziehung nachgewiesen zwischen der Größe eines gesunden Herzens und seiner Leistungsfähigkeit; nur große

Herzvolumina befähigen zu höheren Leistungen (BENGTSON, 1956; DONATH u. ISRAEL, 1966; HOLMGREN, 1967; HOLMGREN u. STRANDELL, 1959; HORVATH, 1965; ISRAEL u. ISRAEL, 1966; KJELLBERG u. Mitarb, 1949; MEDVED u. FRIEDRICH, 1965, 1966; REINDELL u. Mitarb., 1960; ROSKAMM u. Mitarb., 1966 usw.).
Wir wissen auch, daß regelmäßige jahrelange Teilnahme an bestimmten sportlichen Tätigkeiten zu einer Vergrößerung des Herzens, vor allem des Herzvolumens führt (DONATH u. ISRAEL, 1966; HOLLMANN, 1965; HOLLMANN u. Mitarb., 1964; MEDVED u. FRIEDRICH, 1966; REINDELL u. Mitarb., 1962; SMODLAKA, 1960). KEUL u. Mitarb. (1961, 1962) berichten über eine Untersuchung, in der ein Vergleich erfolgte zwischen dem Herzvolumen von 50 jungen Athleten mit 15—18 Jahren und 48 nicht trainierten Jugendlichen von 16—17 Jahren. Das Herzvolumen der Trainierten ist signifikant höher als das der anderen Gruppe; die Differenz beträgt 21% des Herzvolumens der Nicht-trainierten. Der Quotient Herzvolumen/Körpergewicht liegt bei den Trainierten ebenfalls signifikant höher.

Bei einer statistischen Kontrolle des biologischen Alters auf diesen Gesichtspunkt hin haben wir festgestellt, daß eine regelmäßige körperliche Aktivität im Alter von 8—18 Jahren tatsächlich zu einem größeren Herzvolumen führt (BOUCHARD u. Mitarb, 1968 b). In einer Längsschnittuntersuchung bei Personen von 12—15 Jahren in Prag kommt CERMAK (1968) zu gleichen Ergebnissen.
Der Einfluß des Trainings wird auch an der Vitalkapazität und am Atemgrenzwert deutlich. Mehrere Untersuchungen haben gezeigt, daß körperlich aktive Jugendliche eine größere Vitalkapazität und einen höheren Atemgrenzwert aufweisen. So beobachtete SKLAD (1962) bei jugendlichen Schwimmern von 11—13 Jahren eine größere Vitalkapazität, als es bei inaktiven gleichaltrigen Jugendlichen der Fall ist. Regelmäßiges körperliches Training führt beim Erwachsenen zu einer Erhöhung der Blutmenge und des Gesamthämoglobins (ÅSTRAND u. RODAHL, 1970). Beobachtungen an hochtrainierten jungen Schwimmerinnen weisen darauf hin, daß es bei diesen Mädchen zu gleichartigen andauernden Veränderungen kommt (ÅSTRAND, 1963).

Nach SELIGER (1968) werden beim 14jährigen der PWC_{170}, die maximale Sauerstoffaufnahme sowie mehrere andere physiologischen Kriterien durch regelmäßigen Sport wesentlich verbessert. Die Differenzen zu Kontrollgruppen sind bei Schwimmern höher als bei Leichtathleten und Turnern. BUCHBERGER (1971) kommt zu gleichartigen Ergebnissen sowohl bei Jungen wie bei Mädchen.
Nach Längsschnittuntersuchungen über 32 Monate berichtet EKBLOM (1969 a u. b), daß 5 Jugendliche, die systematisch trainierten, zu einer Erhöhung der maximalen Sauerstoffaufnahme von 54,3 ml/kg/min auf 58,1 ml/kg/min kamen, während bei 4 Personen einer Kontrollgruppe dieser Parameter von 50,3 auf 53,9 ml/kg/min stieg. Der Wert blieb also bei den Trainierten höher trotz einer Gewichtszunahme von 19 kg in den 32 Monaten, während die „Inaktiven" eine Zunahme von nur 10 kg aufwiesen. Eine Reihe von Unter-

suchungen von IKAI (1971) scheint darauf hinzuweisen, daß die Reaktion auf den Trainingsreiz, der die Verbesserung der aeroben Leistungsfähigkeit als Ziel hat, ungefähr ab dem 12. Lebensjahr optimal ist.

3. Wirkungen auf die muskulären Eigenschaften

Die sportliche Praxis und die Forschung weisen beide darauf hin, daß die Muskeleigenschaften während des Wachstums sehr günstig auf spezifische Reize reagieren. Der Jugendliche scheint auf die Programme, die die Verbesserung von Muskelkraft und Muskelausdauer als Ziel haben, genauso zu reagieren wie der Erwachsene (CLARKE, 1966; KIRSTEN, 1963). Darüber hinaus führt Übung im Bereich der Beweglichkeit während des Jugendalters zu besseren Ergebnissen als später im Leben.

4. Wirkungen auf Wahrnehmung und Psycho-Motorik

Fast alle Parameter dieses Bereichs haben im Jugendalter die Reife erreicht. Sport und Training können jedoch zu einer Verbesserung der Bewegungsgeschwindigkeit und der neuro-muskulären Koordination führen.

Der Jugendliche reagiert sehr günstig auf neue motorische Situationen, die zur Beherrschung neuer Bewegungsabläufe führen. Das motorische Lernen ist während dieses Zeitabschnitts ebenso wirkungsvoll wie die früher erfolgten Lernprozesse und wahrscheinlich wirkungsvoller als später aufgenommene Schulungen. Es scheint also wichtig, dem Jugendlichen Gelegenheit zum Kennenlernen verschiedener Sportarten mit verschiedenen motorischen Situationen zu geben. Diese Entwicklungsspanne stellt bereits eine Periode der Auswahl im sportlichen Bereich dar, und die Motorik des Jugendlichen erlaubt ihm, vor allem nach der Pubertät, die Bewältigung aller Anforderungen.

Höheres Alter und Sport

Von J. SCHMIDT

Wenn ein Zusammenhang zwischen körperlicher Inaktivität und dem Schwinden der Leistungsfähigkeit des Alternden besteht, dann ist Sport — und das sagt ein erfahrener Therapeut — „das beste Mittel, um gesund zu altern" (KAISER, 1970).
Der Alte ist nicht grundsätzlich „ein Problemmensch" und das Alter ist nicht eine „Krankheit". Es ist daher unzulänglich, dem Altern mit den Mitteln der Krankheitsmedizin begegnen zu wollen. Vielmehr wird in *gesundheits-*

medizinischen Disziplinen die adäquate Zuwendung als eine ärztliche Aufgabe gelingen. Hier aber setzt die *Sportmedizin* an, *als eine Medizin des Gesunden*, des Gesunden ganz allgemein, wie auch speziell unter den besonderen Bedingungen und Belastungen des Lebens, und sie *erbringt für den Alternden und Alten Gemäßes*, sowohl in Untersuchung und Beratung, als auch in Prävention und Lebenshilfe. Hier liegt die Verknüpfung von Alter und Sport, wie sie sich für den Arzt stellt.

Ein Beispiel: über den voraussichtlichen Operationserfolg entscheidet bei einem Alten auch die Antwort auf die Frage, ob er noch eine Stunde zügig spazieren gehen kann. Dieses Kriterium des Operationsrisikos zeigt sehr gut, worauf es ankommt, und macht vielleicht deutlicher als alle noch so eindrucksvollen Aussagen über die Effektivität sportlicher Betätigung am alternden Organismus, wo Sinn und Ziel ärztlicher Bemühungen um den Alternden liegen und wo der Sport „in der Hand des Arztes" ein sinnvolles Element gesundheitsmedizinischer präklinischer Aufgaben wird.

I. Der alternde Mensch

Das Faktum ist evident: Mit zunehmendem Alter wird der Spielraum kleiner, in dem sich das Leben und die Lebensäußerungen des Alternden entfalten können, erfahren die Organe eine Funktionsminderung und vor allem auch einen Verlust an notwendigem Umstellungs- und Anpassungsvermögen. Organe, die es unmittelbar mit dem Sport zu tun haben, sind *der Bewegungsapparat und das Sauerstoff beschaffende und transportierende System*.

1. Am *Bewegungsapparat* kommt es, an seinem *passiven Anteil*, zu degenerativ-reaktiven Veränderungen; das bradytrophe Gewebe, zumal der Knorpel, ist zunächst betroffen. Die mit dem Alter auftretende Neigung zu Arthrosen und Spondylosen (CHIARI, 1962) bringt Gefahr für jedwede Aktivität.

Die *Muskulatur* verliert an Gewicht, an Wasser, an Kalium und an Calcium, an Elastizität; sie wird anfälliger für Risse und Zerrungen. Mit zunehmendem Alter nimmt nicht allein die Kraft, sondern auch die Trainierbarkeit der Muskulatur ab (HETTINGER, 1963).

Die Involution der *neuromuskulären Einheit* bringt zudem eine abnehmende Sicherheit an Informationsverarbeitung und Koordination, an Konzentration und Reaktionsvermögen.

2. Die zweite zur Ausübung von Sport leistungskritische Organ-Funktionseinheit ist *das kardiopulmonale System*.

Mit zunehmendem Alter werden die *Atmungsorgane* das eine Ausdauerleistung limitierende Organsystem. Der knöcherne Thorax wird unelastisch; das Lungenparenchym mit Alveolen und Capillaren schwindet. Die Volumendehnbarkeit der Lunge (Compliance), das intrathorakale Gasvolumen (funktionelles Residualvolumen) und der bronchiale Strömungswiderstand (Resistance), diese Parameter atemmechanischer Veränderungen, nehmen zu (NOLTE, 1970). Die Vitalkapazität nimmt ab, bereits vom 4. Lebensjahrzehnt an, und die Residualluft gewinnt einen größeren Anteil an der Totalkapazität; das Sekundenexspirationsvolumen (Tiffeneau-Test) wird kleiner (SCHNEIDER, 1969).

Die maximale Minutenventilation sinkt ab (ŠKRANC, 1967), ebenso die maximale Sauerstoffaufnahme (von TLUSTÝ, 1967, an bis 90jährigen untersucht), dieses Bruttokriterium der kardiopulmonalen Kapazität (HOLLMANN u. BOUCHARD, 1970). Ähnlich nimmt auch die maximal mögliche Sauerstoffschuld mit dem Alter ab (TLUSTÝ). Das Atemäquivalent wird bei Belastung und in der Erholung als Zeichen einer schlechteren Atemökonomie größer.

Das *Herz* erfährt eine Zunahme an Bindegewebe (Myokardsklerose, Kardiosklerose), auch das spezifische System der Reizbildung und der Erregungsleitung (SCHMIDT, 1967). Der Herzmuskel wird ärmer an Kalium, mit einer Neigung zu Herzrhythmusstörungen. Schlagvolumen und Minutenvolumen des Herzens nehmen ab; während der Arbeit aber wird das Minutenvolumen unverhältnismäßig groß zur Sauerstoffaufnahme; daher wird die arteriovenöse Sauerstoffdifferenz während der Arbeit mit dem Alter geringer (MERRIMAN, 1971). Der maximale Milchsäurespiegel steigt erst im höheren Alter nicht mehr so hoch an.

Die maximal mögliche *Pulsfrequenz* sinkt ab (REINDELL u. Mitarb., 1967, HOLLMANN, 1963), mehr bei den Männern als bei den Frauen (MERRIMAN); der maximale Sauerstoffpuls wird kleiner (REINDELL u. Mitarb., 1967), doch erst in höherem Alter.

Der systolische *Ruhe- und Arbeitsblutdruck* steigt mit zunehmendem Alter etwas an, ein wenig steiler bei den Frauen (CHRISTENSEN, 1958, SCHLOMKA, 1958).

Die Gefäße werden rigider. Die Umstellung auf den Arbeitsstoffwechsel ist verlangsamt, die Erholungszeit verlängert (auch für das Absinken des Blutdrucks). Der Wirkungsgrad der Muskeldurchblutung nimmt ab.

Die ergometrische *Leistung* wird kleiner. Der Stoffwechselumsatz sinkt. Der Kalorienbedarf nimmt ab.

Die *geschlechtsspezifischen Altersdifferenzen* sind deutlich: Im allgemeinen erreichen die Frauen nicht eine so hohe Leistungskapazität wie die (gewöhnlich gewichtigeren) Männer; die Reduktion ist dann aber mit zunehmendem Alter bei den Frauen auch nicht so stark, so daß im hohen Alter die Funktionsgrößen von Mann und Frau einander auf einer niederen Ebene nahezu wieder begegnen, so wie sie in ihrer Jugend einander sehr nahe waren.

Psychische Engagiertheit, Interesse und Motivation für sportliche Betätigung, schwinden im Alter sichtlich. Es ist vor allem auch die „Flüssigkeit der Umstellung", die abnimmt (HORN u. CATTELL, 1966). Es gibt aber durchaus „altersbeständige" Fähigkeiten (LEHR, 1970).

Mit zunehmendem Alter nimmt die Streubreite aller Werte zu, das heißt, die individuellen Schwankungen um die Grundtendenz sind bei Alten erheblich, die Meßwerte individualisieren sich, der Alternde bricht mehr und mehr aus dem Kollektiv aus. Der Arzt wird dieses Faktum zu bedenken haben.

II. Der bewegungsarme Mensch

Die Altersveränderungen ähneln denen, die auch ein Mangel an Bewegung im Gefolge hat. Vermehrter oder verminderter Anspruch vermehrt oder vermindert die Funktion und schließlich auch die Struktur des Organsystems. Der meßbare und sichtbare Nachzieheffekt der Plus- oder Minusadaptation an die geforderte Leistung beträgt etwa 3 bis 4 Wochen.
Es sind vor allem orthopädische, diätetische und stressorische Schäden, die den hypokinetischen Zustand abgleiten lassen können in einen krankhaften.
„Krankheiten durch Bewegungsmangel", das ist nicht mehr nur eine Meinung, das ist ein wissenschaftlich gesichertes Faktum (KRAUS u. RAAB, 1964). Haltungsfehler mit arthrotischen und spondylotischen Veränderungen, fehlerhafte Eßgewohnheiten mit der Neigung vor allem zur Gefäßsklerose und die übermäßige Katecholaminausschüttung wirken synergistisch als Risikofaktoren für eine Minderung an Gesundheit, die in der Summierung von minderen und fehlgesteuerten Organfunktionen durchaus als frühzeitige Alterung gesehen und verstanden werden kann.
Allein die *Gefahren für das Herz* durch Bewegungsmangel sind unverkennbar: Das Überwiegen des adrenergischen Systems mit seiner „kardiotoxischen", den Stoffwechsel unökonomisch stimulierenden Wirkung (KRAUS u. RAAB, 1964), vermindert den Wirkungsgrad und vermehrt die Vulnerabilität des Herzmuskels. Das Herz wird entsprechend der minderen Belastung kleiner. Das kleine Herz hat eine kleinere coronare Kapazität; Anastomosen sind wenig entwickelt. Der arterielle Belastungsdruck ist größer. Die Stellglieder des Regelsystems der peripheren Durchblutung sind weniger dehnbar und verlieren an aktiver Transportfunktion. Der Widerstand steigt. Die Anpassungsfähigkeit des Gefäßsystems ist vermindert; das Herz hat bei Arbeit eine vergleichsweise vermehrte Volumenarbeit zu leisten. Die Belastungskapazität der Herzleistung, der Herzdurchblutung, der Sauerstoffutilisation ist eingeschränkt.
Die maximale Sauerstoffaufnahmefähigkeit nimmt ab. Die Atmung wird unökonomisch (großes Atemäquivalent). Hinzu kommt die hypokinetisch leicht auslösbare Risikokette (z. B. hoher Cholesterinblutspiegel, verstärkte Aktivierung der Blutgerinnung), die geeignet ist, Komplikationen zu erzeugen.
Die ungünstigen Veränderungen am aktiven und passiven Bewegungsapparat verstärken und rechtfertigen die Bewegungsunlust.

III. Gesundheitsminderung durch Alter und Bewegungsmangel

Wenn Gesundheit nicht allein körperlich-seelisch-soziales Wohlbefinden ist, sondern auch in der Spannweite des Lebens verstanden wird, dann gibt es „eine große" und „eine kleine Gesundheit".
Der alternde und hypokinetische Organismus gerät in der Einengung des funktionellen und adaptativen Vermögens bei Beanspruchungen unentwegt an Grenzen. Das aber heißt beides: Konflikte durch Leistungsversagen, aber auch Verletzungen, mit Narben, Komplikationen, reaktiven Veränderungen

und Störungen der Gleichgewichte. Mikrotraumen entstehen, deren Summe das *Bild des vorzeitig "Verbrauchten"* zeichnet.
Es treten Beschwerden auf, lästige Bewegungsbeschwerden, die zum Orthopäden führen, "Kreislaufbeschwerden", die allerdings Signalcharakter für ischämische Herzerkrankungen haben können. Die meisten Beschwerden der durch Alter und Bewegungsmangel Betroffenen aber sind wenig bezeichnend: erhöhte Ermüdbarkeit und Schlaflosigkeit, Herzrhythmusstörungen und übermäßige orthostatische Reaktionen, Nervosität und Abgeschlagenheit, Nachlassen der Konzentration und Erregungszustände, Angst vor den immer wieder erfahrenen biologischen Grenzen. Es sind *Beschwerden eines chronischen Bewegungsentzugssyndroms*, ähnlich dem, das, allerdings abrupter, nach einem plötzlichen Abbruch aktiver sportlicher Tätigkeit auftreten kann.

IV. Die biologische Wirkung des Sports

Wenn biologisches Alter und hypokinetisches Syndrom so auffällige Gemeinsamkeiten haben und wenn die Ursache dieser Zustände ganz offensichtlich ein Mangel ist, und zwar ein Mangel an körperlicher Bewegung, dann ist nach dem Sport gefragt als einer Substitution, als der geeigneten Möglichkeit vorzubeugen, als einer Therapie, wenn die Excesse des Alterns und des Bewegungsmangels bereits zu Beschwerden und zu Krankheiten geführt haben.
Es stellt sich die Frage nach der biologischen Wirkung des Sports. Nur in Andeutung und nur ganz allgemein kann hier skizziert werden, was die Trainingsphysiologie erarbeitet hat. Eine solche Skizze ist leicht als *das Positiv des Bewegungsmangels und der Alterung* darzustellen; und in den groben Zügen stimmt das. Das heißt, stimmt für die meßbaren Parameter allgemeiner und spezieller Leistung.
Systematisch untersucht ist die *Trainingswirkung auf die Muskulatur* (vor allem von Hettinger, 1969) und auf die *allgemeine aerobe Ausdauerfähigkeit* (Hollmann, 1965, Nöcker, 1971, Reindell u. Mitarb., 1967, Roskamm u. Mitarb., 1966, Karvonen u. Barry, 1967, Müller-Limroth, 1963, Ries, 1966, Thauer, 1971, Brunner u. Jokl, 1970, Larson, 1971).

Kein Zweifel: *die Leibesübungen sind geeignet, die allgemeine und spezielle Leistungskapazität des Organismus bis zu den in der bereits "erworbenen Konstitution" liegenden Grenzen zu steigern und derart die Spannweite und die Adaptationsmöglichkeiten der Funktionen zu jener Gesundheit zu entfalten, die als Anlage einem Jeden bereitgestellt ist.*
Der Sport setzt in seiner Vielfalt die adäquaten stimulierenden Reize: *Kraft* durch Spannkraft, *Koordination* durch Übung, *allgemeine und lokale Ausdauer* durch langdauernden und wiederholten allgemein und lokal gesteigerten Sauerstoffverbrauch. *Auf den richtigen Reiz in der richtigen Dosierung zur rechten Zeit kommt es an.* Das heißt für jene die Sauerstoffaufnahme fördernden Organe, daß "Wegleistungen" erbracht werden müssen, die einen bestimmten Schwellenwert an Intensität überschreiten, für die mög-

lichst viel Muskulatur eingesetzt werden muß und das möglichst lange Zeit und möglichst oft. Das summarische Ergebnis ist die kreislaufstimulierende und auf diese Weise eine jede Organfunktion fördernde Wirkung des Ausdauersportes, meßbar am besten an der maximalen Sauerstoffaufnahme und an den Kriterien der Dauerleistungsfähigkeit, wie sie am einfachsten durch das Pulsfrequenzprofil eines Arbeitstestes (z. B. auf dem Fahrradergometer) bei dosierter Belastung ermittelt werden können: Je besser die Leistung, desto früher wird das Stoffwechselgleichgewicht erreicht, desto niedriger ist die Leistungsherzfrequenz, desto schneller kommt die Erholung in Gang, desto kürzer läuft sie ab. Kriterium der antiadrenergischen Gegenregulation ist die erworbene Bradykardie, Zeichen dafür, daß der eigentliche Mangel an antistressorischer neurovegetativer Gegenregulation (KRAUS u. RAAB, 1964) ausgeglichen ist.

V. Trainierbarkeit des alternden und alten Menschen

Keine Frage: Auch die Trainierbarkeit hat ihr Lebensalter. Nach der Höhe etwa des 3. Lebensjahrzehntes steigt sie langsam ab, um erst in der Mitte des 8. Lebensjahrzehntes vollständig zu verebben (TLUSTÝ). Trainingseffekte in diesem hohen Alter sind mehr Verbesserungen des Wirkungsgrades als tatsächliche Folgen einer verbesserten Kreislaufleistung.
Stärker und steiler ist der Abfall einer Erlernbarkeit von Koordinationen, von Geschicklichkeit.
Trainingsgewinn muß immer wieder neu erworben werden; er läßt sich nicht auf Lebenszeit anlegen, er ist ein Gewinn auf Zeit.
Ein Trainingsgewinn kann auch im Alter durch weit weniger intensive und weit seltenere, aber immer wieder gesetzte Trainingsreize „gehalten" werden, doch mit zunehmendem Alter immer weniger (eigene Erhebungen) und in der Regel auch nicht über die Mitte des 8. Lebensjahrzehntes hinaus (EISELT, 1967).
Es ist methodisch nicht leicht, dem Trainingseffekt Alternder und Alter nachzugehen. Zu viele Einflüsse sind wirksam, und in dem multifaktoriellen Zusammenspiel wird durch eine experimentelle Intervention, wie sie z. B. die plötzliche Verordnung sportlicher Aktivität bedeutet, so vieles angestoßen, daß nur sehr schwer die unfaktorielle Wirkung abzulesen ist. Systematische Untersuchungen haben beides ergeben: *Sporttreibende Alte sind leistungsfähiger als gleichaltrige Nichtsporttreibende und durch Training kann die Leistungsfähigkeit auch im Alter noch gesteigert werden.* Das ist *an folgenden Leistungsgrößen und Meßwerten abzulesen:*

Am wichtigsten Kriterium der allgemeinen Ausdauerfähigkeit, an der Größe der maximalen Sauerstoffaufnahme; an einer besseren Ökonomie der Atmung (größere Vitalkapazität, größerer Atemgrenzwert, niedrigeres Atemäquivalent, nicht so große Arbeitsatemminutenvolumina, größere Ausatmungskapazität), an einer niedrigeren Ruhe- und Arbeitspulsfrequenz, bis zum Ende des 6. Lebensjahrzehntes bei großen Belastungen noch an der Fähigkeit zu einem hohen Frequenzanstieg, an einer verminderten Neigung zu Herzrhythmusstörungen, an einem nicht so hohen Ruhe- und Arbeitsblutdruck, zwar nicht an einem sichtlich größeren Herzvolumen, aber doch an einem größeren im Verhältnis zum Körpergewicht (ml/kg) und an einem kleineren Herzvolumen-Äquivalent (das heißt, dieses Herz erbringt eine weit größere Leistung als das gleich große von Nichttrainierten), an einer günstigeren zeitlichen Herzdynamik, mit längerer systolischer Vorbereitungszeit und Austreibungszeit des Herzens, an einer besseren Kontraktilität des Herzens (ablesbar an der frequenzkorrelierten Austreibungszeit und Anspannungszeit, LANG u. SCHMIDT, 1970), an einer höheren Grundkraft, an einer größeren lokalen dynamischen und statischen Muskelausdauer, an einem niedrigeren Milchsäurespiegel bei entsprechender Leistung, an einer höheren körperlichen Leistungsfähigkeit, erbracht auf dem Prüfstand (Ergometer) oder als sportliche Leistung.

Wir haben an alten Langstreckenläufern feststellen können, daß die Leistungen mit zunehmendem Alter, wie zu erwarten, langsam abnehmen, daß aber erst im 8. Lebensjahrzehnt jener *Leistungsknick* auftritt, der eine gegenüber den jüngeren Altersgruppen plötzlich weit schlechtere Leistung anzeigt (HAAS u. Mitarb., 1970; SCHMIDT, 1970); in diesem hohen Alter liegt auch der endgültige *Knick der Trainierbarkeit*.

Die vegetativen Regulationen verlaufen bei sporttreibenden Alten offenbar ökonomischer und geben zu weniger Störungen Anlaß: Verdauungsstörungen, Schlafstörungen, Herzrhythmusstörungen sind seltener. Die psychische Aktivität wird stimuliert. Reaktions- und Koordinationsfähigkeit werden verbessert. Die sporttreibenden Alten fühlen sich im Durchschnitt gesünder als die nicht Sporttreibenden. An der insulinsparenden Wirkung dosierter Leibesübungen besteht kein Zweifel mehr.

VI. Bestandsaufnahme: Sport im Alter

Aus den bisherigen allgemeinen Umfragen (BAUSENWEIN u. HOFFMANN, 1967) und Vereinsstatistiken, aus eigenen Untersuchungen und Beobachtungen ergibt sich ein ganz offensichtlich *in Wandlung begriffener Altensport*. Es waren zweifellos die Turner, die den Alterssport bestritten; es sind jetzt mehr und mehr die Ausdauersportler.

In jüngster Zeit laufen die Alten gern. Es entstehen „Interessengemeinschaften alter Langstreckenläufer". Das tägliche *Lauftraining* ist bei vielen Alten beliebt geworden. Ein weiteres Phänomen, das viele Alte, Männer und Frauen, in seinen Bann schlägt, ist der *Volkssport* mit dem Slogan und dem tatsächlichen Angebot eines Sportes für Jeden. Auch bis in ein hohes Alter hinein kann der Teilnehmer zu Ehren kommen, Preise und Medaillen gewinnen. Volksmarsch und Volkslauf, sogar über Marathonstrecken hin, ja bis zu 100 km-Läufe, Waffenläufe und Querfeldeinläufe, Läufe von Stadt zu Stadt, Märsche um Seen, füllen ein großes buntes Programm, in das der Volksskilauf, das Volksschwimmen, das Volksradfahren, eingestreut sind. Volkssport in allem und jedem: „Trimm Dich", „1000 Punkte für die Gesundheit".

Hoch im Kurs steht bei den Alten aber immer noch die *Gymnastik*.
Unter den *Wettkampfsportarten* sind es vor allem jene, bei denen der Alterssportler das Tempo auch selbst mitbestimmen kann (Tennis, Federball, Golf). Sonst werden *Dauersportarten* bevorzugt (Wandern, Schwimmen, Radfahren). Nur wer es immer schon getan hat, der *turnt*. Beliebt ist auch im Alter das *Reiten*.

VII. Motivationen

Vielleicht finden wir das richtige Wort für die Verordnung von Sport oder das Anraten einer Lebensführung mit selbstverständlichem Sport leichter, wenn wir die Motivationen der Alterssportler kennen. Das Ergebnis einer Befragung alter Langstreckenläufer war für uns überraschend. Wir hatten erwartet, daß die meisten aus einem gepflegten Gesundheitsbewußtsein heraus laufen. Aber das bestimmende Motiv war mit weitem Abstand Spaß und Freude am Laufen, dann erst die Gesundheit, der Sport als liebgewordene Gewohnheit und ideelle Gründe, vor allem, „der Jugend ein Vorbild sein".
Aus einem englischen Sportzentrum hören wir eine etwas anders klingende Motivationsfolge: Physical fitness wird am häufigsten genannt, dann aber, von jedem zweiten, die Entspannung, der Ausgleich zur Arbeit, Entspannung von häuslichen Pflichten, und fast ebenso häufig die Geselligkeit; viele aber betreiben Sport um des Sportes willen.
Gesundheitsbewußtsein, Soziabilität und Freude am Sport sind offenbar die stärksten Motive für Alternde und Alte, Sport zu treiben.
Das Ziel sportlicher Betätigung im Alter versteht sich nach dem Gesagten im Grunde von selbst: Rationales und Irrationales mischt sich in menschlicher Weise, Selbstbehauptung und das Interesse der Gesellschaft begegnen einander:
Ziel ist, die Gesundheit zu mehren, zu erhalten, allgemein und speziell zu stärken. Ziel ist, das Altern hinauszuschieben und *in Gesundheit zu altern.* Ziel ist die Euexia ($ε\grave{v}εξία$), die Wohlbefindlichkeit im Alter.
Eine Entdeckung eigener Art für den Alternden ist die *Befreiung zum Sport.* Es ist die Entdeckung von etwas sehr Elementarem, sich nämlich „wieder" unbefangen, zweckfrei bewegen zu können. Es ist das Erlebnis einer urmenschlichen Eigenschaft, des Spielerischen.
Leibesübungen sind geeignet, das *Selbstwertgefühl* zu stärken. Der Alternde ist Anforderungen leichter gewachsen und er kann sich ungewohnten Lebensbedingungen besser anpassen. Er ist den Wechselfällen des Lebens nicht einfach ausgesetzt. Er ist nicht so sehr auf andere angewiesen. Eine bessere Kondition erhält auch das geistige Vermögen und harmonisiert die psychischen Reaktionen (LEHR, 1970).
Welches Interesse *die Gesellschaft* an der Leistungsfähigkeit der Alternden und Alten hat, das besagen viele Statistiken mit der erschreckend negativen, zum Aufhorchen auffordernden Bilanz: Es gibt mehr denn je Alte und mehr denn je Gealterte, Rentner (BLUME, 1970; REISCHL, 1970; SCHMATZ).

VIII. Voraussetzungen

Voraussetzung für einen altersgemäßen, biologisch wirksamen Sport sind Einübung, Gelegenheit, Besonnenheit, ärztliche Hilfe:
Einübung heißt: In die Bildungspläne unserer Gesellschaft gehören sportpädagogische Bemühungen, aber nur jene, die den Sport so vermitteln, daß er forthin als selbstverständlich, erstrebenswert, unentbehrlich erfahren wird. Nur derart geprägter Sport verspricht Kontinuität, ist dauerhaft. Je älter und je entwöhnter vom Sport, desto mehr ist einem Alten das *Einüben unter Anleitung*, am besten in der Gruppe, bei Gelegenheit eines entsprechenden Kuraufenthaltes („Terrainkur") zu empfehlen. Wie einem jeden heute eine vorbeugende Gesundheitsuntersuchung „zusteht" und von der Krankenkasse entsprechend honoriert wird, so sollte ein Kuraufenthalt zur Einübung von mehr biologisch effektiver körperlicher Bewegung zur Selbstverständlichkeit werden.
Einübung mündet in *regelmäßigem Training*. Sogar in einem erlesenen Kollektiv viel trainierender alter Herren hatten noch Art und Ausmaß des Trainings einen deutlichen Einfluß auf die Leistung: Die mehr und systematisch Trainierenden hatten die besseren Leistungen erbracht (Haas u. Mitarb., 1970).
Nach dem *Risiko des Sports im Alter* befragt, sprach ein 80jähriger Langstreckenläufer von der Sophrosynä (σωφροσύνη), von der ein alter Sportler mehr habe als ein jüngerer. Risikoreich sind für den Alternden und zumal für den Alten alle jene Sportarten, die Kraftleistungen erfordern, die abrupte Aktionen veranlassen, die plötzliches Pressen nicht ausschließen, die zu schnelle und zu starke Umstellungen notwendig machen.
Die regelmäßige ärztliche Untersuchung, als eine Allgemeinuntersuchung und als eine Leistungsprüfung, ist eine unabdingbare Voraussetzung für die Unbedenklichkeit des Alterssports. Voran aber steht die Anamnese. Leistungsanamnese und Untersuchungsergebnis sind nicht allein für die „Starterlaubnis" von Bedeutung, sondern bestimmen auch Art und Intensität des aufzunehmenden Sports.
Zur Beurteilung von Anbrüchigen und Rehabilitanten sind Leistungsstufen und bestimmte, diesen zugeordnete qualitative und quantitative Belastungsstufen erarbeitet worden (Halhuber, 1971, bei Gottheiner, 1967).

Auf die Frage, welcher Arzt die Untersuchungen vornehmen sollte, meine ich, das könnte eine autochthone *Aufgabe des praktischen Arztes* werden; dann wird zum Facharzt für Allgemeinmedizin auch eine allgemeine sportmedizinische Ausbildung gehören.

IX. Geeignete Sportarten

Das Alter selektiert das Angebot sportlicher Möglichkeiten und die Intensität der Betätigung, nicht aber die Zeit, die für den Sport aufgewandt wird, nicht das Engagement.

Im Grunde ist jeder gewohnte Sport auch im Alter geeignet. Kraft- und Schnellkraftsportarten werden ohnehin mit nachlassender Leistungsfähigkeit aufgegeben.
Gemäß ist, was die täglichen Aktivitäten verstärkt, verlängert, ihnen Spielraum, ein großes Maß von Freiheit und Sicherheit gibt. Gemäß ist daher die Gymnastik als ein großes Ausmaß an *Bewegung am Ort* und der Dauersport als ein großer Aktionsradius in der eigenenen körperlichen aktiven Fortbewegung.
Gymnastik und *Fitness-Übungen* (WEISS, 1969), ohne und mit Gerät, lassen sich langsam steigern. Es gibt viele gute Anregungen; beispielhaft ist etwa das von BECKMANN (1971) Erprobte.
Fraglos ist *das Turnen*, als eine Funktion erlernter und eingeschliffener „Erinnerungen", gebahnter Reflexe, einmal gekonnt und immer wieder abgerufen, auch bei Älteren biologisch effektiv (JOKL). Von einem erst im Alter erstrebten Turnen aber sollte, wie auch vom Zulernen neuer Übungen, ob der verminderten Koordinations- und Konzentrationsfähigkeit, weil risikoreich, abgeraten werden.
Die einfachste *Bewegung vom Ort* ist das *Gehen.* Wenn auch das *Spazierengehen* nicht eben gerade einen Trainingseffekt hat, so ist es doch geeignet, einen Trainingsrest lange Zeit zu erhalten, und zwar bis in das höchste Alter hinein. Auf Zeit und Weg kommt es an. Der dem Altern vorbeugende 50-jährige wird, wenn des Gehens entwöhnt, zunächst in einer Stunde nur 4 km, später mehr und mehr gehen; und wenn er in ebenem Gelände 7 km geht, wird er jenes Maß erreichen, das ihn zum Schwitzen bringt und nahe dabei ist, einen Ausdauertrainingseffekt zu setzen.
Das *Wandern* ist als Waldwandern, Bergwandern, Strandwandern besonders zu empfehlen. Wenn nicht die kreislaufwirksame Schwelle überschritten wird, so entsteht doch zumindest eine Umstimmung des vegetativen Nervensystems. Der Einfluß auf das vegetative Nervensystem ist vagisch, beruhigend, gelöst.
Eine Steigerung des Gehens ist das *Laufen.* Der ganze Körper wird beim Laufen beansprucht und es wird eine vergleichsweise große Sauerstoffaufnahme erreicht. Diese vermehrte Sauerstoffaufnahme sollte über möglichst lange Zeit aufrecht erhalten werden. Der *Dauerlauf* ist die Bewegungsart der Wahl für den alternden Organismus, der ruhige Lauf; nicht, je schneller, sondern, je länger, desto besser; und, wie mir ein alter Langstreckenläufer sagte, so, daß eine Unterhaltung zwischen den Laufenden noch möglich ist.
Wem die Gelegenheit zum *Wald- und Geländelauf* fehlt, — und wer den rationalisierten Heimsport zu „überspielen" vermag, — der kann, möglichst auf federnder Unterlage, *„auf der Stelle laufen".* HOLLMANN hat diese auch zeitsparende Bewegung auf ihre Effektivität hin untersucht und festgestellt, daß bereits eine 5- bis 10minütige Laufdauer (bei 120—140 Schritten/min), und zwar möglichst im Wechsel von 30 sec Laufen und 20 sec Traben, trainingswirksam ist. Die Pulsfrequenz-Kontrolle kann immer wieder einmal selbst vorgenommen werden (die individuell zu bestimmende „Ausdauer-

frequenz" ist am einfachsten als Mitte von Ruhefrequenz und altersabhängiger Maximalfrequenz zu errechnen).
Wer aus irgend einem Grunde, vielleicht infolge arthrotischer Veränderungen an den Gelenken der Beine, nicht oder nur schlecht laufen kann, wer viel wiegt, der wird ein Gerät zur Fortbewegung nehmen, das Fahrrad, im Winter die Ski (zum *Skiwandern*), vielleicht im Sommer das Boot (zum *Wanderrudern*), oder er wird vor allem *schwimmen* (aber, wegen der konstriktorischen Wirkung kalten Wassers, im temperierten Wasser!). Jeder aber wird *die* Sportart wählen, die er gewohnt ist, in der er sich am besten entfalten kann, die ihm Spaß und Freude macht.
Diese Bemerkung ist wie keine andere geeignet, den Kreis der Überlegungen einer Verbindung von Alter und Sport zu schließen, denn der alternde und alte Mensch, dem wir so viel wie möglich auf die Spuren zu kommen versuchten, ist auch ein „homo ludens" und eben daher ein „homo vere sportificus".

Frau und Sport

Von V. Seliger

Einführung

Bereits aus der Empirie des täglichen Lebens ergibt sich eine unterschiedliche Leistungsfähigkeit zwischen weiblichem und männlichem Organismus (Klaus u. Noack, 1961; Kral u. Pros, 1956; Mean u. Mitarb., 1966; Valentin u. Mitarb., 1971). Ihre Ursachen beruhen auf anatomischen, physiologischen und psychischen Unterschieden, die vor allem genetisch bedingt sind. So liegt das Körpergewicht der Frauen um 20—25% unter dem der Männer. Die durchschnittliche Größe ist — im europäischen Raum — um 13 cm geringer, die Extremitätenlänge um 10% kürzer, das Becken breiter. Im Zusammenhang mit den anatomischen Gesichtspunkten beobachten wir bei der Frau eine Reihe funktioneller Unterschiede im Stoffwechsel, in der Funktion des kardio-pulmonalen und des neuromuskulären Systems. Dabei spielen hormonelle Einflüsse wie der Menstruationscyclus sowie die Schwangerschaft eine erhebliche Rolle (Thörner, 1966; Bach, 1968). In der Periode der Akcelerationsphase wachsen Mädchen schneller als Knaben, jedoch hört das Wachstum früher bei ihnen auf. Die psychischen Unterschiede sind wahrscheinlich auf das Endokrinium zurückzuführen. Sie können sich als Sozialfaktoren wichtiger auswirken als die biologischen Differenzen, sind jedoch schwerer zu identifizieren (Ulrich, 1960).

Im Zusammenhang mit diesen Faktoren ist es verständlich, daß der weibliche Organismus auf Übung, Training und Sport qualitativ und quantitativ anders reagiert als der männliche. Nach jüngsten Untersuchungen sind jedoch die diesbezüglichen Reaktionsdifferenzen zwischen beiden Geschlechtern nicht so wesentlich wie früher angenommen.

Stoffwechsel

Der Energieumsatz der Frau ist im Ruhezustand niedriger als der des Mannes. Der Grundumsatz erreicht bei erwachsenen Frauen durchschnittlich ca. 1400 kcal/24 Std (bei Männern 1700 kcal/24 Std). Diese Differenzen treten auch zutage bei Umrechnung des Energieaufwandes auf die Körperoberfläche. Er beträgt bei erwachsenen Frauen 35 kcal/Std/m² und bei Männern 37 kcal/Std/m². Die Unterschiede sind vornehmlich hormonell verursacht sowie durch den prozentual höheren Körperfettanteil bei der Frau im Vergleich zur aktiven Körpermasse (ULRICH, 1960).
Körperliche Arbeit führt zu einer Steigerung des Energieumsatzes, wobei zwischen Belastungsintensität und Energieaufwand eine lineare Beziehung besteht. Bei Standardbelastungen beobachteten wir bei Frauen einen höheren Energieverbrauch als bei Männern. Dabei spielt die Art der Bewegungstätigkeit eine entscheidende Rolle (Tab. 10). Während Arbeit auf dem Fahrradergometer sind die calorischen Differenzen gering. Viel größere Unterschiede finden sich bei denjenigen Bewegungsformen, die mit einer Beanspruchung des gesamten Körpers verbunden sind, wie beispielsweise im Lauf. Der größere Fettanteil des weiblichen Körpers bedingt für eine gegebene Belastung einen relativ größeren Energieverbrauch. Im Grenzbereich der körperlichen Leistungsfähigkeit weisen Frauen bei gleicher Bewegungsform durchschnittlich einen geringeren Energieverbrauch auf (SELIGER, 1968 a).

Tabelle 10. Energieverbrauch der Frauen im Vergleich zu Männern während der gleichen Sportart (A) und bei verschiedener Schnelligkeit (B). Es werden angegeben: die Sportart und ihre Dauer, die Größe des Grundumsatzes (in %), der Anteil des aeroben Metabolismus (%aerob.) und die Größe der Sauerstoffschuld

Sportart		Zeit (min)	Grundumsatz %	Aerob. %	Sauerstoffschuld
A: Eiskunstlauf	♀	4,0	1075	66	2,7
	♂	5,0	1030	71	3,0
Kajakpaddeln	♀	2,4	1690	46	4,5
	♂	2,0	2630	40	8,2
Kunstturnen	♀	1,5	770	57	1,2
(Barren)	♂	0,4	2270	71	1,9
B: Laufen 100 m	♀	0,3	15760	5	8,8
200 m	♀	0,5	7310	9	7,3
400 m	♀	1,2	4720	21	8,8
800 m	♀	2,9	2690	52	7,6
1500 m	♀	5,5	2520	65	9,4

Die Größenordnung beträgt hier meistens ²/₃ bis ³/₄ der des Mannes. (MACNAB u. Mitarb., 1969). Eine Ausnahme bilden solche Disziplinen, bei denen die technische Seite der Bewegungstätigkeit überwiegt. Auf dem Fahrradergometer fanden wir ebenso wie HOLLMANN (1963), daß erwachsene Frauen im Mittel eine kardio-pulmonale Leistungsfähigkeit aufweisen von ²/₃ der eines vergleichbaren Mannes.

Die zu verrichtende Gesamtarbeitsgröße ist auch bei sporttreibenden Frauen gewöhnlich kleiner als bei Männern, da ihre Energievorräte geringer sind und die Frau früher als der Mann zusätzlich Fettstoffwechseldepots in Anspruch nimmt. Hingegen konnten hinsichtlich des prozentualen Umfangs der aeroben und anaeroben Energiefreimachung bei einer gegebenen Arbeitsintensität keine signifikanten Differenzen zwischen Mann und Frau beobachtet werden (SELIGER, 1971 b). Auch hinsichtlich der Sauerstoffschuld fanden sich keine Sexualunterschiede. MARGARIA (1967) beobachtete Werte bis zu 67 ml O_2/kg Körpergewicht.

Nach Schwangerschaften erzielen Frauen oft höhere Leistungen als vorher. Vor und während der Menstruation sind durchweg Leistungsreduzierungen zu registrieren (THÖRNER, 1966; BACH, 1968).

Das kardio-vasculäre System

In Körperruhe liegt bei weiblichen Personen durchweg eine höhere Pulsfrequenz, ein niedrigerer Blutdruck und ein niedrigeres Herzvolumen vor. Ferner weist die Frau eine geringere Erythrocytenzahl (4,5 Mill./mm³) und eine kleinere Menge von Hämoglobin (Differenz ca. 8%) im Vergleich zum Manne auf. Die Gesamt-Hämoglobinmenge ist mit der Arbeitskapazität 170 korreliert (Abb. 78) (SJÖSTRAND, 1967). Generell liegt die Transportkapazität des Blutes bei Frauen im Mittel um 20% niedriger als bei Männern. Auch das Herzvolumen ist kleiner (bei Frauen im Alter von 22—41 Jahren im Mittel 555 ml, bei Männern von 20—35 Jahren 750 ml und bei ausdauersportbetreibenden Sportlern im Alter von 18—32 Jahren 922 ml) (MUSSHOFF, 1958). Wie beim Manne ist jedoch das Herzvolumen trainierbar (KÖNIG u.

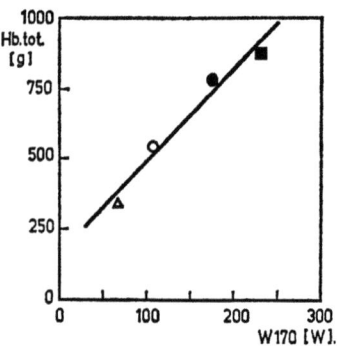

Abb. 78. Bezug der Gesamtmenge des Hämoglobins (Hb. tot.) zur Arbeitskapazität bei Pulsfrequenz 170 (W 170) in der Gruppe der Kinder (△), Frauen (○), Männer (●) und Sportler (■) (SJÖSTRAND)

Mitarb., 1968; WEIDEMANN u. Mitarb, 1969). Im submaximalen Leistungsbereich weist die Frau für eine Standard-Belastung eine höhere Pulsfrequenz auf als der Mann (BENGTSSON, 1956; HOLLMANN, 1963; SELIGER u. Mitarb., 1971) (Abb. 79).

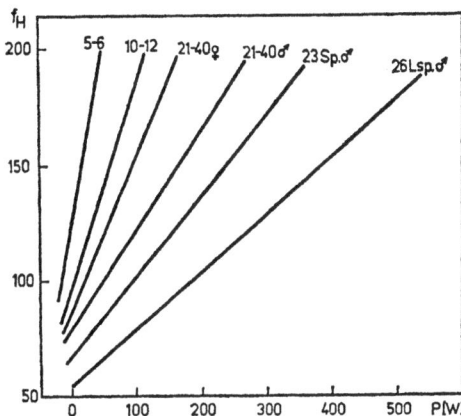

Abb. 79. Bezug der Pulsfrequenz (f_H) zur Belastung auf dem Fahrradergometer (P) bis zum Maximum bei Personen unterschiedlichen Geschlechts, Alters und Trainigszustandes. (Sp — Sportstudenten, Lsp — Leistungssportler)

Die maximal erreichbaren Pulsfrequenzen sind jedoch bei beiden Geschlechtern praktisch gleich (Tab. 11) (I. ÅSTRAND, 1967).
Im Laufe des Lebens sinkt die maximal erreichbare Pulsfrequenz von im Mittel ca. 210/min im Alter von 10 Jahren auf durchschnittlich 160/min im Alter von 60 Jahren. Dabei ist die Pulsfrequenz, die bei einer mehr als 3 min dauernden Leistung erreicht wurde, maßgeblich von der Stoffwechselintensität abhängig (SELIGER, 1968 a, 1971 a).
Gemäß dem Leistungspulsindex nach MÜLLER erreichen Frauen den Wert von 2,7, was im Vergleich mit Männern (hier 4,5) etwa 50—60%/o von deren Wert darstellt (THÖRNER, 1966). Das Herzminutenvolumen überschreitet bei Frauen selten Spitzenwerte um 25 l bei maximalen Belastungen, während bei trainierten Männern 37 l gemessen wurden (EKELUND u. HOLMGREN, 1967; THÖRNER, 1966).
Die Arbeitskapazität W 170 ist bei Frauen niedriger als bei Männern (RUTENFRANZ u. MOCELLIN, 1968; SKRANC, 1968). Die Unterschiede bestehen auch nach einem Training weiter (Tab. 12). Gewöhnlich erreichen Frauen zwei Drittel bis drei Viertel der W 170-Werte von Männern.

Die maximal erreichbaren Lactatspiegel sind bei Erwachsenen ohne Geschlechtsunterschied gleich (untrainierte Frauen um 105 mg-%, Männer um 110 mg-%). Somit verfügen beide Geschlechter über identische Voraussetzungen hinsichtlich der Ausnutzung ihrer metabolischen Möglichkeiten bis zum hohen Ermüdungsgrad (ÅSTRAND, 1952).

Tabelle 11. Die ausgewählten Kennziffern der tschechoslowakischen Population im Alter von 12, 15 und 18 Jahren während Belastung. Arbeit auf dem Fahrradergometer bis zum Maximum: A — Durchschnittspopulation, B — Sportler. Der prozentuale Anteil für Mädchen (Knaben = 100%) ist ausgerechnet

Alter: 12 Jahre	Mädchen				Knaben				Anteil in %	
	A $\bar{x}$	SD	B $\bar{x}$	SD	A $\bar{x}$	SD	B $\bar{x}$	SD	A $\bar{x}$	B $\bar{x}$
Zahl	297	—	41	—	303	—	36	—	—	—
Alter	11,8	0,3	11,8	0,2	11,8	0,3	11,8	0,3	—	—
Gewicht	40,1	6,9	39,0	5,0	38,9	6,3	37,6	6,0	103	104
Größe	150,1	6,6	150,0	6,5	148,5	6,4	147,0	7,1	101	102
Fett %	21,8	3,5	18,8	3,5	17,8	4,6	15,2	3,8	123	124
$\dot{W}$ max.	142,1	28,6	131,1	29,5	162,8	29,2	151,9	24,8	87	86
W/kg max.	3,59	0,64	3,39	0,70	4,20	0,68	4,06	0,45	86	84
f_H max.	198	10,5	195	8,2	195	9,8	194	10,4	102	101
W 170	66,8	26,6	69,7	16,9	91,9	39,6	81,8	25,0	73	85
W 170/kg	1,7	0,6	1,8	0,4	2,4	0,9	2,2	0,5	71	82
$\dot{V}$ max.	52,4	11,8	56,9	11,0	58,7	11,7	59,5	11,9	89	96
$\dot{V}$/kg max.	1,3	0,3	1,5	0,3	1,5	0,3	1,6	0,4	87	94
f max.	48	9,5	46	7,8	49	10,9	49	10,9	98	94
$\dot{V}_{O_2}$ max.	1,46	0,31	1,62	0,28	1,69	0,35	1,69	0,27	86	96
$\dot{V}_{O_2}$/kg max.	37,0	7,2	42,1	8,1	44,2	8,3	45,5	7,6	84	93
$\dot{V}_{O_2}/f_H$ max.	7,4	1,6	8,3	1,5	8,7	1,9	8,7	1,6	85	95

Tabelle 11 — Fortsetzung 1

Alter: 15 Jahre

	Mädchen				Knaben				Anteil in %	
	A		B		A		B		A	B
	$\bar{x}$	SD	$\bar{x}$	SD	$\bar{x}$	SD	$\bar{x}$	SD	$\bar{x}$	$\bar{x}$
Zahl	271	—	38	—	327	—	63	—	—	—
Alter	14,8	0,2	14,8	0,3	14,8	0,2	14,9	0,3	—	—
Gewicht	54,1	7,1	54,2	6,9	56,2	9,1	57,7	9,9	96	94
Größe	162,8	5,9	163,4	6,0	168,4	8,4	169,6	8,9	97	96
Fett %	19,4	3,7	16,8	2,9	13,8	4,2	12,1	3,6	141	139
W max.	187,8	28,8	197,3	27,6	242,5	39,4	256,9	39,5	77	77
W/kg max.	3,50	0,52	3,63	0,34	4,35	0,50	4,49	0,46	81	81
f_H max.	197	8,6	195	7,8	195	8,7	192	8,4	101	102
W 170	96,6	26,1	108,8	39,5	148,0	47,1	165,2	42,1	65	66
W 170/kg	1,8	0,4	2,0	0,5	2,6	0,7	2,9	0,6	69	69
$\dot{V}$ max.	70,1	13,7	84,4	16,2	87,3	20,3	106,5	22,9	80	79
$\dot{V}$/kg max.	1,3	0,3	1,6	0,3	1,6	0,3	1,8	0,3	81	89
f max.	47	9,4	49	8,0	47	12,5	53	8,1	100	93
$\dot{V}_{O_2}$ max.	1,89	0,32	2,26	0,48	2,51	0,55	3,07	0,59	75	74
$\dot{V}_{O_2}$/kg max.	35,2	5,6	42,2	7,5	44,9	7,7	53,0	8,2	78	80
$\dot{V}_{O_2}/f_H$ max.	9,6	1,7	11,7	2,7	12,9	2,9	16,0	3,2	74	73

Tabelle 11 — Fortsetzung 2

Alter: 18 Jahre	Mädchen				Knaben				Anteil in %	
	A $\bar{x}$	SD	B $\bar{x}$	SD	A $\bar{x}$	SD	B $\bar{x}$	SD	A $\bar{x}$	B $\bar{x}$
Zahl	328	—	49	—	365	—	58	—	—	—
Alter	17,9	0,3	17,9	0,3	17,9	0,3	18,0	0,4	—	—
Gewicht	58,5	7,2	62,9	6,7	67,9	7,9	71,1	9,7	86	89
Größe	163,6	6,0	167,2	5,7	176,8	6,0	178,8	5,7	93	94
Fett %	20,0	4,6	15,4	3,9	12,1	4,1	9,9	2,7	165	156
W max.	189,2	31,0	224,3	25,9	280,3	36,4	326,4	38,7	68	69
W/kg max.	3,25	0,49	3,58	0,41	4,15	0,48	4,76	1,58	78	75
f_H max.	196	8,6	190	7,1	193	9,2	191	8,9	102	100
W 170	102,3	28,2	136,0	23,6	187,4	54,2	220,1	43,7	55	62
W 170/kg	1,8	0,4	2,2	0,4	2,8	0,8	3,2	0,9	64	69
$\dot{V}$ max.	77,7	15,1	94,5	16,3	104,6	24,6	135,6	25,6	74	70
$\dot{V}$/kg max.	1,3	0,3	1,5	0,2	1,6	0,4	2,0	0,6	81	75
f max.	44	8,8	55	6,2	42	10,0	55	8,1	105	100
$\dot{V}_{O_2}$ max.	2,03	0,33	2,45	0,32	3,05	0,53	3,81	0,53	67	64
$\dot{V}_{O_2}$/kg max.	34,9	5,2	39,1	4,7	45,1	6,8	55,3	16,8	77	71
$\dot{V}_{O_2}/f_H$ max.	10,4	1,7	12,9	1,9	15,9	2,9	20,1	2,9	65	64

Tabelle 12. Arbeitskapazität bei Pulsfrequenz 170 (W 170 und W 170/kg) bei verschiedenen Sportarten (Rouš u. Mitarb., 1970)

Sportart	Frauen W 170	W 170/kg	Männer W 170	W 170/kg
Junioren:				
Basketball	211	3,12	217	2,93
Schwimmen	157	2,57	216	3,03
Volleyball	151	2,46	206	3,00
Mittelstrecken — Leichtathletik	145	2,84	195	3,14
Gymnastik	140	2,41	189	3,20
Spints — Leichtathletik	137	2,35	208	3,20
Würfe — Leichtathletik	130	2,03	215	2,59
Erwachsene:				
Orientierungssport	194	2,96	286	3,85
Schwimmen	193	2,85	237	3,12
Basketball	192	2,95	272	3,37
Würfe — Leichtathletik	187	2,60	235	2,59
Mittelstrecken — Leichtathletik	185	3,20	264	3,78
Tennis	185	2,93	230	3,02
Ski — Slalom	175	2,92	230	3,25
Fechten	173	2,79	229	2,84
Sprints — Leichtathletik	165	2,80	230	3,20
Volleyball	164	2,47	254	3,17
Tischtennis	162	2,40	213	3,02
Bergsteigen	156	2,68	219	2,95
Badminton	155	2,03	200	2,75
Sprünge — Leichtathletik	153	2,58	242	3,29
Handball	147	2,34	246	3,15
Sportgymnastik	151	2,77	200	2,92
Yachting	130	2,15	188	2,57
Moderne Gymnastik	125	2,20	—	—

Das pulmonale System

Selbst relativ — d. h. in bezug auf die geringere Körperlänge und das niedrigere Körpergewicht — sind die Lungen und der Thoraxraum bei Frauen kleiner als bei Männern. So verstehen sich auch ihre geringeren statischen Lungenvolumina. Die Vitalkapazität (VK) erreicht ungefähr 70% von der der Männer. Die Beziehung VK/Körperlänge ergibt bei Frauen einen Durchschnittswert von 25, bei Männern hingegen von 32. Die durchschnittliche VK einer sporttreibenden Frau liegt um 4250 ml (Männer 5700 ml).

Die unter körperlicher Arbeit zu erzielenden maximalen Werte der Atemfrequenz sind bei Frauen durchweg höher als bei Männern (46/min zu

40/min). Das maximale Atemzugvolumen ist von der VK abhängig, hingegen unabhängig vom Geschlecht. Es erreicht 50—80% der VK. Die Ventilation steigt bei der Arbeit zunächst linear in Abhängigkeit vom O_2-Verbrauch, später aber kurvenförmig zunehmend als Ausdruck einer relativen Hyperventilation (Abb. 80). Dabei weisen Frauen einen steileren Kurven-

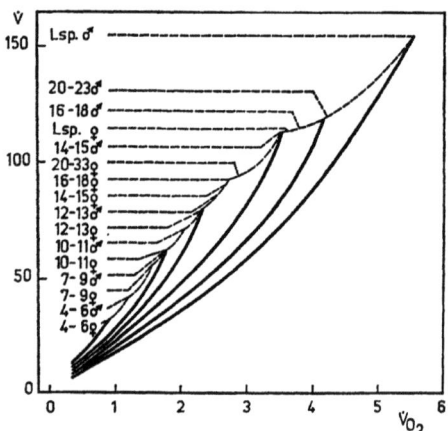

Abb. 80. Bezug der Ventilation ($\dot{V}$) zum Sauerstoffverbrauch ($\dot{V}_{O_2}$) bei Personen unterschiedlichen Geschlechts, Alters und Trainingszustandes (SELIGER, 1968 b)

anstieg als Männer auf (SELIGER, 1968 b); die Maximalwerte leistungsfähiger weiblicher Personen überschreiten selten 90 l/min gegenüber im Mittel 110 l bei Männern (ÅSTRAND, SELIGER u. Mitarb., 1971) (Abb. 80).
Bei Spitzensportlern wird über noch höhere Werte berichtet (100 l bei Frauen, 170 l bei Männern) (HOLLMANN). Bei beiden Geschlechtern ist dabei die Abhängigkeit vom Lebensalter evident (ÅSTRAND u. RODAHL, 1970) (Abb. 81).

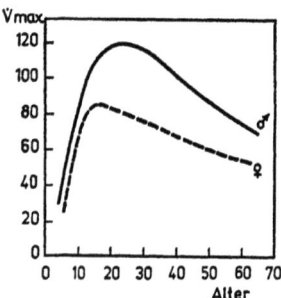

Abb. 81. Abhängigkeit der maximalen Ventilation ($\dot{V}$ max) vom Alter bei Frauen und Männern (ÅSTRAND u. RODAHL, 1970)

Gleiche Lebensaltersabhängigkeit äußert sich hinsichtlich der Größe der aeroben Maximalleistung (VO_2max) (Abb. 82). Die niedrigere Transportfähigkeit des weiblichen Kreislaufsystems verursacht maßgeblich die um ungefähr 20—30% geringere maximale Sauerstoffaufnahme der Frau (ÅSTRAND, 1958; HOLLMANN, 1963; LASI, 1966; SELIGER u. Mitarb., 1971). Trainingsbedingte Verbesserungen der maximalen Sauerstoffaufnahme pro kg Körpergewicht lassen dennoch deutliche Sexualdifferenzen verbleiben (SALTIN u. ÅSTRAND,

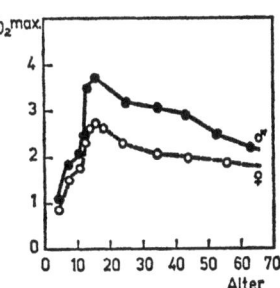

Abb. 82. Abhängigkeit der maximalen aeroben Leistung (VO_2 max) vom Alter bei Frauen und Männern (ÅSTRAND)

1967). Die absoluten Maximalwerte betragen bei der Frau im 3. Lebensjahrzehnt um 2,9 l, beim Manne ca. 4,1 l (ÅSTRAND) (Tab. 11). Nicht sportbetreibende Frauen überschreiten selten eine VO_2max von 38 ml/kg Körpergewicht, während der entsprechende Wert für Sportlerinnen 55 und mehr ml erreichen kann (Männer 44 bzw. 71 ml nach HERMANSEN u. ANDERSEN, 1965).

Auf gegebenen Belastungsstufen liegt auch der Sauerstoffpuls bei der Frau niedriger als beim Manne. Im Grenzbereich der Leistungsfähigkeit stehen Werte von 10—13 ml bei der Frau solchen von 15—20 ml bei Männern in Abhängigkeit vom Trainingszustand gegenüber (HOLLMANN, 1963; SELIGER u. Mitarb., 1971). Mehrere Autoren konstatierten enge Korrelationen zwischen dem Herzvolumen und dem Sauerstoffpuls bei der Frau wie beim Manne (ÅSTRAND u. Mitarb., 1963; WEIDEMANN u. Mitarb., 1969).

Das neuromuskuläre System

Die Gesamtmuskelmasse des weiblichen Organismus beträgt etwa 30—35% des Körpergewichts (bei Männern 40%). Infolge der größeren Fettmenge im weiblichen Körper ist der Anteil aktiver Körpermasse bei Frauen geringer. Hingegen verfügen weibliche Personen über eine größere Gelenkbeweglichkeit. Die Muskelkraft der Frau ist ca. um 20% kleiner als die der Männer (LEHMANN, 1962; THÖRNER, 1966). Nach dem Typus der Muskelgruppe (Tab. 13) erreichen durchschnittlich leistungsfähige Frauen 60—78% der Muskelkraft des Mannes in einzelnen Muskelgruppen (im Durchschnitt 66% nach HETTINGER u. HOLLMANN, 1969). Die Differenzen in der Kraft der einzelnen

Tabelle 13. Muskelkraft in kp der Hauptmuskelgruppen im Kollektiv von Frauen (22 Jahre, Größe 167 cm, Gewicht 60 kg) und Männern (24 Jahre, Größe 178 cm, Gewicht 73,4 kg) (HETTINGER u. HOLLMANN, 1969)

	Frauen		Männer		Frauen in % der Männerkraft
	$\bar{x}$	SD	$\bar{x}$	SD	$\bar{x}$
Kopfbeugung	15,2	2,5	24,2	5,7	63
Kopfstreckung	20,0	3,3	32,3	4,6	62
Kopfseitwärtsneigung	15,6	2,5	24,6	3,5	63
Rumpfbeugung	53,0	10,1	87,1	16,2	61
Rumpfstreckung	73,8	15,7	108,6	16,3	68
Rumpfseitwärtsneigung	48,5	7,2	73,3	14,4	66
Armbeugung	12,9	2,8	20,7	3,1	62
Armstreckung	12,6	2,3	19,8	2,7	64
Armadduction	12,3	3,0	20,5	4,0	60
Armabduction	11,7	2,7	19,3	4,2	61
Unterarmbeugung	22,0	4,1	34,7	6,8	63
Unterarmstreckung	19,8	3,5	29,4	4,5	67
Unterarmpronation	42,1	10,6	64,3	17,1	66
Unterarmsupination	45,5	10,4	68,2	15,5	67
Fingerbeugung	41,4	7,8	62,5	10,1	66
Beinbeugung	21,0	4,4	30,6	4,5	69
Beinstreckung	22,9	4,0	33,7	5,0	68
Beinadduction	19,0	2,7	28,8	5,8	66
Beinabduction	15,8	2,7	20,5	3,8	77
Unterschenkelbeugung	21,5	5,3	29,1	5,9	74
Unterschenkelstreckung	39,5	6,6	50,6	5,2	78
Plantarflexion	14,5	4,3	22,7	4,0	64
Volarflexion	10,4	3,2	16,8	3,8	62

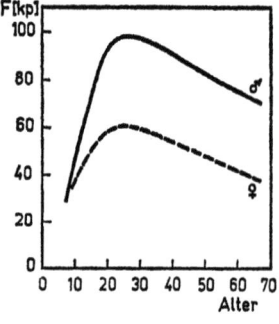

Abb. 83. Abhängigkeit der maximalen isometrischen Kraft (F) in kp vom Alter bei Frauen und Männern (ÅSTRAND u. RODAHL, 1970)

Muskelgruppen sind durch unterschiedlich intensive Beanspruchung zu erklären. Pro 1 cm² Muskelfaserquerschnitt soll die Frau die gleiche Kraft aufweisen wie ein gleich gut trainierter Mann (ÅSTRAND u. RODAHL, 1970). Auch die Muskelkraft ist vom Lebensalter abhängig (Abb. 83). Im mittleren und höheren Alter erfolgt eine Annäherung der Kraftwerte beider Geschlechter, jedoch sinkt im Laufe des Lebens die Größe der maximalen statischen Kraft bei Frauen langsamer als bei Männern ab (LEHMANN, 1962, ÅSTRAND u. RODAHL, 1970). Entsprechend den Trainings- und Sportartbedingungen kann sich auch die Muskelkraft der Frau erheblich steigern (SKUBIC u. HODKINS, 1967).

Training

Die Leistungsfähigkeit der Frau ist in den verschiedensten Sportdisziplinen in den letzten 10 Jahren zum Teil intensiv gestiegen. In manchen Sportarten ist der prozentuale Anstieg in der Leistungsfähigkeit der Frau stärker als der des Mannes (THÖRNER, 1966). Im Mittel erreichen weibliche Personen heute 50—95% der Leistungsfähigkeit der Männer (Abb. 84). Die geschlechts-

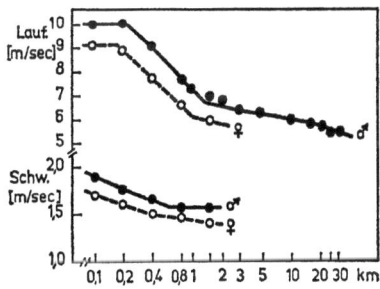

Abb. 84. Abhängigkeit der Geschwindigkeit beim Laufen (Lauf.) und beim Schwimmen (Schw.) in m/sec von der Distanz (Weltrekord am 1. 1. 1971)

bedingten Leistungsdifferenzen sind am geringsten in den technischen Disziplinen, die mit großem Anteil neuromuskulär bedingter Koordination verbunden sind wie Wasserspringen, Fechten, Judo, Reiten, Skislalom. Ähnlich verhält es sich mit solchen Sportarten, in denen der Einfluß des Körpergewichts eine untergeordnete Rolle spielt, wie z. B. beim Kurzstreckenschwimmen. Wenn auch einige Disziplinen vorzugsweise der Frau zu empfehlen sind wie Schwimmen, Gymnastik, Eiskunstlauf, Skilaufen, kann man heute keine Sportart mehr als eine typisch weibliche bezeichnen. Andererseits gibt es aber medizinische Gründe dafür, einige Disziplinen als unpassend für Frauen anzusehen wegen der großen Körpererschütterungen (Stabhochsprung) oder der Möglichkeit von Verletzungen (Rugby, Boxen, Ringkampf u. a.). Die meisten derjenigen Sportdisziplinen, in denen Frauen nicht wettkampf-

mäßig tätig sind, geschieht das wohl mehr aus Traditions- und ästhetischen Gründen (RYAN, 1968).
Die Leistungsfähigkeit der Frau kann sich mit dem hormonellen Cyclus in Abhängigkeit von der Konzentration des Follikelhormons ändern. Nach BRUNELLI u. ROTTINI (1965), BACH (1968), HILDEBRAND u. WITZENRATH (1969) sinkt das Leistungsvermögen geringfügig vor und während der Menstruation. Die erwähnten Unterschiede hinsichtlich der aktiven Körpermasse — prozentual mehr Körperfett — in der Energiereserve und in der kardiopulmonalen Kapazität verursachen die absolut geringere Leistungsfähigkeit der Frau in Ausdauerdisziplinen. Relativ sind jedoch offenbar keine nennenswerten Leistungsdifferenzen im Vergleich zum Mann zu beobachten (HOLLMANN, 1963). Beachtenswert ist die große funktionelle Adaptationsbreite, wie sie vor allem bei Spitzensportlerinnen beobachtet wird (ISRAEL u. Mitarb., 1967). Im Frauensport existieren noch heute eine Reihe ungelöster Probleme. Zu ihnen zählen letztliche Ursachen des sprunghaften Anwachsens zahlreicher Rekorde, die Entwicklung der Kraft und Ausdauer u. a. (KLAUS, 1964; PROKOP, 1968; GOROCHOVSKIJ, 1970.)
In den meisten Sportdisziplinen sinkt in Relation zum Lebensalter die Leistungsfähigkeit der Frau schneller als die des Mannes. Die Kurve zeigt einen ungefähr parabolischen Verlauf und gleicht der altersabhängigen Kurve des Gewichtsverhaltens, der Kraft, der aeroben Maximalleistung und dergleichen. Demgegenüber erreichen Mädchen weitaus früher ihre maximale Leistungsfähigkeit als Männer (HOLLMANN, 1963; VINCENT, 1968). Bei relativ gleichem Training, durchgeführt in einem Kollektiv von Männern und Frauen unter Laborbedingungen, fällt der absolute Leistungszuwachs unterschiedlich aus. In entsprechenden experimentellen Untersuchungen erhöhte sich die Kapazität der Frauen im Mittel um 20 Watt, die der Männer um 40 Watt. Hingegen fiel der Leistungszuwachs praktisch gleich groß aus bei einer Auswertung als Relativwert in % der Grundleistung (MELLEROWICZ u. MELLER, 1967).
So ist die Frau in den weitaus meisten Sportdisziplinen großer Leistungen fähig. Von praktisch noch größerer Bedeutung ist jedoch der Einsatz der Leibesübungen zum Zwecke der Prävention von Zivilisationskrankheiten (Arteriosklerose, Infarkt, Fettsucht). Systematisch betriebene Körperübungen sollen für eine moderne Frau zur Tagesordnung zählen, sei es in der Form der organisierten Körpererziehung in Clubs oder auf freiwilliger Basis im Rahmen der Rekreation, bei Hausgymnastik und dergleichen (CONGER u. MACNAB, 1967; KOPPISCH u. MÜLLER, 1969; WESSEL u. HUSS, 1969; KATCH u. Mitarb., 1969; STOVEL u. Mitarb., 1970).

Bewegungstherapie in der Rehabilitation von Herz-Kreislaufkranken

Von A. Drews, M. J. Halhuber, H. Hofmann, H. Milz und R. Rujbr

Bewegungstherapie (Heilsport, Terrainkur, internistische Übungsbehandlung) ist heute zu einem festen Begriff in der präventiven und rehabilitiven Kardiologie geworden. Innerhalb der Rehabilitation von Patienten mit Coronarerkrankungen ist das körperliche Training einer der wesentlichsten Faktoren.

Die bekannten Auswirkungen körperlichen Trainings gelten nicht nur für den Gesunden, sondern lassen sich auch auf den Coronarkranken übertragen.

Bewegungstherapie ist bei Patienten mit funktionellen und degenerativen Herz-Kreislaufkrankheiten aus zwei Gründen angezeigt:

1. Wegen der unmittelbaren Trainingswirkung: Ökonomisierung des Kreislaufs und der Herztätigkeit durch vegetative Gesamtumstimmung — das Herz kann ein bestimmtes Minutenvolumen mit niedriger Frequenz leisten — Vergrößerung des Kollateralnetzes und Zunahme des Capillarbettes;
2. Wegen der mittelbaren Effekte in erzieherischer und psychotherapeutischer Hinsicht: Erhöhung des Selbstvertrauens und der Lebensfreude, Erleichterung der Diät und der Raucherentwöhnung, „ein neues Urlaubsgefühl".

In diesem Sinne ist ein „internistischer Versehrtensport" Klammer und Hilfe für viele andere therapeutische Maßnahmen, sei es ambulant, sei es im Rahmen einer klinischen Kur. Er erleichtert u. a. auch die Einstellung des Hypertonikers auf seine Dauertherapie.

Bewegungstherapie dient also nicht allein der Rekondition, sondern hat die psychosomatische Rehabilitation zum Ziel. Sie beinhaltet trainierende und übende Elemente und hat — als Gruppentherapie — Wirkungen, die zur Entängstigung, Reaktivierung und Entspannung der körperlich und sportlich entwöhnten Menschen führen (Abb. 85). Im Langzeit-Therapieplan vieler Herz-Kreislaufpatienten ist Bewegungstherapie nicht der einzige, oft aber der wichtigste Faktor. Der Erfolg aktiver Bewegungstherapie ist entscheidend von zwei Voraussetzungen abhängig:

1. von der ausreichend genauen Beurteilung der Belastbarkeit des Rehabilitanden;
2. von der richtigen Auswahl und Dosierung der Trainingsreize.

In der Praxis wird Training als Therapie durch „Einzelübung" vorwiegend mit Wegleistungen (Gehen, Traben, Laufen, Schwimmen etc.) unter Beachtung einer vorher festgelegten Pulsfrequenz oder als „Gruppenübung" durchgeführt. Letzteres hat sich — trotz gewisser Schwierigkeiten in der Dosierung — in vielen Rehabilitationszentren als „Aufbautraining" bewährt. Mehrjährige Erfahrungen mit einem Gruppentraining an großen Kollektiven Herzkreislaufkranker liegen den folgenden Ausführungen zugrunde. Durch die bewegungstherapeutischen Ergebnisse an zwei Rehabilitationszentren werden mehrfache Gefahren der Einseitigkeit vermieden: die verschiedene Herkunft sowohl der Kranken (Landesversicherungsanstalt, Bundesversicherungsanstalt für Angestellte, Bundeswehr, Privatpatienten) als

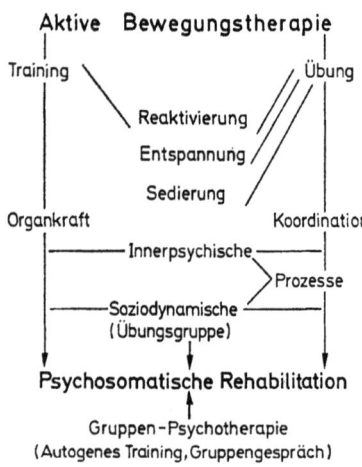

Abb. 85. Aktive Bewegungstherapie und psychosomatische Rehabilitation (Schematische Darstellung in Anlehnung an WITTICH)

auch der in den Zentren tätigen Ärzte (klinische Kardiologie, Sportmedizin, Ohlstädter Tradition der Bewegungstherapie) schafft eine breitere Beobachtungsbasis und sollte unterschiedliche Aspekte in der Durchführung und Beurteilung der Trainingstherapie einschließen.

Praxis der Bewegungstherapie

Im Kursanatorium Mettnau wird die aktive Bewegungstherapie („Heilsport") seit 15 Jahren als Gruppentraining in anfangs drei und seit 6 Jahren in vier verschiedenen Belastungsstufen durchgeführt.* Sie wird als Morgengymnastik um 7.30—7.45 Uhr für alle Patienten, als Gruppen-Konditionsgymnastik ohne Hilfsmittel oder mit einfachen Geräten (Seil, Stock, Gymnastikball, Medizinball, Bank), in der Halle oder im Freien am Vormittag (9—11 Uhr: Gruppe I—IV nacheinander), mit Bewegungs- und Ballspielen nachmittags, zusätzlich durch Wanderungen und Schwimmen und im Sommer auch Rudern in leichten Übungsbooten (fester Sitz) durchgeführt (s. Abb. 86).
In ähnlicher Weise umfaßt die Bewegungstherapie an der Klinik Höhenried eine Morgenübung um 7.30 bis 8 Uhr, eine Vormittagsübung um 10.30 Uhr und eine

---

* Seit 1 Jahr wird für die Anschlußheilverfahren der Herzinfarktrehabilitanden eine 5. Gruppe gebildet (B IV), die neben der Gruppentherapie ein tägliches Ergometer-Training absolviert.

Terrainkur am Nachmittag, wobei eine Gruppe von 30—40 Patienten von einem Physiotherapeuten unter ärztlicher Kontrolle geleitet wird. Durchschnittlich sind die Patienten im Rahmen dieser Gruppentherapie täglich bis zu 4 Std in Anspruch genommen.

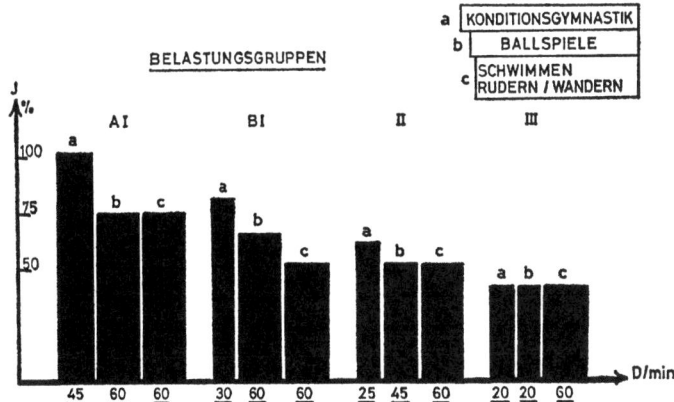

Abb. 86. Tägliches Trainingsprogramm (Ausdauerbelastung) in den 4 Belastungsgruppen

Gruppenzuteilung zur Bewegungstherapie im Kursanatorium Mettnau

A I: Organisch gesunde Männer ohne wesentliche Beschwerden, mit einer ergometrischen Belastbarkeit von > 150 W, Lebensalter etwa bis 35 Jahre, ohne Bewegungseinschränkung, mit normaler Bewegungsbereitschaft und gutem Leistungswillen (leichter Trainingsmangel, geringe vegetative Störungen).
Organisch gesunde Frauen bis etwa 25 Jahre, mit sehr guter körperlicher Belastbarkeit $\geq$ 125 W Ergometerarbeit ohne Ermüdungszeichen.
(B I—B IV entspricht der Gruppenzuteilung Klinik Höhenried.)

Gruppenzuteilung zur Bewegungstherapie an der Klinik Höhenried

Belastungsgruppe I

1. Trainingsmangel ohne morphologische Herz-Gefäßerkrankung.
2. Vegetative Dystonie (hypo- und hypertone Regulationsstörungen oder hyperkinetisches Herzsyndrom), sofern ein ernstes organisches Leiden als Grundkrankheit, z. B. Hepatopathie, ausgeschlossen werden kann.
3. Zustand nach Herzinfarkt. Ausheilungsstadium (Schweregrad) I. Kardiorespiratorische und/oder coronare Leistungsbreite kaum eingeschränkt, d. h. klinisch: Symptome der Herzinsuffizienz (Dyspnoe) und/oder Coronarinsuffizienz (Arbeitsstenokardie) treten auch bei (z. B. gesundheitssportlichen) Anstrengungen, die über durchschnittliche Alltagsbelastungen hinausgehen, nicht auf. Ergometrisch: Fahrradergometer-Belastung von je 6 min Dauer mit 125—150 W werden gut vertragen (ohne Dyspnoe, ohne Stenokardie, ohne zunehmende horizontale oder descendierende ST-Senkung und ohne Reizbildungs- oder Erregungsleitungsstörungen im EKG, ohne abnorme Frequenzsteigerungen).

Belastungsgruppe II

1. Beginnende ischämische Herzerkrankungen.
2. Nichtfixierte Hypertonie, Stadium I—II.
3. Zustand nach Herzinfarkt. Ausheilungsstadium (Schweregrad) II. Kardiorespiratorische oder/und coronare Leistungsbreite mäßig eingeschränkt, d. h. klinisch: Symptome der Herzinsuffizienz (Dyspnoe) und/oder Coronarinsuffizienz (Arbeitsstenokardie) treten nur bei Anstrengungen auf, die über durchschnittliche Alltagsbelastungen eines sitzend Beschäftigten hinausgehen. Ergometrisch: Fahrradergometer-Belastung von je 6 min Dauer mit 75—100 W werden gut vertragen (ohne Dyspnoe, ohne Stenokardie, ohne zunehmende horizontale oder descendierende ST-Senkung und ohne Reizbildungs- oder Erregungsleitungsstörungen im EKG, ohne abnorme Frequenzsteigerungen. Dauer: individuell verschieden, etwa Monate, Jahre. Ort: zu Hause, evtl. Wiederholungskur nach 4 Monaten.
4. Bei Alltagsbelastung kompensierte rheumatische und angeborene Herzfehler.

Belastungsgruppe III

Alle Patienten, die nicht unter die Gruppe I und II bzw. unter die Kontraindikationen fallen, z. B.
1. Zustand nach Herzinfarkt. Ausheilungsstadium (Schweregrad) III. Kardiorespiratorische oder/und coronare Leistungsbreite erheblich eingeschränkt: d. h. klinisch: Symptome der Herzinsuffizienz (Dyspnoe) und/oder der Coronarinsuffizienz (Arbeitsstenokardie) treten schon bei körperlichen Alltagsbelastungen auf, z. B. Treppensteigen in Stockwerkhöhe. Ergometrisch: Fahrradergometer-Belastung von 6 min mit 25—50 Watt werden gut vertragen (ohne Dyspnoe, ohne Stenokardie, ohne zunehmende horizontale oder descendierende ST-Senkung und ohne Reizbildungs- oder Erregungsleitungsstörungen im EKG, ohne abnorme Frequenzsteigerungen. Dauer: individuell verschieden, etwa 4—12 Wochen. Ort: Rehabilitationsklinik oder zu Hause.
2. Herzkranke jeder Genese mit mittelgradiger Einschränkung der kardiorespiratorischen Leistungsbreite (Herzinsuffizienz-Symptome schon bei Alltagsbelastung).

Belastungsgruppe IV

Die Belastungsgruppe IV gewinnt derzeit zahlenmäßig bei uns große Bedeutung, seit die Frührehabilitation als Intensivnachbehandlung (Anschlußheilmaßnahmen) im Abstand von 4—8 Wochen nach dem Infarktereignis mehr zur Durchführung kommt. In dieser Gruppe sind einerseits jene Patienten erfaßt, bei denen der Abstand vom Infarktereignis weniger als 8 Wochen beträgt und andererseits jene, bei denen bei einer Belastung mit 25 und 50 Watt subjektive und objektive Zeichen der Coronarinsuffizienz, der Herzinsuffizienz oder Rhythmusstörungen auftreten.

Tabelle 14. Ergometrische Belastbarkeit, Gruppenzuteilung und relative Trainingsbelastung in der Mettnau-Kur und Klinik Höhenried

Gruppe	Ergometrische Belastbarkeit			Belastung im Training		
	Watt ♂	♀	$\frac{W}{KgP}$	Intensität (%)	Dauer (%)	Summe (%)
A I	> 150	> 125	> 2,0	100	100	100
B I	> 125	> 100	> 1,5	80	90	70
B II	> 100	> 75	> 1,2	60	80	50
B III	> 50	> 50	> 0,7	40	60	30
B IV	> 25	> 25	> 0,4	25	50	15

Die Zuordnung zu den einzelnen Gruppen setzt eine bestimmte ergometrische Belastbarkeit voraus, wie sie die Tabelle 14 für die Mettnau zeigt. Natürlich spielen auch andere Faktoren für die Gruppenzuteilung eine Rolle, wie Leistungs- und Bewegungsbereitschaft, Zustand des aktiven und passiven Bewegungsapparates (Lebensalter!), Krankheitsvorgeschichte (gerade überstandene Krankheiten bzw. Verletzungen etc.). Der quantitativen Leistungsdiagnose wird jedoch ganz besonders bei Coronar- und Hochdruckkranken eine besondere Bedeutung zuerkannt. Die Leistungskontrolle mit Registrierung von Brustwand-EKG-Ableitungen und Blutdruck während Ergometerbelastung ist für alle Coronarkranken obligat, ebenso die röntgenologische Herz-Volumenbestimmung zu Trainingsbeginn in der Mettnau, in Höhenried in ausgewählten Fällen. Telemetrische EKG-Kontrollen während der Bewegungstherapie werden zur besseren und differenzierteren Beurteilung vor allem bei Neigung zu Rhythmusstörungen durchgeführt. Die Unterschiede in den Kriterien für die Gruppenzuteilung an beiden Anstalten sind unwesentlich, wenn man die B-Gruppen vergleicht und das verschiedene Krankengut berücksichtigt.

Ergebnisse der aktiven Bewegungstherapie

Die Ergebnisse mit dosierter Gruppen-Bewegungstherapie sollen an einigen Verlaufsbeobachtungen und ergometrischen Leistungswerten dargestellt werden. Wird die individuelle Leistungsbreite und Belastbarkeit ausreichend genau durch Leistungskontrollen objektiviert und die Gruppentherapie durch erfahrene Sportlehrer und Ärzte durchgeführt und überwacht, sind in den einzelnen Belastungsgruppen auch dem Einzelnen angemessene Trainingsbelastungen zu erzielen und Fehlbelastungen praktisch zu vermeiden.

Telemetrische EKG-Kontrollen während der Trainingstherapie sind für die Einschätzung der Trainingsintensität und die Überwachung Herzgeschädigter von großem Wert (Abb. 87 und 88).

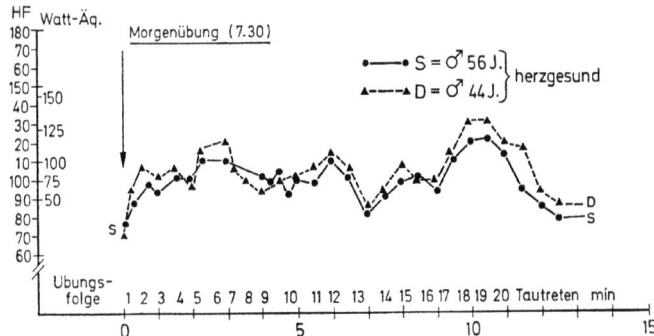

Abb. 87. Telemetrische Herzfrequenzaufnahmen von 2 Herzgesunden während der Morgenübung (Atem-, Lockerungs-, Entspannungs-, Dehnübungen, Wirbelsäulengymnastik, Schulterklopfen und Tautreten)

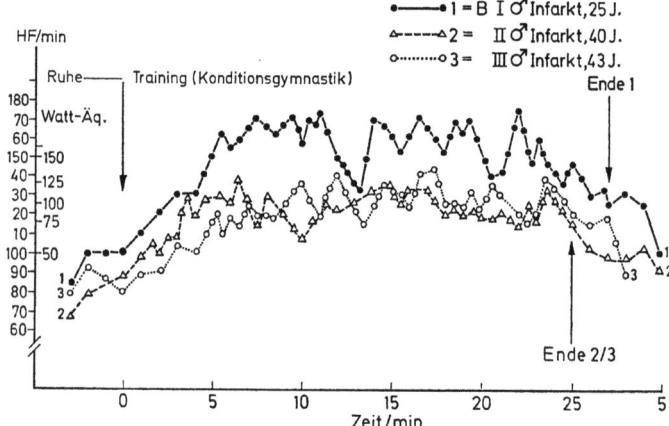

Abb. 88. Telemetrische Herzfrequenzaufnahmen von 3 Herzinfarktrehabilitanden während der Gruppen-Konditionsgymnastik in den Belastungsgruppen B I—B III. (Pat. 1: HV = 823/413, HLQ = 55,2; Pat. 2: HV = 705/387, HLQ = 51,1; Pat. 3: HV=852/444; HLQ=63,3)

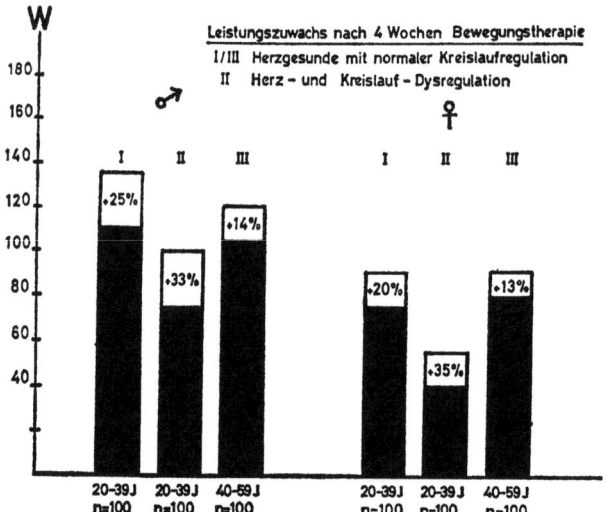

Abb. 89. Ergometrischer Leistungszuwachs bei Patienten mit Kreislaufdysregulation im Vergleich zu Gesunden nach 4 Wochen Bewegungstherapie

Neben den objektiven Befunden ist selbstverständlich das subjektive Befinden des Patienten für die Beurteilung und Dosierung des Gruppentrainings von besonderer Bedeutung.
Die Wirkung eines täglichen vierwöchigen Trainings bei Patienten mit erheblicher Kreislauffehlregulation und kardialer Minderleistung im Vergleich zu Herzgesunden soll den Ergebnissen an Infarktpatienten vorangestellt werden. Aus Abb. 89 geht hervor, daß der ergometrische Leistungszuwachs bei Männern und Frauen relativ gleich ist, er ist bei den älteren Probanden deutlich geringer, bei schlechter Ausgangsleistung (II) am größten. Eine Normalisierung ist aber in 4 Wochen erwartungsgemäß nicht zu erzielen.

Die ansteigende Belastbarkeit während der bewegungstherapeutischen Kur mit Herzinfarktpatienten zeigt Abb. 90. Der Leistungszuwachs bei ergometrischer Belastung ist sicher nicht nur auf kardiale, sondern auch auf periphere Beeinflussung mit Verbesserung der Muskelausdauer zurückzuführen.

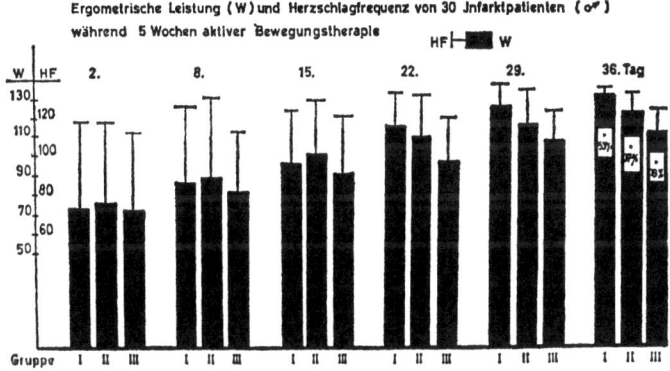

Abb. 90. Ergometrische Längsschnittuntersuchung von 30 Infarktrehabilitanden während 5 Wochen Bewegungstherapie (HF=Herzfrequenz, W=Wattstufe in der 6. Arbeitsminute/Ergostase). Gruppe I: normales Herzvolumen — normale Herzleistung. Gruppe II: normales Herzvolumen — reduzierte Herzleistung. Gruppe III: vergrößertes Herzvolumen — deutlich eingeschränkte Herzleistung

Belastungsstenokardie und/oder ischämische EKG-Veränderungen bzw. Rhythmusstörungen stellen jedoch häufig den limitierenden Faktor für die stufenweise um 25 W ansteigende Ergometerbelastung dar. Bei einem größeren Kollektiv (Tab. 15 u. Abb. 15) ist der durchschnittliche Leistungszuwachs geringer als bei den ausgewählten 30 Patienten, deren Leistungswerte in der Abb. 90 enthalten sind. Bemerkenswert ist die Tatsache, daß die relative ergometrische Leistungsverbesserung weder zwischen den Gruppen I—III noch innerhalb der Leistungsgruppen nach dem Infarkt-(Lebens-)alter vorgenommene Untergruppe a (jüngere) zu b (ältere) im Mittel eine wesentliche Differenz zeigt (Tab. 16). Der durchschnittliche Zuwachs der ergometrischen

Tabelle 15. Lebens- und Infarktalter, Trainingsdauer und Körperdaten von 179 Infarktpatienten. Gruppenzuteilung I–III wie Abb. 90; a = Infarktalter bis 45 Jahre, b = ab 46 Jahre

Gruppe	Lebens-alter Jahre	Infarkt-alter Jahre	Vorder-wand-Infarkt	Hinter-wand-Infarkt	Trainings-tage	Größe cm	Gew. kg	Körper-oberfl. m²
I a (n=36)	41,0	38,6	16	20	33	173	76,2	1,90
I b (n=31)	53,5	51,9	15	16	34	174	78,2	1,92
II a (n=25)	43,8	42,0	13	12	35	176	77,5	1,93
II b (n=34)	55,0	52,9	11	23	31	175	81,0	1,96
III a (n=14)	44,5	43,0	8	6	34	177	81,7	1,98
III b (n=39)	56,5	53,7	23	16	30	173	82,2	1,97

Tabelle 16. Herzgröße und ergometrische Leistungswerte von 179 Herzinfarktpatienten () nach durchschnittlich 5 Wochen aktiver Bewegungstherapie. Gruppeneinteilung wie in Tab. 14. HV = röntgen. Herzvolumen, KO = Körperoberfläche, O_2P = Sauerstoffpuls, HLQ = Herzvolumenleistungsquotient, LT = Leistungstest

Gruppe		HV ml	HV/KO ml/m²	max. Bel. Watt		max. HF l/min		Errechneter				LT	n
								O_2P ml		HLQ (HV/O_2P)			
				vor	nach	vor	nach	vor	nach	vor	nach		
I	a $\bar{X}$	766	403	105	135	131	134	11,7	14,3	65,8	54,0	173	
	V%	10,5	8,2	15,0	11,8	9,4	8,5	11,2	9,3	11,5	10,0		—
	b $\bar{X}$	734	386	98	123	122	127	11,9	13,1	62,6	54,4	135	
	V%	13,7	10,4	16,9	9,7	6,6	9,0	10,5	10,5	10,8	7,7		—
II	a $\bar{X}$	831	433	90	113	129	134	10,6	12,2	79,1	68,7	110	
	V%	9,0	7,9	19,4	17,3	15,0	13,8	10,8	12,4	9,0	9,5		—
	b $\bar{X}$	836	428	80	106	116	122	10,9	12,7	77,5	66,1	149	
	V%	8,8	6,6	20,7	21,4	13,1	12,5	14,0	11,0	8,5	6,4		—
III	a $\bar{X}$	995	500	82	105	117	120	10,9	12,8	92,0	79,5	64	
	V%	9,9	5,8	20,5	25,0	11,5	10,4	11,4	12,8	12,0	14,5		—
	b $\bar{X}$	990	502	74	95	111	116	10,7	12,3	94,4	81,4	180	
	V%	8,8	7,9	21,4	22,0	15,7	16,5	13,4	11,7	14,9	9,6		—

Belastbarkeit liegt bei 25 W. Bei der Beurteilung der Ergebnisse in der Gruppe II und III ist zu berücksichtigen, daß 22 in II und 41 Patienten in III digitalisiert waren. Die Häufigkeit der Leistungsverbesserung beträgt in der Gruppe I 85%, in II 82% und in III noch 67% (Verbesserung wurde angenommen, wenn wenigstens 25 W mehr geleistet werden konnten).

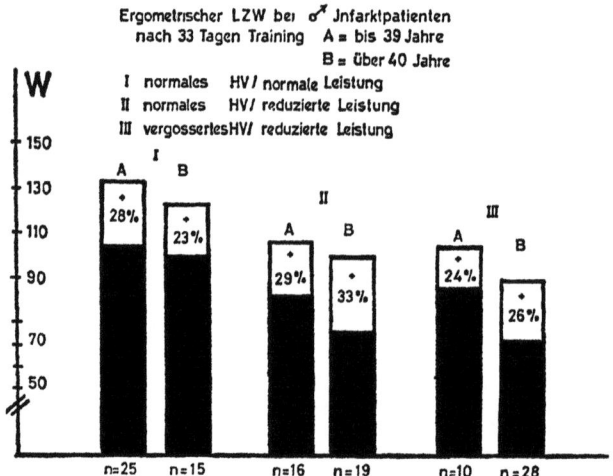

Abb. 91. Ergometrischer Leistungszuwachs bei Herzinfarktrehabilitanden nach 5 Wochen Training, in Abhängigkeit vom Lebensalter (a/b) und von der Herzleistungsbreite (I—III)

Gefahren und Zwischenfälle

Die richtige Beurteilung der individuellen Belastbarkeit und die daraus resultierende Zuteilung zur Belastungsgruppe einerseits wie die geeignete Auswahl von Übungs- und Trainingsprogrammen andererseits sind entscheidende Voraussetzungen zur Vermeidung von Zwischenfällen. Trotz dieser Vorsorgen sind Gefährdungen bei Coronarkranken und Hochdruckpatienten möglich, weil

a) die Belastung zeitweilig unbewußt oder durch gesteigertes Selbstvertrauen und zu großen Ehrgeiz größer als vorgesehen ist,
b) die kardiale Belastbarkeit plötzlich geringer als vorher festgestellt ist (deshalb engmaschige klinische und ergometrische Kontrollen, Telemetrie),
c) nicht-kardiale Organerkrankungen oder Funktionsverschlechterungen (Diabetes, Bluthochdruck, Infekt) aufgetreten sind.

Eine offene Erörterung der Zwischenfälle während aktiver Bewegungstherapie muß einer Darstellung der Ergebnisse folgen, um die Verträglichkeit des Trainings bei einem großem Kollektiv chronisch Herzkranker aufzuzeigen.

In den letzten 6 Jahren gab es bei rund 15 000 Patienten der Mettnau-Kur mit 250 Infarkt- und weiteren 500 Coronarkranken sowie 2500 Hypertonikern (Stadium I bis II), nur einen tödlichen Zwischenfall am 2. Behandlungstag:

Der 53jähr. Mann hatte 4 Monate zuvor einen Seiten-Hinterwandinfarkt erlitten und 6 Wochen vor der Kur täglich 20—30 min in einem Hallenbad geschwommen, sowie zweimal täglich Wanderungen von 1—2 Std im hügeligen Gelände absolviert. Daten am Tag vor dem Ereignis: 178 cm, 84 kg, HV = 860 ml/425 ml/m².
EKG: Indiff.-Typ, Sinus, normale Herzzeitwerte mit Q in III u. AVF, geringe Repolarisationsstörung linkspräkardial nach Digitalisierung. Ergometrie 50—100 W: EKG idem, HF 104/min (100 W) und Arbeits-RR 195/80 Torr, subj. beschwerdefrei, keine Belastungsangina. Klinisch regelrechter Befund. Sekundenherztod nach 10 min Schwimmen im geheizten Schwimmbad bei Wohlbefinden bis zum Kollaps!

Während der Kurbehandlung auf der Mettnau keine weiteren Zwischenfälle, jedoch 2 Herzinfarkte mit tödlichem Ausgang 1 Woche nach Kurende und 3 Infarkte (überlebt) ∼ 4 Wochen nach Entlassung (jeweils latente Coronarinsuffizienz).
Seit dem Bestehen der Klinik Höhenried wurden vom 1. 2. 1967 bis 1. 2. 1970 bei 9771 Patienten (darunter etwa 10% Infarktkranke bzw. 30% Infarktgefährdete mit 3 und mehr Risikofaktoren) 13 tödliche Zwischenfälle beobachtet, über die in allen Einzelheiten von DILLMANN (1970) berichtet wird. Bei diesen Todesfällen handelte es sich um 11 Männer und 2 Frauen mit einem Durchschnittsalter von 52 Jahren (zwischen 40 und 62 Jahren). Als Grundleiden fanden sich bei 11 Kranken eine Kardiosklerose (davon 1 Frau), bei den 2 restlichen je 1 angeborener und erworbener Herzfehler [Aortenisthmusstenose (HOFMANN, 1969) und Mitralstenose]. Von den 11 Patienten mit Kardiosklerose hatten bereits 8 einen Herzinfarkt durchgemacht, dessen akutes Ereignis zwischen vier Monaten und acht Jahren zurück lag. Auffällig war aber, daß bei 5 dieser Kranken der akute Infarkt vor weniger als einem Jahr aufgetreten war. Bei nur 2 Patienten bestand ein mittelbarer Zusammenhang mit der Bewegungstherapie. (Ein Sekundenherztod am Ende einer Terrainkur, ein Sekundenherztod nach dem Abduschen am Schluß der Vormittagsübung). Bei 11 Patienten wurde ein sog. Sekundenherztod durch Asystolie oder Kammerflimmern noch bei der Reanimation festgestellt oder indirekt angenommen.

Kontraindikationen für die Bewegungstherapie

1. Hochgradige Einschränkung der Kreislaufleistungsbreite (Herzinsuffizienz-Symptome in Ruhe oder Angina pectoris gravis bzw. Herzinfarkt im Ausheilungsstadium IV — akute Phase).

2. Lungenerkrankungen mit cor pulmonale chronicum, sofern eine manifeste Diffusionsstörung vorliegt.

3. Maligne Hypertonie bei Behandlungsbeginn, d. h. noch nicht ausreichend gesenkter Hochdruck.

4. Durch die Behandlung noch nicht beseitigte, hämodynamisch wirksame Arrhythmien und rhythmische Erregungsleitungsstörungen (z. B. Schenkelblock), die unter geringer Belastung (50 W) auftreten oder sich verstärken.
5. Alle akuten Begleiterkrankungen (z. B. frischer Schub einer chronischen Pyelonephritis bei Hypertonikern).
6. Aktivitätszeichen bei einer entzündlichen Herzerkrankung.
7. Chronische Hepatitis (mit und ohne Aktivitätszeichen).
8. Andere schwere chronische Krankheiten und Tumoren, die therapeutisch nicht beherrscht wurden.
9. Bis 6 Monate nach apoplektischem Insult, auch wenn keine neurologischen Restbefunde mehr nachweisbar sind.

Damit die hier angeführte Liste der Gegenanzeigen nicht zu starren Pauschalverboten Anlaß gibt, muß sie durch den Begriff der absoluten und relativen Kontraindikation ergänzt werden.

Als *absolute* Kontraindikationen gelten uns alle jene chronischen oder akuten Krankheitszustände und Komplikationen, welche auf jeden Fall und von sich aus eine Bewegungstherapie verbieten. Als Modellbeispiel soll hier die akute fieberhafte Erkrankung oder das Anfangsstadium des Herzinfarktes erwähnt werden.

Von einer *relativen* Kontraindikation kann dann gesprochen werden, wenn Vor- und Nachteile eines therapeutischen Vorgehens gegeneinander abzuwägen sind. Das bedeutet im Bereich der Bewegungstherapie fast immer ein Dosierungsproblem einerseits und ein Auswahlproblem unter verschiedenen Bewegungstherapie-Arten und Möglichkeiten andererseits. Fortschritt der Therapie, ja jeder wissenschaftlichen Erkenntnis überhaupt heißt: bessere Differenzierung. Was unter relativer Kontraindikation gemeint ist, soll wegen der erheblichen praktischen Bedeutung und Aktualität am Modellbeispiel:

1. der Herzinsuffizienz,
2. des beginnenden chronischen Cor pulmonale und
3. der Coronarinsuffizienz wenigstens angedeutet werden.

Früher war die „Herzinsuffizienz" als Kontraindikation für die Bewegungstherapie eine unproblematische Selbstverständlichkeit, heute können wir uns mit einer solchen pauschalen Beurteilung nicht mehr zufrieden geben. Wir müssen unterscheiden zwischen der Ruheinsuffizienz und der Belastungsinsuffizienz. Eine Minderleistung des Herzens tritt unter Belastungsbedingungen früher auf, als wir bisher gemeint haben. Sie läßt sich klinisch experimentell nachweisen und in der Praxis zumindest vermuten. (Es ist das Verdienst der Reindellschen Schule, dieser praktisch so wichtigen Problematik besondere Aufmerksamkeit zugewendet zu haben).

Bei entsprechender Digitalisierung gewinnt auch der Patient mit dem Bild einer Belastungsinsuffizienz Vorteile aus einem aufbauenden Dauertraining, d. h. er erholt sich durch Ökonomisierung des Gesamtkreislaufs unter der

Bewegungstherapie rascher von seiner Herzinsuffizienz (die natürlich möglichst ätiologisch behandelt werden soll) als durch eine absolute Ruhigstellung. Wir beobachten immer wieder Patienten, die mit einer unbehandelten, akuten oder chronischen Linksherzinsuffizienz (Lungenödem!) oder auch kombinierter Links- und Rechtsherzinsuffizienz (z. B. nach Infarkt) zu uns kommen und schon nach wenigen Tagen einer intensiven Therapie mit Diät, Digitalis und Diuretika vorsichtig mobilisiert und dann trainiert werden können.

Besondere Vorsicht und Zurückhaltung ist beim chronischen Cor pulmonale am Platz. Dyspnoe und Tachykardieneigung bei Patienten mit chronischen Lungenerkrankungen müssen uns zu besonders vorsichtiger Dosierung der Bewegungstherapie veranlassen. Bezüglich der Problematik des Cor pulmonale chronicum incipiens muß in diesem Zusammenhang auf andere Veröffentlichungen verwiesen werden (BACHMANN u. Mitarb., 1970; HALHUBER, 1970; HOFMANN u. Mitarb., 1970).

Ist das Secondwind-Phänomen (der „tote Punkt") und das „Gehdurch"-Symptom („Walk-through") bei Coronarkranken eine Indikation oder eine relative Kontraindikation der Bewegungstherapie? Manche Patienten haben ja die Fähigkeit, durch eine Arbeitsstenokardie „hindurchzugehen" ohne die Gehgeschwindigkeit zu verlangsamen oder gar zu stoppen. Dabei erreichen EKG-Veränderungen im Sinne einer Innenschichtischämie (flache oder descendierende ST-Senkung) ein Maximum, vermindern sich dann aber anschließend bis zum Verschwinden, wenn der Patient durch seine Schmerzattacke hindurch-„spaziert" ist (MACALPIN u. Mitarb., 1966).

Nach unseren eigenen Erfahrungen und den Angaben der Literatur scheint es so, daß gerade Patienten, die diese Form der Anpassung an eine Myokardischämie zeigen, durch ein tägliches Wandern und aufbauendes Dauertraining eine erhebliche klinische Besserung ihrer Arbeitsstenokardie erfahren.

Während wir im allgemeinen unseren Patienten den Rat geben, sich nur bis zum Auftreten von stenokardischen Beschwerden zu belasten, dann aber zu stoppen, geben wir jenen Patienten, welche uns spontan mitteilen, daß sie bei sich das Walk-through-Phänomen, d. h. die Überwindung eines toten Punktes durch einen „zweiten Wind" beobachtet haben, den Rat, sich in ihrer Aktivität nur etwas zu verlangsamen.

Bewegungsausgleich im Alltag — „Erhaltungstraining"

Körperliche Aktivität im Sinne der Erst- und Zweitprävention kardiovasculärer Erkrankungen kann nur wirksam werden, wenn ein Mindestmaß an Training regelmäßig und möglichst täglich durchgeführt und damit ein fester Bestandteil des Langzeittherapieplanes wird. Auch der durch eine Rehabilitationskur reaktivierte Patient mit Gesundheitsverantwortung, Bewegungsbereitschaft und -freude braucht im Alltag eine stetige Ansprache und Motivation. Die Gemeinschaft der Sportvereine mit ausgesprochenem Wettkampfcharakter bietet vielen nicht die geeignete Möglichkeit für ein freudvolles, wirksames, aber nicht schädigendes „Erhaltungstraining". In der Bundes-

republik gibt es besondere Zentren bzw. Übungsgruppen für Herzkreislaufkranke nur in wenigen Orten und erst seit kurzer Zeit. Als Modellbeispiel können die Zentren in Israel gelten; die Erfahrungen und Ergebnisse (GOTTHEINER, KELLERMANN, BRUNNER) beweisen, daß Sport auch als Therapie im Alltag erfolgreich praktiziert werden kann.
Als Trainingsmittel sind alle Ausdauerbelastungen, wie Wandern (mit Weganstiegen oder unterschiedlichem Tempo!), Laufen, Radfahren, Schwimmen und Rudern besonders geeignet und als Wegleistungen auch gut dosierbar. Dies gilt ganz besonders auch für das „Heimtraining" auf einem Fahrradergometer oder mit dem Trockenrudergerät.
Als Trainingsquantität eines Minimalprogramms werden täglich 10 min mit ausreichend hoher Belastungsintensität (50—70% der maximalen Pulszuwachsrate) angesehen. Bei geringerer Trainingsleistung (z. B. Gehen, Wandern) muß die Trainingsdauer auf etwa 30 min erhöht werden. Bei geringerer Trainingshäufigkeit (1—2mal/Woche) scheint noch eine minimale Trainingswirkung erreichbar zu sein, wenn die Trainingsdauer auf 30—60 min verlängert wird (MELLEROWICZ).
Bei Herzkreislaufkranken muß in zeitlichen Abständen von wenigen Wochen die Leistungsbreite klinisch und ergometrisch überprüft und nach dem Ergebnis das Trainingsmaß (Minimum/Maximum) festgelegt werden.

Doping, oder das Pharmakon im Sport

Von M. DONIKE

1. Einleitung

Doping ist ein Begriff, der viele Assoziationen hervorruft. Von einem Spiel mit der eigenen Gesundheit, gar mit dem Leben, reichen die Betrachtungsweisen bis hin zu kriminellen Aspekten wie Übervorteilung der Konkurrenten, Betrug um ausgesetzte Preise und auch Verstoß gegen Gesetze, seien es Antidopinggesetze wie in Belgien und Frankreich, oder gegen das deutsche Opiumgesetz. Die vielfach von Emotionen bestimmte Diskussion über das Dopingproblem läßt wenig Raum für eine sachgerechte Beurteilung aller Aspekte dieser sehr komplexen Materie. Schon der Name „Doping", wie viele Ausdrücke des Sports aus dem Englischen übernommen, läßt einen genügend breiten Raum, um mystische Spekulationen, skurrile Gedankengänge und irreale Argumente unterzubringen. Der Sportarzt, dem die Rolle des Beraters der aktiven Sportler und der Fachverbände zufällt, steht vor einer schwierigen, aber auch dankbaren Aufgabe: Er muß sowohl dem Wunsch der Athleten nach möglichst großer individueller Leistung als auch dem Drängen der Verbandsfunktionäre nach Einhaltung der Satzung und der sportlichen Regel gerecht werden. Neben allgemeinen sportmedizinischen, insbesondere sportpsychologischen Kenntnissen und Erfahrungen, sind die pharmakologischen und die biochemischen Grundlagen der Arzneimittelwirkungen nötig, um eine sachlich fundierte Argumentation der emotionalen Diskussion entgegenstellen zu können.

Die in früheren Jahren eher vorsichtige, um nicht zu sagen ängstliche Einstellung gegenüber dem Pharmakon hat sich in der breiten Öffentlichkeit geändert, wie sowohl die extrem hohen Zuwachsraten der pharmazeutischen Industrie als auch die häufigen Meldungen, die über Medikamentenmißbrauch berichten, beweisen. Es wäre eine Illusion zu glauben, daß diese Entwicklung vor dem Sport haltmachen würde. Der *Medikamentenmißbrauch* im Sport, das Doping, ist jedoch nicht erst in den letzten Jahren aufgetreten. Im modernen Sport wird es um die Mitte des letzten Jahrhunderts zum erstenmal erwähnt, ebenso waren in der Antike Maßnahmen, die man heute als Doping bezeichnen würde, nicht unbekannt (PROKOP, 1971). Doping wird vorwiegend mit dem Spitzensport in Verbindung gebracht, weil hier die notwendige Motivation und der Anreiz, die Leistung durch Medikamente zu steigern, gegeben sind: Extremer persönlicher Ehrgeiz, finanzielle Belohnung, soziale Reputation, Rücksichten auf die Mannschaftskameraden oder gar die sogenannte „nationale Indikation", bei der der Sport zum Ersatzkrieg deklariert wird. Berücksichtigt man noch, daß vor allem Ausdauersportarten medikamentös vorteilhaft zu beeinflussen sind, so erscheint die bekanntgewordene Verbreitung des Dopings logisch. Die Berufssportarten, die langandauernde körperliche Anstrengung mit sich bringen, wie 6-Tagerennen und Straßenrennen im Radrennsport, Boxen, Pferdesport und Fußball, scheinen besonders anfällig zu sein. Das sind die Sportarten, bei denen der finanzielle Vorteil mit einer guten sportlichen Leistung verknüpft ist, und die Wettbewerbe sich über eine Stunde und mehr hinziehen. Es ist dann nicht weiter verwunderlich, daß vor allem mit der enormen Leistungssteigerung im internationalen Amateursport auch dort die entsprechenden Disziplinen vom Doping bedroht werden, besonders, wenn man berücksichtigt, daß viele Betreuer und Trainer sowohl bei Amateuren als auch bei den Berufssportlern tätig sind.

Wenn auch die Zusammenstellung über tödlich verlaufene Zwischenfälle und ernste Gesundheitsschäden schockiert, so ist Doping im Sport immer noch eine relativ seltene Ausnahme, mehr dem Spitzensport als dem Breitensport zu eigen. Der Grundsatz, daß Doping kein Mittel der Leistungssteigerung im sportlichen Wettkampf sein kann und auch nicht — gleich mit welcher Begründung — werden darf, wird von allen am Sport Interessierten bejaht. Die sportliche Beratung und Betreuung der Athleten ist, neben dem Abschreckungseffekt der Dopingkontrolle, die wirkungsvollste Maßnahme, diesen unerwünschten Medikamentenmißbrauch zu verhindern.

2. Definition des Dopings

Auf den ersten Blick mag es einfach erscheinen, eine knappe, treffende und eindeutige Definition des Dopings zu geben. Es hat sich aber erwiesen, daß alle bisher vorgeschlagenen Formulierungen Raum für eine unzulässige und vom sportlichen Standpunkt aus gesehen unerwünschte Auslegung ließen. Auf internationaler Ebene kommen noch Übersetzungsschwierigkeiten hinzu, die unter Umständen weitere Interpretationsmöglichkeiten offen lassen. Die Entwicklung des Dopingbegriffes geht aus der folgenden Aufstellung hervor:

1952 Definition des Deutschen Sportärztebundes: „Die Einnahme eines jeden Medikamentes — ob es wirksam ist oder nicht — mit der Absicht der Leistungssteigerung während des Wettkampfes ist als Doping zu bezeichnen."
1963 Komitee des Europarates für außerschulische Erziehung: „Doping ist die Verabreichung oder der Gebrauch körperfremder Substanzen in jeder Form und physiologischer Substanzen in abnormer Form oder auf abnormalem Wege an gesunde Personen mit dem einzigen Ziel der künstlichen und unfairen Steigerung der Leistung für den Wettkampf. Außerdem müssen verschiedene psychologische Maßnahmen zur Leistungssteigerung des Sportlers als Doping angesehen werden."
1970 Deutscher Sportbund: „Doping ist der Versuch, eine Steigerung der Leistungsfähigkeit des Sportlers durch unphysiologische Substanzen für den Wettkampf zu erreichen."
Doping-Substanzen im Sinne dieser Richtlinien sind Phenyläthylaminderivate (Weckamine, Ephedrine, Adrenalinderivate), Narkotica, Analeptica (Kampfer- und Strychninderivate), Sedativa, Psychopharmaka und Alkohol.
Doping ist die Anwendung (Einnahme, Injektion oder Verabreichung) einer Doping-Substanz durch Sportler oder deren Hilfspersonen (insbesondere Mannschaftsleiter, Trainer, Betreuer, Ärzte, Pfleger und Masseure) vor einem Wettkampf oder während eines Wettkampfes.
1971 Medizinische Kommission des Internationalen Komitees: „Alle, auch zu therapeutischen Zwecken verwendete Substanzen, die die Leistungsfähigkeit aufgrund ihrer Zusammensetzung oder Dosis beeinflussen, sind Dopingmittel. Dazu gehören im einzelnen:

1. Sympathomimetische Amine (z. B. die Amphetamine, Ephedrine u. ä.)

2. Zentralnervös stimulierende Substanzen (z. B. Strychnin, Analeptica o. ä.)

3. Narkotische Analgetica (z. B. Morphin, Metadon o. ä.).

Die aufgeführten Definitionen haben alle gemeinsam, daß sie sich auf einem hohen ethischen Niveau bewegen (SCHÖNHOLZER, 1965). Dieses ist aus sportlichen und ethischen Gründen notwendig, obwohl Begriffe wie unphysiologisch, unnatürlich und unfair als unbestimmte Pauschalbegriffe einer exakten Definition entgegenstehen.
Für die tägliche Praxis benötigen die Sportverbände und deren Organe aber eine pragmatische und praktikable Regelung, die klare Vorschriften enthält, sich insgesamt aber in dem Rahmen der oben gegebenen allgemeinen und breiten Definition bewegt. Die 1970 veröffentlichte Definition aus den Rahmenrichtlinien des Deutschen Sportbundes berücksichtigt diesen pragmatischen Aspekt schon, ebenso wie die Definition der medizinischen Kommission des Internationalen Olympischen Komitees. Dies wurde erreicht, indem als Beispiel für verbotene Drogen Wirkstoffgruppen mit in die Definition aufgenommen wurden.

Noch mehr an der sportlichen Praxis orientieren sich Dopinglisten, die die verbotenen Wirkstoffe, soweit das möglich ist, aufzählen. Die von Laien oft geäußerte Ansicht, solche Listen müßten alle Medikamente, die als Dopingmittel in Frage kämen, aufführen, läßt sich nicht realisieren. Eine solche Übersicht könnte, auch bei einem noch so hohen Aufwand, nicht auf einem aktuellen Stand gehalten werden. Die Produktivität der internationalen pharmazeutischen Industrie sowie deren Praxis, einen Wirkstoff in mehreren pharmazeutischen Darreichungsformen anzubieten, verhindern das. Hinzu kommt noch, daß die gleichen Präparate einer Firma in verschiedenen Ländern unterschiedliche Handelsnamen tragen. Da weiter nicht das Medikament, sondern der darin enthaltene Wirkstoff, das aktive Prinzip, als Dopingmittel zu betrachten ist, bleibt als einzig sinnvolles Ordnungsschema die chemische Strukturformel des Wirkstoffes. Diese bezeichnet ihn eindeutig und unverwechselbar.

Die Identifizierung eines Dopingmittels ist gleichbedeutend mit der Angabe der chemischen Strukturformel. Äquivalent mit dieser sind Trivialnamen, die z. B. für einige Alkaloide, wie Strychnin, Ephedrin, Morphin etc., allgemein eingebürgert sind, sowie die von der Weltgesundheitsorganisation vorgeschlagenen „internationalen Freinamen", wie z. B. Amphetamin, Methamphetamin, Mephentermin. Die Benutzung der internationalen Freinamen, die nicht zuletzt eingeführt wurden, um die oft langen, schwierigen und komplizierten chemischen Formeln zu vermeiden, erleichtern die über den nationalen Bereich hinausgehende Zusammenarbeit (siehe Anhang).

Die von den Sportverbänden oft verlangte Aufzählung der Handelsnamen der pharmazeutischen Präparate hat neben der oben erwähnten Schwierigkeit, diese jeweils auf dem laufenden zu halten, noch den Nachteil, daß sie als Anleitung zur Selbstmedikamentation und damit zum Doping dienen könnte.

An die Aufnahme von Wirkstoffen in eine spezifizierte Dopingliste sind strenge Maßstäbe zu setzen. Die Kriterien, die hierbei erfüllt sein müssen, lassen sich in drei Regeln zusammenfassen:

1. Nachgewiesene Leistungssteigerung, die die Möglichkeit, Wettkampfergebnisse zu verfälschen, wahrscheinlich macht.
2. Toxische Stoffe, wobei die Frage nach der akuten oder der chronischen Toxizität bzw. die von Spätfolgen berücksichtigt werden muß.
3. Nachweismöglichkeit.

Die beiden ersten Bedingungen, Leistungssteigerung und Toxizität, können natürlich auch gemeinsam bei einer Substanz anzutreffen sein. Die Aufzählung von toxischen Substanzen ist weitgehend unproblematisch, weil die Giftigkeit dieser Stoffe bekannt und mit Hilfe der Dosis letale quantitativ beschrieben werden kann. Hierzu wären auch die Mittel mit einer geringen therapeutischen Breite zu zählen, auch wenn eine Leistungsverbesserung unsicher ist, die Substanz somit nach beiden Kriterien als Grenzfall zu betrachten wäre. Der Nachweis eines leistungssteigernden Effektes ist in manchen Fällen schwierig, wie im nächsten Abschnitt noch näher dargelegt wird.

Das dritte Kriterium für die Aufnahme eines Wirkstoffes in eine spezifizierte Dopingliste, die zumindest theoretisch vorhandene Nachweismöglichkeit, läßt sich aus der allgemein gültigen pädagogischen Regel ableiten, daß die Aufstellung von nicht kontrollierbaren Verboten sinnlos ist. Auf die Dopinganalytik angewendet bedeutet das: Analytisch nicht nachweisbare Verbindungen können nicht in diese ausführliche Liste aufgenommen werden. Ein Beispiel hierfür sind die Steroidhormone, deren Nachweis — zur Zeit jedenfalls noch — Schwierigkeiten bereitet.

Akzeptiert man den Gedanken, daß eine breit angelegte umfassende Definition aus sportlich-ethischen Gründen notwendig ist, und weiter, daß diese für die Praxis durch eine pragmatische, nach strengen Kriterien ausgewählte Dopingliste ergänzt wird, so werden auch die Diskussionen über die unbestimmten und auslegungsfähigen Begriffe wie unphysiologisch, unnatürlich usw. überflüssig. Anhand dieser Liste ist es darüberhinaus dem Sportmediziner möglich, eine Abgrenzung von notwendigen, therapeutischen Maßnahmen zur Wiederherstellung oder zur Erhaltung der Gesundheit und der Leistungsfähigkeit gegenüber der verbotenen Stimulanz vorzunehmen.

3. Die Beurteilung der Leistungssteigerung durch Wirkstoffe

Die Anzahl der Wirkstoffe, mit denen eine Leistungssteigerung erzielt und somit ein Wettkampfergebnis verfälscht werden kann, ist nicht beliebig groß. Zunächst sind die aus Sportler-, Trainer- oder Betreuerkreisen bekanntgewordenen Drogen daraufhin zu überprüfen, ob die oben genannten Kriterien „Leistungssteigerung, Gesundheitsgefährdung und Nachweisbarkeit" zutreffen. Dabei ist zu berücksichtigen, daß Leistungsverbesserungen, über die Sportler nach Einnahme von Medikamenten berichten, auch wenn sie mit einem unerwartet guten sportlichen Ergebnis belegt werden, nicht ohne weiteres beweiskräftig sind.

Die Kriterien, die bei der Prüfung eines Arzneimittels auf Wirksamkeit gelten, wie z.B. das Aufstellen einer Dosiswirkungskurve (MUTSCHLER, 1970) bzw. die Erprobung im Doppelblindversuch, sind nicht erfüllt. Inwieweit die erhöhte sportliche Leistung auf reelle, auf das Medikament zurückzuführende Wirkungen oder auf einem „Placeboeffekt" beruhen, ist unter den unkontrollierbaren und durchweg nicht reproduzierbaren Versuchsbedingungen des sportlichen Wettkampfes nicht zu entscheiden. Wie stark Placebos die Motivation steigern, geht aus den Untersuchungen von BECHER u. Mitarb. hervor, die in etwa 25% der Fälle eine Leistungsverbesserung feststellten (BECHER u. SMITH, 1965). Darüberhinaus ist aber auch bekannt, daß Placebos unerwünschte Nebenwirkungen hervorrufen. Diese werden von MUTSCHLER (1970) mit 10—25% der Fälle angegeben, wobei Müdigkeit, Kopfschmerzen, Erregung und Depressionen, sowie Magen-Darm-Beschwerden im Vordergrund stehen.

Die andere Frage, wie es um den Nachweis der Leistungssteigerung durch geeignete Labortests steht, ist dahingehend zu beantworten, daß nur drastische Effekte mit den heute zur Verfügung stehenden Meßanordnungen, in erster Linie mit Hilfe der Spiroergometrie, nachgewiesen werden können. Der Grund hierfür ist, daß die aktuelle Motivation sehr stark die Leistungsbereitschaft der Probanden beeinflußt, so daß schwächere negative oder positive Leistungsverschiebungen nicht erkannt werden können. Legt man strenge Maßstäbe an, so kann nur für die Gruppe der Weckamine sowie für die Analeptica Coffein und Strychnin ein leistungssteigernder Effekt als sicher nachgewiesen gelten. Die Dopingmittel aus anderen Wirkstoffgruppen zeigen im Laborversuch nur selten einen solchen Effekt (STEGEMANN, 1971), ein Tatbestand, der die Suche nach spezifischeren und genaueren Tests nahelegt.

Als Ausweg bietet sich hier der pharmakologische Vergleich mit einem anerkannten Stimulans an. Es ist offensichtlich, daß dieser pharmakologische Vergleich eines der wertvollsten Kriterien für die Entscheidung ist, ob eine Substanz als Dopingmittel zu betrachten ist oder nicht.

Zum Vergleich geeignete Standardsubstanzen sind die Weckamine Amphetamin und Methamphetamin, die seit ihrer Einführung in den pharmazeutischen Arzneimittelschatz in den dreißiger Jahren allgemein als typische Stimulanzien betrachtet werden. Das Amphetamin, das im Verlaufe des körpereigenen Metabolismus auch aus Methamphetamin entsteht, wurde von E. GENOVESE und T. MANTEGAZZA als Vergleichssubstanz vorgeschlagen (GENOVESE u. MANTEGAZZA, 1971). Dabei darf nicht vernachlässigt werden, daß Amphetamin mehrere, unterschiedliche Angriffspunkte besitzt, die nach den neuesten Untersuchungen unabhängig voneinander sind (GENOVESE u. MANTEGAZZA, 1971; MANTEGAZZA u. Mitarb., 1970). Zur Erklärung sei an dieser Stelle an die typischen, als Dopingreaktionen erwünschten Eigenschaften von Amphetamin erinnert:

1. Die Verbesserung der spontanen, koordinierten Bewegung. Ein Effekt, der schon nach kleinen Dosen Amphetamin beobachtet wird.

2. Die Verbesserung der Leistungsfähigkeit bei der Bewältigung einer schwierigen Aufgabe. Ein Phänomen, das sich unschwer an ermüdeten Tieren zeigen läßt.

3. Der Anstieg des toxischen Effektes von Amphetamin, wenn Tiere unter kollektiven Reizbedingungen gehalten werden. Unter solchen Bedingungen befinden sich die Tiere in dem Stadium einer gegenseitigen, fortlaufenden Reizung. Diese Situation ist nahezu identisch mit derjenigen, in der sich gedopte Athleten im Wettkampf befinden, beispielsweise bei Ballspielen wie Fußball oder Basketball.

4. Die Abnahme der Nahrungsaufnahme und des Wasserverbrauches, der anorexische und der adipöse Effekt.

5. Der Anstieg in der Körpertemperatur.

Vielen der bekannten Dopingmittel sind diese Eigenschaften gemeinsam, wobei die Verbesserung der spontanen, koordinierten Bewegung die typischste und charakteristischste Eigenschaft von Dopingmitteln ist. Versucht man, die bekannten Dopingmittel in einer Liste zu erfassen und sie nach der Häufigkeit ihrer Anwendung zu klassifizieren, so stellt man eine verwunderliche Tatsache fest: Sowohl nach der Anzahl als auch nach der Häufigkeit ihrer Verwendung dominieren die Substanzen mit Phenyläthylaminstruktur, die als nahe Verwandte der körpereigenen Hormone Adrenalin und Noradrenalin ihre Wirkung entfalten.

4. Die medizinische Begründung des Dopingverbots

Die Einwände gegen die Verwendung von Dopingmitteln gehen im wesentlichen von drei Gesichtspunkten aus, die begründet sind:
1. In den heute gültigen sittlichen Normen.
2. In den heutigen Anschauungen über sportliche Fairneß, die z. T. in den Wettkampfregeln fixiert sind.
3. In den heutigen medizinischen Erkenntnissen über eine mögliche akute oder latente Gesundheitsgefährdung.

Die vor allem in den älteren Definitionen auftauchenden Begriffspaare „natürlich-unnatürlich, fair-unfair, physiologisch-unphysiologisch" entsprechen diesen drei Bereichen. Es steht außer Zweifel, daß sowohl die sittlichen, als auch die sportlichen Normen sich in Zukunft weiterentwickeln. Dies könnte in einer Richtung geschehen, die auf eine Tolerierung des Dopings hinausliefe; eine Perspektive, die sicher nicht von heute auf morgen, aber über einen längeren Zeitraum hinweg denkbar wäre.
Nicht verändern wird sich aber der medizinische Aspekt: die *Gesundheitsgefährdung*. Ein Blick auf die verbotenen Wirkstoffgruppen und die im einzelnen dort aufgezählten toxischen Drogen (vergl. den Anhang) bestätigt schon diese Feststellung. Aber auch die weniger toxischen Drogen können eine akute Gefährdung bewirken, dann nämlich, wenn die pharmakologischen Normdosen kritiklos überschritten werden oder wenn ungünstige, z. B. extreme klimatische Bedingungen hinzukommen. Das Ziel des Dopings ist, die durch Veranlagung und durch Training festgelegte, individuelle Leistungsgrenze anzuheben. Die Ermüdung, die als Indikator für das Erreichen dieser Leistungsgrenze betrachtet werden kann, wird ausgeschaltet. Dies ist der erwünschte Effekt, da mit dem Verschwinden der bekannten Symptome der Ermüdung auch deren Folgen, die Reduzierung der körperlichen Aktivität, aufgehoben werden. Die Stimulierung durch Drogen mobilisiert die autonom geschützten Leistungsreserven, ein Mechanismus, der sonst nur durch starke Adrenalinausschüttung infolge von Affekten oder von Emotionen ausgelöst werden kann. Das Angreifen dieser für einen akuten Notfall vorhandenen Leistungsreserven ist nicht identisch mit einer echten Steigerung der Leistungsfähigkeit, die pharmakologisch unmöglich ist (STEGEMANN, 1971).
Ein weiterer Einwand gegen die Verwendung von Drogen beim Sport geht auf die Beobachtung zurück, daß sehr rasch eine *Gewöhnung* eintritt. Wenn dies auch nicht mit einer Sucht zu vergleichen ist, wie sie bei Einnahme der typischen Rauschgifte auftritt, so entwickelt sich doch eine psychische Abhängigkeit. Jetzt liefert nicht mehr der persönliche Ehrgeiz die direkte Mo-

tivation für den Einsatz beim sportlichen Wettkampf, sondern der Umweg über die Stimulation durch ein Medikament muß beschritten werden. Das Gefühl des Versagens ohne die Tablette oder den stärkenden Trank beherrscht den Athleten. Ist erst dieses Stadium der Abhängigkeit erreicht, so liegt es auch nahe, fehlende Trainingsvorbereitungen, eine mangelhafte Tagesform, oder einen unseriösen Lebenswandel durch eine Erhöhung der Wirkstoffdosis auszugleichen.

Neben diesen mehr summarischen Einwänden gegen das Dopen, — daß durch die Verwendung von stimulierenden Substanzen die autonom geschützten Reserven angegriffen werden, bzw. daß sich sehr leicht eine Abhängigkeit der Leistungsbereitschaft von der Drogeneinnahme einstellt —

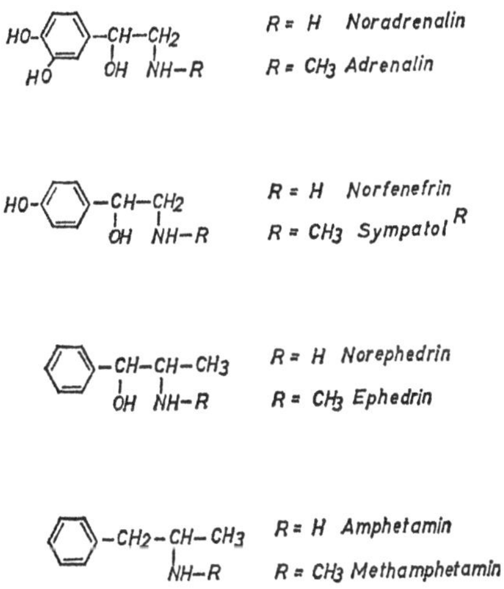

$$HO-\langle\rangle-\underset{OH}{CH}-\underset{NH-R}{CH_2} \quad \begin{array}{l} R = H \quad Noradrenalin \\ R = CH_3 \; Adrenalin \end{array}$$

$$HO-\langle\rangle-\underset{OH}{CH}-\underset{NH-R}{CH_2} \quad \begin{array}{l} R = H \quad Norfenefrin \\ R = CH_3 \; Sympatol^R \end{array}$$

$$\langle\rangle-\underset{OH}{CH}-\underset{NH-R}{CH}-CH_3 \quad \begin{array}{l} R = H \quad Norephedrin \\ R = CH_3 \; Ephedrin \end{array}$$

$$\langle\rangle-CH_2-\underset{NH-R}{CH}-CH_3 \quad \begin{array}{l} R = H \quad Amphetamin \\ R = CH_3 \; Methamphetamin \end{array}$$

Abb. 92. Die strukturelle Verwandtschaft zwischen einigen Phenyläthylaminen: Ausgehend von den körpereigenen Hormonen Adrenalin und Noradrenalin entstehen durch stufenweise Reduktion und Verlängerung der aliphatischen Seitenkette über die Zwischenglieder Norfenefrin-Sympatol® und Norephedrin-Ephedrin die Weckamine Amphetamin-Methamphetamin

verdient ein drittes Argument hervorgehoben zu werden: *die Applikation von Wirkstoffen ist gleichbedeutend mit einem Eingriff in die normalen Stoffwechselvorgänge*. Die modernen pharmakologischen Anschauungen über die Wirkungsweise von Pharmaka auf molekularer Ebene belegen diese Feststellung. Es ist offensichtlich, daß die Gruppe der Phenyläthylamine ihre pharmakologische Wirkung der nahen strukturellen Verwandtschaft mit Adrenalin und Noradrenalin verdankt (Abb. 92). Von allen Phenyläthylderivaten nimmt Amphetamin als Stimulans eine bemerkenswerte Sonderstellung ein: Es ist die am längsten bekannte, die am häufigsten verwendete und, bezogen auf die Dosierung, aktivste Droge. Ein Grund hierfür ist die zentralstimulierende Aktivität des Amphetamins, die in erster Linie durch die Hemmung der Monoaminoxydase (MAD) erklärt wird. Ein weiterer Grund wird durch den in den letzten Jahren aufgeklärten Metabolismus dieser Substanz verständlich, der die Wechselbeziehungen zwischen Amphetamin und den Katecholaminen aufzeigt.

Der aktive Metabolit, der in Konkurrenz zu dem Noradrenalin in den sympathischen Nervenendigungen tritt, ist das nach zweifacher Hydroxylierung des Amphetamins entstehende p-Hydroxynorephedrin (HNE). Die nahe chemische Verwandtschaft der beiden Substanzen geht aus den Formeln hervor (Abb. 93). Der Noradrenalinreceptor vermag also nicht zwischen dem richtigen Träger der biologischen Information, dem Noradrenalin, und dem falschen Boten, dem p-Hydroxynorephedrin, zu unterscheiden. Diese Nichtunterscheidbarkeit beeinflußt sowohl den Metabolismus als auch die Speicherung der Katecholamine, wie AXELROD erstmals 1960 durch ^{3}H-Mar-

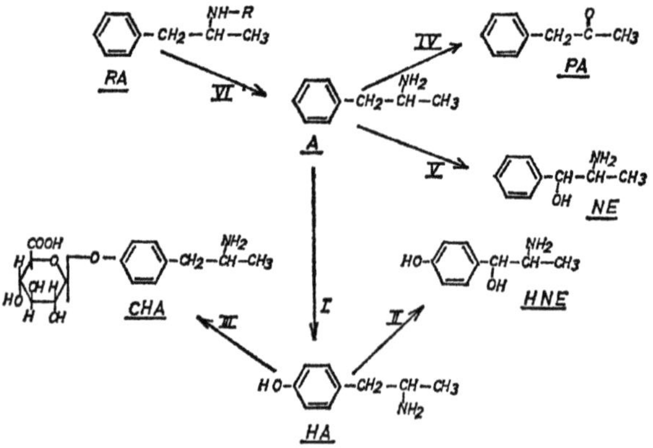

Abb. 93. Schematische Darstellung der Stoffwechselwege des Amphetamins und der N-Alkylamphetamine

A = Amphetamin
HA = p-Hydroxyamphetamin
HNE = p-Hydroxy-norephedrin
NE = Norephedrin
CHA = Konjugate des p-Hydroxyamphetamins
PA = Phenylaceton
RA = N-Alkylamphetamine

Stoffwechselwege:

I : para-Hydroxylierung im Phenylrest
II : β-Hydroxylierung des para-Hydroxyamphetamins
III : Konjugatbildung
IV : Oxydative Desaminierung
V : β-Hydroxylierung des Amphetamins
VI : N-Dealkylierung

kierungsversuche nachweisen konnte (AXELROD, 1970). Mit Amphetamin gleichzusetzen sind die N-Alkylamphetaminderivate, weil sie enzymatisch wie Methamphetamin, Äthylamphetamin, Captagon etc. oder hydrolytisch wie AN1 Amphetamin freisetzen (VREE u. ROSSUM, 1970; DONIKE u STRATMANN, 1970; BEYER u. Mitarb., 1971). Die in vivo ablaufende N-Dealkylierung ist ein normaler Stoffwechselvorgang. Die an den mikrosomalen Membranen fixierten mischfunktionellen Oxygenasen katalysieren die Abspaltung des Substituenten R (Stoffwechselweg VI in Abb. 93), wodurch Amphetamin als Wirksubstanz frei wird. Dieses metabolisch erzeugte Amphetamin unterliegt natürlich den gleichen enzymatischen Veränderungen, wie sie oben für das freie Amphetamin beschrieben wurden.

Auch für die anderen stimulierenden Wirkstoffe ohne Amphetamin- bzw. Phenyläthylaminstruktur muß nach der „Receptor-Theorie" (WENKE, 1971) ein Eingriff in wichtige Stoffwechselvorgänge angenommen werden. Wie weitgehend ein pharmakologischer Eingriff den Sportler schädigt, kann wegen der vielen möglichen Einflüsse nur schwer vorhergesagt werden. Gesichert ist aber die Aussage, daß das Dopen mit einem hohen und unkalkulierbaren Risiko behaftet ist. Mögliche schädliche Nebenwirkungen bei der therapeutischen Verwendung von Medikamenten zur Behebung eines Krankheitszustandes sind ethisch zu vertreten. Schäden durch Doping — und dazu zählen auch eventuelle Spätfolgen und ein sozialer Abstieg — können aber durch keine Argumentation, und sei sie noch so spitzfindig, gerechtfertigt werden.

5. Zur Notwendigkeit von Dopingkontrollen

Beweiskräftige Zahlen aus der Bundesrepublik Deutschland über die Verbreitung des Doping stehen bisher nicht zur Verfügung, da nur sporadisch Dopingkontrollen durchgeführt werden. Die Wirksamkeit von Dopingkontrollen ist aber offensichtlich, wie beispielsweise die Ergebnisse aus Italien beweisen (VENERANDO u. DE SIO, 1965). Beim Profifußball nahm die Verwendung von aufputschenden Mitteln aus der Amphetaminreihe nach der Einführung von regelmäßigen Kontrollen 1962 rapide ab. Die relative Anzahl der positiven Urinbefunde gibt diese Tendenz wieder: 27% in 1961, 1,7% in 1962 und nahezu 0% seit 1963. Ähnlich erfolgreich wirkten sich die Maßnahmen im Radrennsport aus. Bei Berufsradrennfahrern wurde in den letzten Jahren nur hin und wieder ein positiver Dopingfall festgestellt (1971 unter 1%), während frühere Kontrollen bis zu 50% positive Befunde ergaben. Zwar werden bei Amateurstraßenfahrern erstaunlicherweise heute noch bis zu 2% positive Fälle bei unerwartet durchgeführten Kontrollen festgestellt, doch das ist eine deutliche Verbesserung gegenüber den 14 Dopingsündern von 30 untersuchten Teilnehmern bei der italienischen Straßenmeisterschaft im Jahre 1962 (46,6%).

Vielversprechend ist, daß die bloße Ankündigung von Dopinguntersuchungen abschreckend wirkt. Eine in der Bundesrepublik unerwartet bei einem Straßenradrennen, einem Auswahlwettbewerb für die Nationalmannschaft, angesetzte Dopingkontrolle ergab 6 positive Fälle von 14 untersuchten Sportlern. Drei Monate später verlief eine fast den gleichen Teilnehmerkreis umfassende — aber angekündigte — Kontrolle bei 16 untersuchten Teilnehmern negativ. Die erste, bei einem 10-tägigen Etappenrennen überraschend und unerwartet angesetzte Kontrolle war in 3 von 4 Fällen positiv (75%). Die dann im weiteren Verlauf des Rennens angeordneten drei Kontrollen mit insgesamt 11 untersuchten Fahrern verliefen negativ. Bei anderen Sportarten findet sich eine Bestätigung dieses Abschreckungseffektes: 24 Proben, 1971 bei einer Deutschen Leichtathletikmeisterschaft, nach Ankündigung und Belehrung der Teilnehmer durchgeführt, waren alle negativ. Ohne Anmeldung fanden sich einige Zeit später 2 positive Fälle unter 9 Urinproben.

Aus Belgien und Frankreich, wo wegen des umfangreichen Mißbrauchs seit 1965 gesetzliche Bestimmungen das Dopen verbieten, werden ähnliche Erfolge nach Einführung der Dopingkontrollen berichtet. Voraussetzung für diese Kontrollen war und ist, daß empfindliche und spezifische Analysenverfahren für den chemischen Nachweis der Dopingmittel zur Verfügung stehen. Die Dünnschicht- bzw. die Gaschromatographie, beides analytische Techniken, die ebenfalls auf dem Gebiet der Arzneimittelkontrolle erfolgreich eingesetzt werden, sind zur Lösung dieses Problems geeignet. Um die wissenschaftlichen Grundlagen des Dopingnachweises bemühten sich schon frühzeitig die Arbeitskreise von CARTONI (1971), BECKETT (1967), MOERMANN (1965) und LEBBE (1968).

Die besonders stark von dem Dopingmißbrauch betroffenen Sportverbände haben in den letzten Jahren Abnahmeverfahren entwickelt, die einen einwandfreien Ablauf der Dopingkontrollen gewährleisten. Anfangs aufgetretene Fehler bei der Abnahme und dem Transport, die zu Einsprüchen und unliebsamen Diskussionen geführt hatten, können durch konsequente Befolgung der schriftlich festgelegten, zum Teil auch schon in die Antidopingbestimmungen der Verbände aufgenommenen Verfahrensvorschriften vermieden werden.

Die Summe der in vielen Jahren gewonnenen Erfahrungen hat die medizinische Kommission des Internationalen Olympischen Komitees in einer Broschüre zusammengefaßt (München, 1971), die auch für die Sportverbände, die bisher noch keine Antidopingkontrollen durchführten, zum Teil noch nicht einmal Antidopingbestimmungen in ihren Satzungen aufweisen, als Anleitung dienen kann. Die Grundzüge einer Dopingkontrolle, die sich in 5 Teilbereiche: Auswahl der Athleten, Abnahme der Proben, chemische Analyse, Beurteilung der Ergebnisse und Sanktionen aufgliedern lassen, treffen auf alle Sportarten zu. Hierdurch wird zunächst bei den Olympischen Spielen eine gleichmäßige Behandlung der Athleten aller Disziplinen erreicht.

6. Schlußbetrachtung

Doping ist eine Fehlentwicklung des Sports, über die in den letzten Jahren immer häufiger konkrete Tatsachen bekannt wurden. In erster Linie von

verantwortungsbewußten Sportärzten gingen schon frühzeitig Anregungen aus mit dem Ziel, diesen den Sportler und die sportlichen Ideale schädigenden Übelstand abzustellen. Die Zunahme des Dopings, die eine Parallele in der Entwicklung des allgemeinen Medikamentenmißbrauchs findet, verlangte immer dringender Gegenmaßnahmen. Fehlende wissenschaftliche Grundlagen über die Pharmakologie und Biochemie der als Dopingmittel in Frage kommenden Wirkstoffe und ungenügende Analysenverfahren verhinderten jahrzehntelang ein wirksames Vorgehen. Maßnahmen gegen das Dopen blieben auf der verbalen und deklamatorischen Stufe stehen. Aus dieser Situation heraus erklärt sich, daß Maßnahmen gegen das Dopen als Kampf aufgefaßt und bezeichnet wurden, ein Kampf, der weithin gegen einen nicht faßbaren, unsichtbaren Gegner geführt wurde.
Heute kann jedoch eine erfreuliche, positive Zwischenbilanz aufgestellt werden:

1. Die analytischen Verfahren sind soweit fortgeschritten, daß pharmakologische Normdosen der bekannten Stimulanzien nach Körperpassage nachgewiesen werden können.
2. Die von den Sportverbänden nach anfänglichen Schwierigkeiten bei der organisatorischen Durchführung der Dopingkontrollen gemachten Erfahrungen haben dazu geführt, daß auch die Abnahmeprozedur einwandfrei gestaltet werden konnte.
3. Die neueren Forschungsergebnisse über den Mechanismus der Arzneimittelwirkungen erlauben eine sachliche und überzeugende Argumentation, vorausgesetzt, sie wird den Sportlern, ihren Betreuern und den Verbandsfunktionären verständlich vorgetragen. Zu einem besseren Verständnis trägt auch bei, daß Begriffe wie Spätschäden und Nebenwirkungen im Zeitalter des Umweltschutzes auch dem medizinischen Laien geläufig sind. Sie ergänzen sinnvoll die Argumentation mit dem akuten Risiko, das durch dramatische Zwischenfälle belegt werden kann.
4. Die Maßnahmen gegen das Doping sind keine isolierten Einzelaktionen mehr: Gesetzlich verboten ist das Dopen in Belgien und Frankreich und demnächst auch in Italien. Übereinkünfte und Vereinbarungen der Spitzenverbände des Sports bestehen u. a. in Österreich, Großbritannien und in der Bundesrepublik Deutschland. Für die Spiele der XX. Olympiade in München 1972 konnte erstmals bei Olympischen Spielen eine einheitliche, von allen Fachverbänden akzeptierte Regelung erzielt werden.

Das Erreichte läßt erwarten, daß auch die noch offenstehenden und die in Zukunft auftretenden Probleme sachlich gelöst werden können.

Anhang

Die vorläufige Dopingliste des Deutschen Sportbundes (DSB)
Einteilung:
1. Phenyläthylaminderivate
1.1 Amphetamine einschl. der C- und N-Alkylderivate

1.1 Amphetamine einschl. der C- und N-Alkylderivate
1.1.1 Amphetamin — DL-α-Methylphenyläthylamin = DL-1-Phenyl-2-aminopropan = DL-β-Phenylisopropylamin — Elastonon
1.1.2 Methaphetamin — (+)-N,α-Dimethylphenyläthylamin = (+)-1-Phenyl-2-methylaminopropan — Pervitin
1.1.3 Phenterminhydrochlorid — α,α-Dimethylphenyläthylamin = β-Phenyl-tert-butylamin — Mirapront
1.1.4 Mephentermine — N,α,α-Trimethylphenyläthylamin = N-Methyl-ω-phenyl-tert-butylamin
1.1.5 — 7-[2-(α-Methylphenyläthylamino)-äthyl]-theophyllin — Captagon
1.1.6 Fenfluraminum — N-Äthyl-α-methyl-3-(trifluormethyl)-phenäthylamin = 1-(3-Trifluormethylphenyl)-2-äthylaminopropan — Ganal
1.1.7 — α-(α-Methylphenyläthylamino)-α-phenylacetonitril — AN 1
1.1.8 Äthylamphetamin — DL-1-Phenyl-2-äthylaminopropan — Adipathrol
1.1.9 Dimethylamphetamin — DL-1-Phenyl-2-dimethylaminopropan = N,N,α-Trimethylphenyläthylamin — Metrotonin
1.1.10 Methoxyphenamin-hydrochlorid — DL-N,α-Dimethyl-o-methoxyphenäthylamin = DL-1-(2-Methoxyphenyl)-2-methylaminopropan
1.1.11 Chlorphenter-minumhydrochlorid — p-Chlor-α,α-dimethylphenyläthylamin = 1-(p-Chlorphenyl)-2-methyl-2-aminopropan — Avicol

1.2 Ephedrin und Analoge
1.2.1 Ephedrin — L-erythro-2-Methylamino-1-phenylpropan-1-ol (sowie die threo-Form Pseudoephedrinhydrochlorid) — Ephedrin „Knoll" Ephetonin in zahlreichen Kombinationspräparaten enthalten
1.2.2 Norephedrin — 1-Phenyl-2-amino-propanol
1.2.3 Cafedrinum — 7-[2-(β-Hydroxy-α-methylphenyläthylamino)-äthyl]-theophyllin — Akrinor

1.3 Ringhydroxylierte Phenyläthylaminderivate
1.3.1 Hydroxyamphetamine — p-(2-Aminopropyl)-phenol = 1-(4-Hydroxyphenyl)-2-aminopropan

Doping, oder das Pharmakon im Sport 237

1.3.2	Pholedrinsulfat	DL-p-(2-Methylaminopropyl)-phenol = DL-N,α-Dimethyl-p-hydroxyphenäthylamin = DL-1-(4-Hydroxyphenyl)-2-methylaminopropan	Veritol
1.3.3	Etilefrin	DL-1-(3-Hydroxyphenyl)-2-äthylaminoäthanol	Effortil
1.3.4	Sympatol	1-(4-Hydroxyphenyl)-2-methylaminoäthanol	
1.3.5	Phenylephedrine	1-(3-Hydroxyphenyl)-2-methylaminoäthanol	
1.3.6	Metaraminol	L-1-(3 Hydroxyphenyl)-2-methylaminopropan-1-ol	
1.3.7		1-(p-Hydroxyphenyl)-2-aminoäthanol	Norphen
1.3.8	Norfenefrinum	DL-1-(m-Hydroxyphenyl)-2-aminoäthanol	Novadral
1.4	Maskierte Phenyläthylaminabkömmlinge		
1.4.1	Phenmetrazin hydrochlorid	3-Methyl-2-phenylmorpholin = 2-Phenyl-3-methyltetrahydro-1,4-oxazin	Preludin Caflon
1.4.2	Pemolin	2-Imino-5-phenyloxazolidin-4-on = 5-Phenylpseudohydantoin	Tradon Stimul
1.4.3	Prolintanehydrochlorid	1-(α-Propylphenäthyl)-pyrrolidin = 1-Phenyl-2-pyrrolidinopentan	Katovit
1.4.4	Fenbutrazatum	α-Phenylbutter-säure-2-(3-methyl-2-phenyl-morpholino)-äthylester	Caflon
1.4.5	Methylphenidate-hydrochlorid	α-Phenyl-α-(2-piperidyl)-essigsäuremethylester	Ritalin
1.4.6	Fencamfaminum	N-Äthyl-3-phenylnorbornan-2-ylamin = 2-Äthylamino-3-phenylnorcamphan	Reactivan
1.5	Wirkstoffe mit ähnlicher Wirkung und Struktur (insbesondere Appetitzügler)		
1.5.1	Propylhexedrine	N,1-Dimethyl-2-cyclohexyläthylamin = 1-Cyclohexyl-2-methylaminopropan	Eventin
1.5.2	Heptaminol	6-Amino-2-methylheptan-2 ol	Heprylon (Normotin)
1.5.3	Amfepramonum	α-Diäthylaminopropiophenon = 1-Phenyl-2-diäthylaminopropan-1-on	Regenon Tennate

2. **Stark wirksame Analgetica**

Alle stark wirkenden Analgetica (Opiate, Hypoanalgetica, Narkotica) der Morphin-, Pethidin- und Methadon-Gruppen sind verschreibungspflichtig. Sie zählen grundsätzlich zu den Dopingmitteln. Von den deutschen Arzneimittelspezialitäten zählen beispielsweise hierzu: Morphinum hydrochloricum „MKB", Dilaudid, Eukanol, Dromoran, Dolantin, Ciradon, 1-Polamidon, Palfium, Jetrium, MCP R 875.

3. **Analeptica (einschl. Kampfer- und Strychninderivate)**

3.1	Pentetrazol	6.7.8.9-Tetrahydro-5-azepotetrazol = 7.8.9.10-Tetrazabicyclo-[5.3.0.]-8.10-decadien = 1,5-Pentamethylentetrazol	Cardiazol
3.2	Nicethamid	N.N-Diäthylnicotinamid = Nicotinsäurediäthylamid	Coramin / Cormed
3.3	Etamivanum	N.N-Diäthylvanillamid = Vanillinsäurediäthylamid	Vandid
3.4	Bemegrid	4-Äthyl-4-methylpiperidin-2,6-dion = β-Äthyl-β-methylglutarimid	Eukraton
3.5	Strychnin		
3.6	Strychnin-N-oxid		Movellan
3.7	Strychninsäure		Movellan-Ampullen

4. **Sedativa**
4.1 Alkohol

5. **Psychopharmaka**
5.1 Tranylcyprominesulfat trans-(±)-2-Phenylcyclopropylamin — Tranylcypromin / Jatrosom

1.2 Ephedrin und Analoge
1.3 Ringhydroxylierte Phenyläthylaminderivate
1.4 Maskierte Phenyläthylaminabkömmlinge
1.5 Wirkstoffe mit ähnlicher Wirkung und Struktur
2. Stark wirksame Analgetica („Opiate", Hypoanalgetica, „Narkotica")
2.1 Opiumalkaloide
2.2 Morphinartige Analgetica
3. Analeptica (einschl. Kampfer- und Strychninderivate)
4. Sedativa
5. Psychopharmaka
5.1 Thymeretica (Monoaminoxydasehemmer)
5.2 Indolderivate
6. Coronardilatoren
6.1 Nitrite

Bemerkung: Die Einteilung richtet sich nach den in den Rahmenrichtlinien des DSB unter § 1,2 als Beispiele aufgeführten Wirkstoffgruppen. Angegeben sind: Der *internationale Freiname*, die *chemische Bezeichnung* und *als Beispiele* einige deutsche *Handelsformen*, die die Wirkstoffe enthalten.

Sportverletzungen

Von H. Schoberth

Die maximale Belastung des Körpers im Leistungssport birgt die Gefahr von Gesundheitsschäden in sich. Sie können akut auftreten, so daß man mit Recht von einem Sportunfall reden kann. Andere Störungen entstehen erst nach langdauernder Beanspruchung. Hier handelt es sich um Sportkrankheiten oder Sportschäden.
Die akuten Verletzungen sind je nach sportlicher Exposition recht unterschiedlich. Im Skilauf zeigt sich z. B. deutlich, wie sehr die Unfallquote von der individuellen Kondition und der technischen Beherrschung des Gerätes abhängt. Im Kampfsport ist häufig die Verletzung direkte Folge eines körperlichen Angriffs des Gegners. In anderen Disziplinen, z. B. bei Sportspielen entstehen sie durch die Besonderheiten der Bekleidung (Fixierung des Fußes durch den Fußballstiefel am Boden — Verdrehung des Kniegelenkes — Meniscusriß —). Durch chronische Belastung treten bei an sich sehr unterschiedlichen Sportarten gleichartige oder identische Reaktionen auf, z. B. Verspannungen in der überforderten Muskulatur, Stoffwechselentgleisungen an den Sehnenursprüngen oder -ansätzen und Knorpelschäden im Gelenk.

Bei aller Verschiedenartigkeit der Entstehung lassen sich viele Sportunfälle und Sportschäden vermeiden. Die beste *Prophylaxe* ist die optimale technische Beherrschung der geforderten Bewegungsabläufe und die Intaktheit der Strukturen der Bewegungsorgane. Oft werden Verletzungen nicht vollkommen ausgeheilt und der Aktive mit Sportschäden, z. B. mit Bewegungsbehinderungen wieder zum Einsatz gebracht. Es nimmt nicht wunder, daß dann besonders leicht neuerliche Zerrungen oder Reizergüsse im Gelenk auftreten. Auch durch eine Verbesserung des Sportgerätes oder der Ausrüstung ist eine Herabsetzung der Unfallquote möglich. Ein typisches Beispiel ist die Einführung von Sicherheitsbindungen im Skisport oder die Verbesserung der Sportschuhe. Schließlich müssen auch durch Überprüfung oder Neufassung von Wettkampfbestimmungen und Spielregeln evtl. Gefahrenquellen ausgeschaltet werden. Die Prävention von Sportverletzungen ist die vornehmste Aufgabe des Sportarztes. Sie läßt sich nur erfüllen, wenn neben den fachlich medizinischen Kenntnissen persönliche Erfahrungen in der speziellen sportlichen Disziplin vorhanden sind. Nur dann wird auch eine partnerschaftliche Zusammenarbeit mit dem Trainer und dem Sportphysiotherapeuten möglich sein.

I. Die penetrierende Verletzung

Die häufigste Verletzung im Sport ist die Exkoriation, die Hautabschürfung. Sie gehört z. B. bei den Rasenspielen so selbstverständlich zum Wettkampf, daß man sie kaum mehr beachtet. Im allgemeinen heilen oberflächliche Wunden unter einem Schutzverband oder einem Wundgel schnell und folgenlos ab. Dennoch dürfen auch scheinbar harmlose Verletzungen nicht unterschätzt werden. Bei jeder Wunde ist die schützende Hautdecke durchbrochen und damit können pathogene Keime in den Organismus gelangen. Je nach der Sportart und der Beschaffenheit des Sportfeldes sind auch schwere Infektionen nicht selten. Auf jeden Fall ist an die Möglichkeit einer *Tetanusinfektion* bei Verletzungen speziell im Freien zu denken. Das gilt natürlich ganz besonders für tiefer reichende Wunden. Aus diesem Grunde muß eine ausreichende Prophylaxe betrieben werden. Sie geschieht in der bekannten Weise (Tab. 17). Bei allen Rasenspielen empfehlen wir die Wiederauffrischungsimpfung schon 2 Jahre nach der Vollimmunisierung, damit keine Injektion bei den häufigen Riß- und Kratzwunden in Erwägung gezogen werden muß. Bei der Ungefährlichkeit der Impfung muß die Unterlassung einer ausreichenden Immunisierung gegen Tetanus heute als Kunstfehler angesehen werden.
Die Behandlung bzw. die erste Versorgung der Wunden erfolgt nach den bekannten Regeln. Ist eine chirurgische Intervention — Ausschneiden oder Naht — erforderlich, wird man nur in den seltensten Fällen am Wettkampfort selbst tätig werden. Im übrigen ist es zweckmäßig, einen Sportarztkoffer parat zu haben, in dem alle zur optimalen sterilen Wundversorgung notwendigen Verbandsstoffe und Instrumente vorrätig sind. Zur Desinfektion bevorzugen wir das Merfen, das den Vorteil hat, keine sensiblen Reizerscheinungen, also Schmerzen, zu verursachen, so daß das vom Sport-

Tabelle 17. Tetanus-Schutzimpfung

Grundimmunisierung:
  0,5 ml Tetanol
    nach 6 Wochen
  0,5 ml Tetanol
    nach 1 Jahr
  0,5 ml Tetanol
Auffrischung durch neuerliche Impfung nach 2 Jahren 0,5 ml

---

ler gefürchtete Brennen entfällt. Bei kleineren und oberflächlichen Wunden muß die sportliche Betätigung nicht unterbrochen werden. Oft ist es aber notwendig, die Wunde vor Druck oder mechanischer Einwirkung zu schützen. Dazu eignet sich besonders die Polsterung mit festem Schaumgummipolster. Die verletzte Stelle kann entweder durch zwei längliche Streifen oder durch Hohllegen in einer kreisförmigen Aussparung entlastet werden. Bei Platzwunden im Gesicht, z. B. beim Boxen, muß die auftretende Blutung möglichst rasch zum Stehen gebracht werden. Gegebenenfalls kann man mit dünnen Fibrinschaumkompressen Erfolg haben. Auch adstringierende Substanzen haben sich bewährt.

II. Die Kontusion

Unter einer Kontusion versteht man die Einwirkung einer stumpfen Gewalt auf den Körper, ohne daß es zu einer Durchtrennung der Hautdecke kommt. Dabei werden Weichteile gegen härtere Strukturen, z. B. den Knochen, gedrückt und können Schaden erleiden. Grundsätzlich ähnliche Schäden finden sich aber auch an Organen, die in Körperhöhlen eingebettet sind. Bekannt ist die Contusio cerebri, die durch die unterschiedlichen Trägheitsmomente von Schädel und Schädelinhalt verständlich wird. Solche Verletzungen treten bei stumpfer Gewalteinwirkung gegen den Schädel nicht nur bei Boxern auf. Auch bei Stürzen, z. B. beim Radrennen, können entsprechend schwere und mitunter lebensbedrohliche Bilder entstehen.
Im Bereich des Thoraxraumes oder der Bauchhöhle sind bei Kontusionen Risse der Organe oder Gefäße zu beobachten. Die Diagnose ist oft nicht leicht zu stellen, da verläßliche Symptome in der Regel erst nach längerer Zeit auftreten. Man sollte es sich darum zur Gewohnheit machen, Verletzungen innerer Organe nach stumpfen Traumen solange anzunehmen, bis sie mit Sicherheit ausgeschlossen werden können. Die Verletzungsgefahr ist im übrigen dann am größten, wenn die Gewalteinwirkung überraschend kommt und nicht durch eine Abwehrspannung kompensiert werden kann. Durch einen scharf getretenen Fußball kann so eine Leberruptur oder ein Darmriß ausgelöst werden, wenn der Betroffene unerwartet den Ball gegen die erschlafften Bauchdecken bekam. Nicht selten sind stumpfe Verletzungen der Niere beim Fußballsport. Sie kommen entweder durch einen Tritt in die

Nierengegend beim liegenden Torwart vor, können aber auch dann entstehen, wenn der Spieler vom Gegner mit angezogenen, d. h. stark flektierten Kniegelenken angesprungen wird. Neben dem lokalen Schmerz führt die Hämaturie zur richtigen Diagnose. Im Zweifelsfalle ist die Überweisung zum Facharologen notwendig.

Von besonderer Wichtigkeit sind die Prellungen an den Extremitäten. Sie können Schäden an den Weichteilen, den Knochen und an den Gelenken hervorrufen. Die mechanische Einwirkung führt zu einer Schädigung des unmittelbar betroffenen Gebietes. Dabei kann das Gewebe entweder direkt gegen den Knochen gedrückt werden oder gegen den Knochen abgeschert werden. In diesem Falle sind Muskel- oder Bandabrisse möglich. Auch Knochenabsplitterungen können auftreten.

Die häufigste Schädigungsfolge ist die Blutung. Sie kommt zustande durch eine Ruptur der meistens dünnwandigen oberflächlichen Venen oder Venenstämme. Liegen diese Gefäße oberflächlich, d. h. epifascial, dann kann man die Blutung als Hämatom bzw. als blaue Flecke sehen. In der Regel aber erfolgt die Gefäßschädigung tiefer, nicht selten sogar epi- bzw. subperiostal. In diesen Fällen ist die primäre Erkennung nicht einfach.

War die Blutung erheblich, kommt es rasch zu einer Schwellung, die je nach den anatomischen Verhältnissen umschrieben oder diffus sein kann. Sie dokumentiert ein ausgedehntes Extravasat, das auf jeden Fall beseitigt werden muß. Dies gelingt dem Körper nicht immer ohne Komplikation. So kann man erleben, daß schwappende Hämatome umgeben von einer derben bindegeweblichen Kapsel monatelang bestehen bleiben. In anderen Fällen kann eine Verkalkung oder gar eine Verknöcherung eintreten, vor allem, wenn die Muskulatur durch die traumatische Einwirkung direkt in Mitleidenschaft gezogen worden war. Die Myositis ossificans traumatica kann verstärkt werden durch eine unzweckmäßige Behandlung, vor allem durch zu frühzeitige Anwendung von Wärme und Massage. Ein typisches Beispiel für eine Kontusion der Weichteile ist die Prellungsverletzung am Oberschenkel beim Fußballspieler, der sog. Pferdekuß. Die Verletzung kommt im allgemeinen so zustande, daß der Spieler von seinem Gegner mit angezogenem Knie angesprungen wird und so eine Verletzung an der Vorder- oder Außenseite des Oberschenkels zustande kommt. Im Prinzip handelt es sich also um die gleiche Schädigung wie beim Hufschlag durch ein Pferd.

Behandlung

Die erste Sorge gilt der einsetzenden Blutung. Sie muß unter allen Umständen möglichst gering gehalten werden, denn vom Umfang des Hämatoms hängt weithin die Dauer der rehabilitativen Phase ab. Die Behandlung muß unverzüglich nach der Verletzung, also noch am Wettkampfort oder am Trainingsplatz beginnen. Dabei kommen zwei Maßnahmen zur Anwendung: die Kompression und die Kältebehandlung.

Zur Kompression verwendet man eine Schaumgummiplatte, die auf die verletzte Stelle gebracht wird. Sie kann mit Alkohol getränkt werden. Über dem Schaumgummi wird mit einer wenig elastischen Binde eine Kompression durchgeführt. Hierzu eignet sich vor allem selbsthaftendes Material, z. B. die Snögg-Binde oder Elastofix, da diese Verbandstoffe nicht rutschen, andererseits aber auch nicht auf der Haut kleben. Die Kompression muß so stark sein, daß ein genügender Druck in der Tiefe gewährleistet wird, ohne daß es aber zu einer Stauung kommt. Durch die Schaumgummiauflage lassen sich lokale Schäden sicher vermeiden. Das Polster hat darüberhinaus den Vorteil, daß die Muskulatur bei rhythmischer Kontraktion gegen dieses nachgiebige Kissen ein entstandenes Hämatom auspressen kann.

In den ersten Stunden nach der Verletzung bis maximal 8 Std wird zusätzlich die lädierte Stelle gekühlt. Dazu eignen sich Alkohol oder das Auflegen von Eisstückchen, die in Plastikfolien eingeschlagen sind. Durch Kompression und Kühlung läßt sich die Blutung im allgemeinen gut beherrschen. Spätestens 24 Std nach dem Trauma beginnt die aktive Bewegungstherapie. Hier wird bei liegendem Verband bereits die aktive Bewegung unter Umständen gegen den Widerstand durchgeführt.

In der ersten Phase läßt man isometrische Kontraktionen, Intensionsübungen usw. machen. Sollte eine spontane Innervation nicht möglich sein, kann eine elektrische Impulsgebung im Sinne einer Schwellstrombehandlung für einige Tage notwendig werden. Im allgemeinen wird aber schon nach ein bis zwei Tagen die aktive Bewegung des verletzten Abschnittes — anfangs gegen leichten, später gegen zunehmenden Widerstand möglich. Dabei lassen wir in einer kinetischen Kette üben, entweder gegen den Widerstand des Behandlers oder im endlosen Gummiband (sog. Deuserband). Später folgen dann Übungen, die einen größeren Kraftaufwand notwendig machen. So lassen wir nach Oberschenkelprellungen Treppen gehen, auf einen Hocker steigen oder Kniebeugen machen. Die Übungsbehandlung führt rasch zu der normalen Verschieblichkeit von Muskulatur und Sehne im Fascienschlauch und im Gleitgewebe. Gerade hier treten unbehandelt oft Verwachsungen oder narbige Fixierungen auf, welche die Entfaltung der vollen Leistungsfähigkeit behindert. Die Behandlung kann durch Unterwassergymnastik bei indifferenten Temperaturen um 36° — 37° wirkungsvoll unterstützt werden.

Fehler bei der Behandlung

Der häufigste Fehler besteht in der Unterlassung der genügenden Kompression. Die Anwendung von gerinnungshemmenden Salben ist am Anfang nicht notwendig, sie ist erst dann angezeigt, wenn eine stärkere Hämatombildung erfolgt ist. Fehler werden häufig in der Nachbehandlungsphase begangen. Von besonderer Bedeutung ist die Beachtung der aktiv geführten Bewegung. Die volle Sportfähigkeit darf erst angenommen werden, wenn der Muskel sich im Fascienschlauch normal verschiebt. Außerdem muß der normale Muskeltonus wieder hergestellt sein. Solange noch umschriebene Verspannungen oder Verhärtungen vorhanden sind, ist die Gefahr einer Muskelzerrung groß. Zu vermeiden sind bei der Kontusion auf jeden Fall vorzeitige Wärmeanwendungen und Massagemanipulationen. Dadurch wird dem Auftreten einer Myositis ossificans oder einer verstärkten Narbenbildung Vorschub geleistet.

Knochenprellungen

Sie kommen am häufigsten am Unterschenkel und am Schädel, speziell am Stirnbein vor. Durch den direkten Schlag wird die empfindliche Knochenhaut gereizt, was einerseits zu starken Schmerzen führt, andererseits aber auch periostale Reaktionen auslösen kann. Auch Blutungen sind nicht selten. Bekannt ist die Beule an der Stirn, die sofort nach der Verletzung auftritt. Die Kontusion des Unterschenkels tritt vor allem bei Rasenspielen, beim Fußball, Handball und dem Hockey auf. Hier sollte man sich wie im Eishockey durch geeignete Bandagen, z. B. Schienbeinschoner, schützen. Oft hat ein solcher mechanischer Schutz bei direktem Tritt schwerwiegende Verletzungen verhüten können. Wer ohne entsprechende Schoner spielt, handelt fahrlässig und muß sich im Schadensfalle den Vorwurf des Mitverschuldens gefallen lassen.

In schwereren Fällen kann durch die stumpfe Gewalteinwirkung eine Mitverletzung des Knochens erfolgen. Besonders ist auf die Knochenenden zu achten. Nicht selten haben wir auch Frakturen des Wadenbeins im oberen oder im mittleren Abschnitt gesehen. Sie entziehen sich mitunter der Erfassung bei der ersten Inspektion, weil eine statische Einbuße dank der Intaktheit des Schienbeines nicht eingetreten ist. Bei Kontusionen des Knochens kann es auch zu einer direkten Nervenschädigung kommen, wenn die Verletzung eine besonders exponierte Stelle getroffen hat. So ist die temporäre Peronaeusschädigung nach Tritt gegen das Wadenbeinköpfchen nicht selten. Glücklicherweise werden Dauerfolgen kaum beobachtet. Bei Absprengungen an den Knochenkanten, vor allem in der Knöchelgegend, handelt es sich meistens um eine Distorsion. Sie kann als Zusatzverletzung nach einer Kontusion entstehen (z. B. Fallen nach einem Tritt gegen das Schienbein).

Behandlung

Im Vordergrund steht die Bekämpfung der augenblicklich auftretenden starken Schmerzen. Hier bewährt sich am besten die lokale Vereisung mit Cloräthyl. Auch die Massage mit einem Eisstück kann von Nutzen sein. Zusätzlich werden dehnende Griffe an den Muskelursprüngen, z. B. in der Kniekehle, durchgeführt, um die augenblicklich entstehende Muskelverkrapfung zu lockern. Schließlich wird der Verletzte zu Intensionsübungen aufgefordert, um die Innervationskette zu erhalten. Zusätzlich ist dem entstehenden Hämatom Aufmerksamkeit zu schenken. Legt man einen Kompressionsverband an, dann müssen besonders Knochenvorsprünge sorgfältig abgepolstert werden. Ähnliche Maßnahmen kommen auch bei einer Nervenläsion in Betracht. Es versteht sich, daß die Belastung erst dann wieder erlaubt werden darf, wenn die Funktionsfähigkeit voll zurückgekehrt ist.

Knochenkontusionen sind im Augenblick sehr schmerzhaft. Sie klingen im allgemeinen aber rasch wieder ab. Treten keine Komplikationen ein, muß die Belastung kaum eingeschränkt werden. So ist es zu erklären, daß ein gefoulter Spieler nach kurzer Behandlung auf dem Platz wieder aufstehen und weitermachen kann. In jedem Falle sollte der nach Stunden erneut einsetzende Schmerz beachtet werden. Hier hat sich die percutane Cholinbehandlung mit Chomelanum ausgezeichnet bewährt. Ist die Verletzung nicht sofort versorgt worden, können Verbände mit Spolera, heparinhaltigen Salben und dergl. nützlich sein. Im allgemeinen ist dann aber die Verletzungspause wesentlich länger als bei sofortiger konsequenter Therapie.

Gelenkprellungen

Die Gelenkprellungen entstehen entweder durch direkte stumpfe Gewalteinwirkung oder durch Sturz auf das Gelenk, ohne daß es zu einer gewaltsamen passiven Bewegung kommt. Besonders gefährdet sind dank der exponierten anatomischen Lage das Kniegelenk, die Fußgelenke und das Schultereckgelenk. Wie die autoptischen Befunde bei einer Operation bestätigen, tritt bei direkter Gewalteinwirkung eine umschriebene Blutung in der Synovialmembran, vor allem an den Kapselumschlagfalten auf. Vom Ausmaß der Blutung hängen die weiteren Folgen ab. Ist die Schadenstelle nur umschrieben, dann kann die Prellung nach Stunden bis Tagen folgenlos abgeklungen sein. Stärkere Blutungen führen aber nicht selten zu sekundär entzündlichen Reizerscheinungen. Sie können nur in lokalen Verdickungen der Umschlagfalte bestehen. Es kann aber auch zur Ausbildung von Gelenkergüssen kommen, vor allem, wenn die Kontusion ausgedehnt war.

Zerreißungen gehören nicht zum klassischen Bild der Prellung, denn sie setzt im allgemeinen eine unphysiologische Bewegung voraus. Dagegen können durch die Schlagwirkung leicht Knorpelläsionen entstehen. Unter Umständen kann es durch eine Prellung auch zu einer Zerreißung des Kapselbandapparates kommen. Das ist vor allem am Schultereckgelenk der Fall.

Die Prellung des Schultereckgelenkes entsteht durch Sturz auf die Seite, wenn der Fall nicht durch Abrollen gebremst werden kann. Typisch ist der lokale Druckschmerz an der Verbindung Acromion-Clavicula. Die aktive Beweglichkeit im Schultergelenk ist schmerzhaft eingeschränkt, die passive Beweglichkeit ist frei, aber mit starken Schmerzen verbunden. Die Differen-

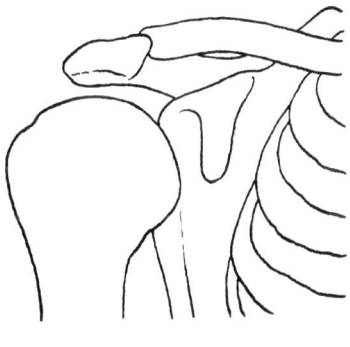

Abb. 94. Die Belastungsaufnahme zeigt die Sprengung des Schultergelenkes (normales Bild ohne Belastung oben)

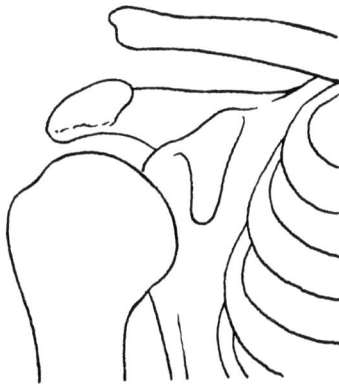

tialdiagnose gegenüber einer Sprengung im Schultereckgelenk, die beim gleichen Mechanismus entstehen kann, ist nur röntgenologisch möglich. Wir fertigen dazu zwei Röntgenaufnahmen des Schultereckgelenkes im ap-Strahlengang, die eine bei locker hängendem Arm, die andere bei Belastung des Armes mit einem Gewicht von 2 kg an. Bei einer Sprengung tritt das Klaffen der Gelenkverbindung deutlich in Erscheinung (Abb. 94).

Behandlung

Bei der Gelenkprellung ist eine temporäre Ruhigstellung des Gelenkes neben der Kälteanwendung und der Kompression notwendig. Hier bewähren sich besonders gut die elastischen und halbelastischen Gelenkbandagen, die über ein Schaumgummipolster angelegt werden. Am Kniegelenk wird ein Schaumgummikreuz mit zentraler Aussparung für die Kniescheibe verwandt (Abb. 95). Am Fußgelenk sollte

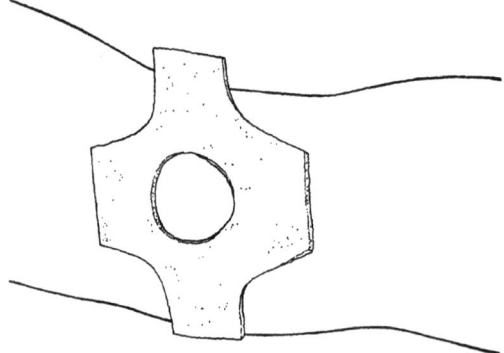

Abb. 95. Schaumgummikreuz mit zentraler Aussparung für die Patella beim Kniekompressionsverband

man die Knöchel mit u-förmigen Schaumgummiplatten abpolstern. Das Schultereckgelenk kann nur durch eine Fixation des Armes am Thorax ruhiggestellt werden. Hat die exakte Röntgenuntersuchung die Intaktheit des Kapselbandapparates ergeben und eine knöcherne Verletzung ausschließen lassen, dann sollte mit der funktionellen Behandlung möglichst schon 24, spätestens 48 Std nach der Verletzung begonnen werden. Dabei wird im schmerzfreien Bewegungsraum aktiv geführt geübt.

III. Die Distorsion

Die Distorsion ist am besten nach dem pathologischen Geschehen zu definieren. Danach handelt es sich bei der Distorsion um eine Überschreitung des physiologischen Bewegungsraumes durch eine passive, von außen einwirkende Gewalt. Der Vorgang kommt im Deutschen „Übertreten" deutlich zum Ausdruck Zum Verständnis des vorliegenden Schadens muß man sich nicht nur die anatomischen Gegebenheiten, sondern auch die auslösende Ge-

walteinwirkung vergegenwärtigen. Am Beispiel des oberen Sprunggelenkes wird das deutlich. Die anatomische Konstruktion erlaubt hier Scharnierbewegungen im Sinne einer Hebung oder Senkung der Fußspitze. Die maximale Senkung der Fußspitze, also die passive Überstreckung führt zur Verletzung der vorderen Gelenkkapsel. Die Schädigung ist auf Röntgenbildern älterer Fälle als spitze Ausziehung der ventralen Tibiakante zu erkennen. Auch knöcherne Reaktionen am Talushals sind in diesem Zusammenhang von Bedeutung. Sie werden als Talusnase häufig auch dann gesehen, wenn dem Verletzten kein stärkeres Trauma in Erinnerung ist.
Bei passiver Dorsalflexion werden die vorderen breiteren Anteile der Talusrolle in die Knöchelgabel gepreßt, wodurch die tibiofibulare Syndesmose gedehnt werden kann. Mitverletzungen der dorsalen Kapselanteile sind häufig. Wird das obere Sprunggelenk passiv auf Pronation bzw. Supination beansprucht, was nach Erschöpfung des Bewegungsraumes im unteren Sprunggelenk zwangsläufig der Fall ist, kommt es zur Banddehnung, zum Kapselbänderriß oder zur Fraktur. So resultiert aus der passiven Überschreitung des Bewegungsraumes die Schädigung der den Verkehrsraum begrenzenden Strukturen. Für die Behandlung der Distorsion kommt es im wesentlichen darauf an, den Umfang des Gewebeschadens zu erkennen.

Die Distorsion unterteilt man nach dem Umfang der Schädigung der Haltestrukturen des Gelenkes. Bei der leichtesten Form ist es nur im mikroskopischen Bereich zu Einrissen im Band gekommen. Man spricht dann von einer Bänderdehnung. Sie kann mit Zerreißungen von Kapselgefäßen oder von epifascialen Venenstämmen einhergehen. Der Umfang eines Hämatoms läßt keine Rückschlüsse auf die tatsächliche Gewebsschädigung zu. Fehlt eine posttraumatische Schwellung, wird man allerdings im allgemeinen eine nur geringfügige Schädigung annehmen können. In diesem Zusammenhang sei an die Seitenbandzerrungen am Kniegelenk erinnert, die außer einer lokalen Druckschmerzhaftigkeit keine Symptome verursacht. Bei diesen Formen der Distorsion ist der passive Halteapparat des Gelenkes intakt, wenn auch unter Umständen mikroskopische Schäden vorliegen. Pathologische Bewegungen sind deswegen auch nicht nachweisbar.
Bei den schwereren Formen einer Distorsion ist der Bandkapselapparat mehr oder weniger stark zerrissen. Daraus resultiert eine Instabilität, die freilich oft durch den blutigen Gelenkerguß nicht gleich erkannt wird. Im Zweifelsfalle wird man zur Sicherung der Diagnose gehaltene Röntgenaufnahme zu Rate ziehen müssen. Sie sollte sofort nach der Verletzung angefertigt werden. Nur dann ist ein klarer Behandlungsplan aufzustellen. Zum anderen ist zu bedenken, daß schon 2 bis 3 Tage nach der Verletzung eine Verklebung der Rupturstellen als Vorstadium der Heilung auftritt, die man durch passive Bewegungen wieder zerstören würde. Die Funktionsaufnahmen lassen den vollen Umfang des funktionellen Schadens, gegebenenfalls die Lokalisation einer Verletzung nicht zu. So kann z. B. der Abriß der Gelenkkapsel verifiziert werden. Wir meinen, daß für die praktischen Belange die Trennung der leichten von der schwereren Distorsion ausreicht. Sie ist vor der Behandlung auf alle Fälle zu treffen.

Behandlung

Leichte Distorsionen

Auch bei der leichten Distorsion nehmen wir eine, wenn auch nur mikroskopische Schädigung des Kapselbandapparates an. Die Ausheilung macht eine Ruhigstellung, besser eine Entlastung der geschädigten Kapsel notwendig. Außerdem soll der Überdehnung durch Annäherung von Ursprung und Ansatz entgegengewirkt werden. Die komplette Ruhigstellung verschlechtert den Gelenkstoffwechsel und läßt die bewegende Muskulatur atrophieren. Für die leichten Formen einer Distorsion hat HOHMANN schon vor Jahrzehnten den Segeltuchverband empfohlen. Durch eine Verbesserung des Verbandmaterials ist es heute möglich, dem Verletzten rasch die volle Belastbarkeit zu gestatten, ohne daß darum die Fixierung aufgegeben werden müßte. Im Prinzip kommt es darauf an, durch Züge mit einem nichtelastischen Pflaster, dem sog. Sport-Tape von außen her den Bandzug zu verstärken und Überdehnungen zu vermeiden. Gleichzeitig wird durch querverlaufende Züge die Bewegung im Gelenk geführt und schmerzhafte Endausschläge vermieden. Im Verband kann der Patient sofort belasten. Nach ca. 8 Tagen spätestens wechseln wir den Verband. 14 Tage nach der Distorsion beginnt die Nachbehandlung mit warmen bis heißen Packungen, aktiven Bewegungsübungen auch gegen Widerstand und lockernden Massagen der angrenzenden Muskelgruppen. Schließlich müssen lokale Verklebungen der Gelenkkapsel mit gezielten Friktionen, evtl. mit der sog. Stäbchenmassage gelöst werden. Erst wenn das volle Bewegungsspiel wieder hergestellt ist, darf mit dem Hochleistungstraining begonnen werden. Erfahrungsgemäß wird dieser Grundsatz häufig nicht beachtet und die Starterlaubnis zu früh erteilt. Langdauernde Reizzustände und Leistungseinbußen sind unausbleibliche Folge. Wir haben vor allem am Kniegelenk Kapselverklebungen nach Distorsionen beobachtet, die zur Ursache häufiger Reizergüsse wurden. Nach der Lösung war die normale Belastbarkeit wieder gegeben.

Schwere Distorsionen

Bei der schweren Distorsion muß die Zerreißung des Kapselbandapparates ausgeheilt werden. Dazu ist eine genügend lange und konsequente Ruhigstellung erforderlich. Sie dauert nicht unter 4 Wochen und muß am Kniegelenk bis zu 6 Wochen und länger fortgesetzt werden. Bei der kompletten Ruptur ist der operativen Versorgung der Vorzug zu geben, da häufig doch keine völlige Rekonstruktion durch konservatives Vorgehen zu erreichen ist. Zudem ist eine Fixation, z. B. eines Kniegelenkes über 6 Wochen für den Betroffenen nicht gleichgültig und wäre nur dann zu vertreten, wenn mit größtmöglicher Wahrscheinlichkeit eine völlige Wiederherstellung zu erwarten ist. Eine Fixation von 2 bis 3 Wochen ist im allgemeinen zu kurz. Sie führt zu einer Inaktivierung des Gelenkes, ohne daß es zu der angestrebten Ausheilung kommen kann.
Das Ergebnis einer solchen Therapie ist nicht selten das Schlottergelenk oder die rezidivierende Synovitis, die nicht nur am Kniegelenk vorkommt, wenn dort auch die Symptomatik am eindrucksvollsten ist.
Bei allen Fußgelenksdistorsionen muß die Gabelsprengung ausgeschlossen werden. Sie führt unbehandelt zur frühzeitigen Arthrosis deformans und zum erheblichen Funktionsverlust. Nach unseren Erfahrungen kann eine komplette Gabelsprengung nur durch operative Behandlung beseitigt werden. Darum ist die exakte Diagnose durch Funktionsaufnahmen wichtig.

Ähnliches gilt für den Skidaumen. Gelingt es nicht, den seitlichen Bandapparat wieder zu vereinigen, entsteht das Schlottergelenk, das vor allem bei körperlicher Arbeit zu einem großen Handikap wird. Oft verhilft nur noch die Arthrodese des Daumengrundgelenkes in solchen Fällen zu einem brauchbaren Funktionszustand. Auch bei der schweren Distorsion ist die subtile Nachbehandlung bis zur völligen Beweglichkeit Voraussetzung für die volle Belastung, sofern es sich um statisch oder dynamisch wichtige Gelenke handelt.

Kniebinnenverletzungen

Eine besondere Betrachtung erfordern die Verletzungen des Kniegelenkes. Durch die exponierte Lage, seine statische und dynamische Bedeutung und nicht zuletzt wegen des komplizierten anatomischen Baues ist eine Vielzahl von Verletzungsmöglichkeiten gegeben. Wegen der Gleichförmigkeit der klinischen Erscheinungen spricht man von Kniebinnenverletzungen, wenn Schmerz, Schwellung und Funktionsminderung nach einem Trauma aufgetreten sind. Nach dem Entstehungsmechanismus kann man Kontusionen und Distorsionen, vor allem Torsionstraumen, unterscheiden. Auf die Prellungen wurde im speziellen Kapitel schon hingewiesen.
In diesem Zusammenhang sind zwei Ergänzungen notwendig. Die Kontusion der Patella und die Läsion des Corpus adiposum genus, des sog. Hoffaschen Fettkörpers. Durch direkten Sturz auf das gebeugte Kniegelenk wird zunächst der subcutane Schleimbeutel auf der Patella getroffen. Dennoch sind posttraumatische Ergüsse der Bursa praepatellaris im ganzen selten. Sie klingen im übrigen unter antiphlogistischer Behandlung rasch ab. Gravierender sind die subchondralen Blutungen an der Patellarückfläche, die zu schwerwiegenden Knorpelschäden führen können. Sicher ist die Chondropathia patellae in ihrer Ursache nicht endgültig geklärt. Die Erkrankung betrifft häufiger jugendliche Patienten, die viel Sport treiben und bei denen adäquate Traumen häufig sind. Typisch ist anamnestisch der Schmerz bei Belastung des gebeugten Kniegelenkes, z. B. beim Treppabwärtsgehen. Objektiv findet man den charakteristischen Schmerz bei seitlicher Verschiebung der Patella. Gelegentlich kann man nach Kniegelenksprellungen auch Knorpeldefekte an den Femurcondylen oder in der Gleitbahn der Patella beobachten.
Durch direkten Stoß, aber auch durch Torsionstraumen kann der Hoffasche Fettkörper verletzt werden. Es handelt sich bei dem Corpus adiposum genus um eine zottenartige Bildung der Gelenkkapsel unterhalb der Patella. Dabei ist Baufett zwischen Tunica fibrosa und synoviale Kapsel eingelagert. Die Kapselzotten ragen in die Gelenkhöhle hinein und sind mit strangartigen Zügen in der Regel in der Fossa intercondylica verankert. Die Zotten zeichnen sich durch einen Reichtum an Blutgefäßen aus. So wird es erklärlich, daß es bei Prellungen oder Quetschungen der Zottenspitzen zwischen Femurcondylen und Tibiagelenkfläche häufig zu Blutungen mit anschließenden Narbenbildungen und Indurationen kommt. Häufig können sich derart hypertrophierte Zotten nicht mehr den Gelenkexkursionen anpassen, son-

dern werden zwischen den Gelenkflächen eingeklemmt. Daraus ergeben sich die subjektiven Klagen von einklemmungsartigen Zuständen. Objektiv findet man eine Druckschmerzhaftigkeit des hypertrophierten und meist zu beiden Seiten des Ligamentum patellae auch sichtbaren Fettkörpers (Abb. 96). Oft wird die Druckschmerzhaftigkeit erst deutlich, wenn man den Patienten auffordert, den Quadriceps zu spannen oder wenn man die Kniescheibe passiv nach unten drückt. Nunmehr kann man die schmerzhafte Zotte, die mit der anderen Hand nach oben geschoben wird, gegen den Unterrand

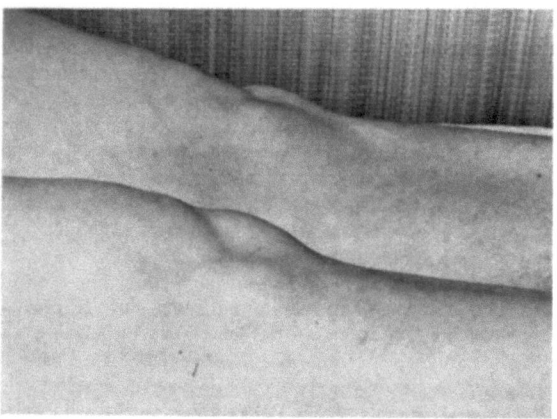

Abb. 96. Hoffascher Fettkörper (Corpus adiposum genus) wölbt sich kissenartig neben dem Ligamentum patellae vor

der Kniescheibe drücken. Die lokale Druckschmerzhaftigkeit kann aber auch in den Gelenkspalt verlagert sein, so daß eine Abgrenzung gegenüber einer Meniscusverletzung schwierig wird. Oft wird die Differentialdiagnose erst bei der Arthrotomie gestellt.
Der Meniscus ist bekanntlich mit der Basis an der Gelenkkapsel befestigt. Er stellt quasi eine Kapselfalte dar. Nur am vorderen und hinteren Ende ist der Meniscus mit seinem Vorderhorn bzw. Hinterhorn an der Tibiagelenkfläche befestigt. Ventral sind beide Vorderhörner durch ein Ligamentum transversum genus verbunden. Der Meniscus hat die Aufgabe, die Kongruenz zwischen Femurcondylus und Tibiagelenkfläche herzustellen und bei Drehbewegungen der Oberschenkelrolle auf dem Schienbeinplateau zu folgen. So wird der mediale Meniscus bei einer Außenkreiselung des Unterschenkels gegen den Oberschenkel und umgekehrt der laterale Meniscus bei der Innenkreiselung des Unterschenkels in das Gelenk in Richtung zur Eminentia intercondylica verlagert. Die Kreiselung ist aber nur bei Beugehaltung des Kniegelenkes möglich. Daraus ergibt sich der typische Verletzungsmechanismus bei der Entstehung der Meniscusläsion. In Beugehaltung und

Kreiselung ist der Meniscus in das Gelenk hinein-verlagert. Erfolgt aus dieser Position in X- bzw. O-Beinbelastung (seitliches Abknicken im Knie) eine plötzliche Streckbewegung, so kommt es zu einer abnormen Zugwirkung auf den an seiner Spitze zwischen Femurcondylen und Tibiagelenkfläche fixierten Meniscus. Je nach der biologischen Wertigkeit, der Rißfestigkeit des Gewebes, kann so eine Zerreißung erfolgen.
Am häufigsten sind Risse parallel zum freien Rand, also von ventral nach dorsal verlaufend. Das abgerissene Stück steht noch am Vorder- und Hinterhorn mit der Basis in Verbindung. Nicht selten luxiert das abgerissene Stück zur Eminentia hin, der Femurcondylus steht dann wie in einem Knopfloch auf der Tibia. Dieser sog. Korbhenkelriß führt zu der bekannten Erscheinung der Einklemmung (Abb. 97). Man versteht darunter eine federnde

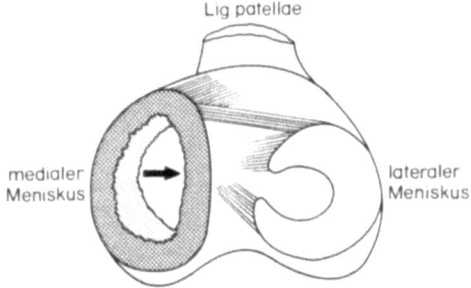

Abb. 97. Korbhenkelriß des medialen Meniscus. Das abgetrennte Stück ist in die Fossa intercondylica verlagert (Knopflochmechanismus)

Streckbehinderung von ca. 15° oder weniger. Auch die Endbeugung ist in der Regel eingeschränkt. Oft tritt die Einklemmung im Anschluß an ein Trauma auf, dann nämlich, wenn das abgerissene Stück sich endgültig in das Gelenkinnere verlagert. Dabei kann es sich um das den Riß auslösende Agens handeln, es kann aber auch nur die Wiederholung der Luxation bei schon eingetretener Ruptur sein.
Meniscusabrisse können sich aber auch lediglich am Vorderhorn bzw. am Hinterhorn abspielen. Entsprechend dem unterschiedlichen pathologisch-anatomischen Befund ist auch die Symptomatik verschieden. Man findet bei der Untersuchung neben lokalen Druckschmerzen im Gelenkspalt Bewegungsschmerzen und Funktionseinbußen. Typisch ist die Hypotonie bzw. Atrophie des Vastus medialis bzw. lateralis bei Meniscusläsionen. Von großer Bedeutung ist schließlich die Anamnese mit den häufig rezidivierenden Bewegungsbehinderungen, meistens in Verbindung mit Reizergüssen. Sie sind nur bei der ersten Ruptur blutig, später meist bernsteingelb. Aus versicherungsrechtlichen Gründen ist nach einem Verdrehtrauma des Kniegelenkes die alsbaldige Punktion des Gelenkes angebracht. Ein blutiger Erguß bestätigt die traumatische Genese bei adäquatem Unfall (Tabelle 18).

Tabelle 18. Meniscuszeichen

1. Druckschmerz im Gelenkspalt		
Rückenlage	wandert bei Beugung nach dorsal	Steinmann II
Rückenlage	wird durch Kreiselung und Streckung verstärkt im med. Spalt durch Innenkreiselung lat. Spalt durch Außenkreiselung	Bragard
2. Schmerzen durch Abduktion — Adduktion		
Rückenlage	Abduktion bei lat. Meniscus Adduktion bei med. Meniscus	Böhler
Rückenlage	bei gehaltener Abduktion — Adduktion bewegen lassen Schmerz läßt nach im erweiterten Gelenkspalt	Krömer
Türkensitz	im Türkensitz wippen Schmerz bei med. Läsion	Payr
3. Kreiselungsschmerz im Gelenkspalt		
Rückenlage	bei gebeugtem Kniegelenk durch Innenkreiselung bei lat. Läsion durch Außenkreiselung bei med. Läsion	Steinmann I (Konjetzny)
Stehen	Untersuchung im Stehen Pat. vollführt Außenkreiselung Schmerz bei med. Läsion vollführt Innenkreiselung Schmerz bei lat. Läsion	Merke (Steinmann I im Stehen)
Rückenlage	maximale Flexion in Knie und Hüfte mit Außenkreiselung bis re. Winkel Strecken Schmerz bei med. Läsion mit Innenkreiselung bis re. Winkel Strecken Schmerz bei lat. Läsion	Mc.Murray
Bauchlage	rechtwinklige Kniebeugung bei Außenkreiselung Schmerz med. durch Druck verstärkt — Meniskus durch Zug verstärkt — Kapselverl. analog: bei Innenkreiselung Schmerzen lat.	Apley

Ähnliche Symptome wie bei der Meniscusverletzung können auch bei Kapselrissen und Bandzerreißungen auftreten. Hier ist der Verletzungsmechanismus unterschiedlich, denn es wird in der Regel das gestreckte Kniegelenk auf Abduktion bzw. Adduktion beansprucht. Bei der Bandzerreißung wie beim Kapselriß kommt es ebenfalls zum Hämarthros. Bezeichnend ist die vermehrte Aufklappbarkeit des Gelenkes bei voller Streckung.

Verletzungen der Kreuzbänder werden oft spät erkannt. Das gilt speziell für die Fälle, bei denen ein typischer Verletzungsmechanismus nicht bekannt ist.

Die akute Ruptur entsteht durch direkte Gewalteinwirkung auf das gestreckte Kniegelenk (hinteres Kreuzband) oder durch Schlag gegen den Schienbeinkopf bei Kniebeugung. Auch durch eine Beugung bei gleichzeitiger Kreiselung des Unterschenkels kann eine Ruptur entstehen.
Dieser Mechanismus, der beim Fußballspieler häufiger vorkommt führt auch zu der nicht seltenen mehrzeitigen Zerreißung. Hier ist das Einzeltrauma meist nicht sehr erheblich.
Das Schubladenzeichen, d. h. die abnorme Verschieblichkeit des Unterschenkels gegen den Oberschenkel bei Kniebeugung zeigt die Instabilität. Bei muskelkräftigen Athleten kann das Schubladenphänomen auch bei kompletter Bandruptur fehlen. Ist die Funktionseinbuße deutlich, sollte der operative Ersatz durchgeführt werden (Kreuzbandplastik).

IV. Luxationen

Verrenkungen sind im Sport nicht selten zu beobachten. Sie entwickeln sich meistens bei einem charakteristischen Unfallmechanismus. Die Diagnose ist nicht schwer aus der Fehlstellung des Gelenkes, der federnden Blockierung und dem Schmerz zu stellen. Meist ist das Trauma eindeutig als solches zu erkennen.
Von großer praktischer Bedeutung sind die Verrenkungen im Schulterbereich. Hier verdienen vor allem die Verletzungen der Schlüsselbeingelenke eine besondere Beachtung wegen der Problematik der Behandlung. Verrenkungen des Sternoclaviculargelenkes entstehen häufig durch abrupte Retroversion des abduzierten Armes. Am häufigsten ist die Verschiebung der Clavicula nach ventral und cranial, selten ist dagegen die Luxation nach hinten. Weil durch die Gewalteinwirkung der Bandapparat und die Kapsel zerreißen, ist die Retention nach der Reposition außerordentlich schwierig. Konservative Maßnahmen führen nur in Ausnahmefällen zum Erfolg. Besser ist die temporäre Fixation mit Kirschner Drähten oder die operative Rekonstruktion. Oft ist aber auch bei einer Luxationsstellung nach funktioneller Behandlung der Schultermuskulatur ein normaler Funktionszustand zu erreichen. Auf keinen Fall sollte bei veralteten Luxationen die Fehlstellung alleine Veranlassung zu einer operativen Intervention sein. Ähnliches gilt auch für die Sprengung des Schultergelenkes, auf die schon näher eingegangen worden ist.
Die Verrenkung in der Humeroscapularverbindung wird als Schulterluxation bezeichnet. Sie erfolgt meist nach vorne unten und wird ausgelöst durch Sturz auf den retrovertierten Arm oder durch maximale Außenrotation und Abduktionsbewegung. Die Diagnose ist aus der typischen Fehlstellung und der Functio laesa leicht zu stellen. Trotzdem kann sie bei Mehrfachverletzungen, z. B. im Skisport übersehen werden, weil die Schmerzen nicht erheblich sein müssen und dann in den Hintergrund gegenüber anderer Beschwerden treten. Im allgemeinen gelingt die Reposition leicht und die Funktion kehrt rasch in vollem Umfange zurück.
Leider entwickelt sich aus der einmaligen Verrenkung nicht selten die habituelle Luxation, die freilich auch auf angeborener Basis — nämlich einer

Dysplasie der Pfanne — entstehen kann. Nach neueren Statistiken ist dies sogar in 1/3 der Fälle anzunehmen. Bei der habituellen Luxation tritt die Verrenkung schon nach Bagatelltraumen oder bei physiologischen Bewegungen auf. Immer handelt es sich dabei um eine Abduktion und Außenrotation. So kann beim Dehnen und Recken am Morgen, beim Umdrehen im Bett, bei Schwimmbewegungen usw. die Luxation eintreten. Die Behandlung ist operativ, denn von konservativen Maßnahmen ist kein Erfolg zu erwarten. Nach der Operation tritt meist völlige Wiederherstellung auch für den Leistungssport ein.

Mitunter beobachtet man Patienten mit einer subluxablen Schulter. Die meist Jugendlichen können willkürlich den Oberarmkopf aus der Pfanne teilweise entfernen und mit einem hörbaren Schnappen wieder zurückspringen lassen. Hier ist neben einer angeborenen Gelenkschwäche sicher auch eine Fehlinnervation im Spiel.

Die Luxationen im Ellenbogengelenk sind in der Behandlung weniger problematisch. Wichtig ist aber der Hinweis, daß in der Nachbehandlung, also nach der 14tägigen Ruhigstellung unter keinen Umständen Massagen oder Wärmeapplikationen verordnet werden dürfen. Das gleiche gilt auch für passive Bewegungsversuche. Gerade am Ellenbogengelenk ist die Myositis ossificans traumatica sehr häufig. Sie ist fast immer die Komplikation nach polypragmatischem Vorgehen bei Folgezuständen nach Luxationen und Frakturen.

Das Radiusköpfchen kann wie bei der Monteggiafraktur zusammen mit einem Bruch an der Elle durch den bekannten Pariermechanismus luxieren. Verrenkungen werden aber auch isoliert beobachtet.

Luxationen der Finger kommen vor allem nach Sturz auf die Hand sowie bei Fangversuchen eines Balles vor. Sie sind nicht selten mit Knochenabsprengungen kombiniert.

An der unteren Extremität interessieren vor allem die Luxationen der Kniescheibe, die als habituelle Luxation wie an der Schulter auftreten. Es handelt sich dabei um eine Kontinuitätstrennung des Patellofemoralgelenkes, während die Verbindung Femur-Tibia intakt bleibt. Die Verrenkung erfolgt in der Regel nach lateral über den abgeflachten fibularen Femurcondylus hinweg. Diese Veränderungen, die in der tangentialen Aufnahme leicht nachgewiesen werden können und andere Formabweichungen bestätigen die angeborene Komponente. Wie bei der habituellen Schulterluxation kann auch hier nur die operative Behandlung die erheblich gestörte Funktionstüchtigkeit des Gelenkes wieder herstellen.

Luxationen des Kniegelenkes selbst kommen im Sport relativ selten vor. Die Prognose hängt nicht zuletzt von der Erstversorgung, vor allem vom Schicksal des Bandkapselapparates ab. Gelegentlich trübt eine Läsion des Nervus fibularis die Prognose. Ganz selten ist die isolierte Luxation in der Syndesmose zwischen Tibia und Fibula in der proximalen Verbindung. Sie kann ebenfalls habituell sein. Auf die Bedeutung der Gabelsprengung, der Luxation der distalen Verbindung zwischen Tibia und Fibula ist bereits hingewiesen worden. Sie ist die Voraussetzung für Subluxationen des Talus in der

Knöchelgabel. Diese kann freilich auch nach Zerreißungen der fibularen Bänder oder auch bei einer Dysplasie der Knöchelgabel entstehen. In der Regel handelt es sich um Subluxationen im Supinationssinne. Die Fehlhaltung gleicht sich in der Regel spontan unter einem Schnapp-Phänomen wieder aus. Verrenkungen der Zehen sind selten und bereiten weder hinsichtlich der Diagnose noch der Behandlung Schwierigkeiten.

V. Frakturen

Knochenbrüche sind im Sport kein seltenes Ereignis. Die Häufigkeit wird mit ca. 25% aller Sportverletzungen angegeben. Je nach der besonderen Exposition treten Frakturen in bestimmten Disziplinen besonders häufig auf. So kann man direkt von typischen sportartspezifischen Brüchen sprechen, z. B. bei der Fraktur des 1. Mittelhandknochens im Daumensattelgelenk beim Boxer (Bennett'sche Fraktur). Wie die Erfahrungen im Skisport zeigen, hängt die Häufung der Unfälle mit der Beherrschung der Technik und der allgemeinen Kondition des Athleten zusammen. Daß aber auch die Ausrüstung eine maßgebliche Rolle spielt, zeigt die Abnahme der Knöchelfrakturen mit der Einführung von Sicherheitsbindungen. Dagegen haben die Unterschenkelfrakturen, die sog. Schuhrandbrüche erheblich zugenommen.

Die Diagnose einer Fraktur bereitet im allgemeinen keine Schwierigkeiten, wenn man nur an die Möglichkeit einer knöchernen Verletzung denkt. Letzte Klarheit verschafft erst die Röntgenaufnahme, die in jedem Verdachtsfalle angefertigt werden muß. Ihr muß freilich eine sehr genaue klinische Untersuchung vorausgehen, denn nicht immer ist der Ort der stärksten Schmerzen mit dem Schadenspunkt identisch. Das gilt vor allem für die nicht seltenen Ausrisse von Kapsel und Bandansatzstellen. Manchmal ist auf der Erstaufnahme kein eindeutiger Befund zu erheben. Die Fraktur wird mitunter erst dann erkennbar, wenn um den Bruchspalt resorptive Prozesse eine Verbreiterung der Fissur bewirkt haben. So werden Abbrüche des Tuberculum majus am Oberarm und Navicularfrakturen übersehen. Diagnostische Probleme treten erfahrungsgemäß bei Frakturen des 5. Mittelfußknochens auf, sofern sie basisnahe gelegen sind. Abbrüche an der Tuberositas 5 kommen gerade im Sport häufig vor. Sie entstehen durch eine reaktive Anspannung des Musculus peronaeus brevis, die durch eine plötzliche Supinationsbewegung veranlaßt wird. Hier ist die Abgrenzung gegenüber persistierenden Epiphysen und dem seltenen Os Vesalianum schwierig. Sie kann nur unter exakter Verwertung des klinischen Befundes erfolgen (Abb. 98). Ein weiteres Problem besteht darin, daß die Callusbildung am Metatarsale 5 lange auf dem Röntgenbild nicht zu erkennen ist. So dauert es 10 bis 12 Monate, bis der Bruchspalt endgültig knöchern überbrückt ist. Die freie Belastbarkeit ist dagegen schon nach 6 Wochen gegeben.

Die Behandlung einer Fraktur kann im Sport zu einem Problem werden. Grundsätzlich ist zu bedenken, daß jede langdauernde Ruhigstellung zu einer erheblichen Muskelatrophie führt, die beim hochtrainierten Menschen wesentlich ausgeprägter ist als beim nicht geübten. Die Rehabilitationsphase wird darum wesentlich verlängert. Für den Leistungssportler kann das ein vorzeitiges „Aus" bedeuten. Aus diesem und anderen Gründen ist man geneigt, den operativen Verfahren den Vorzug zu geben. Wir haben mit den Methoden der schweizerischen Arbeitsgemeinschaft für Osteosynthese (AO) ausgezeichnete Erfahrungen gemacht. Allerdings ist zu beachten, daß der Bruch in der Regel nicht belastungsstabil wird, d. h. der Patient bis zur Heilung nicht auftreten kann.

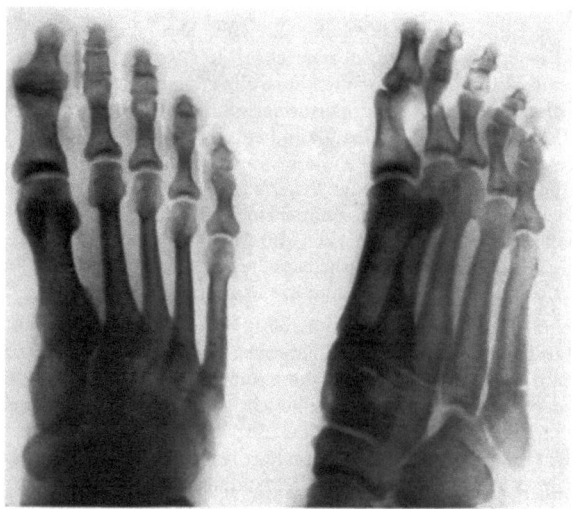

Abb. 98. Basisnahe Fraktur des Metatarsale V nach Distorsion (Fußballspieler, 28 Jahre)

Den Vorzug der schnelleren Belastbarkeit hat die Marknagelung nach KÜNTSCHER. Die Problematik liegt hier in der mangelnden Rotationsstabilität, die man nur erreichen kann, wenn die Markhöhle genügend aufgebohrt wird. Das geht aber zu Lasten der Corticalisdicke, die im Leistungssport nicht beliebig geopfert werden kann. Solange der Nagel liegt, sind Sprungbelastungen nur bedingt möglich. Sicher läßt sich kein allgemein gültiges Urteil über die optimale Art, Knochenbrüche zu behandeln, abgeben. Je nach der persönlichen Erfahrung und der operativen Technik lassen sich oft mehrere Wege finden.
Die konservative Behandlung soll über dem aktiven Vorgehen nicht vergessen werden. Sie ist in manchen Fällen allen anderen Methoden vorzuziehen. Von besonderer Bedeutung ist, gleich welchem Verfahren man dem Vorzug gibt, die alsbaldige Rehabilitation. Von einer Nachbehandlung zu reden, wenn man physiotherapeutische Anwendungen im Zusammenhang mit einer Fraktur nennt, ist ein verhängnisvoller Fehler. Durch isometrische Anspan-

nung nach Art des von HETTINGER empfohlenen Krafttrainings lassen sich Muskelatrophien vermeiden oder doch wenigstens in Grenzen halten. Als Ausdauertraining fassen wir das Gehen mit Stockstützen unter Entlastung der betroffenen Extremität auf, wenn es sich um Verletzungen der Beine handelt. Wir geben dieser Belastungsart den Vorzug vor dem Gehgipsverband, der nur allzuleicht zu einer oft schwer korrigierbaren Änderung der Gangkoordination führt. Auch die Arbeit am Ergometer — unter Umständen ist Kurbelarbeit zu leisten — gehört in das Trainingsprogramm. Schon frühzeitig sind sportliche Spiele zur Erhaltung der koordinativen Leistungsfähigkeit notwendig.

Das Ziel muß sein, die allgemeine Kondition des Hochtrainierten soweit als irgend möglich zu erhalten, bis nach der knöchernen Konsolidierung der Fraktur mit der dosierten Belastung begonnen werden kann. Knochenbrüche sind im Sport nicht selten. Durch gezielte Therapie lassen sich die Folgen in Grenzen halten und die baldige Wiederaufnahme der sportlichen Betätigung ist in den meisten Fällen möglich.

Muskel- und Sehnenverletzungen

Muskelverletzungen kommen vor allem in Form von sog. Zerrungen und Muskelfaserrissen vor. Ist schon die Prognose in den meisten Fällen schwierig, so wird die richtige Abschätzung des pathologisch-anatomischen Substrates der Verletzung zum Problem. Bei der Muskelzerrung handelt es sich um Veränderungen, die keine massiven anatomischen Schäden zeigen. Klinisch imponiert die lokalisierte Druckschmerzhaftigkeit meistens im Bereich einer umschriebenen Tonuserhöhung. Auch bei der aktiven Bewegung gegen Widerstand werden Schmerzen angegeben. Oft ist die passive Dehnung weniger schmerzhaft als die aktive kraftvolle Kontraktion. Eine äußerlich sichtbare Schwellung fehlt in der Regel auch bei ausgedehnteren Zerreißungen, da die Blutung in die Fascienloge erfolgt. Meistens nimmt die lokale Spannung in den ersten Tagen nach der Verletzung noch zu. Erst später kann man dann eine lokale Einziehung des Muskelbauches tasten.

Beim Muskelfaserriß liegt eine Durchtrennung der Faser vor. Aber auch hier ist der Anfangsbefund recht uncharakteristisch. In der Anamnese wird gelegentlich von einem Rißgefühl gesprochen, ohne daß man daraus aber differentialdiagnostische Schlüsse ziehen dürfte. Immerhin zeugt ein stich- oder rißartiger plötzlicher Schmerz während einer starken Kontraktion von einer Muskelverletzung. Nicht selten erkennt man eine umschriebene „Schwellung" meistens im proximalen Abschnitt, z. B. am medialen Gastrocnemiuskopf. Es handelt sich dabei um eine örtliche Verkrampfung des Muskels und nicht um den abgerissenen zentralen Stumpf. Diese Erkenntnis ist für die Behandlung wichtig. Man darf sich von derartigen Befunden nicht vorschnell zu einer operativen Intervention verführen lassen. Andererseits ist zu bedenken, daß ähnliche Befunde freilich mit dem andersartigen anatomischen Substrat auch bei kompletten Muskelrissen oder bei Spontanrupturen der Sehnenursprünge vorkommen.

Behandlung

Ziel der Behandlung ist die Entspannung der Muskelpartien im Bereich der Zerrung oder des Risses und die lokale Blutstillung. Nicht selten kommt es nach Muskelverletzungen zu Narbenbildungen, welche den Muskel in seiner Fascienloge fixieren (Abb. 99). Dadurch werden nicht nur Funktionseinbußen bewirkt, sondern auch hartnäckige Schmerzen unterhalten.

Unmittelbar nach der Verletzung legen wir einen Schaumgummikompressionsverband an, ähnlich wie bei der Kontusion. Über dem Klebeverband, der aus elastischem Material besteht, müssen schräge nicht dehnbare Tape-Züge angebracht werden. Sie haben die Aufgabe, die Muskulatur zu entspannen, in dem sie die Partien um den Riß einander nähern. So wird zum Beispiel der Triceps surae durch einen von distal nach proximal angebrachten Zug „aufgehängt". Nach zwei Tagen wird der Verband gewechselt und mit isometrischen Übungen begonnen. Dabei dürfen

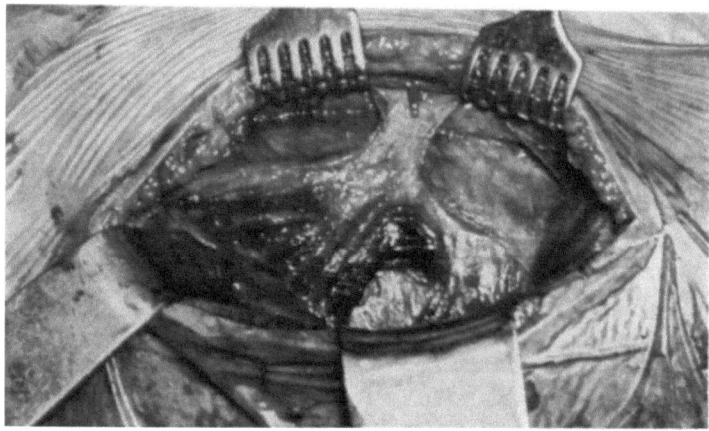

Abb. 99. Fixierung des M. rectus femoris durch breite Narbenstränge in der Fascienloge

keine Schmerzen auftreten. Massagen der Verletzungsstelle sind verboten, während die abgelegenen Bezirke leicht durchgearbeitet werden sollen. Nach 10 bis 14 Tagen kann man lockernde Massagen erlauben. Sie haben das Ziel, etwaige Verwachsungen zu lösen und den Tonus zu senken. Nimmt unter der Behandlung die Spannung im Muskel zu, muß die Therapie abgesetzt werden.

Beim ausgedehnten Faserriß, wenn etwa die Hälfte des Muskelbauches durchtrennt ist oder beim kompletten Abriß eines Kopfes ist die operative Behandlung angezeigt (Abb. 100). Sie ist auch in veralteten Fällen noch aussichtsreich. Nach der Operation tritt im allgemeinen volle Belastbarkeit ein. Vor der Freigabe zur normalen Trainingsbelastung muß die Muskulatur frei von Verspannungen und lokalen Härten sein. Außerdem ist für eine gute Vorbereitung durch Warmlaufen, Vordehnen usw. zu achten. Hyperämisierende Salben können die aktive Gymnastik vor dem Training und dem Wettkampf nicht ersetzen. Wir verzichten auf derartige Präparate im allgemeinen. Kälteeinwirkungen spielen in der Genese von Rupturen und Zerrungen nicht die Rolle die man ihnen zuspricht. Bedeutungsvoller sind sicher Verletzungsrückstände und lokale Verspannungen. Die Unterschätzung der Massage hat mit Sicherheit manche Zerrung verursacht.

Die Ursache der Sehnenrupturen, die in den letzten Jahren stark angestiegen sind, ist bis heute unklar. Sicher spielt die lokale Unterkühlung hier überhaupt keine Rolle. Oft ist die Ruptur auf dem Boden einer Degeneration der Sehne entstanden. Dann genügt unter Umständen ein Bagatelltrauma, mitunter eine alltägliche Bewegung — wie ein Hüpfen oder Springen — um den Riß auszulösen. In anderen Fällen ist die maximale Belastung, denen die Sehne dann nicht mehr gewachsen ist, unverkennbar, z. B. beim Bodenturnen. Der Verletzte schildert meistens spontan ein Rißgefühl, einen Peitschenschlag oder das Empfinden, als sei ihm jemand „in die Sehne" getreten. Objektiv findet man eine umschriebene Druckschmerzhaftigkeit. Ein Hämatom ist auch bei den Sehnenrupturen selten zu sehen, da die Blutung in

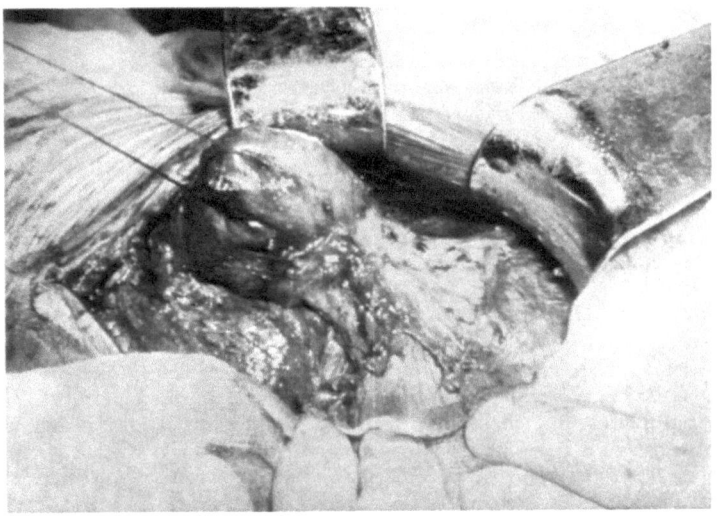

Abb. 100. Kompletter Riß des M. rectus femoris. Ausgedehnte Narben zwischen den Muskelstümpfen

das Peritenon erfolgt. Der Bewegungsausfall ist oft weniger komplett als man annimmt. So kann durch Hilfsmuskeln noch eine ausreichende, wenn auch deutlich kraftarme Bewegung erfolgen. Auf diese Weise werden mitunter komplette Rupturen, z. B. der Achillessehne übersehen. Partielle Risse sind im übrigen extrem selten. Nach unseren Erfahrungen sollten auch diese Fälle operiert werden. Sehnenrisse kommen vor allem an der Achillessehne vor. Abrisse der Quadricepssehne sind wesentlich seltener, ebenso die Bicepssehnenrisse am Ellenbogen. Häufiger beobachtet man die Rupturen der langen Bicepssehne, den Abriß von Extensorensehnen am Fingerendglied und den Riß des Abductor pollicis longus.

Die Behandlung der Rupturen der Achillessehne und der Quadricepssehne ist stets operativ. Bei den anderen Rissen ist im Einzelfalle zu entscheiden. Unter Umständen kann mit Ruhigstellung eine ausreichende Funktion erzielt werden. Im allgemeinen wird man hierbei den Rat eines erfahrenen Sporttraumatologen nicht entbehren können, denn die Entscheidung zum aktiven Vorgehen hängt weithin von der operativen Technik und dem Belastungsumfang in der speziellen Sportart ab.

Chronische Überlastungsschäden im Sport

Überlastungsschäden finden sich am häufigsten in der Muskulatur, an den Muskelsehnenursprüngen und Ansätzen am Knochen sowie an den Gelenkkapseln und Bändern. Nach jeder anstrengenden Muskelarbeit bilden sich umschriebene oder auch ausgedehnte Tonuserhöhungen, die zunächst keine Schmerzen hervorrufen müssen. Eine besondere Form ist die mit einer Schwellung einhergehende Verspannung, der sog. Muskelkater. Er tritt vornehmlich in der untrainierten Muskulatur auf. Charakteristisch ist, daß in Ruhe keine Beschwerden angegeben werden, dagegen bei jedem Bewegungsversuch Schmerzen auftreten. Grundsätzlich klingen diese Symptome nach wenigen Tagen ab. Knetende Massagen sind beim Muskelkater kontraindiziert, dagegen bringen heiße Bäder, lockernde Gymnastik oder Wärmeanwendungen — z. B. Sauna — rasche Linderung.

Umschriebene Tonuserhöhungen, wie Myogelosen oder Hartspann setzen die Elastizität des Muskels herab. So kommt es bei abrupten Bewegungen leicht zu abnormen Zugwirkungen an den Sehnenursprüngen und Ansätzen. Diesen fälschlicherweise als Periostreizungen angesehenen „Periostosen" liegen degenerative Prozesse der Sehnen bzw. des Schaltknorpels zwischen Sehnen und Knochen zu Grunde. Sie werden darum besser als Tendopatien bezeichnet. Ansatzschmerzen können überall auftreten, wo abnorme Zugwirkungen am Knochen wirksam werden. Besonders häufig werden sie an der oberen Extremität gefunden, z. B. beim Turner, Werfer, Schwerathleten usw., am Tuberculum minus humeri, am Processus coracoides und am inneren oberen Schulterblattwinkel. Bekannt ist die Tendopathie der Unterarmextensoren beim Tennisspieler, die sog. Epicondylitis lateralis. An der unteren Extremität findet man vor allem den Adduktorenansatzschmerz, die Leistenzerrung oder Pubalgie. Sie entsteht nicht selten bei einer sog. weichen Leiste, der Hernia inguinalis incipienz oder bei Ansatzschmerzen am Tuberculum pubicum. Häufig sind entsprechende Beschwerden auch an den Dorn- und Querfortsätzen der Wirbelsäule. Klinisch findet man oft nur einen umschriebenen Druckschmerz, der dem Ursprung oder Ansatz größerer Muskelgruppen entspricht. Manchmal läßt sich dort auch ein Dehnungsschmerz auslösen.

Behandlung

In frischen Fällen bringt die Diadynamik oft rasche Heilung. Auch die Iontophorese mit Jod-Cali oder Histamin hat sich gut bewährt. Örtliche Einreibungen mit hyperämisierenden Salben enttäuschen oft. Lokale Injektionen, vor allem mit Cortison, können rasche Besserung bringen. Zu warnen ist vor der unkritischen Anwendung von Depotpräparaten mit großen Kristallen. Als Regel gilt, daß nicht mehr als 3 bis maximal 5 Injektionen gegeben werden sollten. Längere Ruhigstellung ist unzweckmäßig. Zwar lassen dabei die Beschwerden rasch nach, sie stellen sich aber nach Wiederaufnahme des Trainings schnell wieder ein. In hartnäckigen Fällen kommt evtl. die Röntgenbestrahlung in Frage. Wir bevorzugen in Anbetracht des jugendlichen Alters unserer Patienten die operative Einkerbung mit anschließender Fixation. Ähnlich gehen wir auch bei den entzündlichen Reizungen des Peritenons vor, die man vor allem an der Achillessehne findet. Bei der Operation fallen die strangartigen Narbenbildungen auf (Abb. 101). Hier ist vor jeder Cortison-Injektion zu warnen, da allzuleicht Sehnennekrosen entstehen, die dann zu einer Ruptur führen.

Daß Leistungssport zu Gelenkschäden i. S. der Arthrosis deformans führen kann, ist unbewiesen. Sicher wirken aber nicht ausbehandelte Verletzungen, vor allem Kapsel- und Knorpelschäden als Wegbereiter. Darum muß auch die scheinbar leichte Verletzung ernst genommen werden. Erst nach der

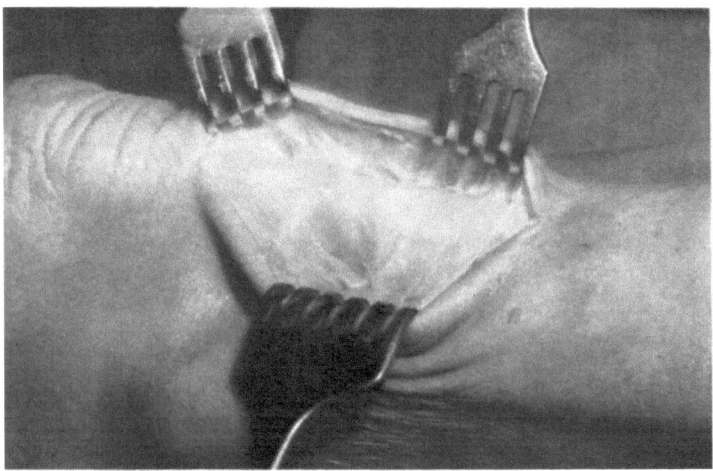

Abb. 101. Ausgedehnte narbige Fixierung der Achillessehne bei Peritenonitis achillea (Langstreckenläufer, 30 Jahre)

Ausheilung ist ein neuerlicher Einsatz des Aktiven im Sport möglich. Der Zeitpunkt wird vom örtlichen Befund, nicht aber vom Funktionär oder Trainer bestimmt. Auch im Sport ist das nil nocere oberstes Gebot. Es steht vor der evtl. Medaille oder der Meisterschaft.

Literatur

ALEXANDER, J. K., HARTLEY, L. H., MODELSKI, M., GROVER, R. F.: Reduction of stroke volume during exercise in man following ascent to 3,100 m altitude. J. appl. Physiol. 23, 849—858 (1967).
ANDREW, G. M., C. A. GUZMAN, and M. R. BECKLAKE: Effect of athletic training on exercise cardiac output. J. appl. Physiol. 21, 603 (1966).
ANOCHIN, P. K.: Das funktionelle System als Grundlage der physiologischen Architektur des Verhaltensaktes. Jena: Fischer 1967.
ANTHONY, A. J.: Funktionsprüfung der Atmung. Leipzig: Barth 1937.
— VENRATH, H.: Funktionsprüfung der Atmung. Leipzig: Barth 1962.
ARAKI, C. T.: The effects of medicine ball activity on the upper body development of young boys. Master thesis, University of Illinois 1960.
ARNOLD, A.: Einfluß der Leibesübungen auf Körper und Konstitution. In: Lehrbuch der Sportmedizin. Leipzig 1960.
ARWILL, A.: Relationships between effects of contraction and insulin on the metabolism of the isolated levator ani muscle of rat. Acta endocr. Suppl. 122, 27 (1967).
ASHWORTH, A, HARROWER, A. D. B.: Protein requirements in tropical countries: nitrogen losses in sweat and their relation to nitrogen balance. Brit. J. Nutr. 21, 833 (1967).
ASMUSSEN, E., CHIODI, H.: The effect of hypoxemia on ventilation and circulation in man. Amer. J. Physiol. 132, 426—435 (1941).
— DÖBELN, W. VON, NIELSEN, M.: Blood lactate and oxygen debt after exhaustive work at different oxygen tensions. Acta physiol. scand. 15, 57—62 (1948).
— HANSEN, O., LAMMERT, O.: The relation between isometric and dynamic muscle strength in man: Communications from the Testing and Observations Institute of the Danish National Institute for Infantile Paralysis, No. 20 (1965).
— NIELSEN, K. H.: Physical performance and growth in children; influence of sex, age and intelligence. J. appl. Physiol. 8, 370 (1956).
— — MOLBECH, S.: Description of muscle tests and standard values of muscle strength in children. Communications from the Testing and Observation Institute of the Danish National Association for Infantile Paralysis, No. 5 (1959).
— NIELSEN, M.: Cardiac output during muscular work and its regulation. Physiol. Rev. 35, 778—800 (1955).
ÅSTRAND, I.: Aerobic work capacity. Its relations to age, sex and other factors. In: Physiology of muscular exercise. Amer. Heart Assoc. Monograph No. 15. New York 1967.
ÅSTRAND, P. O.: Experimental studies of physical working capacity in relation to sex and age. Copenhagen: Munksgaard 1952.
— The respiratory activity in man exposed to prolonged hypoxia. Acta physiol. scand. 30, 343—368 (1954).
— Sport, Alter und Geschlecht. Bern: Sportmed. Schriftenreihe Wander, Heft 5, 1958.
— ÅSTRAND, I.: Heart rate during muscular work in man exposed to prolonged hypoxia. J. appl. Physiol. 13, 75—80 (1958).
— ENGSTRÖM, L., ERIKSSON, B., KARLBERG, P., NYLANDER I., SALTIN, B., THORÉN, C.: Girl Swimmers. Acta paediat. (Uppsala) 52, 147 (1963).
— RODAHL, K.: Textbook of work physiology. New York: McGraw-Hill 1970.
AXELROD, J.: Amphetamine: metabolism, physiological disposition, and its effects on catecholamine storage. In: International Symposium on Amphetamines and related compounds. New York: Raven Press 1970.

BACH, H. G.: Leistungssport und Menstruation. Sportmedizin 19, 64—68 (1968).
BACHMANN, K., GÜNTHER, W., HOFMANN, H., ZERZAWY, R.: Med. Klin. 1561—1566 (1970).
BALKE, B.: Work capacity at altitude. In: Science and Medicine of exercise and sports. New York: Harper & Row 1960.
BALLREICH, R.: Weg- und Zeitmerkmale von Sprintbewegungen, Sportwissenschaftliche Arbeiten Bd. 1. Berlin-München-Frankfurt: Bartels & Wernitz 1969.
— Weitsprunganalyse, Modell und Ergebnisse einer multivariablen Analyse kinematischer und dynamischer Merkmale von Sprungbewegungen, Sportwissenschaftliche Arbeiten Bd. 3. Berlin-München-Frankfurt: Bartels & Wernitz 1970.
BANISTER, E. W.: Theories of strength training. Coaching Review 4, No. 2, Legion House Ottawa 1966.
BARBASHOVA, Z. I.: Cellular level of adaptation. In: Handbook of physiology, sec. 4, 37—54, American Physiological Society, Washington, D. C. 1964.
BARGETON, D.: Analysis of capnigram and oxygram in man. Bull. Physio-Pathologie Respiratoire 3, 503 (1967).
BARNARD, R. J., and K. M. BALDWIN: The effect of training and various work loads on the lactacid-alactacid oxygen debt response of exercising dogs. Int. Z. angew. Physiol. 28, 120 (1970).
BASMAJAN, J. V.: Muscle alive. Baltimore: Williams and Wilkins 1967.
BATES, D. V., PEARCE, J. F.: Pulmonary diffusing capacity. J. Physiol. (Lond.) 132, 232 (1956).
BAUM, K. V.: Trainings-Pulsfrequenz 170 minus Lebensalter. Sportarzt u. Sportmed. 1 (1971).
BAUMANN, W.: Über die kinematographische Bewegungsanalyse. Med. Welt 19, 2168—2174 (1968).
— Über ortsfeste und telemetrische Verfahren zur Messung der Abstoßkraft des Fußes. Biomechanics I, 78—82 (1968).
BAUSENWEIN, J., HOFFMANN, A.: Frau und Leibesübungen. Auswertung einer Umfrage über die Rolle der Leibesübungen in den Lebensgewohnheiten der Bevölkerung. Mühlheim/Ruhr: 1967.
BECK, W., HETTINGER, TH.: Ist die Bewertung von Kraftmessungen bei der Begutachtung sinnvoll? Mschr. Unfallheilk. 59, 116 (1956).
BECKETT, A. H., TUCKER, G. T., MOFFAT, A. C.: Routine detection and identification in urine of stimulants and other drugs, some of which may be used to modify performance in sport. J. Pharm. pharmacol. 19, 273 (1967).
BECKMANN, P.: Funktionsgymnastik und Belastungstraining für den älteren Menschen. Z. präklin. Geriatr. 1, 138—140, 169—171, 199—200, 225—227 (1971).
BEECHER, H. K., SMITH, G. M.: Drugs and athletic performance. In: Doping. Oxford: Pergamon Press 1965.
BENADE, A. J. S., G. G. ROGERS: The physiological effects of sucrose administration during prolonged exercise of moderate intensity. Proceedings from XXV International Congres, Munich. Vol. IX. Abstract 137 (1971).
BENGTSSON, E.: The working capacity in normal children, evaluated by submaximal exercises on the bicycle ergometer and compared with adults. Acta med. scand. 154 (II), 91—109 (1956).
BERGSTRÖM, G., HERMANSEN, L., HULTMAN, E., SALTIN, B.: Diet, muscle glycogen and physical performance. Acta physiol. scand. 71, 140—150 (1967).
BERNSTEIN, N.: The co-ordination and regulation of movements. Oxford: Pergamon Press 1967.
BERT, P.: La pression barométrique. Masson et Cie, Paris 1878.
BEYER, K.-H., STRASSNER, W., KLINGE, D.: Untersuchungen über Amphetaminil. Deutsche Apotheker-Zeitung 19, 677 (1971).
BIGLAND, B., JEHRING, B.: Muscle performance in rats, normal and treated with growth hormon. J. Physiol. 116, 129 (1952).
— LIPPOLD, O. C. J.: The relation between force, velocity and integrated electrical activity in human muscles. J. Physiol. (Lond.) 123, 214 (1954 a).

— — Motor unit activity in the voluntary contraction of human muscle. J. Physiol. (Lond.) **125**, 322 (1954 b).
BJURSTEDT, H., ROSENHAMER, G., WIGERTZ, O.: High-G environment and responses to graded exercise. J. appl. Physiol. **25**, 713 (1968).
BLIX, G.: A study on the relation between total calories and single nutrients in food. Acta Soc. Med. Upsalien. **70**, 17—129 (1965).
BLOMQVIST, G., JOHNSON, R. L., JR., SALTIN, B.: Pulmonary diffusing capacity limiting human performance at altitude. Acta physiol. scand. **76**, 284—287 (1969).
— STENBERG, J.: The ECG response to submaximal and maximal exercise during acute hypoxia. Acta med. scand. **178** (Suppl. 440), 82—92 (1965).
BLUME, O.: Die Situation älterer Menschen in der BRD. In: Lernen für das Alter. Diessen: Huber 1970.
BOHNENKAMP, H.: Der Stoffwechsel des Herzens und seine Leistungsreserven. Ch. Dtsch. Ges. Verdauungskr. (Leipzig 1937).
BONCOUR, R., LEBBE, J., LAFARGE, J.-P., LAPLACE, M.: Médecine du Sport **1**, 39 (1968).
BORGARD, W.: Beitrag zur Funktionsprüfung von Herz und Kreislauf. Klin. Wschr. **17**, 73 (1938).
BORSKY, J., HUBAC, M.: Vplyo stalického a dynamického zataženia na niektoré fyziologické funkcié organizma. Pracov. Lék. **18**, 5 (1966).
BOUCHARD, C., HOLLMANN, W., HERKENRATH, G.: Relations entre la maturité biologique et certains éléments de la valeur physique avec dégagement des implications méthodologiques pour l'éducation physique scolaire. Rapport du congrès 1967 de l'Aipelf. 101—113 (1968 a).
— — — Relations entre le niveau de maturité biologique, la participation à l'activité physique et certaines structures morphologiques et organiques chez des garçons de huit à dix-huit ans. Biométrie humaine. **3**, 101 (1968 b).
BRÄUNINGER, H.: Kraft und Trainierbarkeit bei Oberschenkelamputierten. Dissertation, München 1959.
BRAUER, L., KNIPPING, H. W.: Über das sogenannte spirografische Defizit und einige Bemerkungen zur arteriellen Blutgasanalyse in der Herz- und Lungenklinik. Med. Klin. **44/45**, 1429 (1949).
BROZEK, J.: Research on body composition and its relevance for human biology. Symp. Soc. exp. Biol. **VII**, 85—120 (1965).
BRUNELLI, F., ROTTINI, E.: Der Einfluß des Menstrualzyklus auf die sportliche Leistung. Med. Sport (Torino) **5**, 822—831 (1965).
BRUNNER, D., JOKL, E.: Physical activity and aging. Basel-New Yorker: Karger 1970.
BUCHBERGER, J.: Der Einfluß verschiedener Trainingsarten auf die Arbeitskapazität von Jugendlichen. Schweiz. Z. Sportmed. **19**, 3 (1971).
BUSKIRK, E., ANDERSEN, K. L., BROZEK, J.: Unilateral activity and bone and muscles development in the forearm. Res. Quart. Amer. Ass. Hlth phys. Educ. **27**, 127—131 (1956).
— KOLLIAS, J., AKERS, R. F., PROKOP, B. K., PICÓN-REÀTEGUI: Maximal performance at altitude and on return from altitude in conditioned runners. J. appl. Physiol. **23**, 259—266 (1967).
BYRNE, W. L., SAMUEL, D.: Behavioral modifications of injection of brain extract prepared from a trained donnor. Science **154**, 418 (1966).
CAESAR, K. und D. JESCHKE: Trainingseinflüsse auf die Kreislaufperipherie. Internist **8**, 283 (1970).
CAMPBELL, W. R., POHNDORF, R. H.: Physical fitness of British and United States children. In: Health and fitness in the modern world. Chicago 1961.
CARLSÖÖ, S., JOHANSSON, O.: Stabilisation of and lead on the elbow joint in some protective movements. Acta anat. (Basel) **48**, 224 (1962).

CARTONI, G. P., LIBERTI, A.: Analytical determination of doping agents. XVII Congresso Nazionale di Medicina dello Sport (Bologna 1969). Torino: Minerva Medica 1971.
CASPERS, H.: Die zentralnervöse Regulation der Muskeltätigkeit. In: Handbuch der gesamten Arbeitsmedizin, I. Band. Berlin-München-Wien: Urban & Schwarzenberg 1961.
— KEIDEL, W. D.: Zentralnervensystem. In: Kurzgefaßtes Lehrbuch der Physiologie. Stuttgart: Thieme 1970.
CASSIN, S., GILBERT, R. D., JOHNSON, E. M.: Capillary development during exposure to chronic hypoxia, Report SAM-TR-66-16, USAF School of Aviation Medicine, Randolph Field, Tex. 1966.
CERMARK, J.: Die Änderungen des Herzvolumens in der Entwicklungsperiode bei 12- u. 15jährigen Knaben im Vergleich mit den Veränderungen der somatometrischen u. Grundkriterien. Cardiologia (Basel) 53, 99 (1968).
CERRETELLI, P., MARGARIA, R.: Maximum oxygen consumption at altitude. Int. Z. angew. Physiol. 18, 460—464 (1961).
CHERNIACK, R. M., CHERNIACK, L.: Respiration in health and disease. Philadelphia: Saunders 1961.
CHIARI, K.: Altersveränderungen am Bewegungsapparat. In: Der Mensch im Alter. Frankfurt: Umschau 1962, S. 92.
CHIODI, H.: Respiratory adaptations to chronic high altitude hypoxia. J. appl. Physiol. 10, 81—87 (1957).
CHRISTENSEN, E. H.: Sauerstoffaufnahme und respiratorische Funktionen in großen Höhen. Skand. Arch. Physiol. 76, 88—100 (1937).
— Die Lebenswandlungen der Kreislauffunktionen in Abhängigkeit von Alter und Geschlecht. Verh. dtsch. Ges. Kreisl.-Forsch. 24, 60—73 (1958).
— FORBES, W. H.: Der Kreislauf in großen Höhen. Skand. Arch. Physiol. 76, 75—87 (1937).
— HANSEN, O.: Untersuchungen über die Verbrennungsvorgänge bei langdauernder, schwerer Muskelarbeit. Skand. Arch. Physiol. 81, II. 152—159 (1939 a).
— — Arbeitsfähigkeit und Ernährung. Skand. Arch. Physiol. 81, III, 160—171 (1939 b).
— — Hypoglykämie, Arbeitsfähigkeit und Ernährung. Skand. Arch. Physiol. 81, IV, 172—179 (1939 c).
— KROGH, A.: Fliegeruntersuchungen; die Wirkung niedriger O_2-Spannung auf Höhenflieger. Skand. Arch. Physiol. 73, 145—154 (1936).
— NIELSEN, H. E.: Die Leistungsfähigkeit der menschlichen Skelettmuskeln bei niedrigem Sauerstoffdruck. Skand. Arch. Physiol. 74, 272—280 (1936).
CLARKE, D. H., HENRY, F. M.: Neuromotor specificity and increased speed from strength development. Res. Quart. Amer. Ass. Hlth phys. Educ. 32, 315 (1961).
CLARKE, H. H.: Muscular strength and endurance in man. Englewood cliffs: Prentice-Hall 1966.
— PETERSEN, K. H.: Contrast of maturational, structurel and strength characteristics of athletes and non-athletes 10 to 15 years of age. Res. Quart. Amer. Ass. Hlth phys. Educ. 32, 163—176 (1961).
CLAUSEN, J. P., TRAP-JENSEN, J., LASSEN, N. A.: The effects of training on heart rate during arm and leg exercise. Scand. J. clin. Lab. Invest. 26, 295—301 (1970).
CLAUSEN, J. P. and N. A. LASSEN: Muscle blood flow during exercise in normal man studied by the 133 Xenon clearence method. Cardiovasc. Res. 2, 245 (1971).
COMROE, J. H., JR.: The lung. Science 214 (2), 56 (1966).
CONGER, P. R., MACNAB, R. B. J.: Strength, body composition and work capacity of participants and nonparticipants in women's intercollegiate sports. Res. Quart. Amer. Ass. Hlth phys. Educ. 38, 184—192 (1967).
CONSOLAZIO, C. F.: Submaximal and maximal performance at high altitude. In: International symposium on the effects of altitude on physical performance. Chicago: The Athletic Institute 1967.

CORROL, V. A., CURETON, T. K.: Variabilité des mesures d'aptitudes physiques dans différents groupes d'âge. Biométrie humaine **2**, 93 (1967).
COSTILL, D., FOX, E. L.: Energetics of marathon running. Med. and Science in Sport **1**, 81—86 (1969).
CURETON, T. K.: Improving the physical fitness of youth. Monogr. Soc. Child. Develop. 29, No. 4 (1964).
DANCASTER, C. P., DUCKWORTH, W. C., ROPER, C. J.: Nephropathy in marathon runners. S. Afr. J. Lab. clin. Med. **43**, 758—760 (1969).
DEITRICK, J. E., WHEDON, G. D., SHORR, F.: Effects of immobilization upon various metabolic and physiologic functions of normal men. Amer. J. Med. **4**, 3 (1948).
DILL, D. B. (ed.): Handbook of physiology, sec. 4, Adaptation to the environment, American Physiological Society, Washington, D. C. 1964.
DILLMANN, E.: Todesfälle an einer Rehabilitationsklinik für Herz- und Kreislaufkrankheiten. 273—250 (1971).
DONATH, R., ISRAEL, S.: Über Beziehungen zwischen der Herzgröße und einigen herz-kreislaufdynamischen Meßgrößen bei einer steady-state-Belastung. Wiss. Z. dtsch. Hochsch. Körperk. (Leipzig) **8**, 119 (1966).
DONIKE, M., STRATMANN, D.: Die Amphetaminausscheidung als Indikator für den Captagonmißbrauch. Sportarzt und Sportmedizin **12**, 287 (1970).
DONSKOI, D. D.: Bewegungsprinzipien der Biomechanik im Sport. Biomechanics I, 150—154 (1968).
— Biomechanik der Körperübungen. Berlin 1961.
DRUMMOND, G.: Microlenvironment and enzyme function. Control of energy metabolism during muscle work. Amer. Zool. **11**, 83 (1971).
DÜNTSCH, G., STOBOY, H.: Das Verhalten von Kraft und Ausdauer eines isometrischen Trainings in Abhängigkeit von der Muskulatur. Sportarzt und Sportmedizin **17**, 496 und 543 (1966).
ECCLES, J. C.: The physiolgy of synapses. Berlin-Göttingen-Heidelberg: Springer 1964.
— Physiologie der Nervenzelle und ihrer Synapsen. In: Physiologie des Menschen, Bd. 10. München: Urban & Schwarzenberg 1971.
EDINGTON, D.: Experientia (Basel) **26**, 601 (1970).
EDWARDS, H. T.: Lactic acid in rest and work at high altitude. Amer. J. Physiol. **116**, 367—375 (1936).
EISELT, E.: Die ergometrische Feststellung der Änderungen der Adaptation im Alter. In: 2. Internat. Seminar für Ergometrie. Berlin: Ergon 1967.
EKBLOM, B.: Effect of physical training in adolescent boys. J. appl. Physiol. **27**, 359 (1969 a).
— Effect of physical training on oxygen transport system in man. Acta physiol. scand. 328 (1969 b).
EKELUND, L. G., HOLMGREN, A.: Central hemodynamics during exercise. In: Physiology of muscular exercise. Amer. Heart Assoc. Monograph. No. 15. New York 1967.
ELWOOD, P. C.: The role of food iron in the prevention of nutritional anaemias. In: Occurence, causes and prevention of nutritional anaemias. Uppsala: Almqvist & Wiksell 1968.
EMBDEN, G., HABS, H.: Beiträge zur Lehre vom Muskeltraining. Skand. Arch. Physiol. **49**, 122 (1926).
ESPENSCHADE, A.: Motor performance in adolescence. Monogr. Soc. Child. Develop. **5**, 118—120 (1940).
— The contributions of physical activity to growth. Res. Quart. Amer. Ass. Hlth phys. Educ. **31**, 351 (1960).
— ECKERT, H. M.: Motor development. Columbus: Merrill 1967.
FAULKNER, J. A., KOLLIAS, J., FAVOUR, C. B., BUSKIRK, E. R., BALKE, B.: Maximum aerobic capacity and running performance at altitude. J. appl. Physiol. **24**, 685—691 (1968).

FENN, W. O.: The pressure volume diagram of the breathing mechanism. In: Handbook of respiratory physiology. USAF School of Aviation Medicine, Randolph Field 1954.
— RAHN, H. (Hrsg.): Handbook of Physiology. Sec. 3, vols. I und II. Washington 1964/1965.
FORDTRAN, J. S., SALTIN, B.: Gastric emptying and intestinal absorption during prolonged severe exercise. J. appl. Physiol. 23, 331—335 (1967).
FORSTER, R. E.: Oxygenation of the muscle cell. Circulat. Res. 20, 1 (1967).
FRIEDEBOLD, G., NÜSSGEN, W., STOBOY, H.: Die Veränderungen der elektrischen Aktivität der Skeletmuskulatur unter den Bedingungen eines isometrischen Trainings. Z. ges. exp. Med. 129, 401 (1957).
— STOBOY, H.: Die Rückentwicklung von Muskeleigenschaften nach Abbruch eines isometrischen Trainings. Z. Orthop. 100, 545 (1965).
FRISANCHO, A. R., GARN, S. M., ASCOLL, W.: Childhood retardation resulting in reduction of adult body size due to lesser adolescent skeletal delay. Amer. J. phys. Anthrop. 33, 325 (1970).
GARY, K., FESSLER, CH., ULMER, W. T.: Intrapleurale Druckschwankungen bei der Messung des Ein-Sekundenwertes und bei körperlicher Arbeit. Beitr. Klin. Tbk. 134, 295 (1967).
GENOVESE, E., MANTEGAZZA, P.: Doping agents. XVII Congresso Nazionale di Medicina dello Sport (Bologna 1969). Torino: Minerva Medica 1971.
GERSCHLER, W.: Leistungszuwachs bei Training des Skiläufers unter Berücksichtigung funktioneller Gesichtspunkte. Der Sportarzt 14, 29 (1963).
GIESEN, W.: Dissertation. Universität Köln 1961.
GOODARD. R. F. (ed.): The international symposium on the effects of altitude on physical performance. The Athletic Institute, Chicago 1967.
GÖPFERT, H., BERNSMEIER, A., STUFLER, R.: Über die Steigerungen des Energiestoffwechsels und der Muskelinnervation bei geistiger Arbeit. Pflügers Arch. ges. Physiol. 256, 304 (1953).
GOLLNICK, P. D., KING, D. W.: The immediate and chronic effect of exercise on the number and structure of skeletal muscle mitochondria. Biochem. of exercise. Basel-New York 1969.
GOROCHOVSKIJ, L. Z.: Sport vydvigajet problemu. Teor. Prakt. fiz. Kult. 33, 54—55 (1970).
GOTTHEINER, V.: Die Ergometrie in der rehabilitativen Kardiologie. In: 2. Internat. Seminar für Ergometrie. Berlin: Ergon 1967.
GRÄFE, H. K.: Optimale Ernährungsbilanzen für Leistungssportler. Berlin: Akademie-Verlag 1964.
GRANDJEAN, E.: Die zentrale Ermüdung. In: Handbuch der gesamten Arbeitsmedizin, I. Band. Berlin-München-Wien: Urban & Schwarzenberg 1961.
GRANIT, R.: The basis of motor control. London and New York: Academic Press 1970.
GRAY, J. S.: Pulmonary ventilation and its physiological regulation. Amer. Lect. series. Springfield: Thomas 1950.
GREEN, H. J.: Urban and rural differences in the work capacity of Alberta secondary school students as measured by the Astrand predicted maximal oxygen intake test. Research unit report 4 — University of Alberta 1967.
GROH, H., BAUMANN, W., GALBIERZ, P., KLAUCK, J.: Über die Berechnung der statischen und dynamischen Muskelkräfte bei menschlichen Bewegungsabläufen. Institut für Biomechanik der DSHS (1971), unveröffentlicht.
GROVER, R. F., REEVES, J. T.: Exercise performance of athletes at sea level and 3,100 meters altitude. In: The international symposium on the effects of altitude on physical performance. Chicago: The Athletic Institute 1967.
GUNDLACH, H.: Laufgestaltung und Schrittgestaltung im 100 m-Lauf. Theorie und Praxis der Körperkultur 3—5 (1963).
GUTH, L., WATSON, P. K., BROWN, W. C.: Biochemical and histochemical studies on reinnervated and crossinnervated fast and slow muscles. Physiologist 10, 190 (1967).

GUTMAN, E., BARANEK, R., HNIK, P., ZELENA, J.: Physiology of neurotrophic relations. Proc. 5th Nat. Congr. Czech. Physiol. Soc. 1961.
HAAS, W., ANAGNOSTU, D., LANG, E., SCHMIDT, J.: Leistungsfähigkeit und Leistungsanamnese älterer Langstreckenläufer. Münch. med. Wschr. 112, 1504—1510 (1970).
HAGBARTH, K. E.: Excitatory and inhibitory skin areas for flexor and extensor motoneurons. Acta physiol. scand. 26, suppl. 94 (1952).
HALHUBER, M. J.: Med. Klin. 65, 1867—1869 (1970).
— Zur Frage der körperlichen Belastbarkeit alternder und alter Menschen. Z. präklin. Geriat. 1, 33—36 (1971).
HALLBERG, L., HÖGDAHL, A.-M., NILSSON, L., RYBO, G.: Variation in iron loss in women. In: Occurence, causes and prevention of nutritional anaemias. Uppsala: Almqvist & Wiksell 1968.
HAMBERGER, C. A., HYDEN, H.: Cytochemical changes in the cochlear ganglion caused by acoustic stimulation and trauma. Acta oto-laryng. (Stockh.) Suppl. 61 (1945).
HANSEN, J. E., STELTER, G. P., VOGEL, J. A.: Arterial pyruvate, lactate, pH, and P_{CO_2} during work at sea level and high altitude. J. appl. Physiol. 23, 523—530 (1967 a).
— VOGEL, J. A., STELTER, G. P., CONSOLAZIO, C. F.: Oxygen uptake in man during exhaustive work at sea level and high altitude. J. appl. Physiol. 23, 511—522 (1967 b).
HANSEN, J. W.: The training effect of repeated isometric muscle contractions. Int. Z. angew. Physiol. 18, 474 (1961).
— Effect of dynamic training on the isometric endurance of the elbow flexors. Int. Z. angew. Physiol. 23, 367 (1967).
HARTLEY, L. H., ALEXANDER, J. K., MODELSKI, M., GROVER, R. F.: Subnormal cardiac output at rest and during exercise in residents at 3,100 m altitude. J. appl. Physiol. 23, 839—848 (1967).
HARTUNG, M., VENRATH, H., HOLLMANN, W., ISSELHARDT, W., JAENCKER, D.: Über die Atmungsregulation unter Arbeit. Köln-Opladen: Westdtsch. Verlag 1966.
HASSELBACH, W.: Muskel. In: Physiologie des Menschen. Bd. 4. München-Berlin-Wien: Urban & Schwarzenberg 1971.
HEBBELINCK, M.: Différences structurelles et motrices selon le degré d'activité sportive. Rev. Educ. phys. 2, 2—3 (1962).
HEDMAN, R.: The available glycogen in man and the connection between rate of oxygen intake and carbohydrate usage. Acta physiol. scand. 40, 305—321 (1957).
HELANDER, E.: Adaptive muscular „allomorphism". Nature (Lond.) 182, 1035 (1958).
HELLBRÜGGE, T., RUTENFRANZ, J., GRAF, O.: Gesundheit und Leistungsfähigkeit im Kindes- und Jugendalter. Stuttgart: Thieme 1960.
HELLEBRANDT, F. A., WATERLAND, J. C.: The influence of unimanueal exerise on related muscle groups of the same and the opposite site. Amer. J. phys. Med. 41, 45 (1962).
HENDERSON, Y.: Adventures in respiration. Baltimore: Williams & Wilkins 1938.
HERMANN, J.: Untersuchungen über die maximale Ventilationsgröße (Atemgrenzwert). Z. ges. exp. Med. 90, 180 (1933).
HERMANSEN, L.: Anaerobic energy release. Medicine and Science in Sports 1, 32—38 (1969).
— ANDERSEN, K. L.: Aerobic work capacity in young Norvegian men and women. J. appl. Physiol. 20, 425—431 (1965).
— SALTIN, B.: Blood lactate concentration during exercise at acute exposure to altitude. In: Exercise at altitude. Amsterdam: Excerptia Medica Found 1967.
HERXHEIMER, H., KOST, R.: Untersuchungen über den Gasstoffwechsel bei verschiedener Art der Hyperventilation. Z. klin. Med. 116, 88 (1931).
— — Über den Einfluß der CO_2-Atmung auf den Gasstoffwechsel bei Kranken, Gesunden und Trainierten. Naunyn-Schmiedeberg's Arch. 165, 101 (1932).

HETTINGER, TH.: Physiology of strength. Springfield/Ill.: Thomas 1961.
— Isometrisches Muskeltraining. Stuttgart: Thieme 1968.
— HOLLMANN, W.: Dynamometrische Messungen an Muskeln. Sportarzt und Sportmedizin 20, 18—21 (1969).
HIERNAUX, J.: Ethnic differences in growth and development. Eugen. Quart. 15, 12 (1968).
HILDEBRANDT, G., WITZENRATH, A.: Leistungsbereitschaft und vegetative Umstellung im Menstruationsrhythmus. Int. Z. angew. Physiol. 27, 266—282 (1969).
HILL, A. V.: Muscular movement in man. New York 1927.
HOCHMUTH, G.: Biomechanik sportlicher Übungen. Frankfurt: Limpert 1967.
HOFMANN, H.: Ther. d. Gegenw. 108, 1432 (1969).
— GOLLING, F.-R., MEIER, E., W. GÜNTHER: Med. Klin. 65, 1784—1790 (1970).
HOLLMANN, W.: Der Arbeits- und Trainingseinfluß auf Kreislauf und Atmung. Darmstadt: Dr. Steinkopff 1959.
— Zur Frage der Dauerleistungsfähigkeit. Fortschr. Med. 17, 439 (1961).
— Höchst- und Dauerleistungsfähigkeit des Sportlers. München: Barth 1963.
— Körperliches Training als Prävention von Herz-Kreislaufkrankheiten. Stuttgart: Hippokrates 1965.
— Für den alternden und alten Menschen empfehlenswerte Sportarten. Z. präklin. Geriatr. 1, 37—40 (1971).
— BARG, W., WEYER, G. und HECK, H.: Der Alterseinfluß auf spiroergometrische Meßgrößen im submaximalen Arbeitsbereich. Med. Welt 28, 1280 (1970).
— BOUCHARD, C.: Untersuchung über die Beziehungen zwischen chronologischem und biologischem Alter zu spiroergometrischen Meßgrößen, Herzvolumen, anthropometrischen Daten und Skelettmuskelkraft bei 8—18jährigen Jungen. Z. Kreisl.-Forsch. 59, 160 (1970).
— — Alter, körperliche Leistung und Training. Z. Gerontol. 3, 188—197 (1970).
— — HERKENRATH, G.: Die Entwicklung der Leistungsfähigkeit des cardiopulmonalen Systems bei Kindern und Jugendlichen des achten bis achtzehnten Lebensjahres. Sportarzt und Sportmedizin 16, 255 (1965).
— HETTINGER, TH.: Das excentrische Training und sein Einfluß auf die Muskelkraft. Sportarzt und Sportmedizin XX, 344 (1969).
— SCHLÜSSEL, H., SPECHTMEYER, U., HERKENRATH, G.: Einige Enzymspiegel bei dosierter dynamischer und statischer Arbeit unter Anwendung verschiedener O_2-Gemische. Sportarzt und Sportmedizin 5, 166 (1965).
— VENRATH, H., BALODIMOS, J., GIOVANNELLI, G.: Herzleistungsquotient und -wirkungsgrad sowie die Lungenvolumina bei Sportlern unter 35 Jahren. Sportmedizin 11 (1955).
— — BOUCHARD, C.: Die Wirkung eines Intervalltrainings auf Herz, Kreislauf und Stoffwechsel bei Nichtsturnern. Med. Welt 41, 2156 (1964).
— — VALENTIN, H.: Über den Einfluß spezifischer Drehkurbelübungen auf Atmung und Stoffwechsel. Z. f. Arbeitsmed. u. Arbeitsschutz 9, 18 (1959).
HOLLOSZY, J. O.: Biochemical adaptations in muscle. J. Biochem. Chem. 242, 2278 (1967).
— MOLE, P., BALDWIN, K., TERJUNG, R.: In: Limiting factors of physical performance. Ed.: J. Keul. Stuttgart: Thieme-Verlag, 1972.
— OSCAI, L., MOLE, P., DON, I., New York-London: Plenum Press 1971.
HOLMDAHL, D. E., INGELMARK, B. E.: Der Bau des Gelenkknorpels unter verschiedenen funktionellen Verhältnissen. Acta anat. (Basel) 6, 309 (1948).
HOLMES, R., RASCH, P. J.: Effect of exercise on number of myofibrils per fiber in sartorius muscle of the rat. Amer. J. Physiol. 195, 50 (1958).
HOLMGREN, A.: Circulatory changes during muscular work in man. Scand. J. clin. Lab. Invest. 8, Suppl. 24 (1956).
— Cardiorespiratory determinants of cardiovascular fitness. Canad. med. Ass. J. 96, 697 (1967).
— STRANDELL, T.: The relationship between heart volume, total haemoglobin and physical working capacity in former athletes. Acta med. scand. 163, 149 (1959).

HORN, J. L., CATTELL, R. B.: Age differences in primary mental ability factors. J. Geront. 21, 210—220 (1966).
HORVAT, V.: Consommation d'oxygène maximale des joueurs de water-polo. In: Poumon, respiration et sport. Prague 1965.
HUBBARD, A. W.: Homokinetics: Muscular function in human movement. In: Science and medicine of exercise and sports. New York: Harper & Row 1960.
HUFSCHMIDT, H.-J.: Die rasche Willkürkontraktion. Z. Biol. 107, 1 (1954).
HULTMAN, E.: Studies on muscle metabolism of glycogen and active phosphate in man with special reference to exercise and diet. Scand. J. clin. Lab. Invest. 19, Suppl. 94 (1967).
— NILSSON, L. H.: Liver glycogen in man. Effect of different diets and muscular exercise. In: Muscle metabolites during exercise. New York: Plenum Press 143—152 (1971).
HUNT, J. N., PATHAK, J. D.: The osmotic effects of some simple molecules and ions on gastric emptying. J. Physiol. (Lond.) 154, 254—269 (1960).
HURTADO, A., MERINO, C., DELGADO, E.: Influence on the hemopoietic activity. Arch. Int. Med. 75, 284—323 (1945).
HUTCHINSON, J.: On capacity of lungs and on respiratory functions view of establishing precise and easy method of detecting disease by spirometer. Trans. med.-chir. Soc. Edinb. 29, 137 (1846).
HUXLEY, H. E.: The mechanism of muscular contraction. Science 213, 18 (1965).
IKAI, M.: The effects of training on muscular endurance. Proc. int. Congr. Sport Sci. 1964, p. 109.
— The effects of training on muscular endurance. In: Proceedings of international congress of sport sciences, 1964. Tokyo: The Japanese Union of Sport Sciences 1966.
— Growth — I[D]17. In: Encyclopedia of sport sciences and medicine. New York: Macmillan 1971.
— FUKANAGA, T.: Calculation of muscle strength per unit cross-sectional area of human muscle by means of ultrasonic measurement. Int. Z. angew. Physiol. 26, 26 (1968).
— — A study of training effect on strength per unit cross-sectional area of muscle by means of ultra-sonic measurement. Int. Z. angew. Physiol. 28, 172 (1970).
— STEINHAUS, A. H.: Some factors modifying the expression of human strength. J. appl. Physiol. 16, 157 (1961).
— YABE, K., ISCHII, K.: Muskelkraft und muskuläre Ermüdung bei willkürlicher Anspannung und elektrischer Reizung des Muskels. Sportarzt und Sportmedizin 5, 29 (1961).
INGELMARK, B. E.: Der Bau der Sehnen während verschiedener Altersperioden und unter wechselnden funktionellen Bedingungen I. Acta anat. (Basel) 6, 113 (1948).
— Morpho-physiological aspects of gymnastic exercises. FIEP-Bull. 27, 37 (1957).
ISRAEL, S., ISRAEL, G.: Zum Begriff des Normalwertes in der Medizin. In: XVI. Weltkongreß für Sportmedizin in Hannover. Köln: Deutscher Ärzte-Verlag 1966.
— KÖHLER, E., ISRAEL, G.: Das Ausmaß organischer und funktioneller Anpassungserscheinungen bei Hochleistungssportlerinnen verschiedener Sportarten. Theor. Prax. Körperkult. 16, 163—171 (1967).
JOHNSON, B. L., JOKL, E., JOKL, P.: The effect of exercise upon the duration of the triceps surae stretch reflex. J.A.P.M.R. 17, 172 (1963).
JOKL, E., JOKL, P. (eds.): Exercise and altitude. New York: Karger 1968.
— — Hypoxie bei den Olympischen Spielen in Mexico City. Abbottempo 4, 8—13 (1969).
JONES, H. E.: Sex differences in physical abilities. Hum. Biol. 19, 12 (1947).
— Motor performance and growth. Univ. Calif. Publ. Child. Develop. 1, 1 (1949).
JOSENHANS, W.: An evaluation of some methods of improving muscle strength. Rev. canad. Biol. 21, 315 (1962).
— Muscular factors. Canad. med. Ass. J. 96, 761 (1967).

KAISER, H.: Alternsprobleme aus der Sicht der Medizin. In: Lernen für das Alter. Diessen: Huber 1970.
KARLSSON, J., DIAMANT, B., SALTIN, B.: Muscle metabolites during submaximal and maximal exercises in man. Scand. J. clin. Lab. Invest. **26,** 385—394 (1970).
— SALTIN, B.: Lactate, ATP and CP in the working muscles during exhaustive exercise in man. J. appl. Physiol. **29,** 598—602 (1970).
— — Diet, muscle glycogen and endurance performance. J. appl. Physiol. **31,** 203 bis 206 (1971).
KARPOVICH, P. V.: Physiology of muscular activity. Philadelphia: Saunders (1959).
— In: Encyclopedia of Sports Sciences and Medicine. New York: MacMillan 1971.
KARVONEN, M. J., BARRY, A. J. (Eds.): Physical activity and the heart. Springfield/Ill.: Thomas 1967.
KATCH, F. I., MICHAEL, E. D., JONES, E. M.: Effects of physical training on the body composition and diet of females. Res. Quart. Amer. Ass. Hlth, phys. Educ. **40,** 99—104 (1969).
KEUL, J., DOLL, E.: Die Substratversorgung des menschlichen Skelettmuskels während körperlicher Arbeit. XVI. Weltkongreß für Sportmedizin. Köln-Berlin: Deutscher Ärzteverlag 1966.
— — KEPPLER, D.: Muskelstoffwechsel. München: Barth 1969.
— — — Energy metabolism of human muscle. Basel/New York: Karger 1972.
— REINDELL, H. ROSKAMM, H.: Trainingsauswirkungen beim Jugendlichen. Der Sportarzt **12,** 254—258 (1961).
KEW, M. C., ABRAHAMS, C., LEVIN, N. W., SEFTIL, H. C., RUBENSTEIN, A. H., BERSOHN, I.: The effects of heat stroke on the function and structure of the kidney. Quart. J. Med. **36,** 277—300 (1967 a).
— BERHSON, I., PETER, J., WYNDHAM, C. H., SHEFTEL, H. C.: Preliminary observations on serum and C.S.F. enzymes in heat stroke. S. Afr. med. J. **41,** 530—532 (1967 b).
— TUCKER, R. B., BERSOHN, I., SEFTEL, H. C.: The heart in heat stroke. Amer. Heart J. **77,** 324—335 (1969).
KIRSTEN, G.: Der Einfluß isometrischen Muskeltrainings auf die Entwicklung der Muskelkraft Jugendlicher. Int. Z. angew. Physiol. **19,** 387 (1963).
KJELLBERG, S. R., RUDHE, U., SJÖSTRAND, T.: The relation of the cardiac volume to the weight and surface area of the body, the blood volume and the physical capacity for work. Acta radiol. **31,** 113 (1949).
KLAUS, E. J.: Untersuchungen zur Frage der Überanstrengung im modernen Frauensport. Med. Welt (Berl.) **41,** 2180—2185 (1964).
— NOACK, H.: Frau und Sport. Stuttgart: Thieme 1961.
KLAUSEN, K.: Cardiac output in man in rest and work during and after acclimatization to 3,800 m. J. appl. Physiol. **21,** 609—616 (1966).
KLEIN, K. K.: The deep squat exercise as utilized in wheight training for athletics and its effect on the ligaments of the knee. J. A. Physical and Mental Rehab. **15,** 6 (1961).
— A study of isometric exercise for increasing medial-lateral-collateral ligament stability. Rehab. Lab., Univers. Texas, Austin, Texas USA (1965).
KNIPPING, H. W.: Die Untersuchung der Ökonomie von Muskelarbeit bei Gesunden und Kranken. Z. exp. Med. **66,** 517 (1929).
— Über die Funktionsprüfung von Atmung und Kreislauf. Beitr. Klin. Tuberk. **88,** 503 (1936).
— Die Ergebnisse der Ergografie in der Klinik. Die Arbeitsinsuffizienz von Herz und Kreislauf. Klin. Wschr. **17,** 1457 (1938).
KNOLL, W., FRONIUS, H.: Trainingsversuche an Ratten. Arbeitsphysiologie **6,** 295 (1933).
KNUTTGEN, H. G.: Comparison of fitness of Danish and American school children. Res. Quart. Amer. Ass. Hlth phys. Educ. **32,** 190 (1961).
KÖNIG, K., REINDELL, H., KEUL, J., ROSKAMM, H.: Untersuchungen über das Verhalten von Atmung und Kreislauf im Belastungsversuch bei Kindern und Jugendlichen im Alter von 10—19 Jahren. Int. Z. angew. Physiol. **18,** 393 (1961).

— ROSKAMM, H., REINDELL, H.: Das Herzvolumen und die körperliche Leistungsfähigkeit bei 20 bis 39jährigen gesunden Frauen. Z. Kreisl.-Forsch. 57, 713—720 (1968).
KOLLIAS, J., BUSKIRK, E. R., AKERS, R. F., PROKOP, E. K., BAKER, P. T., PICÓN-REÁTEGUI: Work capacity of long-time residents and newcomers to altitude. J. appl. Physiol. 24, 792—799 (1968).
KRÁL, J., PROS, J.: La femme et le sport. C. R. XI. e. Congress Internat. Médicine Sportive. Luxembourg: Assoc. luxemb. Médecine Sportive 1956.
KRAUS, H., KIRSTEN, R.: Effects of exercise on structure and metabolism of skeletal muscle at the cell level. Pflügers Arch. ges. Physiol. 308, 57 (1969).
RAAB, W.: Krankheiten durch Bewegungsmangel. München: Barth 1964.
KROGH, A.: Anatomie und Physiologie der Kapillaren. Berlin: Springer 1929.
LANG, E., SCHMIDT, J.: Herz und Kreislauf alter Dauerleistungssportler. Z. Kreisl.-Forsch. 59, 139—144 (1970).
LARSON, L. A. (Ed.): Encyclopedia of Sport Sciences and Medicine. New York: MacMillan 1971.
LASI, C.: Maximum oxygen consumption during work in women. Med. Lavoro 57, 449—457 (1966).
LEARY, W. P., WYNDHAM, C. H.: The possible effect on athletic performance of Mexico City's altitude. S. Afr. med. J. 40, 984—985 (1966).
LEHMANN, G.: Praktische Arbeitsphysiologie. Stuttgart: Thieme 1962.
LEHR, U.: Die Problematik des älteren Menschen — psychologisch gesehen. In: Lernen für das Alter. Giessen: Huber 1970.
LEIGHTON, J. R.: Flexibility characteristics of males ten to eighteen years of age. Arch. phys. Med. 37, 494—499 (1956).
LESGAFT, P. F.: Anatomie des Muskelsystems. (Zit. n. DONSKOI, 1961).
— Grundlagen der theoretischen Anatomie 1 (1905) und 2 (1922). (Zit. n. DONSKOI, 1961.)
LIESEN, H., HOLLMANN, W., FOTESCU, M. D., MATHUR, D. N.: Verh. Dtsch. Ges. Kreisl.-Forsch., Bad Nauheim 1971.
LIND, A. R., MCNICOL, G. W.: Muscular factors which determine the cardiovascular response to sustained and rhythmic exercise. Canad. med. Ass. J. 96, 706 (1967).
LINGE, B., VAN: The response of muscle to strenuous exercise. J. Bone Jt. Surg. B. 44, 711 (1962).
LUFT, U. C.: Laboratory facilities for adaptation research: Low pressures. In: Handbook of physiology, sec. 4, American Physiological Society, Washington, D. C. 1964 a.
— Aviation physiology: The effect of altitude. In: Handbook of physiology, sec. 3, vol. 2, American Physiological Society, Washington, D. C. 1964 b.
MACALPIN, R. N., KATTUS, A. A.: Circulation 33, 183—201 (1966).
MACNAB, R. B. J., CONGER, P. R., TAYLOR, P. S.: Differences in maximal and submaximal work capacity in men and women. J. appl. Physiol. 27, 644—648 (1969).
MALINA, R. M., JOHNSTON, F. E.: Significance of age, sex, and maturity differences in upper arm composition: Res. Quart. Amer. Ass. Hlth phys. Educ. 38, 219 (1967).
MANTEGAZZA, P., MÜLLER, E. E., NAIMZADA, M. K., RIVA, M.: Studies on the lack of correlation between hyperthermia, hyperactivity, and anorexia induced by amphetamine. In: International Symposium on Amphetamines and related compounds. New York: Raven Press 1970.
MARGARIA, R.: Aerobic and anaerobic energy sources in muscular exercise. In: Exercise at altitude. Amsterdam: Excerpta medica 1967.
— FOÀ, P.: Der Einfluß von Muskelarbeit auf den Stickstoffwechsel, die Kreatin- und Säureausscheidung. Arbeitsphysiologie 10, 553—560 (1939).
MATTES, K.: Kreislaufuntersuchungen am Menschen mit fortlaufend registrierenden Methoden. Stuttgart: Thieme 1951.
MÉAN, P., NIEDERHALUSEN, F. VON: La femme et le sport. Gynaecologia (Basel) 161, 125—150 (1966).

MEDVED, R., FRIEDRICH, V.: Dimensions du coeur chez les joueurs de water-polo. In: Poumon, respiration et sport. Prague 1965.
— — Oarsmen and water-polo players sportsman with the largest hearts. In: XVI. Weltkongreß für Sportmedizin in Hannover. Köln: Deutscher Ärzte-Verlag 1966.
MELLER, W., MELLEROWICZ, H.: Vergleichende Untersuchungen über Dauertraining mit verschiedener Häufigkeit, aber gleicher Arbeit und Leistung an eineiigen Zwillingen. Sportarzt und Sportmedizin 12, 520 (1968).
— — Vergleichende Untersuchungen über Dauertraining mit gleicher Arbeit, aber unterschiedlicher Leistung an eineiigen Zwillingen. Sportarzt und Sportmedizin 1, 1 (1970).
— STOBOY, H.: Der Einfluß eines statischen und dynamischen Kurztrainings auf verschiedene Formen muskulärer Aktivität. Sportarzt und Sportmedizin XIX, 215 (1968).
MELLEROWICZ, H. (Hrsg.): Präventive Kardiologie. Berlin: Medicus-Verlag 1961.
— Ergometrie. München-Berlin: Urban & Schwarzenberg 1962.
— BORSDORF, H.: Experimenteller Beitrag zur Frage des optimalen Trainingsmaßes für Mittelstreckenleistungen. Sportmedizin 8, 197 (1958).
— LERCHE, W.: Ergometrische Untersuchungen zur Beurteilung der kardialen und körperlichen Leistungsfähigkeit bei Kindern und Jugendlichen. Z. Kinderheilk. 81, 36 (1958).
— MELLER, W.: Leistungsrat für Leichtathleten. Berlin: Egon 1967.
MERINO, C.: Studies on blood formation and destruction in the polycythemia of high altitude. Blood 5, 1—31 (1950).
MERRIMAN, J. E.: Cardiac Function. In: Encyclopedia of Sport Sciences and Medicine. New York: MacMillan 1971.
MEERSON, F. Z., T. A. ZALETAYKVA, S. S. LAGUTCHEW and M. G. PSHENNIKOV: The structure and mass of mitochondria in the process of compensatory hyperfunction and hypertrophy of the heart. Exp. Cell. Res. 36, 568 (1964).
MILES, S.: The effect of changes in barometric pressure on maximum capacity. J. Physiol. (Lond.) 137, 85 P (1957).
MILIC-EMILI, G., PETIT, J. M.: Mechanical efficiency of breathing. J .appl. Physiol. 15, 359 (1960).
— — Deroanne, R.: The effects of respiratory rate on the mechanical work breathing during muscular exercise. Int. Z. angew. Physiol. 18, 330 (1960).
MINARD, D.: Prevention of heat casualties in marine corp recruits. Mil. Med. 126, 261—272 (1961).
MISSIURO, W., KOZLOWSKI, S.: Investigations on adaptive changes in reciprocal innervation of muscles. Arch. phys. Med. 44, 37 (1963).
MOERMANN, E.: Comparative studies on detection and dosage of doping agents. In: Doping. Oxford-London: Pregamon Press 1965.
MOLE, P., HOLLOSZY, J.: Prov. Soc. Exp. Biol. Med. 134, 789 (1970).
MOORE, C. V.: The absorption of iron from foods. In: Occurence, causes and prevention of nutritional anaemias. Uppsala: Almqvist & Wiksell 1968.
MOREHOUSE, L. E., MILLER, A. T.: Physiology of exercise. St. Louis: Mosby 1959.
MORGAN, T., COBB, L., SHORT, F., ROSS, R., GUNN, D.: In: B. PERNOW, B. SALTIN. New York-London: Plenum Press 1971.
— SHORT, F. A., COBB, L. A.: Alterations in human skeletal muscle lipid composition and metabolism induced by physical conditioning. Biochem. of exercise. Basel-New York 1969.
MORITZ, A. R., HENRIQUES, F. C., MCLEAN, R.: The effect of inhaled heat on the air passages and lungs. An Experimental Investigation. Amer. J. Path. 21, 311 (1945).
— WEISIGER, J. R.: Effects of cold air on the air passages and lungs. Arch. Int. Med. 75, 233 (1945).
MÜLLER, E. A.: Regulation der Pulsfrequenz in der Erholungsphase nach ermüdender Muskelarbeit. Int. Z. angew. Physiol. 16, 25—34 (1955).

- Wirkungsgrad und Leistungsfähigkeit bei Arbeit mit dem Wadenmuskel. Int. Z. angew. Physiol. 16, 25—39 (1955).
- Die Beziehungen zwischen Pulsfrequenz und Muskelarbeit als Test der Herzfunktion. V. Freiburger Symposium 1957.
- Die physiologischen Grenzen der körperlichen Belastung im Beruf. Naturwissenschaftliche Rundschau 2, 44 (1958).
- Einfluß von Training und Untätigkeit auf die maximale Muskelkraft. In: Muskelarbeit und Muskeltraining. Stuttgart: Gentner 1968.
- HIMMELMANN, W.: Geräte zur kontinuierlichen fotoelektrischen Pulszählung. Int. Z. Physiol. 16, 400—408 (1957).

MÜLLER-LIMMROTH, W.: Sport in Therapie und Rehabilitation. Verh. 21. Dtsch. Sportärztekongr. Berlin und Freiburg: Gesamtmedizin 1963.

MUGRAGE, E. R., ANDRESEN, M. J.: Red blood cell values in adolescence. Amer. J. Dis. Child. 56, 997 (1938).

MUSSHOFF, K., REINDELL, H., KLEPZIG, H., FRISCH, P., EMMRICH, J., KÖNIG, K., STEIM, H., BAUMGARTNER, B., MOSER, F.: Zur Normgröße des gesunden Herzens. Fortschr. Röntgenstr. 88, 88—94 (1958).

— — KÖNIG, K., KEUL, J., ROSKAMM, H.: Das Herzvolumen und die körperliche Leistungsfähigkeit bei 10—19jährigen gesunden Kindern und Jugendlichen. Arch. Kreisl.-Forsch. 35, 12 (1961).

MUTSCHLER, E.: Arzneimittelwirkungen. Wissenschaftliche Verlagsgesellschaft 1970.

NETT, T.: Leichtathletisches Muskeltraining. Berlin-Frankfurt-München: Bartels u. Wernitz KG 1970.

NIELSEN, M.: Die Regulation der Körpertemperatur bei Muskelarbeit. Skand. Arch. Physiol. 79, 193—230 (1938).

NÖCKER, J.: Grundriß der Biologie der Körperübungen. Sportverlag Berlin 1955.
- Physiologie der Leibesübungen. Stuttgart: Enke 1971.

NOELL, W.: Über die Durchblutung und die Sauerstoffversorgung des Gehirns, VI, Einfluß der Hypoxämie und Anämie. Arch. ges. Physiol. 247, 553—575 (1944).

NOLTE, D.: Die Atemmechanik im höheren Lebensalter. Z. Gerontol. 3, 156—164 (1970).

NORTON, E. F.: The fight for Everest. London: Arnold 1925.

NOVAK, L. P.: Age and sex differences in body density and creatinine excretion of high school children. Ann. N. Y. Acad. Sci. 110, 545 (1963).

OGILVIE, C. M., FORSTER, R. E., BLAKEMORE, W. S., MORTON, J. M.: The standardized breath holding technique for the clinical measurement of the diffusing capacity of the lung for carbon monoxide. J. clin. Invest. 36, 1 (1957).

OTIS, A. B.: The works of breathing. In: Handbook of Physiology. Sec. 3. Vol. 1, Washington 1964.

PALLADIN, A., FERDMANN, D.: Über den Einfluß des Trainings der Muskeln auf ihren Kreatingehalt. Hoppe-Seiler's Z. Physiol. Chem. 174, 284 (1928).

PARIZKOVA, J.: Age trends in fatness in normal and obese children. J. appl. Physiol. 16, 173 (1961).
- Physical activity and body composition. In: Human body composition. Oxford: Pergamon Press 1965.
- Longitudinal study of the development of body composition and body build in boys of various physical activity. Hum. Biol. 40, 212 (1968).

PATTENGALE, P. K., HOLLOSZY, J. O.: Augmentation of skeletal muscle myoglobin by a program of treadmill running. Amer. J. Physiol. 213, 783 (1967).

PAWLOW, I. P.: Gesammelte Werke. Akad. d. Wiss. d. UdSSR (1951) (zit. n. DONSKOI, 1961).

PERNOW, B., SALTIN, B.: Availability of substrates and capacity for prolonged heavy exercise in man. 31, 416—422 (1971).

PETER, J., JEFFRES, R., LAMB, D.: Science 160, 200 (1968).

PETERSEN, F. B., GRAUDAL, H., HANSEN, J. W., HVID, N.: The effect of varying the number of muscle contractions on dynamic muscle training. Int. Z. angew. Physiol. 18, 468 (1961).

PETERSEN, K. H.: Contrast of maturity, structural, and strength measures between nonparticipants and athletic groups of boys ten to fifteen years of age. Doctoral dissertation, University of Oregon, 1959.

PETREN, T., T. SJÖSTRAND, und B. SYLVEN: Der Einfluß des Trainings auf die Häufigkeit der Kapillaren in Herz- und Skelettmuskulatur. Int. Z. angew. Physiol. 9, 376 (1936).

PIRNAY, F., DEROANNE, P., PETIT, J. M.: Maximum oxygen consumption in hot atmospheres. J. appl. Physiol. 28 (5), 642—645 (1970).

PIWONKA, R. W., ROBINSON, S.: Acclimatization of highly trained men to work in severe heat. J. appl. Physiol. 22 (1), 9—12 (1967).

POWELL, J. T.: The effects of rope skipping on pre-pubescent boys. Master thesis, University of Illinois, 1957.

PRAMPERO, E., MARGARIA, R.: Relationship between O_2-consumption, high energy phosphates and the kinetics of the O_2-debt in exercise. Pflügers Arch. ges. Physiol. 304, 11—19 (1968).

PROKOP, L.: Zur Frage der Trainierbarkeit der Frau. Leibesüb.-Leibeserziehung 22, 4—6 (1968).

— The struggle against doping and its history. In: XVII Congresso Nazionale di Medicina dello Sport (Bologna 1969). Torino: Edizioni Minerva Medica 1971.

PUFF, A. Funktionelle anatomische Betrachtungen am Muskeltraining im Hochleistungssport. Der Sportarzt 14, 29 (1963).

PUGH, L. G.: Animals in high altitude: Man above 5,000 meters — mountain exploration. In: Handbook of physiology, sec. 4, 861—868, American Physiological Society, Washington, D. C. 1964.

— Report of medical research project into effets of altitude in Mexico City, — report to the British Olympic Committee 1965.

— CORBETT, J. L., JOHNSON, R. H.: Rectal temperatures, weight losses and sweat rates in marathon runners. J. appl. Physiol. 23 (3), 347—352 (1967).

— GILL, M. B., LAHIRI, S., MILLEDGE, J. S., WARD, M. P., WEST, J. B.: Muscular exercise at great altitudes. J. appl. Physiol. 19, 431—440 (1964).

RAAB, W. (ed.): Prevention of ischemic heart disease. Springfield, Ill., USA 1966.

RADIGAN, L., ROBINSON, S.: Effects of environmental heat stress and exercise on renal blood flow and filtration fraction. J. appl. Physiol. 2 (4), 185—191 (1949).

RAHN, H.: Introduction to the study of man at high altitudes: Conductance of O_2 from the environment to the tissues. In: Life at high altitudes. Scientific Publ. 140, 2—6 (1966). Washington, D. C.

— Die Beziehungen zwischen Lunge und Thorax. Verh. Ges. Lungen- u. Atmungs-Forsch. 1, 174 (1967).

RARICK, G. L.: Exercise and growth. In: Science and medicine of exercise and sports. New York: Harper 1960.

REINDELL, H., KLEPZIG, H., STEIM, H., MUSSHOFF, K., ROSKAMM, H., SCHILDGE, E.: Herz und Kreislaufkrankheiten und Sport. München: Barth 1960.

— KÖNIG, K., ROSKAMM, H.: Funktionsdiagnostik des gesunden und kranken Herzens. Stuttgart: Thieme 1967.

— ROSKAMM, H., GERSCHLER, W.: Das Intervalltraining. München: Barth 1962.

REISCHL, G.: Zur Situation der älteren Bürger in der Sicht der Bundesfinanzpolitik. In: Lernen für das Alter. Diessen: Huber 1970.

REITSMA, W.: Regenerative, volumetrische en numericke hypertrophie van skeletspieren bij kikker en rat. Acad. Proefschrift, Vrije Universiteit Te Amsterdam, 1965.

REYNAFARJE, B.: Myoglobin content and enzymatic activity of muscle and altitude adaptation. J. appl. Physiol. 17, 301—305 (1962).

REYNAFARJE, C.: Humoral control of erythropoiesis at altitude. In: Exercise at altitude. Excerpta Med. Found. Amsterdam 1967.

RIES, W. (Hrsg.): Sport und Körperkultur des älteren Menschen. Dtsch. Ges. Sportmedizin. Leipzig: Barth 1966.

RILEY, R. L., COURNAND, A.: Analysis of factors effecting partial presures of oxygen and carbon dioxide in gas and blood of lungs theory. J. appl. Physiol. 4, 77 (1951).
ROBINSON, S.: Physiological adjustments to heat. In: Physiology of heat regulation and sciences of clothing. Philadelphia: Saunders 1949.
RODAHL, K., BIRKHEAD, N. C., BLIZZARD, J. J., ISSEKUTZ, B., JR., PRUETT, E. D. R.: Physiological changes during prolonged bed rest. In: Nutrition and physical activity. Stockholm: Almquist & Wiksell 1967.
RÖCKER, L., MELLER, W., MELLEROWICZ, H., STOBOY, H.: Die Wirkung eines dynamischen Trainings mit gleicher physikalischer Leistung, aber unterschiedlichen Gewichten und Wiederholungszahlen bei eineiigen Zwillingen. Sportarzt u. Sportmed. 12, 281 (1971).
— STOBOY, H.: Beziehung zwischen Kraft und statischer Ausdauer unter Motivationsbedingungen. Med. Sachverst. 66, 149 (1970).
— — OWCZAREK, F., REPNOW, V.: Der Einfluß der Motivation auf Herzfrequenz und Sauerstoffaufnahme bei maximalen statistischen Kontraktionen. Arbeitsmedizin Sozialmedizin Arbeitshygiene (im Druck).
ROSE, D. L., RADZYMINSKI, S. F., BEATTY, R. R.: Effect of brief maximal exercise on strength of quadriceps femoris. Arch. phys. Med. 38, 157 (1957).
ROSE, L. I., BOUSSER, J. E., COOPER, K. E.: Serum enzymes after marathon running. J. appl. Physiol. 29 (3), 355—357 (1970).
ROSKAMM, H., REINDELL, H., KÖNIG, K.: Körperliche Aktivität und Herz- und Kreislauferkrankungen. München: Barth 1966.
— SAMEK, L., WEIDEMANN, H., REINDELL, H.: Leistung und Höhe. Ludwigshafen: Knoll 1968.
ROSSEK, D., MELLER, W., MELLEROWICZ, H.: Vergleichende Untersuchungen an eineiigen Zwillingen über den Einfluß von anabolen Steroiden auf die Maximalkraft. Im Druck.
ROSSIER, P. H., BÜHLMANN A., WIESINGER, K.: Physiologie und Pathophysiologie der Atmung. Berlin: Springer 1958.
ROUGHTON, F. J. W.: The average time spence by blood in human lung capillary and its relation to rates of Co-uptake and elimination in man. Amer. J. Physiol. 143, 621 (1945).
— Transport of oxygen and carbon dioxide. In: Handbook of physiology, sec. 3, vol. 1, American Physiological Society, Washington, D. C. 1964.
ROUŠ, J., MATEJKOVÁ, J., PLACHETA, Z., BLÁHOVÁ, D., KOČNAR, K., DRAŽIL, V.: Working capacity W 170 at top athletes of various disciplines, age and sex. Sbor. věd. rady ÚV ČTO, Olympia Praha 6, 147—206 (1970).
— VANK, L.: Comparing calendar, somatic and skeletal age when determining the working capacity of children. In: Proceedings of the second symposium of pediatric group of working physiology. Praha: Universita Karlova 1970.
ROUX, W.: Gesammelte Abhandlungen über Entwicklungsmechanik der Organismen. Bd. I: Funktionelle Anpassung. Leipzig: Engelmann 1895.
ROWELL, L. B., BRINGLEMAN, G. L., BLACKMAN, J. R., TWISS, R. D., KUSUMI, F.: Splanchnic blood flow and metabolism in heat stressed man. J. appl. Physiol. 24 (4), 474—484 (1968).
— — DETRY, J. M., WYSS, C.: Venomotor responses to rapid changes in skin temperature in exercising man. J. appl. Physiol. 30 (1), 64—71 (1971).
— KRANING, K. K., KENNEDY, J. W., EVANS, T. O.: Central circulatory responses to work in dry heat before and after acclimatization. J. appl. Physiol. 22 (3), 509—518 (1967).
RUTENFRANZ, J., MOCELLIN, R.: Untersuchungen über die körperliche Leistungsfähigkeit gesunder und kranker Heranwachsender. I. Bezugsgrößen und Normwerte. Z. Kinderheilk. 103, 109—132 (1968).
RYAN, A. J.: The physician and exercise physiology. In: Exercise physiology. New York-London: Academic Press 1968.
SALTIN, B.: Aerobic and anaerobic work capacity after dehydration. J. appl. Physiol. 19 (6), 1114—1118 (1964).

- Aerobic and anaerobic work capacity at an altitude of 2,250 meters. In: The international symposium on the effects of altitude on physical performance. Chicago: The Athletic Institute 1967.
- Aerobic and anaerobic work capacity at 2,300 meters. Med. Thorac. 24, 205—210 (1967).
- Guidelines for physical training. Scand. J. Rehab. Med. 3, 39—46 (1971).
- ÅSTRAND, P. O.: Maximal oxygen uptake in athletes. J. appl. Physiol. 23, 353—358 (1967).
- GROVER, R. F., BLOMQVIST, C. G., HARTLEY, L. H., JOHNSON, R. L., JR.: Maximal oxygen uptake and cardiac output after two weeks at 4,300 meters. J. appl. Physiol. 25, 400—409 (1968).
- HERMANSEN, L.: Glycogen stores and prolonged severe exercise. In: Physical activity and nutrition. Uppsala: Almqvist & Wiksell 1967.

SCHÄFER, H.: Physiologie der Ermüdung und Erschöpfung. Med. Klinik 1959, 1109.
SCHAEFER, K. E.: Atmung. In: Lehrbuch der Physiologie des Menschen. München-Berlin: Urban & Schwarzenberg 1960.
SCHLOMKA, G.: Die Lebenswandlungen der Kreislauforgane im Erwachsenenalter vom Standpunkt des Klinikers. Verh. dtsch. Ges. Kreisl.-Forsch. 24, 174—208 (1958).
SCHMIDT, J.: Das Herz des alternden Menschen. Landarzt 43, 493—511 (1967).
- Herz-Kreislaufbehandlung des alten Menschen durch Sport. Internist. prax. 10, 111—119 (1970).

SCHMITZ, H.: Zeitliche und dynamische Bewegungsmerkmale beim 100 m-Lauf. Institut für Biomechanik der Deutschen Sporthochschule Köln (1971).
SCHNEIDER, K. W.: Der Mensch an der Schwelle des Alters. Mat. Med. Nordmark 21, 438—450 (1969).
SCHNEIDER, M.: Einführung in die Physiologie des Menschen. Berlin: Springer 1966.
SCHÖNHOLZER, G.: Doping. Oxford-London-Edinburgh: Pergamon Press 1965.
- Sport in mittleren Höhen. D. Haupt, Bern 1967.

SCHOOP, W.: Bewegungstherapie bei peripheren Durchblutungsstörungen. Med. Welt 10, 502 (1964).
- Auswirkungen gesteigerter körperlicher Aktivität auf gesunde und krankhaft veränderte Extremitätenarterien. In: Körperliche Aktivität und Herz- und Kreislauferkrankungen. München: Barth 1966.

SCHWALB, H.: Körperliche Aktivität, Sport und Koronarerkrankungen aus epidemiologischer Sicht. Münch. med. Wschr. 18, 904 (1965).
SELIGER, V.: Energy metabolism in selected physical exercises. Int. Z. angew. Physiol. 25, 104—120 (1968).
- The influence of sports training on the efficiency of juniors. Int. Z. angew. Physiol. 26, 309 (1968).
- Minute ventilation as an indicator of loading of the organism during exercise. Čas. Lék. čes. 107, 918—921 (1968).
- Heart rate during exercise: man, part II. In: Respiration and circulation. Bethesda. Feder. Amer. Soc. Exp. Biology 1971.
- The participation of aerobic and anaerobic metabolism in physical exercises. Čs. Fysiol. 20, in Druck (1971).
- ČERMÁK, V., HANDZO, P., HORÁK, J., JIRKA, Z., MAČEK, M., ROUŠ, J., ŠKRANC, O., ULBRICH, U.: Physical fitness indices for czechoslovak athletes of 12, 15 and 18 years of age. Im Druck (1971).
- DOLEJŠ, L., KARAS, V., PACHLOPNIKOVA, J.: Adaptation of trained athletes energy expenditure to repeated concentric and excentric muscle contractions. Int. J. angew. Physiol. 26, 227 (1968).

SETSCHENOW, I. M.: Reflexe des Gehirns (1863), Moskau (1962) (Zit. n. ANOCHIN, 1967).
- Abriß der Arbeitsbewegungen des Menschen (1901) (Zit. n. DONSKOI, 1961).
SHEPHARD, R. J.: Endurance fitness. Toronto: University Press 1969.
SHERINGTON, C. S.: The integrative action of the nervous system. New Haven: Yale University Press 1906.

SHORT, F., COBB, L., KAWABORI, I., GOODNER, CH.: Amer. J. Physiol. 217, 327 (1969).
SINCLAIR, J. D.: in Encyclopedia of Sport Sciences and Medicine. New York: MacMillan 1971.
SINGER, R. N.: Motor learning and human performance. New York: MacMillan 1968.
SJÖSTRAND, T.: Clinical physiology. Stockholm: Svenska Bokförlaget 1967.
SKLAD, M.: The influence of swimming exercises on development. Wychowanie & Fizyczne Sport 6, 261 (1962).
ŠKRANC, O.: Vergleich der Leistungsfähigkeit von Männern und Frauen verschiedenen Alters. In: 2. Internat. Seminar für Ergometrie. Berlin: Ergon 1967.
— The physical fitness of men and women during life span. Teor. Praxe. těl. Vých. 16, suppl. 1, 15—18 (1968).
SKUBIC, V., HODKINS, J.: Relative strenuousness of selected sports as performed by women. Res. Quart. Amer. Ass. Hlth phys. Educ. 38, 305—313 (1967).
SMODLAKA, V.: Les modifications morphologiques de l'organisme du sportif entraîné et surentraîné. In: La médecine sportive. Rapport du congrès de 1958. Moscou 1960.
SOMERVELL, T. H.: Note on the composition of alveolar air at extreme heights. J. Physiol. (Lond.) 60, 282—285 (1925).
SONNENBLICK, E. H., E. BRAUNWALD, J. F. WILLIAMS and G. GLICK: Effects of exercise on myocardial force-velocity-relations in intact unanesthetized man. J. clin. invest. 44, 2051 (1965).
STEGEMANN, J.: Zum Mechanismus der Pulsfrequenzeinstellung durch den Stoffwechsel. Pflügers Arch. ges. Physiol. 276, 511 (1963).
— Leistungsphysiologie. Stuttgart: Thieme 1971.
— KENNER, TH.: A theory on heart rate control by muscular metabolic receptors. Arch. Kreisl.-Forsch. 64, 185—214 (1971).
STEINBACH, M.: Der Einfluß anaboler Wirkstoffe auf Körpergewicht, Muskelkraft und Muskeltraining. Sportarzt und Sportmedizin 19, 485 (1968).
STEINHAUS, A.: Chronic effects of exercise. Physiol. Rev. 13, 103 (1933).
STENBERG, J., EKBLOM, B., MESSIN, R.: Hemodynamic response to work at simulated altitude. J. appl. Physiol. 21, 1589—1594 (1966).
STOBOY, H., FRIEDEBOLD, G., STRAND, F. L.: Evaluation of the effect of isometric training in functional and organic muscle atrophy. Arch. phys. Med. 49, 508 (1968).
— NÜSSGEN, W., FRIEDEBOLD, G.: Das Verhalten der motorischen Einheiten unter den Bedingungen eines isometrischen Trainings. Int. Z. angew. Physiol. 17, 391 (1959).
STOVEL, S., BAILEY, G., CUMMING, G. R.: Endurance fitness and a home exercise program in college girls. C. M. A. J. 102, 715—717 (1970).
STRYDOM, N. B., WILLIAMS, C. G.: Effect of physical conditioning on state of heat acclimatization. J. appl. Physiol. 27 (2), 262—265 (1969).
— WYNDHAM, C. H., GRAAN, C. H. VAN, HOLDSWORTH, L. D., MORRISON, J. F.: The influence of water restriction on the performance of men during a prolonged march. S. Afr. med. J. 40, 537—544 (1966).
— — WILLIAMS, C. G., MORRISON, J. F., BREDELL, G. A., RAHDEN, M. J. VON: Energy requirements of acclimatized subjects in humid heat. Fed. Proc. 25 (4), 1366—1371 (1966).
SURKS, M. I., CHINN, K. S., MATOUSH, L. O.: Alterations in body composition in man after acute exposure to high altitude. J. appl. Physiol. 21, 1741—1746 (1966).
TANNER, J. M.: Growth at adolescence. Oxford: Blackwell 1962.
— Education et croissance. Neuchâtel: Delachaux et Niestlé 1964.
— Radiographic studies of body composition in children and adults. In: Human body composition. Symp. Soc. Hum. Biol. Vol. VII. Permagon Press 1965.
THAUER, R. (Hrsg.): Das gesunde und kranke Herz bei körperlicher Belastung. Verh. dtsch. Ges. Kreisl.-Forsch. 37 (1971).

THÖRNER, W.: Neue Beiträge zur Physiologie des Trainings. Arbeitsphysiologie 14, 95 (1949).
— Biologische Grundlagen der Leibeserziehung. Bonn: Dümler 1966.
TIFFENEAU, R., PINELI, A.: Aer circulant et aer captif. Paris méd. 37, 624 (1941).
TITTEL, K., W. KNACKE, B. BRAUER und H. OTTO: Der Einfluß körperlicher Belastungen unterschiedlicher Dauer u. Intensität auf die Kapillarisierung der Herz- und Skelettmuskulatur bei Albinoratten. In: XVI. Weltkongreß f. Sportmed., Deutscher Ärzteverlag Köln-Berlin 1966.
TLUSTÝ, L.: Beitrag zur Frage der Leistungsbreite älterer Menschen. In: 2. Internat. Seminar für Ergometrie. Berlin: Ergon 1967.
TREUMANN, F. und W. SCHROEDER: Trainingseinfluß auf Muskeldurchblutung u. Herzfrequenz. Z. Kreislauf-Forschg. 11, 1024 (1968).
TUDDENHAM, R. D., SNYDER, M. M.: Physical growth of California boys and girls from birth to eighteen years. Univ. Calif. Publ. Child. Develop. 1, 183 (1954).
UCHTOMSKI, A. A.: Gesammelte Werke, Bd. 3 und 4, Biomechanik, Leningrad (1956, 1954) (Zit. n. DONSKOI, 1961 und ANOCHIN, 1967).
UHLENBRUCK, P.: Über die Wirksamkeit der Sauerstoffatmung. Z. exp. Med. 74, 1 (1930).
ULMER, W. T., REICHEL, G., NOLTE, D.: Die Lungenfunktion. Stuttgart: Thieme 1970.
ULRICH, C.: Women and sport. In: Science and medicine of exercise and sports. New York: Harper 1960.
ULVEDAL, F., MORGAN, T. E., JR., CUTLER, R. C., WELCH, B. E.: Ventilatory capacity during prolonged exposure to simulated altitude without hypoxia. J. appl. Physiol. 18, 904—908 (1963).
VALENTIN, H., KLÖSTERKÖTTER, W., LEHNERT, G., PETRY, H., RUTENFRANZ, WITTEGENS: Arbeitsmedizin. Stuttgart: Thieme 1971.
VANNOTTI, A.: The adaptation of the cell to effort, altitude and to pathological oxygen deficiency. Schweiz. med. Wschr. 76, 899—903 (1946).
VARNAUSKAS, E., H. BERGMAN, P. HOUK, and P. BJORNTORP: Lancet 8 (1966).
VELLAR, O. O.: Nutrient losses through sweating. Oslo: Universitetsforlaget, 1969.
VENERANDO, A., SIO, F. DE: Organisation et résultats du côntrole antidoping. In: Doping. Oxford-London-Edinburgh: Pergamon Press 1965.
VENRATH, H.: Die respiratorische Insuffizienz unter besonderer Berücksichtigung der Diffusion. Habil.-Schr., Köln 1956.
VIIDIK, A.: Biomechanics and functional adaptation of tendons and joint ligaments. In: Studies on the anatomy and function of bone and joints. Heidelberg: Springer 1966.
VINCENT, M. F.: Motor performance of girls from twelwe through eighteen years of age. Res. Quart. Amer. Ass. Hlth phys. Educ. 39, 1094—110 (1968).
VOGEL, J. A., HANSEN, J. E., HARRIS, C. W.: Cardiovascular responses in man during exhaustive work at sea level and high altitude. J. appl. Physiol. 23, 531—539 (1967).
VREE, T. B., ROSSUM, J. M. VAN: Kinetics of metabolism and excretion of amphetamines on man. In: International Symposium of Amphetamines and related compounds. New York: Raven Press 1970.
VRIES, H. A. DE: In: Encyclopedia of Sport Sciences and Medicine. New York: MacMillan 1971.
WALPURGER, G. und H. ANGER: Die enzymatische Organisation des Energiestoffwechsels im Rattenherzen nach Schwimm- und Lauftraning. Z. Kreislaufforschg. 5, 438 (1969).
WEBER, W. u. E.: Die Mechanik der menschlichen Gehwerkzeuge. Göttingen: Dieterich 1836.
WEIDEMANN, H.: Le coeur et la circulation chez l'enfant et l'adolescent lors de la pratique des activités physiques. Cah. Scient. Educ. Phys. 9, 9 (1969).

— ROSKAMM, H., GAMMELIN, L.: Vergleichsuntersuchungen über die Leistungsbreite des Herz-Kreislauf-Systems bei Hochleistungssportlerinnen, Sportstudentinnen auf weiblichen Normalpersonen. Sportarzt und Sportmedizin 20, 425—434 (1969).
WEIHE, W. H. (ed.): The physiological effects of high altitude. London: Pergamon Press 1964.
WEISS, U.: Die Leibesübungen des älteren Menschen. Schweizer Z. Sportmed. 17, 67—85 (1969).
WENKE, M.: Drug-receptor Interactions. In: Fundamentals of Biochemical Pharmacology. Oxford: Pergamon Press 1971.
WESSEL, J. A., HUSS, W. D. VAN: The influence of physical activity and age on exercise adaptation of women, 20—69 years. S. Sports Med. phys. Fit. 9, 173—180 (1969).
WEST, J. B.: Diffusing capacity of the lung for carbon monoxide at high altitude. J. appl. Physiol. 17, 421—426 (1962).
— LAHIRI, S., GILL, M. B., MILLEDGE, J. S., PUGH, L. G., WARD, M. P.: Arterial oxygen saturation during exercise at high altitude. J. appl. Physiol. 17, 617—621 (1962).
WHITEHOUSE, H. G. R., HANCOCK, W., HALBANE, J. S.: Proc. roy. Soc. Med. 111, 412 (1932).
WILKERSON, J., EVONUK, E.: J. appl. Physiol. 30, 328 (1971).
WILKIE, D. R.: The mechanical properties of muscle. Brit. med. Bull. 12, 177 (1956).
WRETLIND, A.: The supply of food iron. In: Occurence, causes and prevention of nutritional anaemias. Uppsala: Almqvist & Wiksell 1968.
WYNDHAM, C. H.: A survey of research initiated by the Chamber of Mines into clinical aspects of heat stroke. Proc. Mine med. Offrs' Ass. 46, 68—80 (1966).
— Adaptation to heat and cold. Environmental Research 2, 422—469 (1969).
— BOUWER, V. D. M., DEVINE, M. G., PATTERSON, H. F.: Physiological responses of Africans at various saturated air temperatures, wind velocities and rates of metabolism. J. appl. Physiol. 5, 290—298 (1952).
— BREDELL, G. A. G., WILLIAMS, C. G., STRYDOM, N. B., MORRISON, J. F., PETER, J., FLEMING, P. W., WARD, J. S.: Circulatory and metabolic reactions to work in heat. J. appl. Physiol. 17 (4), 625—638 (1962).
— ROGERS, G. G., BENADE, A. J. A., STRYDOM, N. B.: Physiological effects of the amphetamines during exercise. S. Afr. med. J. 45, 247—252 (1971).
— STRYDOM, N. B.: The danger of inadequate water intake during marathon running. S. Afr. med. J. 43, 894—896 (1969).
— — Acclimatizing men to heat in climatic chambers on mines. J. S. Afr. Inst. Mining and Metall. 70, 60—67 (1969).
— — RENSBURG, A. J. VAN, BENADE, A. J. S.: Physiological requirements for world class performances in endurance running. S. Afr. med. J. 43, 996—1002 (1969).
YAKOVLEV, N. N.: Problem of biochemical adaptation of muscles in dependance on the character of their activity. J. Gen. Biol. USSR 19, 417 (1958).
YAMPOLSKAYA, L. I.: Biochem. Veränderungen in den Muskeln trainierter und nichttrainierter Tiere unter dem Einfluß kleiner Belastungen. Fiziol. Zh. (Mosk.) 38, 91 (1952).

Sachverzeichnis

Abstoßkräfte (Reaktionskräfte) 169
Abstufung 18
Acetylcholin 25
Acetylcholinesterase 25
Actinfäden 22
Adaptation, kurzfristige 124
—, langfristige 124
Adaptation, zelluläre 126
ADP 50
aerobe Kapazität (maximale
 Sauerstoffaufnahme) 63, 74, 77,
 119, 123
aerobe Leistungsfähigkeit 178
Air-trapping-Phänomen 77
Akklimatisation 124
Akklimatisation, Hitze 146
Akzeleration 182
Alanin 92
Alkalireserve 124
Alpha-1-Antitrypsin 92
Alpha-2-Maktroglobolin 92
Alter, chronologisch 182
—, biologisch 182
Alveolo-capilläre Membran 68
Amine, sympathomimetische 226
Aminosäuren 92
Amphetamine 134, 229
Anabolica 34
anaerobe Kapazität, maximale 119
Anaerobe Leistungsfähigkeit 178
Analeptica 226
Analgetica 226
Anschlagszuckung 20
Antigravitationsmuskulatur 17
Aortendruck 44
Aortenisthmusstenose 221
Arbeit, negative 21
Arbeitsstenokardie 223
Armarbeit 103
Arrhythmien 222
arterio-venöse O_2-Differenz 87, 88
Arthrosis deformans 261
Asthma bronchiale 80
Ataxie 33
Atemäquivalent 56, 62, 64
Atemarbeit 58
Atemfrequenz 61
Atemfrequenz, maximal 66
Atemgrenzwert 56, 60, 117, 178, 187

Atemminutenvolumen 61, 62
—, maximales 66
Atemstoßtest (Tiffeneau-Test) 60
Atemstoßwert 60
Atemvolumen 59, 61
Atemzugvolumen, maximales 59
Atmung, Punkt des optimalen
 Wirkungsgrades 64
—, Steuerung bei der Arbeit 70
—, Luft 65
—, Sauerstoff 65
—, Nase 67
—, Mund 67
—, leistungsbegrenzender Faktor 72
—, äußere 57
—, innere 57
Atmungsarbeit 117
Atmungsoberfläche 57
Atmungsrhythmus 130
ATP 23, 50, 81, 82, 103
ATP-ase 23
ATP-Spaltung 23
ATP-Speicher 99
Aufwärmen 29, 31
Ausdauer 35
—, statische 35
—, dynamische 35
Ausdauergrenze 55, 63
Auswertanlage, halbautomatische 169
Axonreflex 51
Azidose, metabolische 145

Bahnungseinflüsse 33
Bahnungs- und Hemmungsvorgänge,
 synaptische 25
Bandzerreißung 252
Bankdrücken 41
Beinarbeit 103
Bennettsche Fraktur 255
Belastungsgruppen 213, 214
Belastungsstenokardie 217
Beugereflexe 28
Bewegungsanalyse 164
Bewegungsautomation 34
Bewegungs-Elektromyographie 170
Bewegungsentzugssyndrom 192
Bewegungsmuster 17, 34
Bewegungstherapie 211, 215
—, Kontraindikationen 221, 222
Biomechanik 163
—, Grundbegriffe 164

Sachverzeichnis

biomechanische Kennlinien 166
Blutdruckregulation 48
Blutdruckamplitude 47
Blutdruckregelungseigenschaften 49
Blutgase, arterielle 63
Blutlaktatspiegel 24
Blutzuckerspiegel 92
Blutvolumen 135
—, zentrales 46

Calcium 96
Capillarisierung 126
Ca-Pumpe 23
Captagon 233
Catecholamine 84, 93
Chec-Valve-Mechanismus 78
Chemoreceptoren 120
Chondra-Patellae 249
Chronozyclo-Fotografie 167
Compliance 58, 189
Coronarinsuffizienz 222
Cor pulmonale 222, 223
Curare 25

Dauerleistungsgrenze 63
Dauertraining 152, 158, 161
Demineralisierung 36
Diätratschläge 113
Dialyse 145
Diffusion 73
Diffusionskapazität 68, 121, 124
Diffusionsstörungen, primäre 78
Distorsion 246
—, leichte 248
—, schwere 248
Distributionsgradient 68
Doping 224, 226
Dopingkontrollen 233
Dopingliste 235
Dosiswirkungskurve 228
Drehkurbelarbeit 74
Druckkraft 184
Dünnschichtchromatographie 234

Eigenreflexe 25, 26
Eisen 101, 110
Eisentabletten 112
Eiweiß 101, 109
Elektrolyte 114
Elektrolytstoffwechsel 96
Elektromechanische Kopplung 45
Elektromyographie 167, 171
Element, kontraktiles 18, 20
—, elastisches 18, 20
—, serienelastisches 18

Endplatte, motorische 25
Energiestoffwechsel 80
Enzymgehalt 17
Enzyme, bei Arbeit, Hypoxie und Hyperoxie 76
Epicondylitis lateralis 260
Erhaltungstraining 223
Erholungspulssumme 54, 55
Ermüdung 29
Ermüdungsfaktoren 29
Ernährung 100
Erregung 17
—, lokale 25
Erregungsfrequenz 18
Erregungübertragung 25
Erschlaffung 23
Erythropoese 125
exspiratorisches Reservevolumen 59
Exteroceptoren 17

Fantustest 140
Fasern, extrafusale 26
Fette 101, 103
Fettgewebe 186
Fettsäuren, freie 90, 91, 98
Fibrosen 78
Flüssigkeitszufuhr 114
Follikelhormon 210
Formatio reticularis 32, 33
Frakturen 255
Frank-Starling-Straubsches Gesetz 43
Fremdreflexe 28
funktionelle Residualkapazität 59

Gamma-Efferenz 33
Gasaustausch 57
Gaschromatographie 234
Gastransport, Blut 69
Gefäßverschluß, renal 145
Gelenkprellungen 244
Gelenkschäden 261
Gelenkwinkel 19
genetischer Code 181
Gewebe, bradytrophes 189
Glycerin-1-Phosphat-Oxydase 98
Glukose 84, 89, 91, 114
Glycerin-1-Phosphat-Zyklus 98
Glykogen 84, 103, 104
Glycerol 91
Glykogenolyse 92
—, anaerobe 23
Glykogenspeicherung 105, 113
Glykogenvorrat 106
Glykolyse 84, 99
glykolytische Aktivität 17
Golgi-Organ 27

Gravidität 117
Gyrus praecentralis 33

Hämatokrit 97
Hämaturie 143
Hämoglobin 89
Hämoglobinkonzentration 125
Harnsäure 92
Harnstoff 92
Harnstoffspiegel 145
Hartspann 260
Heimtraining 224
Hemmungsgebiet 33
Hepatitis, chronische 222
Herz, Energieumsatz 97
Herz, Wirkungsgrad 46
Herzfrequenz 24, 89, 91
Herzgröße 45, 177
Herzinsuffizienz 222
Herzmechanik 43
Herzminutenvolumen 46, 135
Herzschlagzahl, maximale 125
Herzvolumen 177, 187
Herzzeitvolumen 125
Histamin 31
Hitzekollaps 146
Hitzeproduktion 133
Hitzeschäden 142
Hitzschlag 140, 142, 143
Hitzestrahlung 148
Hitzestreß-Index 149
Hitzestreß-Limitierung 148
Hitzetransfergleichung 149
Hitzetransport 149
Höhensymposion Magglingen 119
Hoffascher Fettkörper 249, 250
Hoffmannscher Versuch 27
Homöostase 151
Hyperpnoe, hypoxische 120
Hyperpolarisation 25
Hypertonie 55
Hypnose 36
Hypohydration 117
Hypokinetose 162
Hypoxämie, hepatische 135
Hypoxieatmung 72

Immersion 48
Impulse, excitatorische 17
—, inhibitorische 17
Impulslicht-Fotografie 167
Inaktivitätsatrophie 34, 36, 162
Infarktkranke 221
Infarktrehabilitanden 217
Inspiratorisches Reservevolumen 59
Intermediärtyp 17

Insulinausschüttung 92
Intervalltraining 85, 158
Ischämie, myokardiale 122

Jendrassikscher Handgriff 27

Kalium 96
Kälteexposition 29
Kapselriß 252
Kardiologie, präventive 211
—, rehabilitative 211
Kardiosklerose 221
Kinematographie 167
Kerntemperatur 131
Ketonkörper 92
Kipptischversuch 48
Kleidung (Hitze) 146
Kniebeugen 41
Kniebinnenverletzungen 249
Knochenalter 183, 184
Knochenprellungen 243
Knochentrabekel 36
Knorpelschäden 239
Kochsalzkonzentration (Schweiß) 140
Kohlenhydrate 101, 103
Koma 144
Kontraktiles Protein 35
Kontraktion, auxotonische 19, 20
—, exzentrische 21, 22
—, isometrische 19
—, isotonische 19
—, konzentrische 21
—, maximal statische 24
—, statische 24
Kontraktionsarten 18
Kontraktionsenergie 23
Kontraktionsgeschwindigkeit 17, 35
Kontusion 241
Konvektion 134
Kopplung, elektromechanische 23
Korbhenkelriß 251
Körperbaumerkmale 165
Körpermasse, aktive 207
Körpertemperatur 131
kp 103
Kraft 35
Kraft-Geschwindigkeitsrelation 18, 21
Kraftkennlinien 165
Kraftmeßplatte 169
Krafttraining 152
—, exzentrisches 22
Kreatinphosphatgehalt 17
Kreatinphosphatspaltung 23
Kreatin-Phosphat-Speicher 99
Kreatinphosphokinase 82
Krebszyklus 92

Sachverzeichnis

Kreislaufantriebsmechanismus 50
Kreislaufdysregulation 216
Kreislauflabilität 48
Kreuzbänder 252
Kreuz-Innervationsversuche 17
Kühlung 144
Kurztraining 161

Laktat 63, 89, 91
Laktat-Pyruvat-Quotient 89
Laktat-Spiegel 74, 75, 85
Laktatzyklus 94
Länge des Hebelarmes 19
Längenwachstum 117
Lauf auf der Stelle 197
Leistungsknick 194
Leistungssteigerung 31
Leistungszuwachs 155
Lernen, motorisches 185
Lichtschranken 169
Linksherzinsuffizienz 222
Lipase-Aktivität 92
Lokalanaesthetica 28
Longitudinalsystem 23
Lufttemperatur, Höhe 117
Luftweg-Widerstand 58
Luftwiderstand 117
Lungenaffektionen 76
Lungen-Boeck 78
Lungendiffusion 68
Lungenemphysem, obstruktives 76
Lungenkontaktzeit 69
Lungenperfusion 69
Lungenödem 223
Lungenventilation 61, 121
—, maximale 120
Lungenvolumen, maximales 59
Lungenvolumina 59
—, statische 60
—, dynamische 60
Luxationen 253

Magnesium 96
Marathonlauf 139, 140
Marknagelung 256
Masse, fettfreie 186
Maximale O_2-Aufnahme, relative 77
— Sauerstoffaufnahme (aerobe Kapazität) 63, 74
— — 119, 123
— —, leistungsbegrenzende Faktoren 74, 75
— Sauerstoffaufnahmewerte 102
— Reizschwelle 18
Medikamentenmißbrauch 225
Membrangradient 68

Membranpotential 17
Meniskusabriß 251
Meniskusriß 239
Meniskuszeichen 252
Milchsäure (s. Laktat) 83
Mineralstoffe 101
Mitochondriengehalt 17
Mitochondrienzahl 37
Mitralstenose 221
Mitteltraining 161
Monteggiafraktur 254
Morphin 226
Motivation 22, 35, 195
Motorische Einheiten 18
Mount Everest 117
Mundatmung 58
Muskel, trainingsbedingte biochemische Veränderungen 36, 37
—, Kaliumgehalt 37
—, Natriumgehalt 37
—, Durchblutung 37
—, Capillarisierung 37
—, statische Kontraktion 37
—, statisches Training 38
—, Hypertrophie 38
—, Anastomosen 38
—, Collateralen 38
—, Kraft-Zeit-Produkt 40
—, dynamisches Training 41
—, Kontraktionsgeschwindigkeit 4
Muskelarbeit 24
Muskelarten 17
Muskelausdauer, lokale 153
Muskelbiopsie 51
Muskeldurchblutung 30
Muskelfasern 93
—, tonische 93
—, phasische 93
Muskelfaserriß 257
Muskelfasertypen 17
—, helle (weiße, phasische) 17
—, dunkle (rote) 17
Muskelfunktion 35
Muskelglykogenkonzentration 113
Muskelkater 29, 260
Muskelkontraktilität 22
Muskelkontraktion 18
Muskelkoordination 29, 170
Muskelkraft 22
Muskelkräfte, innere 170
—, statische 170
—, dynamische 170
Muskelkrämpfe 140
Muskelkraft 34, 207, 208
Muskelmembran 23
Muskelrisse 28
Muskelschmerzen 30
Muskelspannung 19

Muskelspindeln 26
Muskeltonus 28
Muskeltransplantation 32
Muskelquerschnitt 35
Muskelspannung 101
Muskelstoffwechsel, Anpassung an Arbeit 93
Muskelverletzungen 257
Myofibrillen 22
Myofibrillenvermehrung 35
Myogelose 260
Myoglobingehalt 17, 126
Myosinfäden 22
Myositis ossificans 242

NAD 92
Nährstoffe ohne Kaloriengehalt 108
Nahrung, Aufgabe 101
Nasenatmung 58
Natrium 96
Nervenaktivität 25
neuromuskuläres System 207
Nierenbiopsie 145
Nierenschädigung 145
Nierenschaden 140
Noradrenalinreceptor 232

Oxydative Aktivität 17
— Energiegewinnung 17
O_2-Dissoziationskurve 70

Pariermechanismus 254
Perfusionsstörungen 80
Periostose 260
Peronaeusschädigung 244
Phenyl-Äthyl-Aminderivate 226, 231
Phosphokreatin 51
Phosphate, energiereiche 81
Phospholipide 37
pH-Wert 63
—, arterieller und venöser 62
Physostigmin 25
Plasmolyt-B 144
Poliomyelitis 38
Potential, excitatorisches postsynaptisches 25
—, inhibitorisches postsynaptisches 25
Proprioceptoren 17
Prostigmin 25
Proteinurie 143
Psycho-Motorik 180
Psychopharmaka 226
Pulmonalsklerose, primäre oder sekundäre 80
Pulsfrequenz, Anpassung 51, 52
—, periphere Steuerung 52

Pyelonephritis 222
Pyruvat 84
— (Brenztraubensäure) 63, 89

Quantitätsgesetz 151

Reaktionsfähigkeit 180
Reaktionszeit 32
Receptoren, metabolische 52
Rectaltemperaturen 131, 134, 139, 144, 145
Reifungsrhythmus 181
Renshaw-Hemmung 28
Residualvolumen 59, 189
Respiratorische Arbeitsinsuffizienz 56
Respiratorischer Quotient 102
Respiratorische Ruheinsuffizienz 56
Retardierung 182
„Rezeptor-Theorie" 233
Rhythmusstörungen 217
Ribonukleinsäuregehalt 36
Rigidität 30
Ruhedehnungskurve 43

Salzdefizit 140, 141
Salzlösung, hypotonische 141
Salztabletten 141
Sarkomere 22
Sauerstoffdruck 87, 89
—, femoralvenös 89
—, koronarvenös 97
Sauerstoffpuls 178
Sauerstoffschuld, maximale 119
Sauerstoffsättigung 87, 89
—, arterielle 123
Sauerstoffschuld 50
Sauerstofftransport (Höhe) 120
Sauna 260
Schein-steady state 53, 63
Schienbeinschoner 244
Schilddrüsenhormone 93
Schlagvolumen 44
Schlottergelenk 248
Schnapp-Phänomen 255
Schock, hämorrhagischer 55, 145
Schubladenphänomen 253
Schrittlänge 173
Schrittzahl 173
Schwangerschaft 200
Schweißproduktionsrate 147
Schweißverlust 133
1-sec-Kapazität 60
Second-Wind-Phänomen 223
Sehnenverletzungen 257
Sekundenherztod 221

Sehnenspindel 27
Serotonin 93
Serum-Enzyme (Marathonlauf) 142
Serumglykoproteine 92
Skidaumen 249
Sklerodermia pulmonum 78
Spannungsentwicklung 18
— des Muskels 35
spezifisches Gewicht 176, 186
spirographisches O_2-Defizit 56
Splanchnicusgebiet 135
Sportmedizin 56
Sportverletzungen 239
Stammganglien 33
steady state 53
Stereotyp, motorisches 164
Strahlung 134
Strömungswiderstand, bronchialer 189
Stütz-Impuls 173
Stupor 144
Strychnin 226
Substrat-Abbau-Prozesse 83
Superposition 18
supramaximale Reizung 18
Sympathikustonus 49, 52
System, extrapyramidales
 (Formatio reticularis) 29
Synovitis 248

Tabiker 38
Tennisspiel 85
Tendopathie 260
Terrainkur 196
Tetanusinfektion 240
Tetanusschutzimpfung 241
Tiffeneau-Test 78
Tonuserniedrigung 33
Tonussteigerung 33
Totalkapazität 59
toter Raum 57
Totraum, anatomischer 67
—, funktioneller 67
Training, Qualität 151
—, Quantität 153, 154
—, Intensität 153
—, Dauer 153
—, Häufigkeit 153
—, präventives 162
—, rehabilitatives 162
—, Schwellenwert 159
—, Wirkungsgrad 160
Trainierbarkeit 193
Trainingsanzug 148
Trainingsbradykardie 53, 54
Trainingsleistung, absolute 153
—, relative 153
Trainingsmangel 151

Trainingsmaß 154
Transferrin 92
Transmitterfreisetzung 31
Transmitterproduktion 31
Tretkurbelarbeit 74
Tritium 114
Tryptophan 92, 93
Tubulussystem, transversales 23
Tyrosin 92

Überlastungsschäden, chronische 260
Übertraining 151
Übung 31
Ultrastruktur des Muskels 22
Unvollkommener Tetanus 18
Unterstützungs- bzw. Anschlagszuckung 19
Unterstützungszuckung 19

Vascularisation 129
vasovagale Schwäche 136
Ventilation, alveoläre 67
—, Alterseinfluß 73
—, maximale 206
Ventilationsstörungen, obstruktive 60
—, restriktive 60
Ventilebenenmechanismus 45
Vererbung 181
Verkürzungsgeschwindigkeit 17
— des Muskels 20
Verletzung, penetrierende 240
Vitalkapazität 59, 178, 187, 189, 205
Vita maxima 56, 74
Vitamine 101, 111
vollkommener Tetanus 18
Vorderhornzelle 25
Vorinnervation 33
Vorstartzustand 33

Wachstumshormon 35
„Walk-Through" 223
Wandspannung 56
Wasserdefizit 138, 139
Wasser-Salz-Verluste 138
Wasserstoff-Ionen-Konzentration,
 intrazelluläre 70
Willküraktivität 28
Willkürinnervation 33
Windgeschwindigkeit 117
Windkessel 47
Wirkungsgrad 24
—, alveolärer 68

Z-Streifen 22
Zumischungsgradient, venöser 68
Zustand, aktiver, des Muskels 18
Zwerchfellverschwartung 80

Sport im Blickpunkt der Wissenschaft

Olympia-Forschungs-Bericht. Im Auftrag des Wissenschaftsausschusses des Organisationskomitees für die Spiele der XX. Olympiade München 1972
Herausgeber: H. Baitsch, H.-E. Bock, K. M. Bolte, W. Bokler, O. Grupe, H. W. Heidland und F. Lotz
Redaktion: O. Grupe und J. M. Teipel
Etwa 20—30 Abb. Etwa 320 Seiten. 1972

H. Mellerowicz/ W. Meller

Training

Biologische und medizinische Grundlagen und Prinzipien des Trainings für Sportärzte, Rehabilitationsärzte, Präventionsärzte, Werkärzte, Leibeserzieher, Sportlehrer, Trainer, Übungsleiter und Krankengymnasten. 67 Abb. Etwa 119 Seiten. 1972
(Heidelberger Taschenbücher, Band 111)

H. Matthys

Medizinische Tauchfibel

28 Abb. VIII, 100 Seiten. 1971

W. F. Ganong

Medizinische Physiologie

Kurzgefaßtes Lehrbuch der Physiologie des Menschen für Studierende der Medizin und Ärzte
Übersetzt, bearbeitet und ergänzt von W. Auerswald in Zusammenarbeit mit B. Binder, A. Haidenthaler und J. Mlczoch. 2., neubearb. Aufl. 504 Abb., 157 Tab. 1 Anhang. XVI, 828 Seiten. 1972

F. J. J. Buytendijk

Allgemeine Theorie der menschlichen Haltung und Bewegung

Als Verbindung und Gegenüberstellung von physiologischer und psychologischer Betrachtungsweise
Reprint der deutschen Erstauflage
(4) VIII, 367 Seiten. 1972

Springer-Verlag
Berlin Heidelberg New York

London München Paris Sydney Tokyo Wien

Allgemeine und spezielle Chirurgie
Herausgeber: M. Allgöwer
344 Abb. XXII, 620 Seiten. 1971

K. Idelberger ## Lehrbuch der Orthopädie
90 Abb. XIII, 314 Seiten. 1970

H. Moll/
J. H. Ries ## Pädiatrische Unfallfibel
28 Abb. VIII, 86 Seiten. 1971
(Heidelberger Taschenbücher, Band 95)

F. W. Ahnefeld ## Sekunden entscheiden — Lebensrettende Sofortmaßnahmen
63 Abb. VIII, 84 Seiten. 1967
(Heidelberger Taschenbücher, Band 32)

Diagnose und Therapie in der Praxis
Nach der amerikanischen Ausgabe von M. A. Krupp,
M. J. Chatton, S. Margen et al, übersetzt,
bearbeitet und ergänzt unter der wissenschaftlichen
Leitung von K. Huhnstock und W. Kutscha
25 Abb. XI, 1421 Seiten. 1972

H. Nolte ## Die Technik der Lokalanaesthesie
Unveränderter Nachdruck der 1. Auflage 1966
29 Abbildungen und 5 Tabellen. VIII, 53 Seiten. 1968
(Anaesthesiologie und Wiederbelebung, Band 14)

Springer-Verlag
Berlin Heidelberg New York
London München Paris Sydney Tokyo Wien

MIX
Papier aus verantwortungsvollen Quellen
Paper from responsible sources
FSC® C105338

If you have any concerns about our products,
you can contact us on
ProductSafety@springernature.com

In case Publisher is established outside the EU,
the EU authorized representative is:
**Springer Nature Customer Service Center GmbH
Europaplatz 3, 69115 Heidelberg, Germany**

Printed by Libri Plureos GmbH
in Hamburg, Germany